CW00339793

ISBN 978-0-260-87259-3
PIBN 10978917

ERFAHRUNGEN

BEI DER

TEERUNG VON MAKADAMSTRASSEN

IN LEIPZIG

IN DEN JAHREN 1904 BIS 1907

BERICHT

VON

FRANZE
Stadtbaurat, Leipzig.

Seit dem Jahre 1904 sind auch in Leipzig in derselben Weise wie in anderen Städten Versuche mit einem Teeranstrich der Makadamstrassen zum Zwecke der Staubbindung und der besseren Erhaltung der Strassen angestellt worden. Bei den 3 zuerst geteerten Strassen, der Hildegard-, Friedrich-List- und Karolinen-Strasse, hielt sich der Teeranstrich bis zum Eintritt von starkem Frost tadellos, sodass eine sichtbare Abnutzung nicht festzustellen war. Während des starken Frostes war allerdings zu beobachten, dass sich der Teeranstrich an manchen Stellen, insbesondere in der Mitte der Fahrbahn unter dem Drucke der Wagenräder in ganz kleinen Stücken von der Makadamdecke ablöste, die nach und nach zerfahren wurden und später als schwarzer Staub abgekehrt werden konnten. Der Makadam selbst aber hat darunter so gut wie gar nicht gelitten und das Profil aller 3 Strassen war noch in vollständig gutem Bestande geblieben. Der entschiedenen Vorteile wegen in bezug auf die Staubbindung und um festzustellen, ob die Unterhaltungskosten der mit Teeranstrich versehenen Strassen auf die Dauer billiger oder teurer werden, als wie die der Makadamstrassen ohne Teerüberzug, wurden alle 3 Strassen im Jahre 1905 und 1906 nochmals mit Teeranstrich versehen. Die Kosten stellten sich wie folgt :

	1904	1905	1906		
1. Hildegardstrasse	18,90 Pf.	10,05 Pf.	9,00 Pf.	für	1 qm
2. Friedrich-List-Strasse	20,36 —	12,05 —	9,00 —	—	1 —
3. Karolinenstrasse	18,04 —	14,00 —	11,09 —	—	1 —

Die Haltbarkeit der vorgenannten 3 Strassen ist durch die wiederholten Teeranstriche günstig beeinflusst worden, sodass nach nunmehr 4 Jahren eine kaum bemerkbare Abnutzung der Profile zu beobachten ist.

Im Jahre 1906 sind erstmalige Teerungen auf folgenden Strassen ausgeführt worden :

4. Mittelstrasse	mit einem	Kostenaufwande	von	16,9 Pf.	für	1 qm
5. Idastrasse	—	—	—	20,9 —	—	1 —
6. Natalienstrasse	—	—	—	25,8 —	—	1 —
7. Felixstrasse	—	—	—	18,6 —	—	1 —
8. Konradstrasse	—	—	—	16,0 —	—	1 —

Die Teerung wurde in allen diesen Fällen mit Handbetrieb in der Weise ausgeführt, dass der direkt aus der Gasanstalt in Fässern bezogene Teer in einem Kessel mit Holzfeuerung mässig erhitzt und dann mit Eimern auf die Makadamdecke ausgegossen wurde, worauf das Einkehren des Teeres in die Makadamdecke mittels Handbesen erfolgte. Die Makadamdecke war vorher neu hergestellt, besandet und gewalzt worden. Die Teerung erfolgte erst nach vollständiger Austrocknung der Decke bei möglichst warmem Wetter. Nach Aufbringung des Teeranstriches wurde eine leichte Übersandung vorgenommen.

Starker Teergeruch ist, sobald der Teer erst genügend abgehärtet ist, nicht beobachtet worden, auch sind von den Anwohnern keine Klagen eingelaufen, diese haben sich vielmehr lobend ausgesprochen, insbesondere deshalb, weil die Strassen ziemlich staubfrei sind. Nachteile für den Fahrverkehr haben sich auch nicht herausgestellt; wie beobachtet wurde, werden diese Strassen von den Kutschern mit Vorliebe benutzt.

Alle die vorstehend beschriebenen Teerungen ergaben nur Strassenoberflächen, bei denen der Teer lediglich den Charakter des Anstrichs hatte, sodass einzelne spitze Steine, Sand und dergl. ohne weiteres erkennbar blieben und die Oberfläche der Strasse bei nicht warmem Wetter eine harte Kruste zeigte. Es erschien erwünscht mit Rücksicht auf die in England erzielten günstigen Erfahrungen mit Teer-Makadamstrassen zunächst Versuche mit einem starken Überzug von Teer und Steingrus anzustellen, da man sich zum vollständigen Ausbau der Strasse mit Teer-Makadamdecke der hohen Kosten wegen noch nicht entschliessen konnte. Es konnte ohne weiteres vorausgesehen werden, dass bei einem starken Teerüberzug die Strasse ein Aussehen ähnlich dem einer Asphaltstrasse gewinnen würde. Es konnten nur Zweifel darüber bestehen, wie sich eine solche Strasse bei warmem Wetter halten würde. Um hierüber Klarkeit zu erhalten, wurde im Jahre 1907 in der Edlichstrasse der folgende Versuch angestellt.

Nachden die Schotterschüttung auf das vorhandene Packlager in 12 cm Stärke aufgebracht worden, mit Sand bedeckt, eingewässert und festgewalzt war, wurde nach vollständiger Abtrocknung der Strasse — vergl. den beiliegenden Profilplan Städtisches Tiefbauamt Bau Nr. 1118 — ein Teerüberzug mit einem Teersprengwagen aufgebracht. Die Teerung wurde durch die Westrumit-Gesellschaft in Dresden, welche hierzu den von J. Lassailly hergestellten Apparat verwendete, vorgenommen. Hierauf wurde eine 2 cm starke Schicht von klargeschlagenen, bis zu 2 cm starken, porösen Mansfelder Kupferschlacken aufgebracht. Diese Schlackenschicht wurde mit der Dampfwalze solange eingewalzt, bis dieselbe sich auf der Teerhaut festgesetzt batte. Danach wurde eine zweite Teerung der Strassenoberfläche mit dem genannten Apparate vorgenommen. Der Teer wurde in solcher Stärke aufgebracht, dass sich die Zwischenräume zwischen den Schlackensteinchen, sowie die Poren in diesen mit Teer ausgefüllt hatten. Zuletzt wurde die Strecke mit feinerem Kupferschlackengrus überdeckt und diese Decke nochmals leicht mit der Dampfwalze eingewalzt. Die in dieser Weise hergestellte Strasse konnte dann sofort befahren werden.

Nach der im August erfolgten Fertigstellung der Strasse wurde zunächst beobachtet, dass der Grus, der als letzte Decke diente, noch in die Teerschicht hineingefahren wurde, was durch die über die Strasse fahrenden Wagen geschah. Die Teerschicht erhärtete nach und nach und die Strasse erhielt nahezu das Aussehen einer Asphaltstrasse. Staubbildung war nur in geringem Masse zu beobachten.

Bei der Reinigung der Strasse wurde diese in gleicher Weise wie eine Asphaltstrasse behandelt; sie wurde zeitweise mit Wasser abgespült und mit Gummischiebern gereinigt. Trotzdem während des Winters zeitweise erhebliche Kälte herrschte, hat die Strasse den Winter sehr gut überstanden und zeigte sich im Frühjahr noch in derselben Beschaffenheit wie kurz nach der Herstellung. Bei starken Regengüssen war eine Aufweichung des Teeres, wie sie an anderen in der zu Anfang beschriebenen Weise mit einfachem Teeranstrich versehenen Strassen beobachtet worden ist, nicht wahrzunehmen. Bei ganz heisser Witterung hinterlassen allerdings die Räder der Fuhrwerke geringe Spuren in der Decke, jedoch wird eine Verschiebung der Profilfläche nicht herbeigeführt. Durch eine dichtere Aufbringung der Kupferschlackenschicht würde sich unseres Erachtens auch dieser kleine Übelstand beseitigen lassen.

Eine andere Strecke derselben Strasse wurde in gleicher Weise hergestellt, nur wurde die letzte Abdeckung nicht mit Schlackengrus, sondern mit Flusssand bewirkt. Dieser Teil der Strasse hat sich weniger bewährt, da derselbe bedeutend längere Zeit zu seiner Erhärtung brauchte als die mit Schlackengrus abgedeckte Strassenfläche. Es scheint dies von der grossen Aufnahmefähigkeit des Schlackengruses für Teer herzurühren.

An Kosten der an vorletzter Stelle erwähnten Herstellung einer Teerdecke mit Schlackengrus sind entstanden :

a)	Teer 7215 kg (5 kg für 1 qm). . . . =	216,45 M
b)	Mansfelder Kupferschlacke 60 cbm. . =	397,20 —
c)	Arbeitslöhne. . . . . =	359,32 —
d)	Fuhrlöhne. . . . . =	165,00 —
e)	Dampfwalze 1/2 Tag. . . . . =	30,00 —
f)	Arbeitslöhne für das Zerkleinern der Kupferschlacke (60 cbm) mit Hand. =	615,76 —
	zusammen :	1783,73 M

Bei einer Fläche von 1443 qm ergeben sich hiernach die Kosten der Teerung usw. mit 1783,73 : 1443 = 1,24 M für 1 qm.

Die unter *f* aufgeführten Kosten lassen sich ganz bedeutend herabmindern, wenn die Schlacken auf maschinellem Wege zerkleinert werden, sodass die Kosten des 2 cm starken Überzuges aus Teer und Steingrus sich auf nicht mehr als 1 M für 1 qm stellen werden.

Der Vollständigkeit halber ist noch zu bemerken, dass die Edlichstrasse eine Steigung von etwa 1 : 100 und eine Fahrbahnbreite von 12 m hat, auf beiden Seiten mit vier Geschoss hohen Häusern bebaut ist und in der Richtung von Norden nach Süden verläuft.

Bei dem guten Ergebnis, das dieser Versuch gezeigt hat, sollen weitere Versuche demnächst angestellt werden.

Leipzig, 27 mai 1908.

62054. — Imprimerie Lahure, 9, rue de Fleurus, à Paris.

Office des Constructions municipales de Leipzig
Städtisches Tiefbauamt Leipzig. Bauabteilung No 1118
Leipzig Underground Constructions Office

on goudronne une seconde fois et on répand du gravier

;eteert und mit Steingrus überzogen

oating with gravel

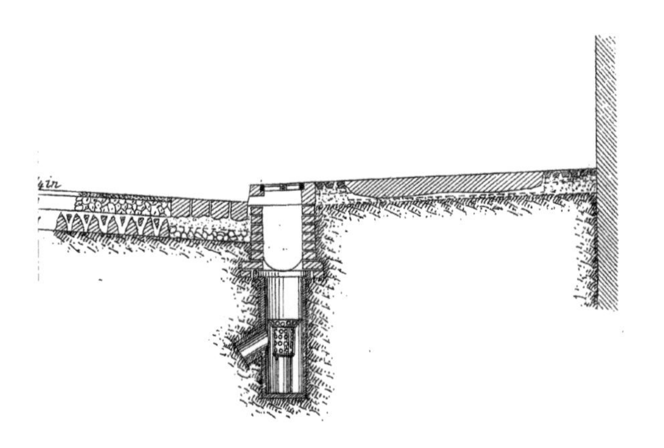

Office des Constructions municipales de Leipzig
Städtisches Tiefbauamt Leipzig. Bauabteilung № 1118
Leipzig Underground Constructions Office

Profil d'une Chaussée macadamisée

La pierraille étant répandue, on goudronne, puis on recouvre d'une couche de 2 cent.^s d'épaisseur de laitier poreux de cuivre de Mansfeld, on cylindre, on goudronne une seconde fois et on répand du gravier

Profil einer chaussierten Strasse

Nach der Knackschüttung geteert, 2 cm starkmit poröser Mansfelder Kupferschlacke gedeckt, gewalzt, ein zweites Mal geteert und mit Steingrus überzogen

Section of a metalled road

After the metalling, tarring, covering with porous Mansfeld copper slag, rolling, tarring again and coating with gravel

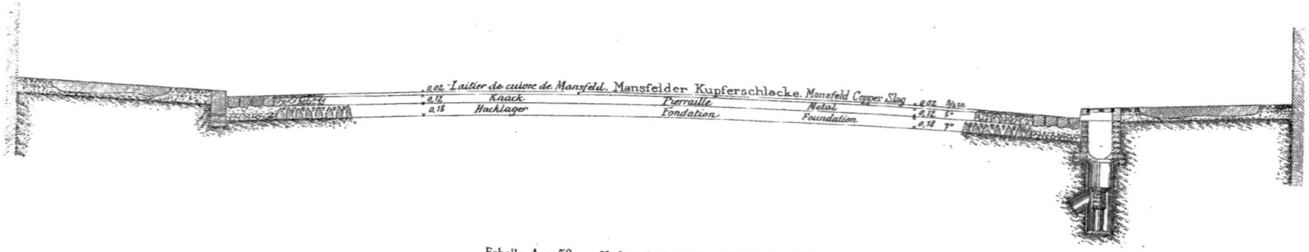

0,02 Laitier de cuivre de Mansfeld. Mansfelder Kupferschlacke. Mansfeld Copper Slag 0,02
0,12 Knack — Pierraille — Metal 0,12
0,18 Hacklager — Fondation — Foundation 0,18

Echelle 1 : 50 **Mafsstab 1 ; 50** Scale 1 : 50

1 0,5 0 1 2 3 4m

I. INTERNATIONALER STRASSENKONGRESS
PARIS 1908

3e FRAGE

ÜBER DIE VERWENDUNG VON ÖL UND TEER ZUR STAUBBEKÄMPFUNG AUF SCHOTTERSTRASSEN IM GROSSHERZOGTUM BADEN

BERICHT

VON
M. SPIESS
Grossh. Bad. Reg. Baumeister, zu Karlsruhe.

PARIS
IMPRIMERIE GÉNÉRALE LAHURE
9, RUE DE FLEURUS, 9

1908

ÜBER DIE VERWENDUNG VON ÖL UND TEER

ZUR

STAUBBEKÄMPFUNG AUF SCHOTTERSTRASSEN

IM GROSSHERZOGTUM BADEN

BERICHT

VON

SPIESS

Groszh. bad. Baumeister, zu Karlsruhe.

Die Entwicklung des neuzeitigen Verkehrs mit Kraftfahrzeugen gab schon seit einigen Jahren auch im Grossherzogtum Baden dem Staate sowohl, wie verschiedenen Städten des Landes Veranlassung, mit der Bekämpfung der stets zunehmenden Staubplage sich eingehend zu befassen. Die ersten Versuche mit der Anwendung staubbindender Mittel in Baden wurden im Jahre 1903 von den Städten Mannheim und Baden-Baden ausgeführt, auf die dann in den nächsten Jahren Karlsruhe und andere gefolgt sind. In Anbetracht der Wichtigkeit der Frage der Staubbekämpfung im Interesse des allgemeinen Strassenverkehrs und der öffentlichen Gesundheit unternahm auch die Grossherzogliche Strassenbauverwaltung seit dem Jahre 1905 Versuche mit Teerungen auf einer Landstrasse. Diese Versuche sollen im Folgenden zunächst behandelt und dahn die der Städte besprochen werden.

Die *Versuchsstrecken* sind auf der in westöstlicher Richtung laufenden Landstrasse zwischen Karlsruhe und Durlach, der Durlacher Allee, nächst der Stadt Karlsruhe gewählt worden. Der Verkehr der Strasse ist ein ausserordentlich lebhafter und weist täglich die Zahl von 2500-3000 Zugtiere auf mit vorwiegend 4000-6000 kg schweren Wagen, ausserdem durchschnittlich 8 Motorwagen, 10 Motorfahrräder und 340 gewöhnliche Fahrräder. Es handelt sich also hauptsächlich um einen *starken und schweren Lastenverkehr*. Die Abnützung der Fahrbahn, damit auch die Staub- und Kotentwicklung sind dementsprechend stark, sodass seither jedes dritte Jahr eine

7 bis 8 cm. starke Schotterdecke eingewalzt werden musste. Die Abnützung im Jahr beträgt also durchschnittlich $2\frac{1}{3}$ - $2\frac{2}{3}$ cm. Die Fahrbahn ist einschliesslich der beiderseitigen Halbrinnen 9,0 m breit und wird auf der Nordseite von einem 6,0 m breiten Bankett der elektrischen Strassenbahn, auf der Südseite von einem 4,0 m breiten Fussweg eingeschlossen. Die Strassenstrecke liegt ausserhalb des Wohngebietes, durchweg auf einem Dammkörper, die Fahrbahn ist ungehindert Sonne und Wind ausgesetzt, sie wird von dem Schatten einer Baumreihe, die am äusseren Rand des Gehwegs sitzt, nicht getroffen und bietet daher für eine Teerung sehr günstige Vorbedingungen. Der auf der Fahrbahn verwendete Schotter ist bester Quarzporphyr, der eine Wasseraufnahmefähigkeit von 1,25 Prozent seines Rauminhaltes besitzt.

In den drei Jahren 1905, 1906, 1907 wurde eine Strecke I von 250 m Länge je einmal und daran anschliessend im Jahre 1907 eine Strecke II von 1030 m Länge geteert. Die erste Strecke war im Frühjahr 1905, die zweite im Jahre 1907 neu eingewalzt worden. Wie aus Tabelle I ersichtlich ist, schwanken *die Kosten* für 1 qm geteerte Fläche bei einem Bezugspreis des Teers von 3,00 M für 100 kg zwischen 11,6 und 15,96 Pf; sie betragen im Durchschnitt 13,5 Pf. Hiervon entfallen auf:

2,0 kg Teer.		6,0 Pf.
Arbeitsausführung	4,8 Pf.	
Nebenkosten für Kesselmiete, Bewachung und Beleuchtung der Abschrankung u. dgl. . . .	2,7 Pf.	
	zus.	7,5 Pf.
	Im Ganzen	13,5 Pf.

Legt man eine für gewöhnliche Verhältnisse ausreichende Teermenge von 1,75 kg/qm zu Grunde und rechnet man für den Teerbezugspreis 5 M. für 100 kg, so wird der *Durchschnittsaufwand* 8,75 + 7,5 = 16,25 Pf. Die Arbeiten wurden im Taglohn ausgeführt ohne Verwendung einer Teermaschine. Nach der Reinigung der Strasse mit einer Kehrmaschine wurde der Teer mittelst Eimern und Giesskannen ausgebreitet, mit alten Piazavabesen in die Fahrbahn eingescheuert und nach 2 bis 3 Stunden mit dem vorher abgekehrten Strassenstaub überdeckt. Die Witterung während der Ausführung war in den Jahren 1905 und 1907 ungünstig, so dass einige Stellen nachgeteert werden mussten. Aus diesem Grunde ergab sich auch in diesen zwei Jahren der verhältnismässig höhere Aufwand als im Jahre 1906. Es wird auffallen, dass die *wiederholte* Teerung der Strecke I im Jahre 1906 nur einen unwesentlich geringeren, im Jahre 1907 sogar einen erheblich grösseren Kostenaufwand verursachte als die *erstmalige* Teerung. Würden die Teerarbeiten der Jahre 1905 und 1907 durch gute Witterung begünstigt gewesen sein, so wäre jener Aufwand vermutlich nicht oder nur unwesentlich verschieden von dem des Jahres 1906 und es ergibt sich daraus, *dass die wiederholte Teerung der Versuchsstrecke nicht, wie man erwarten könnte, billiger als die erstmalige Teerung ist,* sondern etwa den gleichen Aufwand erfordert. Der Grund dafür ist der, dass die Teerschicht während des Winters durch die Einwirkung des starken und schweren Verkehrs sowie durch den häufigen Wechsel von Regen, Schnee, Frost und Tauwetter ganz zerstört wird. Dennoch waren hier die auch anderwärts wahrgenommenen Vorteile geteerter Schotterfahrbahnen zu beobachten, insbesondere war die Staub- und Kotbildung bis zum Winter bedeutend geringer als früher, ausserdem scheint die Dauer der Schotterdecke von seither 3 Jahren auf 3 1/2 bis 4 Jahre durch das Teeren verlängert werden zu können.

Man hat nun versucht, den *Einfluss der Teerung auf die Kosten der Reinigung* der Strasse, die in der Hauptsache in der Staub- und Kotbeseitigung besteht, durch besondere Beobachtungen auf den geteerten und der daran anschliessenden nicht geteerten Fahrbahnstrecken zahlenmässig zu ermitteln. Die Ergebnisse sind in der Tabelle II zusammengestellt. Erläuternd ist hierzu zu bemerken, dass die Beobachtung der geteerten Strecke km 2,06-2,58 sich auf die Zeit vom 16. Juni 1905 bis 16. Juni 1907 erstreckt und dass von da an noch die im Jahre 1907 geteerte Strecke bis km 3,61 hinzukommt. Die Beobachtungswerte eines halben Jahres sind für ein ganzes umgerechnet; daraus ist der Mittelwert gebildet. *Der Minderaufwand für Reinigung auf den geteerten Strecken beträgt im Durchschnitt* 10,72 — 5,37 = 5,35 *Pf für* 1 *qm.* Die Beobachtungswerte hängen aber von verschiedenen Unregelmässigkeiten und Zufällen ab und müssen mit Vorsicht beurteilt werden. Die Schotterdecken sind in einzelnen Strecken von verschiedenem Alter; es wurde eingewalzt die Decke :

km 2,06-2,50 im Jahre 1905,
2,50-3,61 » 1904 und 1907,
3,61-4,76 » 1905.

Aus einer Reihe von Jahren hat sich aber ergeben, dass der Aufwand für Reinigung höchstens in den auf das Einwalzen einer Schotterdecke folgenden Sommermonaten geringer ist, als auf einer älteren Decke, dass er aber während längerer Zeit infolge der starken Abnützung der Decke keinen Unterschied mehr aufweist. Die Kosten für Reinigung gingen vor dem Jahre 1905 auch auf einer ungeteerten Decke der Durlacher Allee nie unter 10,8 Pf im Jahr für einen qm zurück, es können daher die Werte von 1905 bis 1907, welche zwischen 9,17 und 12,35 Pf schwanken, wohl zum Vergleich mit denen der geteerten Strecken herangezogen werden. Die Beobachtungen der Jahre 1905 und 1906 eignen sich nun allein nicht zum Vergleich, da im ersten Jahr nur die für die Teerstrecke günstige Zeit bis zum Winter in Betracht kommt und im zweiten Jahr, in welchem nur ein geringer Unterschied in den Kosten sich zeigt, die Teerstrecke aussergewöhnlich stark durch Schuttwagen von Pflasterherstellungsarbeiten der Stadt Karlsruhe befahren wurde.

Im Jahr 1907 dagegen erstrecken sich die Beobachtungen auf ein ganzes Jahr und die Verkehrsverhältnisse sind normale. Man erhält hier als Unterschied für die Reinigung den dem Durchschnittswert nahe kommenden Betrag von 10,25 — 5,26 = rd 5 Pf für 1 qm. Nun ist noch zu erwähnen, dass die nicht geteerten Strecken im Sommer ausnahmsweise mit Wasser besprengt wurden, was bei Landstrassen auf freier Strecke nicht die Regel ist. Um daher für Landstrassen einen einigermassen richtigen Vergleich zu erhalten, müssen die Kosten für Wasserbesprengung, die auf der Durlacher Allee etwa 1,2 Pf für 1 qm betragen, von obigen 5 Pf in Abzug gebracht werden. *Es bleiben somit als Ersparnis an den Kosten für Staub- und Kotbeseitigung auf den Beobachtungsstrecken 3,8 Pf für 1 qm.*

Was nun die *Verlängerung der Dauer der Schotterdecke* betrifft, so wurde bereits erwähnt, dass hierfür voraussichtlich 1/2 bis 1 Jahr angenommen werden kann. Berechnet man den einmaligen Aufwand für 1 qm der neuen Schotterdecke zu rund 1,00 M und sieht man von den Kosten für die nötigste flickweise Ausbesserung bis zur Wiedereindeckung ab, so entfallen auf 1 Jahr bei Annahme einer Dauer von :

3 Jahren.	33,33 Pf.	33,33 Pf.
3 1/2 »	28,57 Pf.	
4 »		25,00 Pf.
Das gibt eine jährliche Ersparnis von. . .	4,76 Pf. oder	8,33 Pf.

für 1 qm.

Man sieht aus dieser einfachen Rechnung, wie sehr die durch das Teeren hervorgerufene Verlängerung der Bauer einer Schotterdecke für die Unterhaltungskosten ins Gewicht fällt. Beträgt die Verlängerung 1/6 oder 1/3 der ursprünglichen Bauer, so wird an dem Aufwand für Erneuerung der Schotterdecke, wenn die Teerungskosten vorerst ausser Betracht bleiben, eine Ersparnis erzielt von $\frac{4,76 \cdot 100}{33,33} = 14,29$ Prozent oder $\frac{8,33 \cdot 100}{33,33} = 25,0$ Proz.

Diese Verhältniszahl ist unabhängig von der Höhe der Kosten einer Schotterdecke, kann daher bei gleicher Dauer einer Decke auch auf andere Herstellungspreise angewendet werden. Allgemein wird, wenn :

a = Einmaliger Aufwand für eine eingewalzte Schotterdecke.

n = Anzahl der Jahre für die Dauer einer ungeteerten Decke.

v = Verlängerung der Dauer in Folge der Teerung,

die Ersparnis an den Kosten für die Schotterdecke, ausgedrückt in Prozenten, sein :

$$E = \frac{\left(\frac{a}{n} - \frac{a}{n+v}\right) 100}{\frac{a}{n}} = \frac{v}{n+v} 100 \text{ Prozent}$$

Für $n=3$, $v=1/2$ oder $v=1$ ergeben sich wieder die oben ausgerechneten Zahlen. Handelt es sich um andere Verhältnisse, so wird z. B. für :

$n=4$ $v=1$	E = 20,00 %	$n=4$ $v=2$	E = 33,33 %		
$n=5$ $v=1$	E = 16,67 %	$n=5$ $v=2$	E = 28,57 %		
$n=6$ $v=1$	E = 14,28 %	$n=6$ $v=2$	E = 25,00 %	$n=6$ $v=3$	E = 33,33 %
$n=7$ $v=1$	E = 12,50 %	$n=7$ $v=2$	E = 22,22 %	$n=6$ $v=3$	E = 30,00 %
$n=8$ $v=1$	E = 11,11 %	$n=8$ $v=2$	E = 20,00 %	$n=8$ $v=3$	E = 27,27 %

Da über die Verlängerung der Dauer der Schotterdecken auf badischen Landstrassen noch keine endgültigen Erfahrungen vorhanden sind, kann man obige Zahlen zunächst nur zu einer Schätzung verwenden. Wird man annehmen, dass die Dauer einer etwa 8 cm starken Schotterdecke im allgemeinen vielleicht höchstens um 1/3, d. i. von 3 auf 4 oder 6 auf 8 Jahre durch die Teerung verlängert wird, so würde die Ersparnis an den Kosten für die Schotterdecke günstigen Falls 25 Prozent betragen. Bei einem Aufwand von 1,00 M für 1 qm einer neuen Decke wären das jährlich bei :

$n = 3$ 8,33 Pf.
$n = 6$ 4,17 Pf. für 1 qm.

Die jährliche Ersparnis bei Decken von langer Dauer ist also kleiner als bei denen von kürzerer Dauer.

Zählt man nun *die Ersparnis an den Kosten für die Schotterdecke mit denen der Reinigung und der Unterhaltung* der Fahrbahn zusammen, so erhält man für die Versuchsstrecken der Durlacher Allee

$$\begin{array}{r} 4{,}76 \\ +\ 3{,}8 \\ \hline 8{,}56 \end{array} \quad \text{bis} \quad \begin{array}{r} 8{,}33 \\ +\ 3{,}8 \\ \hline 11{,}13 \end{array} \text{ Pf für 1 qm.}$$

Für eine sechsjährige Decke — unter der Voraussetzung des gleichen Unterschieds für die Kosten der Reinigung — bei einer Verlängerung von 1/6 bis 1/3 der früheren Dauer dagegen nur

$$\begin{array}{r} 2{,}38 \\ +\ 3{,}8 \\ \hline 6{,}18 \end{array} \quad \text{bis} \quad \begin{array}{r} 4{,}17 \\ +\ 3{,}8 \\ \hline 7{,}97 \end{array} \text{ Pf für 1 qm.}$$

Diesen Ersparnissen stehen die Kosten für das Teeren gegenüber, welche durchschnittlich zu 15 Pf angenommen werden können und die — worauf im Folgenden noch näher eingegangen wird — sich in der Regel jährlich wiederholen werden. Durch den geringeren Aufwand für Reinigung und Erneuerung der Fahrbahndecke werden somit an den Kosten für das Teeren auf der Durlacher Allee ausgeglichen.

	8,56	bis	11,13 Pf
d. sd.	57 Prozent	bis	75 Prozent,

Man wird also annehmen können, dass bei den Versuchsstrecken rd. 1/2 bis 3/4 der Teerungskosten erspart werden.

Diese Werte können allerdings nur auf solche Verhältnisse angewendet werden, welche denen der Durlacher Allee ähnlich sind, insbesondere hinsichtlich des Aufwands für die Reinigung der Strasse. Die Versuche haben ergeben, *dass auch auf einer Strasse mit starkem und vorwiegend schwerem Verkehr die Teerung, wenn sie jährlich wiederholt wird, für die Bekämpfung des Staubes von Erfolg sein kann*; die Kosten der Teerung werden aber nur bis höchstens drei Vierteln durch die Ersparnis für Reinigung und Unterhaltung der Fahrbahn ausgeglichen. Bei einer sechsjährigen Decke dagegen mit gleichem Unterschied in dem Aufwand für Reinigung würden z. B. die Teerungskosten nur zu einem Drittel bis höchstens zur Hälfte ersetzt werden.

Nachdem sich die beschriebenen Versuche zur Bekämpfung des Strassenstaubes bewährt haben und auch anderwärts im In- und Ausland günstige Erfolge erzielt worden sind, hat sich die badische Staatsverwaltung entschlossen, das Teeren der Landstrassen allgemein einzuführen. Für das Jahr 1908 sind im ganzen rd 100 000 qm auf zusammen 18 km Landstrasse für das Teeren in Aussicht genommen.

Die Anwendung von staubbindenden Mitteln und insbesondere von Teer auf Schotterfahrbahnen durch eine Anzahl von Städten ist in den Tabellen III und IV zusammengestellt. *Westrumit, Rustromit, Mineralöl und Meisners Staubvertilger lieferten kein befriedigendes Ergebnis*; die Besprengung muss im Sommer öfters vorgenommen werden und wird dadurch zu teuer. In Lahr wurden Versuche gemacht mit eingedickten harzhaltigen Abwässern einer Zellstoff Fabrik. Die Erfolge waren befriedigend, mussten aber eingestellt werden, da infolge des Brandes der Fabrik die Abwasser nicht mehr geliefert werden konnten.

Die Erfahrung, die man in den Städten mit dem *Teeren* von Schotterstrassen gemacht hatte, sind mit wenigen Ausnahmen, gute. Es wurden im allgemeinen solche Strassen geteert, die einen mittleren oder starken, dabei aber keinen Verkehr mit *schweren* Lastwagen besitzen. Die Eindeckung der Fahrbahn fand meistens im gleichen Jahre der erstmaligen Teerung statt, nur in wenigen Fällen handelt es sich um ein oder mehrere Jahre alte Schotterdecken: die Gesteinsart des verwendeten Schotters ist im Unterland vorwiegend Porphyr, in Pforzheim auch Kalkstein, im Oberland Granit Phonolith und Basalt. Der Teerverbrauch beträgt durchschnittlich 1-2 kg für

1 qm und wird etwas geringer bei wiederholten Teerungen. Die Kosten stellen sich im allgemeinen, wenn der Teerpreis von 5 M für 100 kg zu Grunde gelegt wird, auf 8 bis 17 Pf beim ersten Teeren und sind beim wiederholten Teeren nicht wesentlich geringer; sie schwanken ganz erheblich. Es ist dies in der Verschiedenheit der Verhältnisse begründet, welche in dem verschiedenen Teerverbrauch, in dem Einfluss der Witterung auf die Arbeitsleistung, in dem Unterschied der Taglöhne und der Nebenkosten bestehen. Die *Ausführung* der Teerungen der Stadt Mannheim im Jahr 1907 waren an eine Firma vergeben, alle übrigen Teerungen wurden von den Städten in eigener Regie ausgeführt, wobei zum Teil Teermaschinen zur Verwendung kamen.

Die *Eindringungstiefe* ist nicht überall festgestellt worden. Sie beträgt in Mannheim 2 cm, ausnahmsweise bis 5 cm, in Baden-Baden 2 cm, in Lahr 4-9 cm. Ungünstige *Erfolge* stellten sich ein bei vier Strecken in Mannheim und einer in Karlsruhe, auf denen ein besonders starker und schwerer Lastverkehr vorhanden ist, ferner in Schopfheim, wo die Ausführung zu einer ungeeigneten Zeit erfolgt ist und schliesslich in Konstanz. Hier handelt es sich um eine sehr kleine Versuchsstrecke, sodass ein endgültiges Urteil nicht einwandfrei erscheint; immerhin aber wird man annehmen dürfen, dass das feuchte Seeklima und vielleicht auch die aus Grubenkies bestehende, wenig feste Fahrbahn für eine Teerung nicht geeignet sind.

Alle übrigen Teerstrecken haben sich gut bewährt und zeigten hinsichtlich der Staub- und Kotbildung sowie des sonstigen Zustandes der Fahrbahn die bei geteerten Strassen schon allgemein bekannten Vorteile. Das Teeren in Baden-Baden wurde trotz des guten Erfolges eines Versuchs von Jahre 1903 nicht fortgesetzt, da die Ausführung der Arbeiten gerade in die Hauptfremdenzeit fällt und daher mit zu grossen Schwierigkeiten verbunden ist. Infolge der geringen Staubbildung wurde in einzelnen Städten auf den geteerten Strecken das Besprengen mit Wasser in geringerem Umfang, in anderen Städten dagegen in gleicher Weise wie seither vorgenommen. In Lahr hat man zur Reinigung der Strasse die Fahrbahn alle acht Tage mittelst Anwendung von Sprengwagen und Besen abgewaschen, die Besprengung dagegen eingestellt. Dieses Verfahren scheint nur empfehlenswert zu sein, solange die Teerschicht noch gut erhalten und der Zustand der Fahrbahn dem einer Asphaltdecke ähnlich ist.

Bei allen geteerten Strecken des Landes sind nach Ablauf des Winters nur wenige noch in einiger Massen gutem Zustand erhalten. Bei den meisten ist die zusammenhängende Teerschicht durch die Einflüsse des Winters soweit zerstört, dass sie erneuert werden muss, wenn sie ihrem Zweck genügen soll. Soweit die Erfahrungen bis jetzt einen Schluss zulassen, muss man damit rechnen, *die Teerung einer einigermassen belebten Strasse in jedem Jahr vorzunehmen*. Bei Strassen mit vorwiegend schwerem Lastenverkehr hat sich nach den Erfahrungen in den Städten Mannheim und Karlsruhe das Teeren nicht bewährt; im Gegensatz hierzu stehen die in dieser Beziehung günstigeren Erfolge der Strassenbauverwaltung auf der Durlacher Allee. Der Grund mag darin liegen, dass diese Versuchsstrecke, wie schon bei der Beschreibung der Versuche erwähnt worden ist, ausnahmsweise vorteilhaft gelegen ist, während die betreffenden Strassen in Mannheim und Karlsruhe innerhalb der Stadt liegen, teilweise durch Bäume beschattet und im allgemeinen weniger trocken sind als die freie Strecke der Durlacher Allee. Der schwere Lastenverkehr vermag da her auf jenen Strassen eher zerstörend einzuwirken. Allerdings war auch auf der Durlacher Allee die Teerschicht im Frühjahr gänzlich zerstört, doch war, wie bereits betont wurde, ein günstiger Einfluss der Teerung festzustellen. Bei der Beurteilung einer geteerten Strecke wird unter anderem auch die Gesteinsart des Schotters nicht ganz ausser Acht zu lassen sein. In den vorstehend genannten Strecken von Mannheim und Karlsruhe ist Basalt verwendet. In Freiburg und Villingen, wo ebenfalls Basaltstrecken geteert sind, hat man allerdings nicht wahrgenommen, dass sich der Basalt weniger eignet, als eine andere Schotterart. Es ist aber doch wohl anzunehmen, dass an Steinen von dichter Struktur und geringer Porosität der Teer weniger gut festhält, als an poröseren Steinen, da ein trockener und bei der Teerung gut erwärmter poröser Stein beim Erkalten den den Stein bedeckenden Teer in gewissem Grade in die äusseren Poren einzieht und dadurch dem Teer ein festes Anhaften an dem Stein verschafft. So haben sich zum Beispiel in Pforzheim die Teerungen von *Kalkstein*strassen mit geringem Verkehr sehr gut gehalten. In Mannheim hat man aber bei Strassen mit schwachem Verkehr, die dort mit *Porphyr* eingedeckt sind, die Wahrnehmung gemacht, dass der Teer bald abblättert. Der Teer wird jedenfalls an Kalkstein fester anhaften, als an Porphyr und daher bei schwachem Verkehr den Witterungseinflüssen besser Stand halten.

Zur Beurteilung des Einflusses der Teerung auf die Höhe der Kosten für die Reinigung einer geteerten Strasse liegen nähere Beobachtungen der Städte nicht vor; ausserdem lassen sich über die längere Dauer der Schotterdecken noch keine Angaben machen. Immerhin haben auch in den badischen Städten bis jetzt die Erfolge des Teerens im Allgemeinen den Erwartungen entsprochen und es werden die Teerungen im Jahre 1908 im grösseren Umfange fortgesetzt.

SCHLUSSWORT

Zur Staubbekämpfung auf Schotterstrassen hat sich die Verwendung von *Öl* wegen der häufig nötig werdenden Besprengung und der daher entstehenden zu grossen Kosten nicht bewährt, dagegen sind die Erfolge des *Teerens* befriedigend. Das Teeren muss aber in der Regel jährlich wiederholt werden.

Der Teerverbrauch hält sich im wesentlichen in den Grenzen von 1 bis 2 kg auf 1 qm.

Die Kosten sind zu etwa 15 bis 17 Pf für 1 qm zu veranschlagen und können ausnahmsweise bis zur Hälfte herabgehen. Die Kosten des wiederholten Teerens sind im Allgemeinen nicht wesentlich geringer als beim ersten Mal.

Es kann unter Umständen auch eine Strasse mit vorwiegend starkem und schwerem Lastenverkehr, wenn sie eine sehr trockene Lage hat, mit Erfolg geteert werden. Hierbei werden etwa 1/2 bis 3/4 der Teerungskosten durch den geringeren Aufwand für Reinigung und Erneuerung ausgeglichen. Bei Strassen, deren nicht geteerte Decke von langer Dauer ist, wird der Ausgleich voraussichtlich noch geringer sein als 1/2-3/4 der Teerungskosten.

Karlsruhe, im Mai 1908.

TABELLE I.

KOSTEN DER TEERUNG

JAHR	STRECKE Km - Km	LÄNGE m	Geteerte Fläche qm	Verwendete Teermenge auf 1 qm Kg	BEZUGS-PREIS für 100 Kg Teer M	Gesamtkosten für 1 qm geteerte Fläche Pf.	BEMERKUNGEN
1905	I 2,06-2,58	520	4160	1,51	4,50 (3,00)	14,42 (12,16)	Der Teerbezugsort (Gaswerk) ist in unmittelbarer Nähe. Die Zahlen in Klammer beziehen sich auf den Bezugspreis von 3 M für 100 Kg Teer, der in den folgenden zwei Jahren gezahlt worden ist.
1906	I 2,06-2,58	520	4160	1,75	3,00	11,61	Wiederholte Teerung.
1907	I 2,06-2,50	440	3520	2,03	3,00	15,96	Von Km 2,06 bis 2,50 wiederholte Teerung.
1907	II 2,50-3,61	1110	8880	2,33	3,00	14,12	(Km 2,50-3,61 wurde neu eingewalzt.)
			20720	2,00		15,5	Durchschnittlicher Aufwand.

TABELLE II.

KOSTEN DER REINIGUNG GETEERTER UND DARAN ANSCHLIESSENDER NICHT GETEERTER STRECKEN

JAHR	GETEERTE STRECKEN						UNGETEERTE STRECKEN					
	STRECKE	Fläche	KOSTEN im 1/2 Jahr		KOSTEN in 1 Jahr		STRECKE	Fläche	KOSTEN in 1/2 Jahr		KOSTEN in 1 Jahr	
			Im ganzen	Für 1 qm	Im ganzen	Für 1 qm			Im ganzen	Für 1 qm	Im ganzen	Für 1 qm
	Km - Km	qm	M Pf.	Pf.	M Pf.	Pf.	Km - Km	qm	M Pf.	Pf.	M Pf.	Pf.
1905	I 2,06-2,58	4160	55,13	1,33	(110,26)	2,66	2,06-4,764	21632	1335,83	6,175	(2671,66)	12.35
							2,58-4,764	17472	963,20	5,01	(1926,40)	11,02
1906	I 2,06-2,58	4160			355,37	8,55	2,58-4,764	17472			1601,34	9,17
	I 2,06-2,58	4160	157,23	3,78	(314,46)	5,26	2,58-4,764	17472	862,14	4,93	(1724,28)	10,25
1907	II 2,06-3,61	12400	278,24	2,24	(556,48)		3,61-4,764	9232	506,65	5,48	(1013,30)	
		24880			1336,57	5,37		83280			8936,98	10,72

TABELLE III.

VERWENDUNG VON ÖLEN ZUR STAUBBINDUNG AUF SCHOTTERSTRASSEN

O. Z.	ORT der Verwendung	Staubbindendes Mittel	FLÄCHE der behandelnden Fahrbahnstrecke qm	ZEIT der Ausführung	KOSTEN für 100 Kg Teer M	Kosten für 1 qm Pf.	BEMERKUNGEN
1	2	3	4	5	6	7	8
1	Mannheim. .	Mineralöl.	106	1903	13,50	23	Verbrauch 1,24 Kg/qm. Wirkung etwa 2 Monate.
2	Baden-Baden.	Westrumit.		.1903			
3	Karlsruhe . .	Westrumit.		1904	20,0	1,7	Bei 7monatlichem Sprengbetrieb und wöchentlich einmaliger Besprengung betragen die Kosten im Jahr 0,48 M für 1 qm.
4	Karlsruhe . .	Rustromit.		1907			
5	Bruchsal . .	Westrumit.	2600	1905	20,0	9	Verbrauch 0,2 Kg/qm.
6	Lahr	Abwässer einer Zellstoffabrik.		1905		C•6	
7	Konstanz . .	Westrumit.	8530	1907	20,0	4-5	
8	Konstanz . .	Meisners Staubvertilger.	15230	1907	13,78	3	

TEERUNGEN VON SCHOTTERSTRASSEN BADISCHER STADTE

O. Z.	ORT der TEERUNGEN	ZEIT der TEERUNGEN	FLÄCHE der geteerten Fahrbahnstrecke	GESTEINSART der Fahrbahndecke	JAHR der Eindeckung	Teerverbrauch für 1 qm. Kg	KOSTEN für 100 Kg Teer M	KOSTEN für 1 qm Pf.	KOSTEN für 1 qm, wenn der Bezugspreis 5 M beträgt	BEMERKUNGEN
1	2	3	4	5	6	7	8	9	10	11
1	Mannheim.	August. . . . 1906	6812	Basalt und Porphyr.	Grösstenteils 1906	1,2 bis 2,0	5,0	15	15	Eindringungstiefe in der Regel 2 cm, bei günstigen Verhältnissen bis 5 cm. Im Jahr 1907 war das Teeren, einschl. der Teerlieferung an eine Firma vergeben.
2	» wiederholt . . .	Juli 1907	2750	Porphyr.				17		
3	» neu	» . . . . . . »	19420	»				17		
4	Karlsruhe	Juli 1904	1800	Basalt.	1903	1,05	4,70	8,8	9,1	Die Strasse hat starken und schweren Verkehr und sich zur Teerung ungeeignet erwiesen.
5	»	» 1905	1700	Diabas und Porphyr.	Zeit der Eindeckung im gleichen Jahr wie die erstmalige Teerung.	0,95 bis 2,27	4,50			
6	» Teerung von 1905 wiederholt . .	» 1906	1700				4,50			
7	» neu	» 1906	4180				4,50	7,5-15	8,2-15	
8	» Teerung von 1906 wiederholt . .	Juni, Juli . . 1907	5360				3,00			
9	» neu	1907	3220				3,00			
10	Pforzheim	Juli u. August 1907	14300	Kalkstein und Porphyr.		1,41 bis 1,65	2,00	7,0-6,5	10,5-11,0	
11	Baden-Baden.	Juli 1903	2000	Porphyr.	1903	2,0	5,0	15	15	Eindringungstiefe 2 cm.
12	Lahr	August. . . . 1907	3270	Phonolith.	1906	1,9	2,50-3,0	12	15	» 4-9 cm.
13	Freiburg.	Juli u. August 1907	36870	Basalt, Rheinwacken u. dgl.	Grösstenteils 1907	1,47	2,5	12,5	16,2	
14	Schopfheim	August u. Sept. 1907	2120	Granit.	1906 u. 1907	1,65	4,0	9,6	11,2	Eindringungstiefe 1/2-1 cm.
15	Villingen	August. . . . 1907	3900	Basalt und [illegible]le.	1904	1,5	2,30	9,0	15	
16	Konstanz	Juni u. Juli. . 1907	315	Grubenkies.	1907	1-2	4,0	15	15	Teilweise im September u. daher zu spät ausgeführt. Gehört zu O.Z. 14 (Schopfheim).

61 978. — PARIS, IMPRIMERIE LAHURE
9, Rue de Fleurus, 9

I. INTERNATIONALER STRASSENKONGRESS
PARIS 1908

3te FRAGE

ÜBER DIE AN DEN REICHSSTRASSEN IN NIEDERÖSTERREICH ANGEWENDETEN MITTEL ZUR BEKAMPFUNG DER ABNÜTZUNG UND DES STAUBES

BERICHT

VON

Jacob BACHER
k. k. Oberbaurat und Vorstand des Strassen-, Brücken- und Wasserbau-Departments der n. ö. Statthalterei, Wien.

PARIS
IMPRIMERIE GÉNÉRALE LAHURE
9, RUE DE FLEURUS, 9

1908

ÜBER DIE AN DEN REICHSSTRASSEN
IN
NIEDERÖSTERREICH ANGEWENDETEN MITTEL
ZUR
BEKAMPFUNG DER ABNÜTZUNG
UND DES STAUBES

BERICHT

VON

Jacob BACHER

k. k. Oberbaurat und Vorstand des Strassen-,
Brücken- und Wasserbau-Departments der n. ö. Statthalterei, Wien.

Bevor auf das Thema selbst eingegangen wird, seien einige einleitende Bemerkungen zur Orientierung über die österreichischen Verhältnisse gestattet.

Der Strassenbau in Österreich sieht auf eine nicht unrühmliche Vergangenheit zurück. Bald nachdem die Renaissance des Strassenbaues in Frankreich eingeleitet worden war, fand sie auch Eingang in die habsburgischen Lande. Schon im sechzehnten Jahrhundert wurde von den Herrschern aus diesem erlauchten Hause der Pflege der Wege das Augenmerk zugewendet. Als Beispiel sei die Semmeringstrasse angeführt, welche bereits unter Kaiser Maximilian II. im Jahre 1573 chausseemässig hergestellt worden war und dann unter Kaiser Karl VI. rekonstruiert wurde. Diese Strasse besteht heute noch unter dem Namen der « Alten Semmeringstrasse » und ist, wenn sie auch nicht mehr dem Verkehr zu dienen hat, als bedeutsames historisches Baudenkmal gewertet.

Unter der grossen Kaiserin Maria Theresia, welche, nachdem sie die von allen Seiten auf sie eindringenden Feinde abgewehrt hatte, die Verwaltung der von ihr beherrschten Gebiete auf neuere Grundlagen aufzubauen begann, wurde auch mit der Gesamtorganisierung des Strassenwesens angefangen. Ein Zeugnis hiefür bildet eine im Jahre 1778 erlassene Verfügung (Reichsstrassenpatent), welche für Österreich die erste durchgreifende Regelung der auf die Strassen bezüglichen polizeilichen, baulichen und administrativen Verhältnisse enthielt.

Die fernere Entwicklung im Strassenbau ging technisch und administrativ auch weiter, wie in vielen anderen Kulturstaaten, unter Anlehnung an französische Vorbilder vor sich.

Die Ausbreitung der Eisenbahnen wirkte auch hier wie anderswo auf diese Entwicklung sehr hemmend ein. Immerhin war ein Fortschritt, wenn auch langsam, so doch stetig bis in das sechste Jahrzehnt des vorigen Jahrhunderts, in welchem die « neue Semmeringstrasse », das Muster einer Bergstrasse, zur Ausführung kam, zu verzeichnen. In den folgenden Jahrzehnten wurde zwar vielfach an der Ergänzung des Netzes der Sekundärstrassen gearbeitet, der Bau grosser Strassen und die Modernisierung in der Erhaltung aber stagnierte vollständig, so dass die Strassen-Verwaltungen als das Automobil auf den Plan trat, vor die doppelte Aufgabe gestellt waren, das Versäumte nachzuholen und den besonderen Bedürfnissen des neuen Vehikels Rechnung zu tragen.

An die Reichsstrassen in Österreich als Hauptrezipienten des Verkehres und insbesondere des durch die Automobile vermittelten Weitverkehres traten diese Aufgaben besonders zwingend heran und unter den Reichsstrassen wieder am intensivsten an jene Teile, welche in Wien als dem administrativen und Verkehrs-Mittelpunkt zusammenliefen. Die niederösterreichische Verwaltung, in deren Gebiet diese konvergierenden Verkehrswege fallen, war nach Kräften bestrebt, den ihr obliegenden Pflichten gerecht zu werden. Wenn auch das angestrebte Ziel einer vollkommenen Instandsetzung der Reichsstrassen in Niederösterreich noch nicht erreicht ist, so ist doch in dieser Richtung schon sehr viel geschehen und es ist der heutige Zustand der Strassen, gegenüber jenem vor wenigen Jahren nach dem Urteile aller unbefangenen Benützer in weitgehendem Masse gebessert.

Was aber ausserdem noch sehr in's Gewicht fällt, ist, dass man, wie der Referent glaubt, nach langen Versuchen und nach Erprobung der meisten bekannten Mittel zur Verbesserung der Strassen bei jenem Verfahren angelangt ist, welches, soweit nach der kurzen Zeit der Anwendung beurteilt werden kann, als dauernden Erfolg versprechend anzusehen ist, und erwarten lässt, dass es künftig allgemein bei den Landstrassen in Gebrauch genommen werden dürfte. Die folgenden Ausführungen sind einer kurzen, sehr kurzen Schilderung der angestellten Versuche und der daraus abgeleiteten Schlüsse gewidmet.

In Frankreich und in allen Ländern, die dem französischen Beispiele gefolgt sind, hat sich schon vor dem Erscheinen des Automobils die Erkenntnis Bahn gebrochen, dass die sorgfältigste Herstellung und Erhaltung der Strassen nicht nur die beste, sondern auch die billigste ist; der Qualität des Deckmaterials, nämlich dessen Härte, Zähigkeit, Wetterbeständigkeit und Gleichförmigkeit, wurde eine ausschlaggebende Bedeutung beigemessen, die Korngrösse des Deckschotters in den Grenzen von 4-6 cm gehalten, die Einbettung des Schotters wurde erst nach Entfernung von Staub und Kot vorgenommen; man hat eingesehen, dass es unzweckmässig und unwirtschaftlich ist, das Einbinden des Schotters den Rädern der Fuhrwerke zu überlassen, welche einen grossen Teil des Deckmaterials vor seiner Fest legung zerdrücken und man hat deshalb die Festigung und Glättung der Strassenoberfläche unter Verwendung von Walzen und zwar früher mit Pferdezug und später mit motorischem Betriebe durchgeführt.

Den Anforderungen des modernen Verkehrs genügt auch das nicht.

Es fragt sich nun warum?

Jeder, der im Walzen von Strassen Erfahrungen gesammelt hat, wird wissen, dass ein harter Schotter — und ein solcher muss, wenn eine widerstandsfähige Bahn erzielt werden soll, verwendet werden — rein, ohne Beisatz von Kleinmaterial, nur unter einem unwirtschaftlichen Aufwande von Arbeit und nach Zerdrückung eines Teiles des Schotters eingewalzt werden kann.

Zumeist wird sonach folgender Vorgang beobachtet :

Die mit der Leere abgeglichene Aufschotterung wird solange mit der Walze überfahren, bis die Oberfläche die gewünschte Wölbung erlangt hat, dann wird Sand, eventuell gemischt mit Strassenstaub aufgetragen, das Material eingeschlemmt, die Walzung ausgiebig wiederholt und schliesslich, bevor die Bahn dem Verkehr übergeben wird, neuerlich eine Sanddecke darüber gebreitet. Diese Sanddecke muss, will man nicht eine vorzeitige Abnützung der Fahrbahn gewärtigen, ständig erhalten werden. Hat man ja doch beobachtet, dass das Halten einer solchen Sandschutzschichte die Dauer der Schotterdecke verdoppelt!

Diese Sanddecke bildet aber eine ständige Quelle einer Staubentwicklung, ähnlich jener auf der ungewalzten Strasse. Von dem gewöhnlichen Fuhrwerke wird dies jedoch nicht besonders tief empfunden. Erst als das Automobil in den Verkehr eintrat, machte sich dies unangenehm fühlbar.

Die vor allem in die Augen springende Wirkung des Kraftfahrzeuges, eine Wirkung, welche am meisten geeignet war empfindlich zu belästigen und Beschwerden der Nichtautomobilisten hervorzurufen, ist das Aufwirbeln des Strassenstaubes. Es ist daher begreiflich, dass die ersten Bestrebungen darauf gerichtet waren, den, wie es schien, unvermeidlichen Staub unschädlich zu machen. Zuerst versuchte man es mit der Wasserbesprengung. Das Wasser verdampft jedoch bekanntlich bald und die Wirkung war daher nur von kurzer Dauer. Um diese zu verlängern, wurde dem Sprengwasser Chlorkalzium beigemengt in der Erwartung, dass die hygroskopische Eigenschaf des Lösungsmittels den Staub feucht erhalten werde. Einzeln wurden mit dem Mittel auch annehmbare Erfolge erzielt. Ein Hindernis für die weitergehende Verwendung liegt jedoch darin, dass dieses Mittel auf die Pflanzen, auf die Kleidung der Passanten, auf metallische Bestandteile der Wagen u. s. w. ätzend wirkt. Das Benetzen mit Öl erwies sich als probat, kam aber zu teuer. Dessen sparsame Verwendung ist dadurch möglich, dass es im Wege der Verseifung mit Wasser mengbar gemacht und in dieser Mischung aufgesprengt wird. Das zu dieser Kategorie gehörige Westrumit ist zweifellos für Zwecke, bei denen eine Wirkung für kürzere Dauer genügt, entsprechend; ein Effekt von längerer Dauer ist damit jedoch nicht zu erzielen. Die Sprengmittel können nur ein Auffliegen des Staubes durch Beschweren der Staubteilchen oder durch ihr Zusammenballen zu kleinen Klumpen verhindern und es war daher ein grosser Fortschritt, als Dr. Guglielminetti darauf verfiel, die Staubbildung, insoweit sie eine Folge der Strassenabnützung ist, durch Schutz der Strassendecke mittels eines Teeranstriches zu verhindern.

In Niederösterreich wurden, angeregt durch die Nachrichten über die Versuche des Dr. Guglielminetti, bereits im Jahre 1902 Teerungsproben auf den Reichsstrassen vorgenommen. Seither sind diese Versuche hier fortgesetzt worden und zwar zuerst mit Handbetrieb allein und später mit dem Apparate von Lassailly, dessen Verwendung für Deutschland und Österreich den Brüdern Van Westrum zusteht. Die Ergebnisse der Versuche gleichen denen in anderen Ländern. Um eine gute Wirkung des Teeranstriches zu erzielen, müssen unbedingt folgende Voraussetzungen erfüllt werden :

Die Arbeiten sollen nur bei warmen, trockenem Wetter vorgenommen werden, die Strasse selbst muss trocken und gleichmässig profiliert sein und für die Arbeit staub- und kotfrei hergerichtet werden. Der verwendete Teer soll bei der Arbeit leicht fliessen und deshalb stark erhitzt werden (etwa auf 100 Grad Celsius). Er soll nach einer Zeit gut binden, aber nicht so erhärten, dass er spröde und brüchig wird, in der Hegel soll nur destillierter Teer verwendet werden. Werden diese Bedingungen erfüllt, dann kann eine solche Decke mehrere Monate, ja bei leichtem Fuhrwerk auch ein Jahr und darüber halten. Im Winter leidet der Teeranstrich durch Feuchtigkeit und Frost und verursacht die Bildung von schwarzem Schlamm. Der Teeranstrich muss also zumeist nach Ablauf der vorangegebenen Zeiten wiederholt werden. Wenn daher auch die Ergebnisse der Oberflächenteerung relativ günstig ausfielen und deren Wirkung auf eine längere Dauer sich erstreckte, als die Mittel, welche zum Aufspritzen verwendet wurden, so war die Bauer, absolut genommen, für eine rationelle Strassenerhaltung doch zu kurz und das Verlangen wurde immer dringender Mittel, bezw. Verfahren zu finden, welche einen länger währenden Effekt ermöglichen. Die Versuche, die in dieser Richtung unternommen worden sind, sind jüngeren Datums und ist ein endgiltiges Urteil darüber noch nicht zulässig, doch glaubt der Referent der richtigen Lösung der Frage schon ziemlich nahe gekommen zu sein. Um die Grundlage für die hierauf bezüglichen weiteren Erörterungen zu gewinnen, empfiehlt es sich einen Vergleich anzustellen zwischen der Bauweise alter Strassen, welche eine Zeit von zwei Jahrtausenden überdauert haben, der Strassen der alten Römer und jener der heutigen.

Grundsätzlich bestand das Profil einer alten Römerstrasse (Tafel II, Figur 11) aus vier Schichten und zwar dem Statumen, aus zwei Lagen grosser, flacher Bruchsteine gebildet, der Ruderatio, aus faustgrossen Kieseln oder ebenso grossem Bruchschotter, dem Nucleus, aus nussgrossem Kiesel, und der Summa Crusta aus Sand und Kies. Die Schichten wurden ab und zu auch etwas variiert (Tafel II, Figur 10) und wenn der Verkehr besonders gross war, mit Steinpflaster gedeckt. Die Stärke des Wegekörpers erreichte das Mass von 1 Meter und auch darüber. Der Körper war schon durch seine Dimensionierung sehr kräftig und standfähig, da kam aber noch hinzu, und darauf soll das Augenmerk besonders gerichtet werden, dass sämtliche Schichten mit Kalkmörtel durchsetzt waren. Dies galt für die Deckschichte zwar nicht ausnahmslos, doch bei den wichtigsten Verkehrslinien war es auch für diese die Regel. In Italien bestand zum Beispiel die gewöhnliche Art der Strassenoberflächenbefestigung in einer Steinschichte, deren Kies mit Kalk gemischt und nach der Aufbringung sorgfältig gestampft wurde. Wie gestaltete sich demgegenüber der neuere Strassenbau seit dessen Renaissance im 16. und 17. Jahrhundert?

Bei besonders sorgfältiger Ausführung wird conform mit Trésaguet ein Grundbau aus hochkantiggestelltem Bruchstein von etwa 8 cm Basis Breite und 20-30 cm Höhe, die sogenannte Packlage, oder das Sturzbett, ausgeführt und darüber dann eine 15-20 cm starke Schotterschichte gebreitet, eventuell werden statt einer solchen Schotterschichte deren 2 zur Anwendung gebracht, wobei die untere Schichte aus gröberem Material von 8-10 cm Korngrösse, die obere aus Stücken von 4-6 cm Durchmesser besteht. Häufig wird, nach Mac Adam, die Packlage weggelassen und der ganze Strassenkörper aus Schotter hergestellt. Dieser wird in Schichten von etwa 12-15 cm gewalzt und es werden seine Fugen mit Riesel oder Grus ausgefüllt. Ein eigentliches Bindemittel kommt nicht zur Anwendung. Der neue Strassenkörper ist zweifellos gegenüber dem alten sowohl in seiner *Dimensionierung* als in seinem *Zusammenhang* minderwertig. Wenn daraus jedoch geschlossen wird — wie dies manchmal geschieht — dass das Können der neueren Strassenbauer gegen jenes der alten zurückgegangen ist, so tut man damit sehr unrecht. Es gilt hier, was ein österreichischer Nationalökonom bei Besprechung der Beziehungen zwischen Wirtschaft und Technik sagt : « Nicht selten gewinnt es den Anschein, als ob die Wirtschaft ein der Technik gerade entgegengesetztes Ziel hätte, als ob sie mit Absicht die mindest vollkommenen Methoden und Mittel auswählte, um technisch auf halbem Wege stehen zu bleiben, nur weil sie vor den Kosten zurückschreckt oder die Vorteile vollendeter Wirkungen nicht allzu hoch veranschlagen will. Der Techniker fühlt sich dann in seinen Zielbestrebungen durch die Wirthschaft gedrückt, gehemmt, gekettet. Er muss sich mit einer weniger geeigneten Leistung, mit geringwertigen Ausführungsmitteln begnügen und dabei dennoch geduldig in das Joch fügen, denn die Wirthschaft ist es ja, welche allein in ihrer auf Einschränkung, Sparsamkeit, Wertansammlung und Fondsbildung bedachten Weise auch die Mittel besitzt und zur Verfügung stellen kann, um dem Techniker die Lösung einer Aufgabe zu ermöglichen. »

Nun denn : Es würde den heutigen Technikern keine Schwierigkeit bereiten, das Alte einfach zu kopieren; allein es stehen ihnen nicht, wie ihren römischen Kollegen, Legionäre, Frohnarbeiter und Rohmaterialien kostenlos zur Verfügung, sie müssen sparen und dem Bedürfnis mit den geringsten Mitteln Rechnung zu tragen suchen. Sie können auch jetzt, trotz der zwingenden Verhältnisse das Beispiel der alten römischen Baumeister nicht ohne weiters nachahmen und wie diese, Strassen herstellen, die nach dem sehr zutreffenden Ausspruche eines Schriftstellers, « auf die Seite gelegten Mauern gleichen ». Aber ausgewichen darf den Konzequenzen nicht werden. Die eine dieser Konsequenzen, die Verstärkung der Masse des Strassenkörpers, lässt sich, wie bereits erwähnt, der grossen Kosten wegen nicht immer im vollen Masse berücksichtigen, immerhin empfiehlt es sich, wo irgend möglich, einen soliden Unterbau herzustellen.

Auf was aber stets und bei noch so grosser Sparsamkeit künftig Bedacht genommen werden sollte, ist eine wirksame innere Bindung des Strassenkörpers. — Dieselbe Logik, welche die Strassenerhalter vom blossen Auftragen des Schotters zum Einwalzen geführt hat, muss sie auch dahin leiten, das Füllmaterial der Schotterzwischenräume durch ein wirksames Bindemittel zu ersetzen. Bei den alten Strassen wurde Kalk als Bindemittel verwendet; derselbe steht auch heute bei den Hartbetonstrassendecken, von welchem in diesem Berichte später die Rede ist, in Gebrauch, er könnte auch bei der Schotterstrasse noch in Benützung kommen, wo der Strassenkörper genug kräftig ist, um nicht bei besonderer Belastung Durchbiegungen zu unterliegen, doch ist ein elastischeres Mittel im Allgemeinen zweckmässiger. Als solches empfiehlt sich der Teer. — Dieser dient, wie bereits erwähnt, schon mehrere Jahre zum Oberflächenschutz. Beim Anstrich ist jedoch ein Eindringen, selbst bei solchen Verfahren, bei denen die Auftragung des Teeres unter Druck stattfindet, nur bis zu ungefähr 5 cm zu konstatieren und auch da sind es hauptsächlich nur die Öle, welche die angegebene Imprägnierung bewirken. — Dieses Eindringen hat sich als unzureichend erwiesen; bei fertigen Strassen lässt sich aber ein anderer Vorgang nicht durchführen. Wird es jedoch notwendig, eine Decke einer durchgreifenden Rekonstruktion zu unterziehen, oder handelt es sich um den Neubau einer Strasse, dann soll, nach Meinung des Referenten, der Grundsatz der alten Römer, dass das Bindemittel den ganzen Strassenkörper zu durchsetzen babe, wieder zu Ehren gebracht werden.

In Niederösterreich ist dies bei der Rekonstruktion alter Strassen auf verschiedene Arten versucht worden, deren Beschreibung an der Hand der Zeichnungen nachfolgend erfolgt. (Die Fig. 1 auf Tafel I, welche das Profil für eine Walzung mit blossem Teeranstrich darstellt, liefert auch den generellen Umriss für die folgenden Beschreibungen.)

Grundsätzlich lassen sich für die hier durchgeführten Arbeiten drei Verfahrensarten unterscheiden, wobei für die einzelnen Methoden wieder Variationen zur Anwendung kommen.

Nach der *ersten Methode* walzt man die Strasse wie gewöhnlich mit reinem Normalschotter (Körnung 40/60 mm eventuell 30/70 mm) ohne Beimischung von Feinmaterial und trägt den Teer *vor der Besandung* auf, so dass die Fugen statt mit Sand, mit Teer vollkommen ausgefüllt werden. Erst dann wird eine Decksandschichte darüber gebreitet und aufgewalzt. — Diesen Vorgang habe ich im Jahre 1903 bereits erprobt. — Der erste Versuch misslang zwar und ebenso ein zweiter im Folgejahre; allein der Grund des Misslingens lag, wie ich erst später erkannt hatte, nicht in dem Verfahren selbst, sondern in der ungenügenden Eignung des verwendeten Teers. Diesem war nämlich in der Annahme, dass die Bindefähigkeit verbessert würde, Pech beigemischt worden und dieses veranlasste nach der Erhärtung eine solche Sprödigkeit des Gefüges, dass bei stärkerer Inanspruchnahme eine Zerbröckelung des Strassenkörpers sich ergab.

Im Jahre 1905 wurden auf Grund der gemachten Erfahrungen weitere Versuche nach dem gleichen Verfahren mit reinem Teer angestellt, welche ein so günstiges Resultat lieferten, dass die Probestrecke nach 3 Jahren nur einer mässigen Reparatur (ungefähr 20 Prozent) bedurfte, während die benachbarten in einfacher Wasserwalzung durchgeführten Strecken schon nach zwei Jahren vollständig rekonstruiert werden mussten.

Nach der *zweiten Methode* wird der Teer nicht direkt auf den Schotter aufgetragen, sondern es wird ein Brei aus Sand oder Grus (Körnung 4/15 mm) mit Teer angemacht und in dünnen Schichten (von 15 bis 25 mm Höhe) als Unter-, Zwischen- oder Überlage für den einzuwalzenden Schotter verwendet, so zwar, dass durch den beim Walzen ausgeübten Druck der Teerbrei in die Schotterzwischenräume eindringt. In den Figuren 2 und 3 auf Tafel I sind zwei Varianten des Verfahrens dargestellt. Zu Figur 2 wäre zu bemerken, dass hier auch eine Zwischenschicht von Halbnormalschotter (Körnung 15/30 mm) eingeschoben worden ist. Diese Methode wird nicht empfohlen; sie hat nicht so gute Ergebnisse geliefert wie die beiden anderen Verfahren.

Ein *drittes Verfahren*, welches nach Ansicht des Referenten zu den besten Resultaten geführt hat, besteht darin, dass das zur Bildung des Strassenkörpers bestimmte Material schon vor seiner Aufbringung, mit Teer umhüllt wird. Diese Umhüllung findet in ähnlicher Weise statt, wie bei der Bereitung des Betons und zwar entweder von der Hand, oder es werden eigene Mischvorrichtungen dazu verwendet. Hervorzuheben ist, dass nicht bloss der Schotter, sondern auch das kleiner gekörnte Materiale mit einer Teerumhüllung versehen werden kann. Die Verwendung des mit Teer bereiteten Materials erfolgt in der Regel sofort, doch ist es, wenn es die Durchführungsverhältnisse gestatten, vorteilhafter, selbes einige Zeit in gedeckten Haufen lagern zu lassen und erst dann in Benützung zu nehmen, weil der Teer dann von vorneherein haftet und gegen Feuchtigkeit nicht so empfindlich ist wie bei direkter Verwendung.

In den Fig. 4 und 5 auf Tafel I und Fig. 6 bis 9 auf Tafel II sind die verschiedenen Varianten der dritten Innent leerungsmethode dargestellt. In Fig. 9 ist *eine* 12 cm hohe Schichte geteerten Normalschotters (Körnung 30/70 mm) nach der Teerung sofort eingewalzt und mit trockenem Sand überzogen. In Fig. 8 ist *eine* 12 cm hohe Schichte, gemischt im Verhältnis 3 : 1 aus Normalschotter (Körnung 30/70 mm) und Halbnormalschotter (Körnung 15/30 mm), unmittelbar nach der Teerumhüllung aufgebreitet, mit trockenem Sand überzogen und gewalzt. In Fig. 6 und 7 sind dieselben Prozeduren wie in Fig. 8 und 9 jedoch statt in *einer* 12 cm hohen Schicht, in zwei übereinandergelagerten nur ca. 8 cm hohen Schichten durchgeführt. In Fig. 5 ist *eine* Schichte gemischt (9 : 3 : 2) aus Normalschotter, Halbnormalschotter und Grus aus geteertem und eine Zeit gelagertem Materiale aufgetragen und gewalzt. Fig. 4 bringt zur Darstellung, wie geteertes und eine Zeit abgelagertes Materiale und zwar eine Schicht aus Normalschotter 9 cm hoch und eine 5 cm hohe Schichte gemischt aus Halbnormalschotter (Körnung 15/30) und Grus oder Sand (Körnung 4/15 mm) übereinander gebreitet und zusammen eingewalzt werden.

Der Steinmaterialverbrauch ergibt sich aus den Coten, der Arbeitsverbranch ist nahezu derselbe wie bei Wasserwalzung, allenfalls dürfte sich sogar etwas an Walzentouren sparen lassen, ausserdem kommt der Wasserverbrauch in Abschlag, dagegen ist der Teerverbrauch separat zu veranschlagen, welcher beträgt pro 1 m³ :

1) Für Normalschotter (Fig. 4, 7, 9). . . . . 40-45 kg.
2) — Teersteinbrei (Fig. 2 und 3). . . . . 140 kg.
3) — Halbnormalschotter und Sandgemisch (im Verhältnis 3 : 1) (Fig. 4). . . . . 100 kg.
4) — Normal-, Halbnormalschotter und Grus oder Sand (gemischt im Verhältnis 9 : 3 : 2) (Fig. 5). . . . 45-50 kg.
5) — Normalschotter und Halbnormalschotter (gemischt wie 9 : 3) (Fig. 8) . . . . 45 kg.

Die Vorsichten, die beobachtet werden müssen, um ein gutes Ergebnis zu sichern, sind ähnlich denen bei der Oberflächenteerung. Alle nach den verschiedenen Varianten der dritten Methode hergestellten Strassenstrecken sind sehr befriedigend ausgefallen; die Bahn ist regelrecht im Profil, sehr gut fahrbar und wasserundurchlässig, nützt sich nicht merkbar ab und hat daher nur den Staub, der von dem Fuhrwerk zugeschleppt wird. Von den Varianten ist vorläufig die ad 8 in dauernde Verwendung genommen und ev. die ad 5 in Aussicht gestellt. Der Referent empfiehlt die Erprobung allen Strassenverwaltungen aufs wärmste. Die Unternehmung, welche durch ihre Solidität und durch ihr verständnisvolles Eingehen auf die Intentionen der niederösterreichischen Strassenbauverwaltung den Erfolg sehr gefördert hat, ist das Basaltwerk « Radebeule » in Leitmeritz.

Anhangsweise werden auch noch zwei Strassendecken besprochen, welche nach Vorbildern aus dem Deutschen Reiche seit einigen Jahren auf den niederösterreichischen Reichsstrassen in Probe genommen worden sind und die die Mitte halten zwischen den Schotterstrassen und den bisher üblichen Strassenbahnbekleidungen. Es ist früher bereits darauf hingewiesen worden, dass die Römerstrassen, welche zwei Jahrtausende überdauert haben und dadurch den untrüglichen Beweis einer grossen Widerstandsfähigkeit lieferten, durchaus mit Kalkmörtel durchsetzt gewesen sind. Wird diesem Vorbild in modernster Anwendung der Verbindung von Stein und Kalk Rechnung getragen, dann gelangt man zur Betonstrasse. Soll der aus Betonhergestellte Strassenkörper nicht bald beschädigt werden, dann muss er einerseits so kräftig sein, um den von den passierenden Fuhrwerken ausgeübten Drucke, ohne jede Durchbiegung Widerstand zu leisten und anderseits so hart, dass die Abnützung auf ein Minimum herabgedrückt wird. Diesen Bedingungen wird genügt, wenn, wie dies in Figur 12, Tafel II dargestellt ist, auf das ausgeglichene Profil des Strassendammes eine 18 cm hohe Tragschichte von gewöhnlichem Beton gelagert und diese von einer 8 cm hohen Hartbetonschichte, die die Fahrbahn zu bilden hat, überdeckt wird. Jede Schichte wird nach dem Auftragen gestampft, wodurch sich deren Höhe auf 15 cm bezw. 5 cm reduziert. (Die Härte der Deckschichte wird in Niederösterreich durch einen Beisatz von Basaltsand bewirkt, daher der Name Basaltoid).

Der Hartbeton ist fugenlos, daher mit wenig Geräusch und wenig Stoss zu befahren. Die Oberfläche besitzt im Gegensatze zu den Asphaltstrassen eine gewisse Rauhigkeit und bietet den Zugtieren guten Halt. Die Widerstandsfähigkeit lässt sich nach den Erfahrungen in Niederösterreich vorläufig nur danach beurteilen, dass auf einer 3 Jahre alten, ziemlich stark befahrenen Probestrecke noch keine Abnützung wahrzunehmen ist. Die Kosten stellen sich hier auf ungefähr 12-13 Kronen, also etwas weniger als 12-13 Franken.

Einen weiteren Übergang von den Schotterstrassen zu den Pflasterdecken bilden die Setzstein- beziehungsweise Kleinpflasterbahnen.

Die gewalzte Schotterstrasse ist uneben und hat einen unregelmässigen, oft leicht lockerbaren Verband. Diese Übelstände werden vermieden, wenn man die Schotterstücke, statt sie zu schütten, von der Hand nebeneinander aufstellt; man erhält dann eine Setzsteindecke und wenn die Masse der einzelnen Steine die des gewöhnlichen Schotters überschreiten, sonach die Seitenlängen ungefähr 8-10 cm erreichen, wird es ein Kleinpflaster. Sowohl für das Setzstein- als für das Kleinpflaster müssen die eizelnen Steine nach ihrer Grösse sortiert werden, für beide wird ein fester Unterbau, der nach der Leere ins Profil zu bringen und einzuwalzen ist, benötigt. Die Sandbettung soll 1-2 cm nicht überschreiten. Die Kosten stellen sich in Niederösterreich ungefähr um 50-100 Prozent höher als die Walzungen mit gleichem Materiale. Dieses Strassendeckverfahren (in Fig. 14 Tafel II dargestellt), welches von Baurat Gravenhorst in Stade erfunden worden ist und nach seinen Unterweisungen von dem Referenten in Österreich im Jahre 1904 zum ersten Male zur Anwendung gebracht wurde, ist wohl schon ziemlich bekannt; nicht so bekannt und jedenfalls noch viel weniger angewendet ist dessen Modifikation in der Richtung, dass die Steine statt in Sand in Beton gebettet werden. Hiefür ist eine weitere Unterbauvorbereitung nicht notwendig. Die Kleinsteine werden, wie in Fig. 15 Tafel II ersichtlich, nnmittelhar in den frisch aufgetragenen Beton versetzt und dann festgerammt. Der Beton füllt die Fugen zwischen den Steinen aus, gibt nach dem Erstarren einen festen Sitz. Als Materiale soll nur sehr harter und zäher Stein, als Basalt, Porphyr, Granit, Trachyt u. s. w. verwendet werden. Der Kleinstein, insbesondere der in Beton gebettete, ist für den stärksten Verkehr zu brauchen, er benötigt, ohne den Halt der Zugtiere zu beeinträchtigen, nur enge Fugen und nützt sich daher nicht so wie die gewöhnlichen Pflastersteine, welche in einiger Zeit runde Köpfe erhalten, ungleichmässig ab, und gewährleistet daher stets eine stossfreie Fahrt.

Die Kosten des in Beton gebetteten Kleinpflasters unter Verwendung von Basaltsteinen stellen sich in Niederösterreich ebenso hoch wie jene des Hartbetons, auf ungefähr 12-13 Kronen, etwas weniger als 12-13 Franken.

Die Erfahrungen, welche bei dem Bestreben, den Zustand der Reichsstrassen in Niederösterreich zu verbessern und sie den modernen Bedürfnissen anzupassen gemacht worden sind, insbesondere jene Erfahrungen, die sich aus der Bekämpfung der Abnützung und des Staubes ergeben haben, lassen sich in folgende Leitsätze zusammenfassen:

1. Alle Sprengmittel, sei es Wasser allein, oder Lösungen von Salzen oder Emulsionen von Ölen und Fetten oder Kombinationen solcher Mittel üben, soweit der Referent dies selbst erprobt hat und soweit es ihm sonst wie bekannt geworden ist, nur eine kurzdauernde Wirkung aus und empfehlen sich daher nur für zeitlich sehr eng begrenzte Zwecke.

2. Der Teeranstrich ist nur bei guterhaltenen ganz in Form befindlichen Strassen anzuwenden; er muss, wenn er wirksam bleiben soll, von Zeit zu Zeit wiederholt werden.

3. Sind alte Strassen umbaubedürftig oder neue Strassen zu errichten, dann empfiehlt sich

a) für normal beanspruchte Strassen die Innenteerung,

b) für solche mit starkem Verkehre eine Deckung mit Kleinpflaster und zwar e nach der Dichte des Verkehres mit Bettung in Sand oder Beton. Der

Hartbeton (Basaltoid) ist dem Kleinpflaster in Beton gebettet gleichzuhalten.

Besondere Anträge werden nicht gestellt.

Benützte Schriften :

Dr. E. Herrmann : *Technische Fragen und Probleme der modernen Volkswirtschaft*, 1891.

Rotenhan (Freiherr v.) : *Entwickelung der Landstrassen*, 1897.

Merkel Kurt : *Ingenieurtechnik im Altertum*, 1899.

Girardeau Viktor : *Goudronnage des Chaussées et Trottoirs*, 1903.

Nessinius : *Zeitschrift für Architektur-Ingenieurwesen*, Jahrg. 1904.

Dr. med. Übel Johannes : *Über staubfreie Strassen*, 1905.

Dr. Guglielminetti : *La Lutte contre la Poussière des routes*, 1907.

Schreiber Otto : *Über die Beseitigung der Staubplage auf Strassen und Platzen.*

Wien, 30 mai 1908.

62 064. — Imprimerie LAHURE, 9, rue de Fleurus, à Paris.

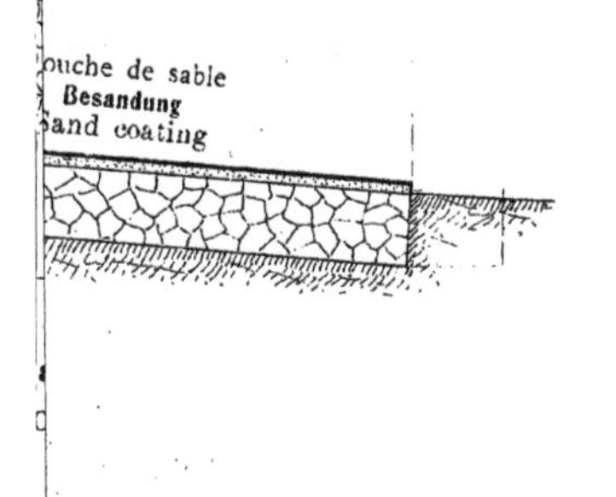

— **Figur 5** — Figure 5

ndrage
alzt
led

Après cylindrage
Gewalzt
Rolled

Couche de sable **Besandung** Sand coating

12 c

goudronnés avant d'être mis en place
pour former une seule couche
sand vor dem aufbringen geteert
ngewalzt in 1 schichte
coated with tar before laying them
Rolled in 1 bed

Profil d'une Route de 5 mètres de largeur à cylindrer après goudronnage et arrosage
Profil Einer 5 m. Breiten Strasse für Wasser-Und Teerwalzung
Section of a 16' 8" broad road to be rolled after having been tarred and watered

Figure 1 — **Figur 1** — Figure 1

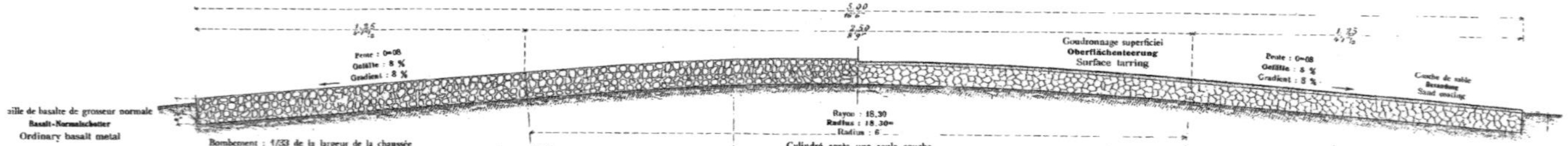
5.00
2.50
1.25
Pente : 0=08
Gefälle : 8 %
Gradient : 8 %
Goudronnage superficiel
Oberflächenteerung
Surface tarring
Couche de sable
Besandung
Sand coating
aille de basalte de grosseur normale
Basalt-Normalschotter
Ordinary basalt metal
Rayon : 18.30
Radius : 18.30
Radius : 6

Bombement : 1/33 de la largeur de la chaussée
Sattlung : 1/33 der Fahrbahnbreite
Camber : 1/33 of the width of the highway

Avant cylindrage
Ungewalzt
Not rolled

Cylindré après une seule couche
Eingewalzt in einer schichte
Rolled in one bed

Après cylindrage — Surface goudronnée
Gewalzt und die oberfläche Geteert
Rolled with surface tarring

Cylindrage après goudronnages exécutés de différentes façons — **Teerwalzungen in verschiedenen ausführungen** — Rolling after tarrings carried on in various ways

Figure 2 — **Figur 2** — Figure 2

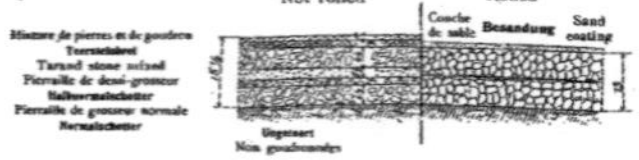
Avant cylindrage
Ungewalzt
Not rolled
Après cylindrage
Gewalzt
Rolled
Couche de sable
Besandung
Sand coating
Mixture de pierres et de goudron
Teerstelnbrei
Tarred stone mixed
Pierraille de demi-grosseur
Halbnormalschotter
Pierraille de grosseur normale
Normalschotter
Ungeteert
Non goudronnés

Cylindrage après chacune des deux couches
Eingewalzt in 2 schichten
Rolled in 2 beds

Figure 3 — **Figur 3** — Figure 3

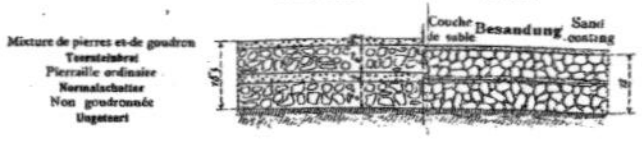
Avant cylindrage
Ungewalzt
Not rolled
Après cylindrage
Gewalzt
Rolled
Couche de sable
Besandung
Sand coating
Mixture de pierres et de goudron
Teersteinbrei
Pierraille ordinaire
Normalschotter
Non goudronnée
Ungeteert

Echelle 1 : 10
Masstab 1 : 10
Scale 1 : 10

Figure 4 — **Figur 4** — Figure 4

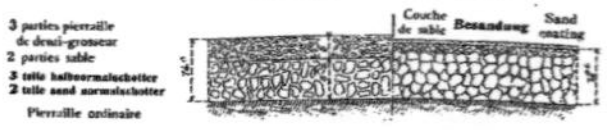
Avant cylindrage
Ungewalzt
Not rolled
Après cylindrage
Gewalzt
Rolled
Couche de sable
Besandung
Sand coating
3 parties pierraille de demi-grosseur
2 parties sable
3 teile halbnormalschotter
2 teile sand normalschotter
Pierraille ordinaire

Pierraille et sable goudronnés avant d'être mis en place
Cylindrage unique des deux lits
Schotter und sand vor dem aufbringen geteert
Eingewalzt in 1 schichte
Metal and sand coated with tar before laying them
Rolled in 1 bed

Figure 5 — **Figur 5** — Figure 5

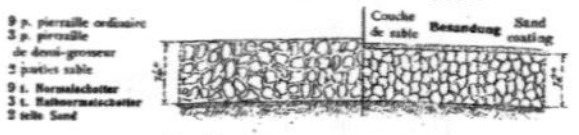
Avant cylindrage
Ungewalzt
Not rolled
Après cylindrage
Gewalzt
Rolled
Couche de sable
Besandung
Sand coating
9 p. pierraille ordinaire
3 p. pierraille de demi-grosseur
2 parties sable
9 t. Normalschotter
3 t. Halbnormalschotter
2 teile Sand

Pierraille et sable goudronnés avant d'être mis en place
Cylindrage pour former une seule couche
Schotter und sand vor dem aufbringen geteert
Eingewalzt in 1 schichte
Metal and sand coated with tar before laying them
Rolled in 1 bed

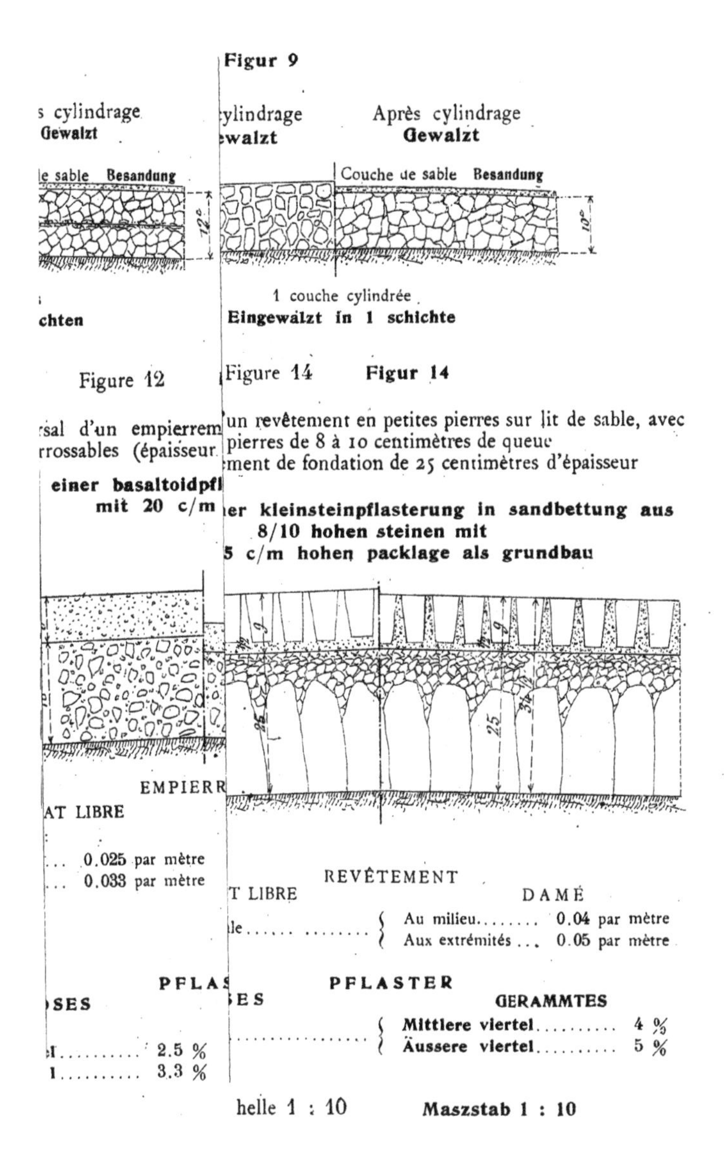

Figur 9
s cylindrage
Gewalzt
le sable Besandung
12°
ylindrage
walzt
Après cylindrage
Gewalzt
Couche de sable Besandung
10°
1 couche cylindrée
chten
Eingewalzt in 1 schichte
Figure 12
Figure 14
Figur 14
rsal d'un empierrem
rrossables (épaisseur
un revêtement en petites pierres sur lit de sable, avec
pierres de 8 à 10 centimètres de queue
ment de fondation de 25 centimètres d'épaisseur
einer basaltoidpfl
mit 20 c/m
er kleinsteinpflasterung in sandbettung aus
8/10 hohen steinen mit
5 c/m hohen packlage als grundbau
9
25
34
EMPIERR
AT LIBRE
... 0.025 par mètre
... 0.033 par mètre
REVÊTEMENT
T LIBRE
DAMÉ
le............ Au milieu........ 0.04 par mètre
Aux extrémités ... 0.05 par mètre
PFLAS
SES
ES
PFLASTER
GERAMMTES
Mittlere viertel.......... 4 %
Äussere viertel.......... 5 %
l.......... 2.5 %
l.......... 3.3 %
helle 1 : 10
Maszstab 1 : 10

Goudronnages cylindrés et Pavages exécutés de différentes façons
Teerwalzungen und Pflasterungen in Verschiedenen ausführhrungen

Figure 6 **Figur 6**

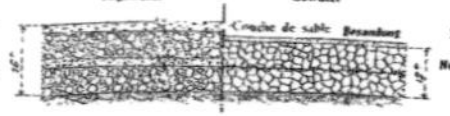

Avant cylindrage **Ungewalzt** — Après cylindrage **Gewalzt**

9 parties de pierraille ordinaire
3 part. de pierraille de demi-grosseur goudronnée avant d'être placée
9 teile normalschotter
3 teile halbnormalschotter vor dem aufbringen geteert
Sable non goudronné
Sand ungeteert

Couche de sable **Besandung**

2 couches cylindrées
Eingewalzt in 2 schichten

Figure 7 **Figur 7**

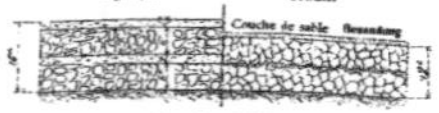

Avant cylindrage **Ungewalzt** — Après cylindrage **Gewalzt**

Pierraille ordinaire goudronnée avant d'être placée
Normalschotter vor dem aufbringen geteert
Sable non goudronné
Sand ungeteert

Couche de sable **Besandung**

2 couches cylindrées
Eingewalzt in 2 schichten

Figure 8 **Figur 8**

Avant cylindrage **Ungewalzt** — Après cylindrage **Gewalzt**

9 parties de pierraille ordinaire
3 part. de pierraille de demi-grosseur goudronnée avant d'être placée
9 teile normalschotter
3 teile halbnormalschotter vor dem aufbringen geteert

Couche de sable **Besandung**

1 couche cylindrée
Eingewalzt in 1 schichte

Figure 9 **Figur 9**

Avant cylindrage **Ungewalzt** — Après cylindrage **Gewalzt**

Pierraille ordinaire goudronnée avant d'être placée
Normalschotter vor dem aufbringen geteert

Couche de sable **Besandung**

1 couche cylindrée
Eingewalzt in 1 schichte

Figure 10 **Figur 10**

Profil transversal de routes romaines
Querschnitt durch römerstrassen

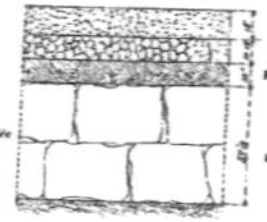

Gravier — **Kies**
Cailloux — **Kiesel**
Terre bien battue — **Festgestampfte erde**
Pierres. Ancienne assiette consolidée par du mortier de chaux — **Steine. Unterlage mit kalkmörtel verlegt**

Figure 11 **Figur 11**

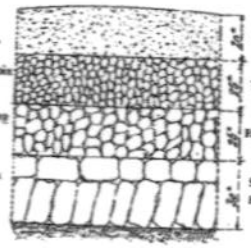

Sable avec gravier — **Sand mit kiess**
Cailloux de la grosseur d'une noix avec mortier de chaux — **Nussgrosse kiesel mit kalkmörtel**
Cailloux de la grosseur du poing avec mortier de chaux — **Faustgrosse kiesel mit kalkmörtel**
Pierres avec mortier de chaux — **Steine mit kalkmörtel**
Glaise bien battue — **Festgeschlagener lehm**

Echelle 1 : 20
Maszstab 1 : 20

Figure 12 **Figur 12**

Profil transversal d'un empierrement en basaltoïde pour routes carrossables (épaisseur : 20 centimètres)
Querschnitt einer basaltoidpflasterung für fahrstrassen mit 20 c/m bauhöhe

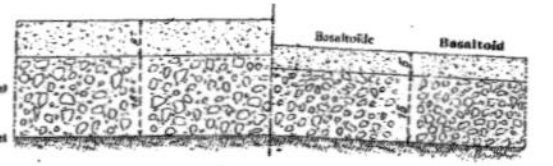

Basaltoïde — **Basaltoid**

EMPIERREMENT

A L'ÉTAT LIBRE
Pente transversale :
Au milieu.......... 0.025 par mètre
Aux extrémités..... 0.033 par mètre

PILONNÉ
Béton formant assiette :
1 partie de ciment de Portland
10 parties de gravier de béton
Basaltoïde :
1 partie de ciment de Portland
3 ½ parties de matières additionnelles

PFLASTER

LOSES
Quergefälle :
Mittlere viertel .... 2.5 %
Äussere viertel .... 3.3 %

GESTAMPFTES
Tragebeton :
1 teil Portlandzement
10 teile betonkies
Basaltoid :
1 teil Portlandzement
3 ½ teile zuschlagstoffe

Figure 13 **Figur 13**

Profil transversal d'une chaussée en petits pavés sur fondation de béton (Hauteur du pavage : 9 c/m; épaisseur totale : 20 c/m)
Querschnitt einer kleinsteinpflasterung in betonbettung mit 9 c/m steinstärke & 20 c/m bauhöhe

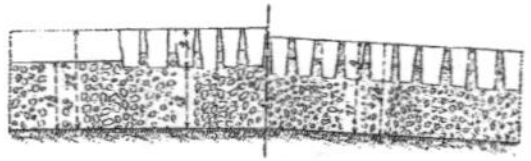

PAVAGE

A L'ÉTAT LIBRE
Pente transversale :
Au milieu.......... 0.04 par mètre
Aux extrémités..... 0.05 par mètre

DAMÉ
Couche de béton :
1 partie de ciment de Portland
8 parties de gravier de béton
Mortier des joints :
1 partie de ciment de Portland
3 parties de sable maigre

PFLASTER

LOSES
Quergefälle :
Mittlere viertel .... 4 %
Äussere viertel .... 5 %

GERAMMTES
Betonbettung :
1 teil Portlandzement
8 teile betonkies
Fugenmörtel :
1 teil Portlandzement
3 teile scharfer sand

Figure 14 **Figur 14**

Profil transversal d'un revêtement en petites pierres sur lit de sable, avec des pierres de 8 à 10 centimètres de queue et un enrochement de fondation de 25 centimètres d'épaisseur
Querschnitt einer kleinsteinpflasterung in sandbettung aus 8/10 hohen steinen mit einer 25 c/m hohen packlage als grundbau

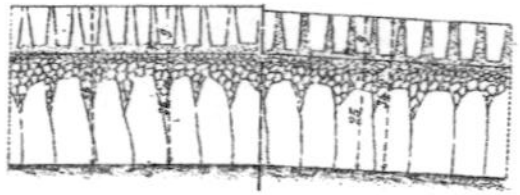

REVÊTEMENT

A L'ÉTAT LIBRE — DAMÉ
Pente transversale .... { Au milieu.......... 0.04 par mètre / Aux extrémités..... 0.05 par mètre

PFLASTER

LOSES — GERAMMTES
Quergefälle .... { **Mittlere viertel** .... 4 % / **Äussere viertel** .... 5 %

Echelle 1 : 10
Maszstab 1 : 10

Ier CONGRÈS INTERNATIONAL DE LA ROUTE
PARIS 1908

3e QUESTION

LA LUTTE CONTRE LA POUSSIÈRE

ET L'USURE DES CHAUSSÉES EMPIERRÉES

RAPPORT

PAR

M. FROIDURE

Ingénieur principal des Ponts et Chaussées à Ypres
Au nom de la Société belge des Ingénieurs et Industriels.

PARIS
IMPRIMERIE GÉNÉRALE LAHURE
9, RUE DE FLEURUS, 9

1908

LA LUTTE CONTRE LA POUSSIÈRE
ET L'USURE DES CHAUSSÉES EMPIERRÉES

RAPPORT

PAR

M. FROIDURE

Ingénieur principal des Ponts et Chaussées à Ypres.

Au nom de la Société belge des Ingénieurs et Industriels.

INCONVÉNIENTS DE LA POUSSIÈRE. — SA FORMATION

La poussière soulevée par les automobiles est non seulement désagréable, pour les usagers et les riverains des routes; elle est en outre nuisible à la santé. Elle peut provoquer des accidents en masquant les véhicules. Elle est encore funeste pour les cultures qu'elle influence parfois sur une grande étendue. Les plantations de tabac et les pâtures surtout en souffrent.

La poussière soulevée provient de l'usure de la pierraille qui compose la chaussée et de la matière liante qu'on incorpore au moment de sa construction.

Elle provient encore, mais en moindre quantité, de la terre apportée des accotements lors du croisement des véhicules, de la poussière amenée par le vent, ou encore des détritus laissés par les passants.

GOUDRONNAGE A CHAUD

Parmi les divers procédés essayés pour combattre la poussière, le goudronnage à chaud occupe le premier rang.

Le goudron de houille, sous-produit de la fabrication du gaz d'éclairage est trop visqueux pour pouvoir être répandu à froid.

Il devient fluide par la chaleur, entre en ébullition à 75° et, à ce moment, mousse violemment en débordant des vases qui le contiennent. Cette mousse, en se répandant sur les foyers, peut s'enflammer et occasionner des accidents.

Pour le chauffage et le répandage du goudron on a recours à des chaudières ou à des foyers ordinaires au coke ou au charbon de bois sur lesquels on place des bassines contenant le goudron.

Arrivé au point d'ébullition, le goudron est déversé dans des arrosoirs présentant un bec large et plat percé de nombreux trous de faible diamètre.

Après avoir époudré parfaitement la chaussée, à la main ou à la balayeuse mécanique, on répand le goudron, puis on le lisse au moyen de balais.

On laisse sécher un ou deux jours, puis on répand à la volée une petite couche de sable ou de produits de balayage.

Les goudronnages exécutés dans ces conditions ont coûté jusqu'ici de 10 centimes à 15 centimes le mètre carré.

Dans ces derniers temps, ces appareils ont été perfectionnés.

Les foyers, au nombre de quatre pour une brigade d'ouvriers, sont adaptés à un châssis monté sur roues et disposés, de même que les vases destinés au chauffage, de manière à permettre un travail rapide et facile. On a employé en outre un arrosoir auquel est adapté le balai destiné au lissage, dispositif qui a le double avantage de permettre le lissage instantané du goudron, par conséquent avant son refroidissement, et en outre de supprimer les ouvriers lisseurs.

Le prix du travail au moyen de cet appareil est tombé à 5 centimes 1/2 environ pour une chaussée goudronnée pour la première fois et à 4 centimes 1/2 pour celles ayant été goudronnées l'année précédente, prix tenant compte de tous les éléments, notamment de l'amortissement des appareils et du salaire des cantonniers.

Une brigade de 8 hommes peut, au moyen de ces appareils, goudronner de 4000 à 5000 m² par jour, c'est-à-dire une longueur de route d'un kilomètre environ.

CONDITIONS INHÉRENTES A L'EXÉCUTION DES GOUDRONNAGES

On admet généralement que, pour que le goudronnage réussisse, les conditions suivantes doivent se trouver réalisées :

1° La chaussée doit être en bon état, non usée, à profil uni ;

2° Elle doit être bien asséchée au moment du goudronnage ;

3° Elle doit être parfaitement époudrée ;

4° Le temps doit être sec et chaud.

Ces conditions se réalisent plutôt exceptionnellement ; aussi importe-t-il d'opérer rapidement les jours où le goudronnage est possible.

Il semble cependant qu'on ne doive pas s'exagérer l'importance de ces conditions.

Certes la chaussée doit être sèche et complètement dépourvue de poussière, sinon le goudron n'adhère pas et disparaît rapidement. Mais du moment où le lissage du goudron suit immédiatement le répandage, ce que permet l'arrosoir avec balai adapté, de même du reste que la goudronneuse mécanique, il est inutile que le temps soit chaud.

Le temps, d'autre part, est toujours suffisamment sec en été, du moment où il ne pleut pas.

Le goudronnage enfin a réussi, quoique moins parfaitement, sur des chaussées usées.

En somme, on peut admettre que le goudronnage est toujours possible en été du moment où la chaussée a pu s'assécher pendant un ou deux jours, et même quelques heures pour les parties époudrées d'avance.

RÉSULTATS

Les résultats produits par le goudronnage à chaud sont excellents. La poussière est supprimée ou du moins réduite au point de ne plus constituer un inconvénient sérieux.

Le goudron forme avec la poussière contenue entre les joints de la pierraille et avec celle qu'on répand après lissage, une pâte qui s'arase avec les pierres et même recouvre celles-ci. Le soulèvement de la poussière contenue dans les vides est dès lors impossible.

Les véhicules, lors des croisements, amènent encore, il est vrai, de la boue et conséquemment de la poussière sur la chaussée, de même que le vent et les passants, poussière contre laquelle le goudronnage est impuissant. Seulement cette poussière est peu importante et est facilement enlevée par la pluie ou chassée par les automobiles.

En somme, les routes goudronnées sont à peu près dépourvues de poussière pendant l'été.

La pâte goudronneuse, molle au moment de sa formation, prend de plus en plus de consistance et devient fort dure après quelque temps; à ce moment elle est sujette à usure superficielle, laquelle usure produit un peu de poussière.

Un seul goudronnage suffit pour combattre la poussière pendant tout l'été sur les routes à circulation faible ou modérée. Sur les premières le goudron se conserve même à moitié pour l'année suivante.

Sur les routes à trafic très intense un seul goudronnage peut ne plus suffire.

Le goudronnage ne supprime pas la boue en hiver, mais la diminue le long des routes à trafic modéré. Cependant cette diminution n'est pas bien établie.

Le goudronnage est très efficace également au point de vue de la protection de la chaussée. Le tapis d'asphalte qui se forme et qui recouvre la pierraille protège fort bien celle-ci. Les pierres supportent mieux l'effort des roues; d'antre part, elles ne sont plus arrachées par les chevaux ou les automobiles, comme c'est le cas après quelques jours de sécheresse pour les chaussées non goudronnées.

On ne saurait se prononcer jusqu'ici quant à l'importance de la réduction d'usure qui résulte du goudronnage. Des expériences se poursuivent en France à ce sujet, mais il faudra un certain temps pour en connaître les résultats.

Le goudronnage n'a pas d'influence sensible sur l'effort de traction, comme l'ont fait voir quelques expériences, sommaires, il est vrai, faites récemment.

Le goudronnage n'occasionne aucun inconvénient, ne suscite aucune plainte. Bien au contraire, tous les usagers des routes et tous les riverains en sont très satisfaits.

Le seul reproche qu'on puisse faire au goudronnage est d'occasionner pendant l'exécution une certaine entrave à la circulation.

Il est prescrit de laisser sécher le goudron pendant vingt-quatre ou quarante-huit heures avant d'y tolérer la circulation. Or, si les opérations se font à grande échelle, il en résulte une entrave à la circulation journellement sur de grandes étendues de routes.

Lors de récentes applications, le recouvrement du goudron s'est fait, à titre d'essai, immédiatement après le répandage du goudron et la circulation a été tolérée aussitôt. Les résultats de cet essai ayant été bons, la mesure a été généralisée et la circulation n'a plus guère été entravée sérieusement.

On conseille de ne pas goudronner les sections de route à recharger l'année qui suit le goudronnage, la pâte goudronneuse rendant difficile la liaison de la pierraille avec la chaussée ancienne.

On pare à la difficulté en piochant la chaussée; seulement ce piochage donne lieu à une dépense assez considérable.

GOUDRONNAGE MÉCANIQUE

Espérant accélérer les opérations de goudronnage et en abaisser le prix, voulant également éviter les inconvénients que présentent les appareils ordinaires du chef du moussage du goudron auquel ils donnent lieu et des accidents qui peuvent s'en suivre, on a songé à faire usage d'appareils de chauffage et répandage mécaniques.

Ces appareils comprennent des réservoirs à goudron munis de serpentins dans lesquels circule de la vapeur d'eau produite par une chaudière; le tout monté sur un chariot traîné par chevaux.

Le goudron, après avoir été chauffé, est foulé dans un chariot-citerne muni d'une rampe d'arrosage et d'un train de balais. Il est étendu ainsi le long de la route pendant qu'une nouvelle charge de goudron est chauffée (système Lassailly).

Dans un autre genre d'appareils le goudron est porté à température voulue à l'aide d'un thermo-siphon alimenté par de l'eau chauffée par un foyer ou par un brûleur à pétrole. Après chauffage le goudron est projeté sous pression sur la chaussée en gouttelettes assez fines pour former une couche suffisamment régulière pour pouvoir supprimer le lissage (système Vinsonneau).

Parfois le goudron est amené chaud de l'usine dans des citernes munies d'une rampe d'arrosage et d'un train de balais et répandu directement sur le sol.

L'année dernière il a été fait usage d'un rouleau compresseur à vapeur auquel a été adapté un réservoir à goudron muni d'un serpentin alimenté par la vapeur produite par la chaudière du rouleau. Derrière l'appareil est fixée une rampe d'arrosage et un train de balais. Le remplissage du réservoir s'est fait au moyen d'un éjecteur qui reçoit également la vapeur du rouleau. Dans le tuyau d'aspiration du goudron est établi un serpentin de petit diamètre destiné à chauffer le goudron au moment de l'aspiration et à faciliter par conséquent celle-ci.

Dans cet appareil c'est la vapeur seule qui effectue tout le travail, remplissage, chauffage, répandage et propulsion.

Deux hommes suffisent à la manœuvre. Dans les autres appareils il faut, soit des chevaux, soit un personnel plus nombreux.

Cet appareil a très bien fonctionné pendant l'année 1907. A certains jours il a mis en œuvre jusque 14 000 kg de goudron quoiqu'en travail normal on ne puisse compter que sur 10 000 kilos environ.

L'époudrage préalable de la chaussée s'est fait au moyen d'une balayeuse mécanique et le recouvrement du goudron à la main.

Le travail a coûté 7 centimes par mètre carré, toutes dépenses quelconques comprises : achat du goudron, approvisionnement, main-d'œuvre, salaires des cantonniers, entretien et amortissement des appareils, etc.

Pour les routes ayant été goudronnées l'année précédente, ce prix tomberait à 5 centimes 1/2 par mètre carré.

Ces chiffres s'appliquent à une année de début et pendant laquelle les opérations ont été fortement contrariées par le mauvais temps et par d'autres causes.

Il est probable que les années suivantes le prix sera inférieur à 5 centimes par mètre carré et se rapprochera du prix du goudronnage à la main.

Comparant les appareils mécaniques aux appareils ordinaires, on constate, qu'au point de vue de la dépense, il y a à peu près équivalence. Les appareils ordinaires ont l'avantage de permettre une répartition du goudron mieux appropriée aux besoins; il y a des cas où les sillons des roues seuls doivent être goudronnés : avec les appareils mécaniques la chose est difficile.

Les appareils ordinaires permettent en outre le recouvrement immédiat du goudron et conséquemment la suppression de toute entrave à la circulation. Avec les appareils mécaniques le répandage est trop rapide pour que le recouvrement puisse suivre régulièrement. Il n'y a cependant jamais plus de 100 à 200 mètres à découvert.

Ces derniers appareils suppriment absolument tout danger pour les ouvriers. Cependant avec un personnel exercé ce danger n'est plus que bien faible avec les appareils ordinaires.

Ceux-ci ne sont sujets à aucun dérangement, ce qui n'est pas le cas pour les appareils mécaniques.

Le principal et le seul avantage en quelque sorte des appareils mécaniques est de n'exiger que peu d'ouvriers. Cet avantage est précieux, attendu qu'on trouve difficilement des ouvriers pour un travail intermittent comme le goudronnage. Toutefois en effectuant en régie certains travaux le long des routes à goudronner, notamment les terrassements, on disposerait généralement, en temps voulu, des ouvriers dont on a besoin pour le goudronnage.

Il est préférable cependant de réduire autant que possible le personnel, attendu qu'on n'est jamais absolument certain de pouvoir se le procurer, et qu'au surplus sa surveillance, pour des travaux en régie, n'est pas toujours aisée.

En somme, les deux genres d'appareils sont bons et le choix entre eux dépendra des circonstances.

APPLICATION EN GRAND

Il était intéressant de constater s'il était possible de goudronner en temps utile des routes entières, c'est-à-dire si le procédé était susceptible d'entrer définitivement dans la pratique.

L'essai a été fait le long de certaines routes de la Flandre occidentale.

Une surface de 270 000 m² a été goudronnée par trois équipes dont deux munies d'appareils ordinaires et la troisième d'appareils mécaniques.

Le travail a été terminé à la fin de juillet malgré les circonstances très défavorables dans lesquelles il a été exécuté.

La goudronneuse mécanique n'a été prête que tardivement.

Les appareils de transport de goudron ont été insuffisants.

Le mauvais temps a fortement contrarié les travaux.

Enfin il y a eu les pertes de temps et les tâtonnements inhérents à tout début.

Les résultats, au point de vue de la poussière, ont été excellents et la dépense très acceptable, ainsi qu'il résulte des indications données précédemment.

Plus aucune plainte ne s'est produite de la part des usagers ou riverains de la route.

En somme l'essai semble avoir été concluant.

On peut se demander si, pour les applications en grand à faire ultérieurement, il sera possible de se procurer régulièrement le goudron nécessaire.

Pour les routes de la Flandre occidentale, il faudra trouver annuellement 400 tonnes environ. Or les quatre usines à gaz les plus favorablement situées produisent ensemble environ 1 900 tonnes, c'est-à-dire plus du quadruple de la quantité nécessaire.

Il est vrai que le goudron produit par les usines à gaz ne convient pas toujours. Les qualités de ce liquide varient non seulement d'une usine à l'autre, mais encore dans une même usine. Parfois le goudron est très fluide, s'infiltre rapidement dans l'empierrement, ne forme pas pâte et n'a que peu de valeur pour la suppression de la poussière. D'autres fois, il contient des impuretés en grand nombre, qui obstruent les conduits et contrarient fortement le travail.

En général, cependant, les usines à gaz produisent du goudron pouvant convenir. Aussi on trouvera certainement dans la Flandre occidentale le goudron nécessaire aux opérations annuelles.

Il est probable également qu'il y aura moyen de contracter avec les usines. Il y va de leur intérêt comme de celui des administrations.

Au besoin on pourra se procurer le goudron dans des usines plus éloignées sans élever de façon appréciable le prix du goudronnage, le transport se faisant par bateau et étant dans ce cas très peu élevé.

Il pourrait être nécessaire d'effectuer une partie des approvisionnements avant l'époque des goudronnages et de mettre le goudron en dépôt, dans des fosses, par exemple, à proximité des routes à goudronner.

Si le goudronnage devait se généraliser et s'étendre à toutes les routes du pays, on pourrait encore, très probablement, se procurer tout le goudron nécessaire. Si la production du pays devenait insuffisante, ce qui ne sera vraisemblablement pas le cas, il suffirait de recourir à l'Angleterre où la production est très considérable et où s'établit le prix du goudron.

La production de Belgique est peu importante relativement à la production d'Angleterre. Aussi toute la production du pays pourrait être absorbée sans provoquer une hausse de prix.

Il est vrai que tout le goudron produit actuellement dans les divers pays trouve emploi et qu'une augmentation générale de la consommation devrait logiquement provoquer une hausse.

Il est à remarquer que la production augmente journellement. Les usines à gaz se développent. D'autre part l'industrie demande de plus en plus de coke. Or le goudron et le coke sont les produits de la distillation de la houille. Certaines fabriques distillent le charbon uniquement en vue de l'obtention du coke. Les Administrations publiques pourraient au besoin faire de même; elles sauraient probablement utiliser elles-mêmes le coke produit et au besoin trouveraient toujours à le placer.

GOUDRONNAGE A FROID

On a essayé de rendre le goudron fluide en le mélangeant à de l'huile lourde. On peut de la sorte le répandre à froid, soit au moyen d'arrosoirs ordinaires, soit au moyen de tonnes d'arrosage traînées par chevaux ou mécaniquement.

Le travail est simple et évite les sujétions du chauffage. Les appareils sont peu compliqués.

La dépense ne diffère pas sensiblement de celle inhérente au goudronnage à chaud.

Les résultats au point de vue de la suppression de la poussière sont bons.

La pâte goudronneuse formée par ce procédé semble avoir moins d'élasticité que celle qui se produit dans le goudronnage à chaud; elle a par conséquent une durée moindre et protège moins efficacement la pierraille.

L'huile à mélanger au goudron est un produit peu répandu qui ne se trouve que dans les usines qui distillent le goudron. Si sa consommation vient à augmenter fortement, peut-être ce produit, déjà plus cher que le goudron, augmentera-t-il de prix dans des proportions qui rendront son emploi impossible; peut-être aussi deviendra-t-il introuvable.

En somme le goudronnage à froid paraît jusqu'à présent inférieur au goudronnage à chaud. Il convient cependant de poursuivre les expériences.

PROCÉDÉS DIVERS POUR LA SUPPRESSION DE LA POUSSIÈRE

On a essayé de rendre le goudron fluide et de le faire pénétrer dans la chaussée en l'enflammant après répandage à froid. La cuisson qu'il subit de la sorte améliore ses qualités; la chaussée, s'échauffant, la pénétration et par suite l'ancrage sont plus parfaits.

Ce système n'a pas fait ses preuves jusqu'ici.

Le pétrole brut a réussi en Californie où il est à très bas prix, mais ne peut convenir dans nos pays en raison de la dépense trop élevée à laquelle son emploi donnerait lieu.

Le mazout, ou goudron de pétrole, et diverses huiles ont été essayés pour former un enduit sur l'empierrement; les résultats n'ont pas été aussi favorables que ceux obtenus par le goudron.

On est parvenu, dans certains cas, à supprimer la poussière; seulement tous ces produits sont d'une application trop coûteuse ou sont sans efficacité au point de vue de la réduction de l'usure de la chaussée.

Dans un autre ordre d'idées on a cherché à effectuer des arrosages au moyen d'eau contenant en dissolution du goudron ou des produits déliquescents.

Les arrosages à la westrumite, à la bitumite, au pulvéranto, au chlorure de calcium ou de magnésium rentrent dans cette catégorie.

On peut dissoudre le goudron dans l'eau par saponification ammoniacale et arroser ensuite la chaussée de la manière ordinaire.

Après évaporation il reste sur la chaussée un enduit gras qui empêche le soulèvement de la poussière.

Le westrumitage, qui est basé sur ce procédé, est un procédé simple, d'une application très facile, rapide, possible en tout temps et n'interrompant en rien la circulation. Seulement son efficacité est limitée à quelques jours et les arrosages doivent conséquemment être renouvelés fréquemment.

Si un seul arrosage est peu coûteux, l'ensemble des arrosages nécessaires pour combattre la poussière pendant tout un été donne lieu à une dépense supérieure à celle du goudronnage.

Ce procédé, d'autre part, n'est d'aucune efficacité pour s'opposer à l'usure de la chaussée.

Dans les arrosages au chlorure de calcium ou de magnésium on a pour but d'étendre sur la chaussée un corps qui, en raison de sa nature déliquescente, maintient sur la chaussée un état d'humidité permanent.

Il faut, pour combattre la poussière pendant toute une saison, trois ou quatre arrosages au chlorure de calcium donnant lieu à une dépense totale en chlorure de 6 à 8 centimes par mètre carré, chiffre que la main-d'œuvre et le transport de l'eau portent de 9 à 12 centimes quand on peut se procurer l'eau à 3 kilomètres de distance environ.

On semble avoir réussi à Vichy au moyen d'un procédé consistant à effectuer des arrosages à l'eau additionnée de goudron, d'huile lourde et de soude. Les résultats, paraît-il, ont été très bons; diminution de poussière et de boue. Le prix s'est élevé à 14 centimes par mètre carré.

Ces divers procédés sont inférieurs au goudronnage. Cependant ils peuvent, dans certains cas, rendre de précieux services.

C'est ainsi que les parties de routes sous bois, constamment humides, ne peuvent que difficilement être goudronnées. Le goudron au surplus y disparaît rapidement.

On recommande également de ne pas goudronner une route sur le point d'être rechargée.

Aux endroits où la circulation est très forte le goudron disparaît rapidement et, peut-être, en pareil cas, des arrosages peuvent-ils conduire à une économie.

Dans les cas où il suffit d'un résultat de quelques jours, mais à obtenir à peu de frais, pour les courses automobiles, les fêtes, par exemple, un seul arrosage à la westrumite ou au chlorure de calcium conduira à une dépense moindre que le goudronnage.

Dans ces divers cas, les procédés autres que le goudronnage seront souvent préférables à ce dernier; aussi convient-il d'en poursuivre les études et les essais.

INCORPORATION DU GOUDRON DANS LA CHAUSSÉE

Des essais d'incorporation du goudron dans la chaussée, au moment du rechargement de celle-ci, se font depuis quelques années.

En septembre 1905 un rechargement a été fait au moyen de pierraille de porphyre simplement trempée dans du goudron ordinaire chauffé, lequel a été absorbé à raison de 50 kilos par mètre cube de pierraille. Le poussier de porphyre tout venant, non goudronné, a été employé comme matière liante.

Il s'est formé à la longue, à la surface de l'empierrement, une pâte adhérente pendant la sécheresse mais avec tendance à décollement en temps humide. La situation a été peu satisfaisante jusqu'à l'été 1907, époque à laquelle un goudronnage superficiel a été effectué. La pâte goudronneuse depuis lors tient fort bien, même en hiver; la poussière et la boue sont réduites de façon très satisfaisante.

La route est à faible circulation pondéreuse. L'essai a été fait sur trop peu de longueur et par des moyens trop primitifs pour qu'il soit possible d'indiquer un chiffre de dépense.

Le long de la même route des essais ont été faits en répandant simplement le goudron à raison de 80 kg par mètre cube de pierraille, soit sur la chaussée ancienne avant rechargement, soit sur la pierraille, après mise en œuvre de celle-ci. Les résultats ont été moins satisfaisants.

Des applications plus importantes ont été faites en 1906. Après avoir étendu la pierraille de porphyre 40 mm × 60 mm dans des bacs plats, on y a versé du goudron chauffé, à raison de 60 kg par mètre cube de pierraille, en remuant constamment la pierraille à la pelle chauffée jusqu'à ce qu'elle fût complètement enduite de goudron.

La pierraille ainsi goudronnée a été mise en dépôt provisoire pour être utilisée à l'époque où la circulation des automobiles est peu active.

Après répandage on a procédé à un premier cylindrage, opération qu'il faut éviter de faire quand le soleil agit trop fortement, la pierraille, dans ce cas, étant arrachée par les roues du cylindre.

De la grenaille de porphyre 5 mm × 10 mm, goudronnée de la même manière que la pierraille, mais au dosage de 100 à 125 kg par mètre cube, a été répandue ensuite sur la pierraille, puis cylindrée et recouverte d'une mince couche de poussière ou de sable.

Avant rechargement la chaussée a été balayée, piochée sur les hanches et par places, et abondamment arrosée.

Le coût d'un rechargement semblable s'établit comme suit, par mètre carré, pour une épaisseur de 7 centimètres de pierraille avant cylindrage :

Fourniture de la pierraille 7 cm³ × 14 fr.	0 fr. 980
Mise en œuvre de la pierraille.	0 » 050
Fourniture de la grenaille 2 cm³ × 8 fr.	0 » 160
Mise en œuvre de la grenaille.	0 » 010
Goudron pour la pierraille 60 kg × 0,07 × 3 fr. 50. . .	0 » 147
Goudron pour la grenaille 125 kg × 0,02 × 3 fr. 50. . .	0 » 088
Combustible.	0 » 017
Main-d'œuvre pour goudronnage de la pierraille 7 × 8.50.	0 » 060
Main-d'œuvre pour goudronnage de la grenaille. . . .	0 » 015
Piochage.	0 » 070
Cylindrage	0 » 100
Balayage et divers.	0 » 003
Total. . . .	fr. 1.700

Un rechargement ordinaire de même importance coûterait :

Fourniture de la pierraille 7 cm³ × 14 fr.	0 fr. 980
Mise en œuvre de la pierraille 0,07 × 4.	0 » 028
Fourniture du poussier de porphyre 0,02 × 75. . . .	0 » 150
Piochage.	0 » 035
Mise en œuvre du poussier, cylindrage, arrosage, etc. .	0 » 200
Total. . . .	fr. 1.393

Le goudronnage augmente donc la dépense de 1 fr. 70 — 1 fr. 39 = 0 fr. 31 ou 22 pour 100.

Cette section de route est bonne, exempte de boue en hiver mais donnant un peu de poussière en été et accusant une tendance à usure. La chaussée est dure et l'effort de traction y est le même que sur une chaussée pavée ordinaire comme des expériences l'ont montré.

Pendant l'été 1907 une partie de ce rechargement a été goudronnée superficiellement et se comporte depuis lors parfaitement bien ; ni poussière, ni boue, ni traces d'usure.

En plein hiver alors que toutes les routes sont boueuses, cette partie est absolument exempte de boue et s'assèche immédiatement après la cessation de la pluie.

Contrairement à ce qui se présente pour les chaussées ordinaires, la pâte goudronneuse, qui recouvre d'ailleurs parfaitement la pierraille, ne se détache pas en temps d'humidité ; on constate simplement des crevasses par endroits.

L'usure est très certainement réduite sérieusement sur cette partie goudronnée superficiellement, mais dans une proportion qu'il est évidemment impossible d'établir et qu'une longue expérience seule pourra indiquer.

Le goudronnage superficiel n'augmente que fort peu la dépense : il n'a coûté que 5 centimes environ et ne devra probablement être renouvelé que tous les deux ou trois ans.

Ce goudronnage se fait du reste plus facilement que le goudronnage des chaussées ordinaires. L'assèchement de la chaussée se fait plus vite et on n'est pas tenu d'agir aussi rapidement.

Cet essai semble montrer que les bons résultats sont surtout obtenus par la couche superficielle de goudron et que le goudron incorporé a plutôt pour effet d'ancrer la couche superficielle et d'empêcher ainsi sa destruction en hiver. Il rend également — condition importante — la chaussée imperméable.

Cette chaussée donne pleinement satisfaction à tous les usagers de la route et réaliserait le meilleur type de route si les mêmes résultats pouvaient être obtenus sur une route à trafic pondéreux. Des essais sont entamés dans ce sens.

La chaussée le long de laquelle l'essai décrit ci-dessus a été fait s'usait primitivement à raison de 1 cm par an. Pour que la dépense résultant du goudronnage intérieur ainsi que du goudronnage superficiel, renouvelé tous les deux ans, fût compensée par la réduction d'usure, il faudrait que la durée d'un rechargement fût augmentée dans la proportion de 7 à $\frac{7 \times (1.70 + 0.025)}{1.39} = 8.7$ ans et il est bien probable, sinon certain, qu'il en sera ainsi. On pourrait du reste admettre un surcroît de dépense annuelle en raison des bons résultats auxquels conduisent ces chaussées.

Les prix indiqués plus haut sont susceptibles d'abaissement. Il est probable qu'à l'avenir semblables rechargements pourront se faire avec 20 pour 100 de majoration au maximum sur les rechargements ordinaires correspondants.

Diverses autres applications ont été faites vers la fin de 1907 sur la même route ainsi que sur une route à circulation plus intense. Le goudron a été employé en proportion variable. Il a subi en outre une cuisson plus ou moins prolongée et, pour certaines expériences, a été mélangé à 10 pour 100 de brai. La grenaille seule a été chauffée.

La dépense a été supérieure de 22 pour 100 à 26 pour 100 à celle des rechargements ordinaires correspondants.

Pour une des applications la pierraille a été chauffée et goudronnée à raison de 103 kg de goudron mais soumis à forte cuisson. La grenaille, également chauffée, a été goudronné à raison de 165 kg de goudron. La dépense a été supérieure de 51 centimes par mètre carré ou 39 pour 100 à celle du rechargement ordinaire de même importance.

Ces divers rechargements ont été exempts de boue l'hiver dernier. Ceux de la route à faible trafic, en particulier, ont été en excellent état.

Il n'est pas encore possible de se prononcer quant à la façon dont les rechargements de 1907 se comporteront relativement à la poussière et à l'usure. Ces rechargements ont été faits dans des conditions peu favorables : à l'entrée de l'hiver et sur une chaussée goudronnée, dure et lisse, piochée en partie seulement.

Ces différentes applications sont imitées du « tar macadam », fort répandu en Angleterre, mais qui exige, pour être exécuté dans de bonnes conditions, des installations compliquées et coûteuses pour le chauffage régulier de la pierraille, la cuisson appropriée du goudron et le mélange parfait du goudron avec la pierraille, et qui conduit, dès lors, à une majoration de dépense assez élevée, devant être équilibrée par une prolongation de durée de la chaussée.

Une variante du tar macadam a fait récemment l'objet d'un brevet. On a appelé « tar mac » une matière consistant en un laitier de haut fourneau traité à chaud par du goudron ayant subi une préparation préalable. Le laitier est choisi parmi les plus résistants; comme l'imprégnation se fait avant refroidissement, les huiles légères pénètrent dans la pierre.

Un rechargement en « tar mac » se compose en général de deux couches de pierrailles goudronnées. La couche inférieure de 55 à 60 mm d'épaisseur est formée d'éléments de 37 à 57 mm. La couche supérieure, en pierraille de 20 à 38 mm, a une épaisseur de 25 à 30 mm après cylindrage. Chaque couche est cylindrée séparément jusqu'au refus.

Après cylindrage on saupoudre la route de poussier sec de laitier qu'on cylindre à nouveau.

Semblable rechargement donne lieu à une majoration de dépense de 126 pour 100 comparativement au rechargement ordinaire de même épaisseur et en laitier également. Cette forte augmentation de dépense provient de ce que l'imprégnation à chaud du laitier et la cuisson du goudron exigent auprès des hauts fourneaux mêmes de coûteuses installations.

Ce qui caractérise le « tar mac », c'est, d'une part, l'emploi de laitier comme pierraille et, d'autre part, l'imprégnation à chaud.

Le laitier, tel qu'on le trouve actuellement, est loin de valoir nos bons matériaux d'empierrement. Seulement on parviendra probablement, et on parvient même déjà en quelques endroits, à le produire avec les qualités voulues pour constituer une bonne pierraille.

L'imprégnation avant refroidissement est un progrès ; il évite le séchage de la pierraille sur place et permet une pénétration profonde des matières grasses.

L'imprégnation de la matière est certainement utile ; il n'est pas démontré cependant qu'elle est indispensable. Le goudron adhère parfaitement à la pierre sans pénétration, même quand la pierre n'a pas été chauffée, mais à condition qu'elle soit sèche.

Une route en « tar mac » doit certainement donner de bons résultats pour autant, bien entendu, que le laitier employé présente suffisamment de résistance. Seulement la grande majoration de dépense à laquelle elle donne lieu, comparativement aux chaussées ordinaires ainsi qu'aux chaussées avec goudron incorporé est-elle compensée par une prolongation correspondante de la durée ? L'expérience le dira.

Une chaussée ordinaire goudronnée superficiellement est bonne à tous les points de vue sauf en ce qui concerne la boue. Celle-ci peut être facilement maîtrisée ; il suffit en hiver de faire passer de temps en temps la balayeuse mécanique. La boue n'offre pas d'inconvénients majeurs : elle n'augmente pas l'effort de traction sur les routes non orniérées ; elle ne rend pas les chaussées glissantes comme le fait la boue sur les pavages. Le long des empierrements boueux, les piétons et les vélocipédistes trouvent ordinairement, à défaut de trottoirs, une partie suffisamment dépourvue de boue sur les reins de la chaussée.

Le principal inconvénient de la boue est de salir les véhicules. Sa disparition, certainement désirable, ne vaut cependant pas de lourds sacrifices.

Peut-être disparaîtra-t-elle avec les chaussées en macadam goudronné, exécutées sommairement, mais complétées par un goudronnage superficiel, chaussées peu coûteuses et paraissant devoir constituer l'intermédiaire entre les chaussées ordinaires et les chaussées en tar macadam ou en tar mac.

CONCLUSIONS

Se basant sur les considérations qui précèdent, la Commission a exprimé le vœu que « les expériences entreprises en vue de lutter contre la pous-
« sière, la boue et l'nsure des chaussées empierrées ayant donné des
« résultats satisfaisants, soient poursuivies et étendues à plusieurs contrées.

« L'attention des administrations est attirée sur ce point : ne serait-il
« pas préférable de recourir d'emblée à des chaussées en pierraille gou-
« dronnée (tar macadam ou tar mac) ?

« Les chaussées en petits pavés pourront également être expérimen-
« tées au point de vue de la poussière. »

Ypres, juin 1908.

SCHLUSS

Infolge der zufriedenstellenden Resultate, welche die Versuche zur Bekämpfung des Staubes, des Schlamms und der Abnützung der beschotterten Chausseen ergeben haben, wäre es wünschenswert, diese Versuche weiter zu verfolgen und auf mehrere Gegenden auszudehnen.

Die Aufmerksamkeit der Verwaltungen wird auf die Frage gelenkt : Wäre es nicht besser ohne Weiteres zu den geteerten Schotterdecken (Tarmacadam oder Tarmac) ihre Zuflucht zu nehmen?

Die Verwendung der Kleinpflasterchausseen könnte ebenfalls hinsichtlich der Staubbildung experimentiert werden.

(Übersetz. BLAEVOET.)

62260. — PARIS, IMPRIMERIE LAHURE

9, rue de Fleurus, 9

Ier CONGRÈS INTERNATIONAL DE LA ROUTE
PARIS 1908

3e QUESTION

PRÉSERVATION DES ROUTES DES PARCS

RAPPORT

PAR

M. le Col. CHAS. S. BROMWELL
Inspecteur des Bâtiments et Jardins publics (Washington)

PARIS
IMPRIMERIE GÉNÉRALE LAHURE
9, RUE DE FLEURUS, 9

1908

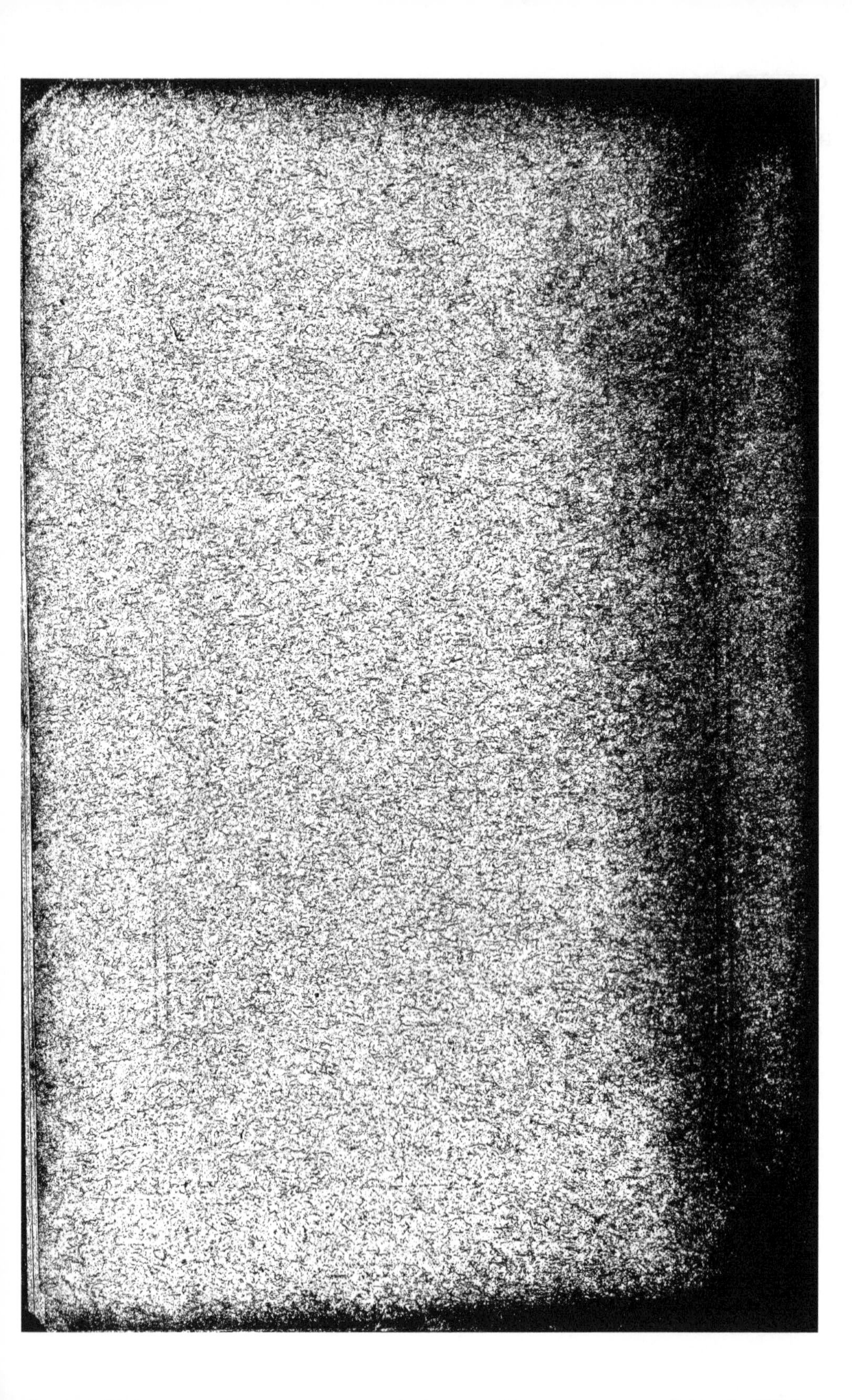

PRÉSERVATION DES ROUTES

DES PARCS

RAPPORT

PAR

M. le Col. CHAS. S. BROMWELL

Inspecteur des Bâtiments et Jardins publics (Washington).

Le problème de la préservation des routes des parcs est un peu plus simple que celui de la préservation des routes ordinaires. Comme ces routes de parcs sont construites de façon primitive pour les promenades d'agrément, l'accès en est interdit aux poids lourds, par la police ou par les règlements. La circulation y est donc légère et cause moins de détériorations aux routes, pour cette raison même.

La longueur des routes des parcs d'une ville quelconque est limitée, et les fonds disponibles permettent en général de les construire selon des méthodes plus avantageuses que celles qui sont adoptées pour les chaussées ordinaires. Ces routes bénéficient donc d'un premier établissement meilleur et d'une circulation légère.

Les fonds et la main-d'œuvre sont généralement disponibles en raison d'autres travaux du parc pour être appliqués immédiatement à la réparation de ces routes, de sorte qu'elles deviennent rarement très mauvaises. Il suffit de consacrer quelque attention aux sections de la route où l'nsure se manifeste clairement pour ajourner à une date éloignée la réfection générale qui est coûteuse.

Les parcs des villes ont généralement un administrateur ou un autre préposé responsable qui est chargé spécialement de l'entretien de ces routes et doit compte au public des soins qu'elles ont requis. Il résulte de cette responsabilité qu'nn intérêt plus personnel se mêle aux affaires intéressant le parc et qu'il y a moins de tendance à négliger les réparations peu importantes, mais nécessaires dont dépend la préservation de ces routes.

Ces routes se trouvent ordinairement dans des parties de parcs où l'ombre est abondante, ou tout au moins elles sont plantées d'arbres.

Cette ombre empêche le déssèchement du revêtement des routes et tend à les maintenir en bon état.

Les chaussées des parcs, dans tous les États-Unis, sont généralement en gravier ou en macadam, et tant qu'elles n'eurent d'autre circulation à supporter que celle de voitures à bandages de fer, leur entretien fut relativement simple et peu coûteux. Elles n'étaient sujettes qu'à la désagrégation naturelle produite par la gelée dans la saison froide, à l'excoriation produite par la sécheresse, à l'amollissement et détrempage pendant les périodes pluvieuses. L'usure artificielle, se distinguant de l'usure provenant de causes naturelles, était due à l'action du pied des chevaux qui ébranlait le revêtement et déplaçait les matériaux, et à l'action des roues des voitures qui usaient les pierres à la surface de la chaussée. Ce mode de détérioration n'était pas sérieux pour une route bien tracée et bien construite et la circulation tendait en quelque façon à réparer le dommage, en tant que les matériaux ébranlés ou déchaussés par le passage d'une voiture étaient certainement réintégrés par les suivantes.

Mais l'apparition de l'automobile et son usage toujours croissant ont introduit de nouvelles complications dans l'économie des routes des parcs. Tracées et construites à l'origine en vue de véhicules à bandages ferrés, elles ne tardèrent pas à apparaître inadéquates à l'utilisation qu'en font les automobiles. Ces « poids lourds » à la course rapide amènent une usure excessive du revêtement, usure qui n'est pas comparable à celle que causent les véhicules ordinaires; de plus, les routes ne tendent plus à se réparer elles-mêmes. Les roues ont un plus petit diamètre et une plus grande adhérence; leur rapidité est plus grande et plus grande aussi est leur surface de roulement en leur point de contact avec le revêtement de la route. La matière élastique dont est fait le bandage produit plus de frottement que les bandages des véhicules ordinaires. Par suite, l'action des roues motrices de l'automobile peut être comparée à celle d'une puissante brosse tournante qui balaie la partie supérieure du revêtement de la ronte avec une force de déplacement égale à 200 livres par pouce carré (14 kg par cm^{3}). La poussière ainsi produite par frottement est repoussée par les roues, soulevée en tourbillons ou emportée par le vent à une certaine distance de la route. Dès lors, toute cette fine matière, dont la fonction est de remplir les interstices entre les pierres plus grosses et de consolider le revêtement, se trouve éloignée complètement de la route. Cette action des automobiles sur les routes s'aperçoit par un temps sec, quand elles vont à une vitesse de 16 km à l'heure et devient manifeste pour les vitesses supérieures. La plupart des automobiles ont des engrenages tels qu'il n'est ni commode, ni agréable de changer brusquement de marche et de faire moins de 32 ou 24 km à l'heure. Ce fait, ainsi que l'inclination naturelle du chauffeur à faire aller sa machine à l'allure extrême permise par le règlement, tendent à augmenter l'usure. Celle-ci s'accroît encore par l'adaptation fréquente de semelles à rivets ou autres antidérapants.

Le problème en face duquel se trouvent les autorités chargées de la construction et de l'entretien des routes, consiste à faire subir aux routes existantes tel traitement ou tel rechargement qui satisfasse aux conditions imposées par la circulation des automobiles. S'il n'est pas possible de le faire de façon économique, les routes ne tarderont pas à se détériorer et à devenir hors d'usage et le capital d'établissement sera perdu. Quant aux nouvelles routes à construire, on doit concevoir leur tracé de façon que leur durabilité se trouve assurée et les frais d'entretien réduits à un taux raisonnable.

On doit adapter les routes des parcs à toutes les sortes de circulation de manière que, sans s'inquiéter des progrès de l'automobilisme en général, les amateurs de chevaux ne renoncent pas complètement à s'en servir. Pour les voitures à chevaux, la route doit avoir non seulement les déclivités, les courbes et le drainage convenables, mais aussi un revêtement lisse et élastique, qui ne soit pas trop dur pour les chevaux et qui ne s'use pas trop rapidement. Mais, pour les automobiles, il y a lieu d'exiger principalement un revêtement uni, solide et d'autre part peu susceptible de s'user et pas trop glissant. Ces exigences sont quelque peu contradictoires et l'on doit combiner un plan qui, sans constituer l'idéal pour chaque sorte de circulation, convienne à toutes les deux.

Les routes de l'avenir devraient être composées d'une matière dure et élastique qui ne soit sujette ni à la détérioration ni à l'usure; mais puisque c'est sans doute impossible, la matière constituant le principal élément de le route devra être formée d'un agrégat solide, avec une substance liante très élastique et résistante. Une route construite de cette façon semble être imperméable, exempte de boue et de poussière et pas trop dure au pied des chevaux.

Ce mode de construction, approprié aux exigences ci-dessus mentionnées, coûterait davantage de premier établissement, mais moins d'entretien. On pourrait probablement obtenir le résultat désiré en interposant entre la couche supérieure de macadam et la couche inférieure un lit d'un mélange asphaltique ou goudronneux, reposant sur du sable, pour plus de commodité. Si l'on cylindrait et consolidait alors la couche superficielle, le mélange pénétrerait dans les interstices de la couche supérieure, donnant aux pierres une cohésion complète et formant une chape de béton asphaltique ou goudronneux. Le recouvrage devrait être juste suffisant pour remplir les plus larges interstices de la couche superficielle et pour absorber l'excès de mélange asphaltique et il devrait ne contenir que peu ou point de poussière ou bien des matériaux très menus.

Pour les routes déjà construites, il s'agit de constituer un revêtement solide et élastique sans recharger complètement la route. Généralement, cette solution, qui donnerait probablement le plus de satisfaction, doit être écartée en raison des frais excessifs qu'elle entraîne.

On a essayé avec plus ou moins de succès d'appliquer divers mélanges liquides sur le revêtement naturel de la route. Ces mélanges peuvent être considérés comme de deux sortes, les premiers ayant pour objet d'humecter la surface de la chaussée pour empêcher la formation de la poussière et le transport au loin des parcelles les plus menues du revêtement, les secondes ayant pour objet d'abord de consolider et raffermir le revêtement afin de le rendre apte à résister à l'nsure de la circulation et ensuite de l'imperméabiliser pour que l'eau coule à la surface.

On peut citer comme étant de la première sorte : (*a*) l'eau pure; (*b*) l'eau contenant en solution des éléments hygroscopiques comme l'eau de mer, ou des mélanges artificiels, comme une solution de chlorure de calcium; *c*) des huiles brutes de différentes compositions; *d*) des émulsions d'huiles. On peut citer comme rentrant dans la seconde catégorie : *e*) des huiles brutes; *f*) des mélanges goudronneux, tant naturels qu'artificiels.

Ces méthodes ont été essayées sur les routes des parcs et sur les chaussées ordinaires, et un résumé des résultats obtenus présente de l'intérêt en tant qu'il s'agit de la possibilité de les appliquer aux routes des parcs.

L'eau pure répandue sur les routes au moyen de tonneaux d'arrosage ou de véhicules spécialement construits est le mode habituel pour conserver en bon état les routes de parc ordinaires en macadam ou en gravier. Toutefois, cette méthode implique une défense journalière constante et l'arrosage, à moins d'être continué tout le temps, n'aboutit à rien. Les routes sont parfois boueuses et glissantes et n'offrent pas plus d'agrément pour les voitures à chevaux que pour les automobiles. Si l'arrosage n'est pas fait souvent dans la journée, la surface de la route ne tarde pas à sécher, à devenir poussiéreuse, surtout lorsqu'elle n'est pas protégée par l'ombre des arbres.

De toutes les méthodes proposées, celle-là est la plus coûteuse et la moins avantageuse. Cependant, son emploi est général, parce qu'elle n'exige pas de mélanges et d'appareils spéciaux. Le prix de l'arrosage pour toute l'année atteint de 3 à 4 cents par yard carré (0 fr. 18 à 0 fr. 24 par mètre carré).

L'arrosage à l'eau de mer ne peut être effectué que dans les localités voisines de l'Océan. Il est plus efficace que celui à l'eau douce, car le sel s'accumule sur la route et y maintient l'humidité. Mais une fois sec, il pique la gorge et les yeux, endommage les vêtements, les meubles et le pied des chevaux. L'eau de mer est un composé naturel d'eau et de chlorure de sodium, mais comme le chlorure de calcium est plus avide d'humidité que le chlorure de sodium, on trouve qu'une solution de chlorure de calcium donne de meilleurs résultats. Ce sel est un puissant hydrophile et lorsqu'il est répandu à la surface de la chaussée, il absorbe l'eau de l'atmosphère et entretient l'humidité.

Pour obtenir les meilleurs résultats, une solution d'environ 3 livres de chlorure de calcium par gallon d'eau (300 grammes par litre) devrait être répandue plusieurs fois pendant le premier mois et une solution plus faible à de plus longs intervalles pendant la saison. Le prix varie entre 4 et 10 cents par yard carré (0 fr. 24 à 0 fr. 59 par mètre carré) et dépend de l'emploi d'appareils spéciaux pour la distribution. Le système ne semble pas très avantageux pour une route à forte circulation, et son prix de revient élevé en fait limiter l'usage aux localités particulières où le prix n'est pas le point le plus important.

On a employé avec succès une émulsion aqueuse d'huile et de savon, ou d'huile et d'un alcali comme l'ammoniaque ou la potasse. Ces émulsions ne s'évaporent pas aussi rapidement que l'eau pure et conservent la surface humide pendant un plus long temps ; l'huile demeurant après l'évaporation tend à former une chape qui protège le revêtement. Pour être profitables, ces émulsions doivent être appliquées pendant la saison aussitôt que la surface de la chaussée commence à se dessécher, ce qui, naturellement, augmente le prix de revient de cette opération. Il y a beaucoup de mélanges de cette sorte connus dans le commerce sous différents noms et qui ont été utilisés dans nombre de localités avec assez de succès. Le prix de ces mélanges se tiendra aux environs de 5 cents par yard carré (0 fr. 30 par mètre carré) pour opérer pendant une saison.

L'huile brute a d'abord été employée dans des proportions considérables en Californie dans le but de fixer la poussière sur la terre et sur les routes sableuses de cet État. On l'appliquait directement sur le revêtement de la route, qu'on remuait par un hersage de quelques centimètres. Appliquée de cette façon aux routes de terre d'une localité où la pluie tombait en petite quantité, elle donna de bons résultats et on la proclama comme remède général pour les diverses espèces de routes de l'ensemble des localités. Cependant on s'aperçut bientôt que chaque localité appelait une étude particulière et que tel mode d'opérer satisfaisant pour l'une d'elles ne convenait pas à d'autres, enfin que les huiles des différentes localités productrices possédaient des qualités différentes pour ce genre d'opération. C'est pourquoi, sauf en Californie, l'utilisation des huiles sans aucune distinction pour les routes n'a pas réussi et mieux on a étudié les difficultés du problème, plus on a de chances de succès, car on conçoit plus pleinement les conditions à remplir. Les huiles de Californie et certaines du Texas ont une base asphaltique et, jusqu'à présent, ce sont les seules qui aient donné satisfaction pour le revêtement des routes. Les huiles à base de parafine sont trop volatiles et ne sont pas assez agglutinantes pour former une matière d'agrégation convenable. Le prix élevé du transport des huiles de Californie ou du Texas aura sans doute pour conséquence de restreindre leur emploi, comme remède général, à ces pays.

Les effets qu'elles produisent sur le macadam ne sont pas aussi bons que sur la terre naturelle, car le revêtement n'a pas la porosité suffisante pour absorber assez d'huile, même quand elle est chauffée, et pour obtenir un résultat appréciable, il faut en faire plusieurs applications par saison.

Puisque l'huilage n'est pas satisfaisant pour les routes macadamisées, il ne peut pas s'appliquer aux routes des parcs. De plus, l'odeur de l'huile est généralement désagréable, la surface de la route devient glissante et dangereuse pendant plusieurs jours après l'application. Des gouttes d'huile en plus ou moins grande quantité peuvent venir tacher les voitures, les automobiles ou les vêtements de ceux qui s'y trouvent.

L'expérience acquise dans l'emploi des huiles brutes pour les routes en terre a amené une modification dans la façon première de procéder. Lorsqu'on l'applique maintenant, l'huile est complètement mélangée et pétrie avec la couche supérieure du revêtement, par des cylindres munis de dents spéciales en forme de tampons. On malaxe, on cylindre et on tamponne tout le revêtement superficiel jusqu'à ce qu'il forme une couche épaisse d'environ 15 cm de matière dure, élastique et imperméable. Cette méthode a donné les meilleurs résultats dans les localités où l'huile est abondante et où il ne pleut pas beaucoup comme en Californie; mais elle n'est pas applicable aux autres parties du pays.

L'emploi du goudron minéral et de ses composés comme parties intégrantes de la route a été expérimenté depuis bien des années, mais les méthodes appliquées n'ont réussi que récemment.

On s'en est servi à la fois comme partie essentielle des matériaux formant la route, en vue de constituer un macadam goudronné, et comme chape pour les routes macadamisées déjà existantes, afin d'empêcher la formation de la poussière, d'imperméabiliser le revêtement et d'en réduire l'usure au minimum. Cette dernière méthode implique qu'on arrose, enduit et recouvre de goudron liquide le revêtement de la route, spécialement préparé à cet effet, par l'enlèvement de toutes les parcelles menues et détachées de la surface. Quand le goudron a été répandu, on y sème de fins débris de pierres et on cylindre. On emploie à cet usage du goudron dépouillé d'eau et d'huile légère, et préparé d'ailleurs à cet effet. Les produits goudronneux conviennent bien au macadam dur et aux routes du même genre, mais ne sont pas pratiques ni économiques pour des routes d'argile molle ou de sable. Pour obtenir des routes de macadam goudronné, il y a lieu de s'en tenir aux principes indispensables qui suivent : avant d'appliquer le goudron, il faut amener le macadam au niveau du profil et boucher les interstices de menus débris, cylindrer et livrer la route à la circulation jusqu'à ce qu'elle prenne de la solidité. La cohésion mécanique du macadam doit être aussi parfaite que possible, et l'on ne pourrait pas compter sur le goudron pour effectuer l'agrégation. Il ne faut pas employer de goudrons bruts, car ils contiennent de l'ammoniaque et d'autres substances nuisibles. Le mieux est de se servir d'une ou de plusieurs préparations goudronneuses qui remplissent les conditions physiques et chimiques voulues. On ne peut procéder à cette opération que par un temps sec et chaud. Il faut balayer toutes les impuretés et, en cas de besoin, brosser le macadam avec des brosses en fil de fer; le revêtement doit être parfaitement sec jusqu'à une profondeur d'au moins 2 cm,5 avant d'appliquer le goudron. Le goudron doit être appliqué à chaud, à la température d'environ 200 degrés Fahrenheit; il faut le laisser s'infiltrer dans les interstices pendant quelques heures, et le recouvrir ensuite de sable ou de menus débris de pierre. Quelques heures après le répandage des débris, il faut cylindrer et rajouter des débris si le goudron réapparaît parmi eux. La circulation devra être interdite pendant plusieurs jours après le cylindrage, afin de permettre au goudron de pénétrer et de se refroidir.

Le goudron à la surface s'oxyde à l'air et forme un revêtement dur et lisse qui ressemble à l'asphalte, pendant que les huiles liquides en dessous de cette croûte dure entretiennent l'humidité dans les couches inférieures. Quand l'adhérence au revêtement a été établie dans de bonnes conditions, la chape dure très longtemps, mais si l'humidité ou des substances molles empêchent la complète adhérence, la circulation ne tarde pas à détruire l'enduit superficiel. Les points défectueux devraient être réparés immédiatement par le même procédé qu'on a employé au début.

Généralement, on a trouvé qu'on obtenait toute satisfaction à enduire ainsi les chaussées résistantes; mais le succès dépend dans une large mesure du soin qu'on a apporté à choisir le goudron et à l'appliquer. Le prix de revient de ce goudronnage est à peu près de 6 cents par yard carré (0 fr. 36 par mètre carré). Le procédé devient beaucoup plus coûteux et la difficulté de l'opération beaucoup plus grande si le goudron doit être chauffé et exige à cet effet des appareils spéciaux. On a lancé dans le commerce certains produits goudronneux qu'on prétend pouvoir être appliqués sans qu'on les chauffe avec d'aussi heureux résultats que ceux fournis par les mélanges à chaud. Si cette prétention se vérifie, non seulement la méthode en sera simplifiée, mais le prix de revient diminuera. Ce système semble être celui qui convient le mieux pour les routes existantes des parcs. Les seules objections qu'il soulève, pour autant que j'ai été à même de l'observer, c'est que le revêtement tend à se détacher par plaques et qu'il nécessite dès lors de constantes réfections jusqu'à ce qu'il se trouve complètement à l'abri des atteintes, et d'autre part qu'il est d'une dureté telle que les pieds des chevaux peuvent avoir à en souffrir.

Washington, juin 1908.

(Trad. Blaevoet).

62343. — Imprimerie Lahure, rue de Fleurus, 9, à Paris.

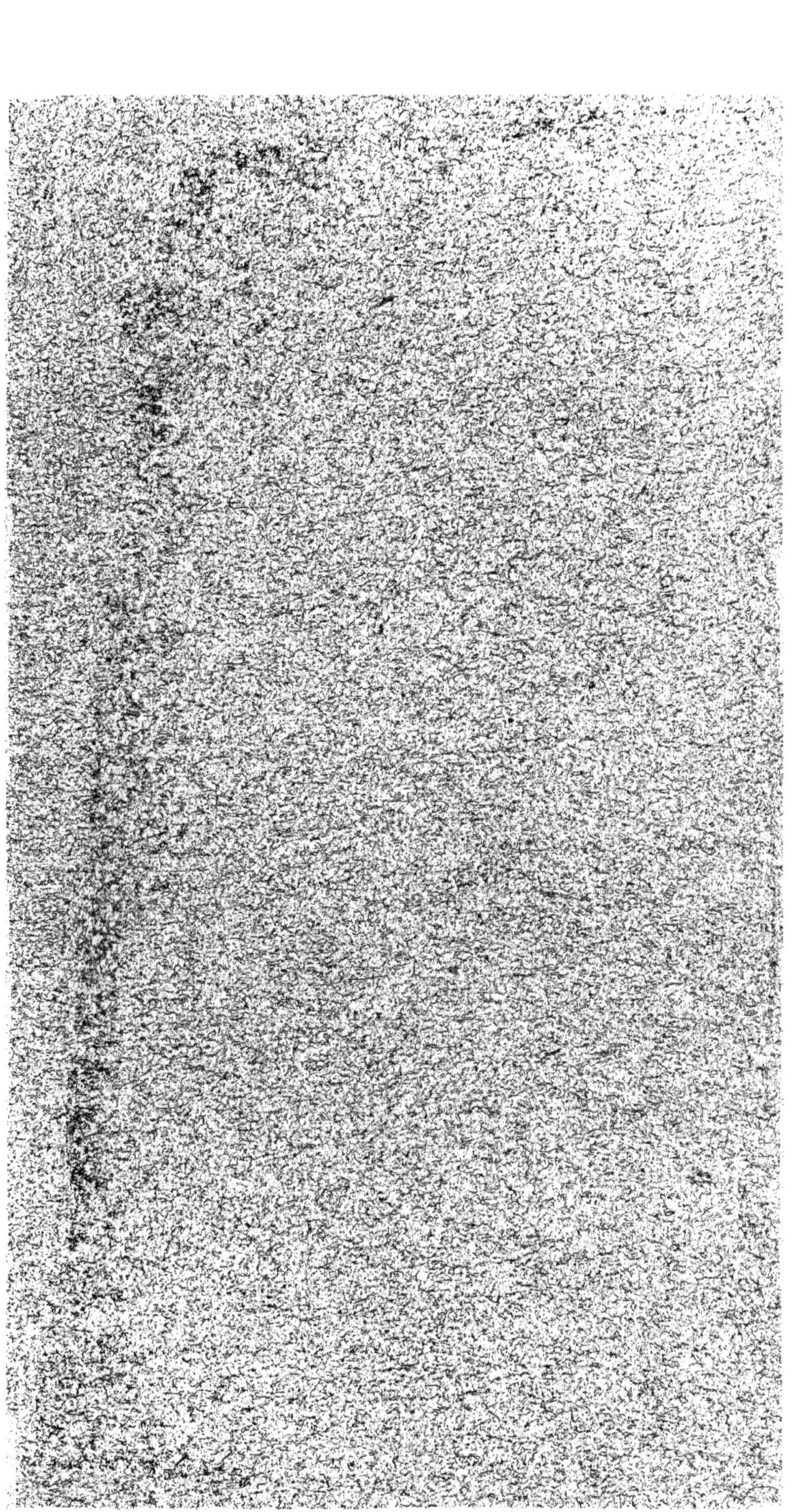

Ier CONGRÈS INTERNATIONAL DE LA ROUTE
PARIS 1908

3e QUESTION

L'ENTRETIEN DES CHAUSSÉES

EN VUE DE LA

CIRCULATION DES AUTOMOBILES

RAPPORT

PAR

M. CLIFFORD RICHARDSON
Membre de la Société américaine des Ingénieurs civils de New-York.

PARIS
IMPRIMERIE GÉNÉRALE LAHURE
9, RUE DE FLEURUS, 9

1908

L'ENTRETIEN DES CHAUSSÉES

EN VUE DE LA CIRCULATION DES AUTOMOBILES

RAPPORT

PAR

M. CLIFFORD RICHARDSON

Membre de la Société américaine des Ingénieurs civils de New-York

Depuis l'apparition des automobiles en si grand nombre qu'il faut les considérer comme l'élément le plus important de la circulation sur nos chaussées, à la fois en Europe et en Amérique, on porte une attention extrême à l'effet de cette circulation sur les chaussées, pour autant que leur entretien et leur usure s'y trouvent intéressés et notamment que leur mode de construction peut avoir besoin d'être modifié à cet égard.

L'effet de cette circulation des automobiles sur les pavages de tous genres, à l'exception du macadam et du revêtement en gravier qui ne sont pas des modes de pavage, ne se fait pas sentir par une détérioration tangible. Au contraire, les pneus caoutchoutés et la suppression de l'ébranlement donné aux pavés par les sabots des chevaux auront pour résultat de diminuer notablement les frais d'entretien. L'aspiration du pneu au point de contact n'a pas d'effet nocif sur la surface d'un pavage en granit, en briques ou en asphalte. On se demanderait plutôt quel serait l'effet sur ce mode de revêtement récemment expérimenté en Amérique, qui consiste en une couche de béton de ciment de Portland. D'une façon générale, l'apparition de l'automobile peut être considérée comme offrant des avantages positifs pour ceux qui sont chargés de l'entretien des chaussées pavées et probablement, grâce à elle, l'entretien des chaussées les plus fréquentées, en dehors des villes, pourra en fin de compte revenir à meilleur marché, si l'on adopte un mode déterminé de pavage en considérant, non pas les frais de premier établissement, mais la dépense annuelle moyenne, répartie sur plusieurs années.

Actuellement les chaussées macadamisées, construites tout à fait dans les meilleures conditions, apparaissent comme inaptes à résister à la circulation nouvelle des automobiles pendant une certaine période, et cela, non seulement en Europe, mais en Amérique. A la conférence de l'Association pour les chaussées du Massachusetts, à Boston, en novembre 1907, M. F. C. Pillsbury, ingénieur divisionnaire de la Commission des chaussées du Massachusetts, déclarait que la circulation des automobiles avait eu un effet si préjudiciable sur les grandes routes nationales reliant directement Boston aux centres de l'intérieur que, s'il fallait aujourd'hui macadamiser à nouveau l'une d'elles et la livrer alors à une circulation intense comme celle de 1907, il serait nécessaire de la recharger au bout de 2 ans environ, même en l'entretenant par les procédés ordinaires. On a démontré qu'un an après le macadamisage d'un mille traversant les marais de Lynzn (Massachusetts), exposé en plein au soleil, au vent et à la grande vitesse des automobiles, le rechargement s'imposait. Il est évident que les conditions qu'on rencontre en Amérique sont identiques à celles qu'on trouve en Europe et qu'il faut faire quelque chose pour y remédier d'une façon qui donne plus de satisfaction.

Pour ce faire, bien des alternatives se présentent :

1. On peut améliorer ou modifier le macadamisage :

a) En soumettant les revêtements existants à des applications de substances bitumineuses ;

b) En enduisant la pierre de substances bitumineuses avant de l'étendre et en passant au rouleau la couche de matière agglutinante ou le revêtement.

2. On peut abandonner le macadam et avoir recours aux routes en gravier, dans les endroits où l'on dispose de gravier convenable, en y appliquant le mastic d'asphalte.

3. On peut faire des revêtements en béton d'asphalte ou en recouvrir le macadam existant.

4. On peut faire des revêtements de béton de ciment de Portland.

5. On peut avoir recours à l'un des pavages les moins coûteux, comme les « Kleinpflaster » des Allemands, dont on a proposé de faire emploi en France et en Grande-Bretagne, ou bien encore à la brique.

On ne peut décider quel est le meilleur moyen de procéder que par des essais et par l'expérience qu'on aura acquise en soumettant ces revêtements à l'épreuve. Il sera intéressant de voir l'influence que peuvent avoir sur la direction des expériences à entreprendre, les conclusions tirées des connaissances dues au passé.

I. — APPLICATION DE SUBSTANCES BITUMINEUSES SUR LES REVÊTEMENTS DE MACADAM

a) **En enduisant les revêtements existants de substances bitumineuses.** — Voilà bien des années qu'on pratique ce système d'enduire les revêtements en vieux macadam ou en terre de diverses substances bitumineuses.

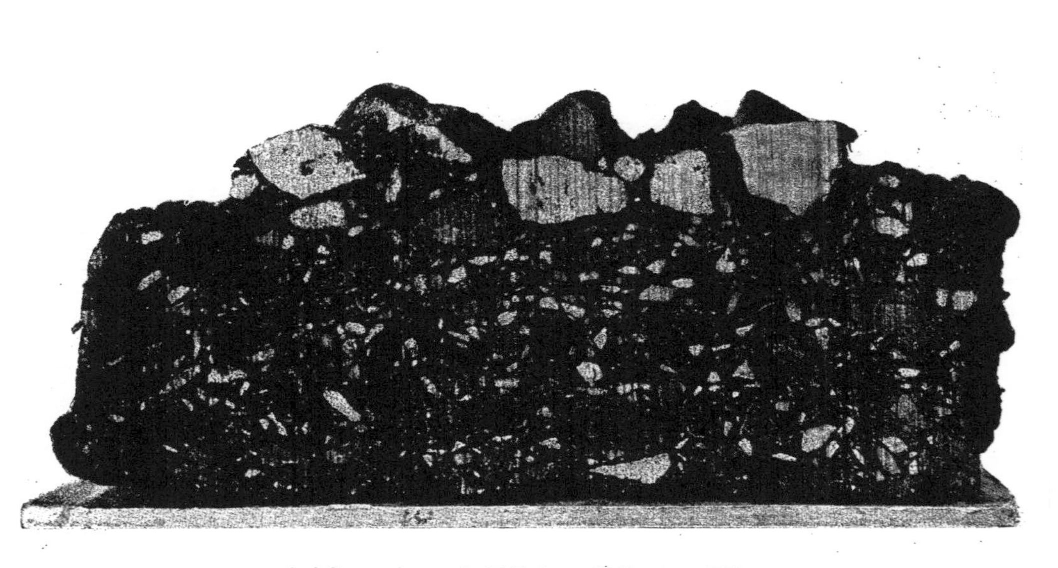

Asphalte-macadam employé à Muskegon (Michigan), en 1905.

On a commencé avec l'idée d'enrayer le fléau de la poussière et on l'emploie maintenant dans une plus large mesure en vue de protéger la route contre la désagrégation qu'elle subit du fait de la circulation des automobiles.

Le goudron minéral et l'huile lourde d'asphalte de Californie ont été les premières substances utilisées à cet effet et on en a enduit de vieux revêtements plutôt que des routes nouvellement construites, bien qu'on commence à reconnaître maintenant la médiocrité du procédé.

Goudron minéral. — L'emploi du goudron minéral a beaucoup attiré l'attention en France depuis 1901, et les résultats qu'il a donnés dans ce pays ont été bien décrits par M. Le Gavrian dans les « *Annales des Ponts et Chaussées*. Partie technique. II, 1907, 118 ». Comme, dans ce mémoire, nous examinerons le problème des routes plutôt à la lumière de l'expérience américaine, nous n'avons pas ici à en faire d'autre mention plus spéciale. Il suffira de dire pour l'avantage des lecteurs de l'hémisphère occidental que les applications pures et simples de goudron à la surface d'un vieux macadam n'ont pas mieux réussi en France qu'en Amérique. Le bénéfice en a été purement éphémère.

Plus récemment on a aux États-Unis expérimenté sur une très grande échelle le goudron minéral comme préventif contre la poussière et comme préservatif pour la route. Les données les plus complètes dont on dispose sont afférentes aux travaux faits dans le Massachusetts, le Rhode-Island et l'Illinois, quoiqu'on ait procédé dans d'autres régions du pays à des essais sur des centaines de kilomètres.

Dans le Massachusetts, les expériences ont été dirigées par la Commission d'État des Chaussées et par la Commission du Parc Métropolitain. La Commission d'État des Chaussées a opéré le goudronnage pendant l'été de 1907 sur une section importante de l'une des principales grandes routes. La route n'était pas en bon état et le goudron avait complètement disparu en mai 1908, quand l'auteur de cet article y a fait sa visite. Les essais entrepris sur la même route sous la surveillance du Bureau des Routes publiques du Ministère de l'Agriculture des États-Unis avec le goudron minéral et avec des huiles n'ont guère mieux réussi. Il s'en dégage cette leçon que tout essai fait pour ménager une route usée, en y appliquant un enduit, aboutira sûrement à un échec.

La Commission du Parc Métropolitain, d'autre part, a été plus heureuse dans ses travaux et les renseignements qu'elle a réunis présentent un grand intérêt. Ils sont fournis par un mémoire lu à la conférence de l'Association pour les Chaussées de Massachusetts[1], tenue à Boston en novembre 1907, par M. John R. Rablin, ingénieur de la Commission.

En 1906, trois milles et demi, sur l'avenue du Parc de la Plage de Revere, route macadamisée où la circulation des automobiles a une intensité remarquable, ont été traités au tarvia, préparation faite avec du

1. *Engineering Record*. Nov. 23, 1907, 56, 570.

goudron minéral. L'hiver suivant, deux mille pieds (600 mètres) environ s'écaillèrent, laissant le revêtement dans le même état qu'avant l'opération, ce qui était peut-être dû à l'excès de substance de liaison employée dans le travail, car on avait répandu le goudron, puis jeté dessus une couche de menus cailloux ou de gravier. Une autre section parut avoir été enduite trop légèrement; en juillet 1907, d'autres parties donnaient des signes de fatigue, de sorte qu'il fallut enduire à nouveau une moitié de la route et faire des réparations au reste. Le prix de revient moyen de ce système a été de 6,4 cents par yard carré (0 fr. 38 par mètre carré) ou de 3,5 cents pour l'ensemble de la surface. L'auteur a visité la route en septembre 1907; elle avait un aspect des plus satisfaisants, ressemblant à celui d'une route d'asphalte, et était propre, sans boue ni poussière. Il y a quelques semaines, en mai 1908, il y est retourné pour se rendre compte de la façon dont la route avait résisté à l'hiver précédent. Il observa le même effet qu'avait produit l'hiver de 1907. La moitié au moins du revêtement, à certains endroits 35 pour 100, à d'autres 65 pour 100, présentait des flaches de 6 à 12 pouces de diamètre (15 à 30 centimètres). La route aura besoin d'être entretenue au même point que le printemps précédent. Il semble donc que le goudronnage ne donne pas de résultats permanents et qu'il doive être renouvelé d'année en année, avec une dépense de 3,5 cents par yard carré (0 fr. 21 par mètre carré). Les résultats obtenus sont-ils proportionnés à la dépense? c'est une question qui n'est pas encore résolue. En attendant, la route n'a eu ni boue ni poussière et ne s'est pas détériorée à beaucoup près comme elle l'aurait fait sans goudronnage; sous ce rapport, ce dernier peut être regardé comme ayant réussi.

En 1907, on a goudronné en plus une étendue de chaussée de 90 000 yards carrés, pour un prix moyen de 7,3 cents (0 fr. 43 par mètre carré) variant entre 5,8 et 9,3 cents « 75 230 mètres carrés » selon l'état des chaussées, qui auront fortement besoin d'entretien en 1908. Le goudron a été appliqué dans la proportion de 59 à 32 gallons par yard (0 m³ 267 à 0 m³ 144 par mètre carré), le gallon coûtant 3,5 cents (0 fr. 045 par dmc.) et la couche de gravier de 1,6 à 2,6 cents (0 fr. 08 à 0 fr. 13).

Depuis 1906, on a dans le Rhode-Island entrepris le goudronnage de chaussées macadamisées déjà construites et les résultats ont été décrits par M. A.-H. Blanchard, ingénieur adjoint du Bureau d'État des routes publiques[1]. Il constate que le goudronnage de 1300 pieds linéaires d'une route nationale, où la circulation des automobiles est intense, entre Tiverton et Newport, revient à 8,04 cents par yard carré (0 fr. 48 par mètre carré), tandis que le goudronnage d'un mille (1600 mètres) de route à Peacedale, revient à ce que dit le rapport, à 4,87 cents, car on emploie le goudron coulant directement d'une voiture-citerne et à une haute température (200 degrés Fahrenheit), ce qui a pour résultat d'amincir la

1. *Engineering Record*, February, 8, 1908, 57, 157.

couche, naturellement. La conséquence a été, cela va de soi, que ce dernier revêtement s'est écaillé par places et sur les bords, alors que le premier a résisté de façon très satisfaisante à la circulation des automobiles pendant une saison. Actuellement, on dit que le goudronnage est à renouveler dans la proportion de 20 à 50 pour 100.

Les résultats les plus intéressants des recherches de M. Blanchard ont trait aux variétés de goudron fournies et employées pour ces applications. Les essais ont porté sur cinq goudrons différents et les données recueillies accusent la diversité de leur nature et l'avantage qu'il y aurait à déterminer exactement ces substances, en indiquant spécialement leur degré de solubilité à l'eau et la quantité de cet enduit qui peut couler à la pluie, de sorte que le revêtement redevient perméable.

En Illinois, durant l'année 1906, le bureau des Commissaires du Parc du Midi de la ville de Chicago a fait procéder au goudronnage de plus de 106000 yards carrés (88616 mètres carrés) des boulevards les plus fréquentés; le revêtement consiste en un macadam calcaire. Sur l'avenue de Michigan, la circulation a toujours été intense, mais depuis l'apparition des automobiles, elle s'est accrue considérablement, ce qui a eu pour résultat de transformer un revêtement autrefois extrêmement lisse en un autre qui n'est pas exempt de dépressions et de cailloux détachés. Aussi l'a-t-on goudronné après l'avoir rechargé au prix de 9,33 cents par yard carré (0 fr. 56 par mètre carré), dont 5 cents pour le goudronnage. Soixante jours après l'opération, il fallait commencer les réparations et, en septembre 1907, le résultat était tout à fait déplorable. Dans d'autres endroits de Chicago, le goudronnage n'a pas bien réussi et il a fallu le renouveler en septembre 1907. L'ingénieur du bureau a déclaré qu'à son avis, le goudron pouvait rendre de très bons services pour des routes à circulation légère et restreinte, mais qu'il était résolu à en borner l'emploi à celles-là seulement. Il trouva que les frais d'entretien de l'avenue de Michigan, y compris le goudronnage, avaient atteint en 1906-1907 30 cents par yard (1 fr. 80 par mètre carré).

Partout aux États-Unis, les résultats n'ont pas été plus satisfaisants que ceux qui viennent d'être indiqués, et souvent, ils l'ont été moins. Donc, il est évident que le goudronnage des routes madacamisées, s'il apaise la poussière et empêche ainsi la désagrégation de la chaussée pour un temps, ne peut pas être considéré comme ayant des effets permanents. Il ne peut pas être d'un bon rapport sur une chaussée de vieux macadam et il reste à savoir si les résultats obtenus sur les routes madacamisées neuves ou rechargées sont proportionnées aux frais qu'entraîne l'opération, quoiqu'il semble pouvoir en être ainsi, puisque sur l'avenue du Parc de la Plage de Revere, l'entretien annuel n'a pas coûté plus de 3,5 cents par yard carré (0 fr. 21 par mètre carré).

Huile brute de pétrole. — L'huile brute de pétrole a été employée sur une très grande échelle pour empêcher la poussière sur des routes de toutes sortes. Les résultats dépendent en général de la nature de la chaussée enduite et de celle de l'huile. Les expériences les plus récentes en ce sens ont consisté en applications d'huiles lourdes d'asphalte de Californie au revêtement des routes de cet État, faites de terre d'adobe qu'on trouve sur les lieux et qui absorbe parfaitement ces huiles. Dans bien des cas, le succès a été tout à fait complet, et dans d'autres, l'effet a été très désagréable, l'huile n'ayant pas été répartie avec soin. L'usage de cette substance, de la façon indiquée, est appelé sans aucun doute à un certain avenir en Californie.

Le pétrole brut de Pensylvanie et d'Ohio ne peut pas être employé de la même façon que les huiles de Californie, puisqu'il ne contient pas d'asphalte. Quelques-unes des huiles du Kentucky et beaucoup de celles du Texas sont de nature à demi asphaltique et conviennent pour les routes, quand elles ont été débarrassées de leurs éléments volatils par distillation. Même à l'état naturel, elles ont été employées dans une large mesure pour supprimer la poussière : mais au moment de leur application, elles mettent la route dans un état désagréable ; les véhicules éparpillent l'huile dans toutes les directions et celle-ci détériore beaucoup tout ce qui se trouve en contact avec elle; étant très légère, elle exige des renouvellements nombreux à peu d'intervalle.

Les résidus d'huiles lourdes du Kentucky et du Texas, transformés en émulsions par l'eau et le savon, présentent cependant une grande utilité pour l'arrosage des avenues des parcs. La Commission du Parc de Boston a démontré que les frais d'huilages de ce genre sont bien moindres que ceux d'arrosages constants, l'économie nette étant de $ 333 par mille (1032 fr. par kilomètre) au bénéfice des huilages[1]. L'émulsion dont on se sert à cet effet s'obtient en dissolvant 18 livres de savon ordinaire dans un baril d'eau et en ajoutant 2 barils d'huile (savon : 8,170 kg.; eau : 1,19 hl; huile : 2,38.)

On emploie l'émulsion en briques, qu'on dilue dans l'eau à la fontaine; pour la première application, on met 16 pour 100 d'huile et pour les ultérieures, de 5 à 8 pour 100. On la répand avec l'arroseuse ordinaire. M. John Pettigrew, Surveillant des Parcs, déclare[1] que les frais moyens d'arrosage par mille pour l'ensemble des parcs de Boston qu'il a sous sa direction, s'élèvent à $ 686, le prix des huilages du 15 avril au 1er novembre 1907 pour une chaussée de 30 pieds de largeur (9 m. 10) étant de $ 352,67 (1094 fr. 3), soit 2 cents par yard carré (0 fr. 12 par mètre carré) ce qui implique l'emploi de 1,49 pinte d'huile par yard carré (0 mc. 00084 par mètre carré). L'avantage de cette application, en dehors de la suppression de la poussière, consiste dans l'accumulation du bitume sur la chaussée, dans la consolidation du revêtement par là même et dans ce fait qu'on a de plus en plus rarement besoin de renouveler l'opération,

1. *Engineering Record*. November 23, 1907, 56, 571.

au fur et à mesure que le revêtement prend une meilleure consistance. Pour combattre l'excès d'huile, on peut de temps en temps répandre à la surface une couche de sable. M. Pettigrew est partisan d'une couche préservatrice de ce genre ou bien d'une couche de poudre destinée à cet usage, mais il trouve qu'il est difficile de la conserver aux courbes.

On a utilisé également des huiles rectifiées de la même nature à la manière du goudron, sur des revêtements macadamisés : on recouvre l'huile de sable. Ces applications suppriment complètement la poussière, mais ne paraissent pas empêcher la désagrégation du revêtement de la route. L'auteur de cet article pense (et se dispose à aiguiller les expériences dans cette direction), qu'un composé d'asphalte beaucoup plus dense, qu'on pourrait fondre et appliquer à chaud donnerait probablement des résultats plus satisfaisants que les huiles. En effet, il croit qu'un bitume de cette nature posséderait tous les avantages qui manquent au goudron, qu'il pourrait être appliqué à la chaussée avec une égale facilité et qu'il serait beaucoup plus durable.

Des expériences qu'il a suivies en Europe et en Amérique pendant ces trois dernières années, l'auteur dégage cette conclusion cependant que tous les enduits bitumineux appliqués aux routes ne peuvent être regardés que comme des expédients temporaires. Il y a lieu d'examiner maintenant l'effet produit par l'utilisation des substances bitumineuses au cours de la construction des chaussées.

b) **Mélange de substances bitumineuses avec les minéraux formant le corps de la chaussée en cours de construction. — Macadam goudronné. —** On peut considérer les procédés précédents comme susceptibles de ne s'appliquer qu'à des chaussées déjà construites ou récemment rechargées et livrées depuis quelque temps à la circulation, c'est-à-dire qu'il s'agit d'applications de surface. On a utilisé aussi les mêmes substances, spécialement en Angleterre, dans la construction des chaussées neuves en macadam, et cela en en recouvrant la pierraille dont on se servait, soit avant, soit après qu'elle fût mise dans la forme, et avant le cylindrage. Les routes de ce genre sont bien connues sous le nom de « tarmacadam ». Où elles ont le mieux réussi, c'est quand on employait du calcaire ou du laitier, l'expérience ayant montré que le goudron minéral adhère beaucoup mieux à ces derniers qu'aux roches plus dures, comme le granit ou le trapp. Dans l'ensemble, les routes de ce genre en Grande-Bretagne, suivant le témoignage recueilli par la Commission métropolitaine du pavage[1], se sont trouvées inaptes à résister à une circulation quelque peu intense et on a démontré que les résultats obtenus étaient très incertains. On a utilisé dans tous les cas le goudron minéral comme matière d'agrégation et si les résultats n'ont pas été heureux, il n'y a pas lieu de s'étonner,

1. *The Surveyor and Municipal and County Engineer*. April 17 and 24, 1908, 33, 468, 492, 497.

lorsque l'on considère la nature de cette substance et son manque d'uniformité. Même en supposant qu'il convienne bien comme matière d'agrégation lorsqu'on vient de l'employer, il change beaucoup avec le temps. Il perd ses éléments volatils et devient dur et cassant, notamment pendant la saison hivernale; il change très facilement de consistance avec la température et devient très cassant aux températures inférieures à 40° Fahrenheit. Des expériences très étendues qu'on a faites de son emploi aux États-Unis pendant une période de plus de 30 ans pour les empierrements, on peut, en toute sécurité, déduire qu'aucun mode de construction où le goudron minéral intervient comme matière d'agrégation, n'est susceptible de durer, partout où il doit supporter une circulation intense. L'auteur est d'avis que toutes les expériences faites avec cette substance doivent être abandonnées, sauf pour les chaussées à faible circulation. C'est un fait bien établi que ni les goudronnages superficiels des chaussées macadamisées, ni les goudronnages par imprégnation du corps de la chaussée n'ont su résister victorieusement à l'épreuve. Des chaussées goudronnées de ce genre ont été établies dans le Rhode-Island et le New-Jersey, mais elles n'ont pas été livrées à la circulation depuis assez longtemps jusqu'à ce jour pour qu'on puisse déterminer leur coefficient de valeur. Dans tous les cas, semblable travail ne devrait jamais être entrepris que par un temps chaud; ceux faits en automne n'ont pas complètement réussi.

II. — CHAUSSÉES DE GRAVIER AVEC UNE MATIÈRE D'AGRÉGATION ASPHALTIQUE

Dans le Massachusetts on a obtenu d'excellents résultats en se servant d'un des résidus de pétrole asphaltique combiné avec du gravier pour la construction d'une chaussée sur la promenade de la rivière Charles à Boston; l'aspect de ce travail n'était pas satisfaisant dès le début et il fallut un léger répandage de gravier pour absorber l'excès d'huile sur le revêtement; mais dans une visite récente qu'y a faite l'auteur, il a trouvé pour le moment la route dans un parfait état. Si l'on employait l'asphalte plus dense auquel il a été fait allusion ci-dessus, il y aurait tout lieu d'espérer qu'on obtiendrait une excellente chaussée. Une route construite ainsi permettrait de résister longtemps à une circulation intense, particulièrement dans les endroits où l'on peut disposer de graviers spécialement appropriés à cet objet; ce résultat serait dû à l'existence d'une proportion convenable d'éléments fins et d'éléments plus gros, et d'une quantité de sable suffisante pour emplir les vides du gravier, le tout formant un conglomérat d'une certaine stabilité.

Des chaussées en gravier ont été également construites avec des huiles lourdes d'asphalte en Californie comme le décrit M. N. E. Ellery, commissaire de Routes nationales[1]: sur une fondation bien cylindrée on étend

1. *Engineering Record*. March 23, 1907, 55, 12.

en couche de 4 à 5 pouces (10 à 12 cm) les éléments les plus forts et les plus lourds d'un gravier passé au crible; on comprime bien le gravier à l'aide d'un rouleau de 10 tonnes et on applique alors environ 1 gallon d'huile par yard carré de revêtement (0 m³ 00453 par mq.). Par-dessus on étend trois pouces de fin gravier et de sable et l'on cylindre à nouveau.

On a construit d'autres routes sur le même modèle mais en remplaçant le gros gravier par de la pierre. On arrose celle-ci avec 1/2 ou 1 gallon d'huile lourde d'asphalte et on recouvre avec 2 pouces de menues pierres afin d'empêcher l'huile de paraître à la surface. Partout où elle apparaît on la recouvre immédiatement de petites pierres concassées. Le commissaire des Routes nationales recommande hautement ce procédé de construction.

En Californie, on a construit des chaussées avec des huiles lourdes d'asphalte mélangées à la terre naturelle d'adobe de cette région. On procède comme suit[1].

On enduit l'assiette, au niveau voulu, de 3/4 à 1 gallon de bonne huile asphaltique (2,838 dmc. à 3,784 dmc.) et on la recouvre immédiatement de 4 pouces environ de terre à moins qu'on ait à sa disposition du sable ou du gravier. On donne alors la compacité à cette couche par le cylindrage. Le résultat dépend beaucoup de la nature du sol.

III. — REVÊTEMENTS DE BÉTON D'ASPHALTE

Où l'asphalte donne les meilleurs résultats dans tous les cas, c'est lorsqu'il est employé comme matière d'agrégation pour un corps de route adéquat. Un conglomérat de l'épaisseur et de la forme voulues, composé en grande majorité de gros cailloux, où les vides sont remplis par des cailloux plus petits de différentes dimensions et par du sable, avec un mastic d'asphalte approprié comme matière d'agrégation, forme un revêtement de béton très résistant à la circulation. L'auteur de cet article a établi dès l'année 1902, à Muskegon (Michigan), une route de ce genre qui a fait son service jusqu'à ce jour sans aucun frais d'entretien. La coupe ci-jointe, photographie transversale de la chaussée, montre la composition de ce revêtement. La seule objection qu'on puisse faire à ce mode de construction, c'est qu'elle exige une dépense considérable; mais dans les cas où l'entretien d'une route macadamisée ordinaire peut coûter jusqu'à 500 dollars par mille à l'année (1 550 francs par kilomètre) on réalisera une véritable économie à procéder de cette façon. Dans cette coupe, le revêtement apparaît reposant sur une fondation de 6 pouces d'épaisseur (15 centimètres) en pierres concassées (de 2 pouces ou 5 centimètres). C'est particulièrement dans les rechargements de vieilles chaussées de macadam qu'un revêtement de ce genre est le mieux à sa place. Le macadam préexistant

1. *Engineering Record*, March 23, 1907, 55, 12.

formera une fondation excellente pour recevoir le béton, qu'on pourra y appliquer en couche de 1/2 pouce (13 cm) d'épaisseur, ce qui sera suffisant. Un revêtement de même composition mais où l'on a substitué du goudron minéral, se détériore très rapidement à cause du durcissement du goudron et de la désagrégation du revêtement.

Sur le quai de la Tamise à Londres, où on a rencontré beaucoup de difficultés pour entretenir une chaussée ordinaire en macadam à cause de la circulation intense des automobiles principalement, l'auteur de ce mémoire a établi en 1906 un revêtement de béton d'asphalte qui a été recouvert d'une fine couche d'asphalte américain pour mieux le protéger. Ce travail a été couronné de succès et on peut attendre beaucoup de l'extension de ce système.

Pour obtenir un béton d'asphalte comme celui qui vient d'être décrit, on chauffe dans une sécheuse de la pierre concassée dont aucun des éléments n'a plus d'un pouce de grosseur (2,5 cm.) et qui contient une forte proportion de gravier de 1/4 de pouce (0,6 cm.) et on fait un triage en passant la pierre à travers une claie dont les trous ont un diamètre de 3/8 de pouce (1 cm.). On rassemble les pierres de même dimension dans des coffres séparés. En même temps on chauffe et amasse dans un autre coffre du sable convenablement choisi, comme celui dont on se sert pour l'asphaltage américain. On combine ces trois éléments dans les proportions voulues et on les mélange ensemble à chaud, en ajoutant de l'asphalte en quantité convenable. Les proportions observées pour le quai de la Tamise à Londres furent les suivantes :

Mastic d'asphalte.	56	livres	7,2	pour 100
Poussière	21	—	2,7	—
Sable.	216	—	27,9	—
Gravier.	173	—	22,2	—
Pierre.	310	—	40,0	—
	776	livres	100,0	pour 100

Un béton d'asphalte de ce genre est composé comme suit :

Bitume				7,2	p. 100
Passant à la claie de 200 mailles				3,0	—
—	—	10	—	30,2	—
-	—	8	—	1,5	—
— à la claie à mailles de 1/4 de pouce (0,6 cm).				13,8	—
—	—	1/2	— (1,3 cm).	11,2	—
—	—	3/4	— (1,9 cm).	14,7	—
—	—	1	— (2,5 cm).	14,8	—
Non passé	—	1	—	3,6	—
				100,0	—
Vides dans le corps de la chaussée.				17,6	p. 100

IV. — REVÊTEMENTS EN BÉTON DE CIMENT DE PORTLAND

On a expérimenté sur une très grande échelle les chaussées en béton de ciment de Portland en Amérique, où les hautes qualités du ciment de Portland laissent entrevoir le succès. Un revêtement de ce genre fut établi en 1896 à Bellefontaine (Chio) et a résisté à la circulation légère qu'il supportait d'une façon surprenante pendant nombre d'années. Ce mode de construction vient d'être repris dans le revêtement breveté Hassam[1] et dans d'autres semblables actuellement à l'étude. Un revêtement de ce genre a existé pendant plus d'une année à Washington D. C. sur une route où la circulation était très intense, puisque tous les tombereaux — et ils sont nombreux — apportant les briques dans la ville y passaient. Il a fait preuve d'une résistance extraordinaire, mais il commence à accuser actuellement des flaches longitudinales qui finiront par ravager et désagréger le revêtement. On suivra avec intérêt la façon dont il se comportera dans l'avenir. Nous avons l'idée qu'en le recouvrant d'asphalte, on contribuerait à diminuer cette usure destructive et on pourrait finir par lui donner plus de qualités qu'il n'en a pour le moment.

V. — REVÊTEMENTS A MEILLEUR MARCHÉ

La proposition qu'on a faite de protéger nos chaussées exposées à la circulation la plus intense au moyen de pavages ou pierres connues par les Allemands sous le nom de « Kleinpflaster », est une de celles qui ont peu attiré l'attention en Amérique ou même point du tout, bien qu'elle ait été sérieusement étudiée à l'étranger. Alors que ce mode peut être appliqué sur le continent, il ne se trouverait pas dans cette ville aussi bon marché et facile à réaliser que quelques-uns des revêtements de béton d'asphalte, et il est probable qu'il ne préoccupera ici que très peu les esprits. Il revient, dit-on, en Allemagne, à 1,20 dollar environ par yard carré (7 fr. 15 par mq) tandis qu'en Angleterre[2] le prix s'élève à 1,50 dollar (7 fr. 50). On peut le mettre directement sur les routes de vieux macadam; il consiste en trois à quatre pouces (7,5 cm à 10 cm) de pierres cubiques disposées en arc. Il est plus uni que le pavage de pierre ordinaire, mais il fait plutôt du bruit.

Un pavage de ce genre a résisté fort bien pendant deux ans à une circulation intense d'automobiles dans un des faubourgs d'Angleterre. Le capitaine Bingham, désigné par la Commission royale de la circulation des automobiles pour faire une enquête sur les divers procédés de construc-

1. Brevet des États-Unis n° 819652.
2. *The Surveyor and Municipal and County Engineer.* April 24, 1908, 33, 497.

tion des routes du continent, dit de ce mode qu'il semble être « le moyen le meilleur et le plus économique d'obtenir un revêtement solide, uni et sans poussière pour les routes qui sont exposées à tous les genres de circulation, lourde ou légère ».

Il est possible que, dans certaines parties de l'Amérique, où les chaussées qu'on veut protéger se trouvent tout près des fabricants de briques ou blocs de pavage, on utilise ce mode de construction là où la circulation des automobiles est très intense et où l'entretien est fréquent. On dit que Cleveland (Ohio) a employé des briques à cet effet pour les chaussées donnant accès à la ville.

CONCLUSIONS

Des expériences dirigées pendant ces quelques dernières années avec l'idée d'augmenter la résistance de nos chaussées à la circulation nouvelle des automobiles, se dégage cet enseignement que les applications de substances bitumineuses à la surface des routes macadamisées ne donnent que des résultats éphémères et exigent des renouvellements et un entretien constants. Il est tout aussi certain que le goudron minéral, utilisé au cours de la construction d'une route, comme on le fait pour le « tarmacadam », quoique donnant plus de satisfaction qu'un enduit superficiel, ne présente cependant aucune garantie de durée. Il semblerait qu'on dût avoir recours à l'emploi d'un bitume ou asphalte à l'état natif, de consistance adéquate, pour obtenir les résultats désirés. Des expériences américaines ont montré que, mélangé au gravier, quand on peut s'en procurer de composition convenable, c'est-à-dire présentant un amalgame d'éléments fins et de plus gros, de nature à former un conglomérat d'une certaine solidité, l'asphalte peut offrir toutes les chances de succès, et que l'application d'un béton de ciment sur un revêtement de vieux macadam pour les routes à circulation intense, qui demandent beaucoup d'entretien, pourrait bien être la solution la plus plausible d'un problème de ce genre.

New-York, mai 1908,

62201. — PARIS, IMPRIMERIE LAHURE
9, rue de Fleurus, 9

SCHLUSS

Die behufs Erzielung eines stärkeren Widerstandes unserer Fahrbahnen gegen den modernen Automobilenverkehr in letzter Zeit angestellten Versuche gipfeln darin, dass das Überziehen der Makadamstrassen mit bitumenhaltigen Materialen nur vorübergehend zu günstigen Ergebnissen führt und stetige Erneuerung und Unterhaltung verlangt. Es steht gleichfalls fest, dass der während des Strassenbaues, z. B. beim sogenannten « Tarmacadam », verwendete Teer, obgleich befriedigender als ein bloss oberflächlicher Belag, sich doch immer als nicht dauerhaft herausstellt. Es erschiene angemessen, zu Roh-Bitumen oder Asphalte von geeigneter Beschaffenheit seine Zuflucht zu nehmen, um die erwünschten Erfolge zu erzielen. In Amerika gemachte Erfahrungen haben den Beweis erbracht, 1° dass mit Kies vermischter Asphalt günstige Erfolge erwarten lässt, dort wo Kies zweckmässig beschafft werden kann, d. h. wo er so ein Gemenge von feineren und groberen Materialien bildet, dass sich eine stete, zusammenhängende Masse daraus ergibt, — 2° dass das Überziehen von verkehrsreichen, erhebliche Erhaltungskosten erfordernden, alten Makadamstrassen mit Asphaltbeton, sich als die annehmbarste Erledigung solch einer Schwierigkeit erweist.

(Übersetz. Blaevoet.)

Clifford-Richardson.

IER CONGRÈS INTERNATIONAL DE LA ROUTE
PARIS 1908

3e QUESTION

SUPPRESSION DE LA POUSSIÈRE

SUR

LES ROUTES DES PARCS DE BOSTON

RAPPORT

PAR

JOHN A. PETTIGREW
Conservateur des Parcs.

PARIS
IMPRIMERIE GÉNÉRALE LAHURE
9, RUE DE FLEURUS, 9

1908

SUPPRESSION DE LA POUSSIÈRE
SUR LES ROUTES
DES PARCS DE BOSTON

RAPPORT

DE

JOHN A. PETTIGREW

Conservateur des Parcs.

L'impression éminemment favorable causée par les essais faits l'année dernière, en vue de la suppression de la poussière sur les routes des parcs, au moyen de l'huile, nous amena à les recommencer cette année. Alors que l'expérience faite en 1906 s'étendit seulement à 12 milles de routes, nous avons en 1907 étendu le procédé au réseau entier de nos routes, soit environ 44 milles. Les résultats sont tout à fait satisfaisants. L'efficacité du procédé ne laisse rien à désirer, la poussière ne se soulevant pas plus le jour que la nuit.

L'arrosage à l'huile est meilleur marché que l'arrosage à l'eau. Il y a quelques années, notre ingénieur, M. C. E. Putnau, à la suite de sérieuses observations, évaluait la dépense d'arrosage pour le parc Franklin à 489 dollars (2445 fr.) par mille de route de 30 pieds de large, pour un arrosage de 182 jours. La dépense sur la Commonwealth Avenue était pour 230 jours de 883 dollars (4415 fr.) par mille de route de 30 pieds de large. On peut prendre comme maximum la dépense faite sur la Commonwealth Avenue et comme minimum celle faite au parc Franklin. Aujourd'hui, le coût plus élevé de location des chevaux et la diminution du nombre d'heures de travail comparativement à ce qu'ils étaient au moment où furent faites ces estimations permettent d'évaluer à 680 dollars (3400 fr.) la dépense minimum par mille et par an pour arrosage. Ces chiffres pourront paraître quelque peu élevés pour un tel objet, il faut cependant rappeler que le conservateur du parc fait arroser toutes les fois qu'il y a de la poussière et que le thermomètre n'est pas au-dessous de 24° Fahrenheit.

Les arrosages à l'huile commencèrent cette année, le 3 avril 1907, et depuis cette date jusqu'au 12 novembre, la dépense totale fut de 332 dollars 67 (1663 fr. 35) par mille de route de 30 pieds de large, soit environ 0,10 par yard carré. La quantité d'huile employée fut de 1 pinte 49 (0 lit. 8493) par yard carré. La saison de la poussière n'est pas encore terminée, cependant le résultat sera peu modifié, car nous avons une quantité considérable d'huile prête à être employée, suffisante pour jusqu'au 25 novembre.

Outre la suppression de la poussière, l'asphalte qui se trouve dans l'huile donne à la chaussée plus de cohésion et les réparations sont plus rarement nécessaires. Nous avons pu, au milieu d'août, remiser nos rouleaux pour la saison, et sauf une partie d'une des routes des parcs, mal appropriée, qui n'a pu être réparée, ces routes sont dans de bonnes conditions. La chaussée étant plus solide, la pluie l'abîme moins, les caniveaux n'ont pas besoin d'être nettoyés aussi souvent. On dit même que les cuvettes où se rendent les ruisseaux ne contiennent pas la moitié des matières qu'elles contenaient autrefois. Les chevaux tirent plus facilement sur une route huilée ; la dépense en ferrure se trouve aussi réduite.

L'huile est appliquée sous forme d'émulsion. Afin d'obtenir un fondement, la première application faite au commencement de la saison contient 16 pour 100 d'huile, les autres faites ensuite en contiennent de 8 à 10 pour 100. Suivant la situation de la route et la circulation qu'elle subit on renouvelle l'arrosage à des périodes variant de 10 à 25 jours. Par exemple la Commonwealth Avenue, entre les avenues Arlington et Brookline, nécessite des arrosages, véritables renforcements, tous les 8 ou 10 jours, tandis que sur la même voie, entre les avenues Brookline et Newtonline, il n'est nécessaire d'arroser qu'une fois tous les 14 ou 16 jours, de même pour Columbia Road, Arborway et Jamaïcaway, ainsi que les Fens ; tandis qu'au parc Franklin, où les automobiles ne sont pas admises à circuler, une application suffit tous les 20 ou 25 jours.

Nous préférons employer l'huile sous forme d'émulsion, à cause de la facilité avec laquelle cela peut se faire et des ennuis que l'on évite vis-à-vis des promeneurs. Les voitures peuvent suivre immédiatement le tonneau d'arrosage, sans grand danger d'être abîmées et il n'y a absolument plus rien à craindre une heure ou deux après l'arrosage.

La poussière des routes peut être amenée par le vent, ou causée par l'usure de la route elle-même et aucun préservatif contre la poussière ne peut l'empêcher indéfiniment.

L'emploi d'une huile d'émulsion légère sert fréquemment à agglutiner cette poussière à peu de frais.

Pour préparer les émulsions dont nous nous servons, nous employons des pompes à vapeur qui amènent les matières nécessaires et produisent l'émulsion par agitation. La formule adoptée est de 10 à 15 livres de savon dissoutes dans 50 gallons (227 litres) d'eau pour 100 gallons (454 litres) de pétrole. Le savon est placé dans des barils d'eau et dissous à la vapeur, il est ensuite pompé dans des réservoirs qui sont simplement des tonneaux ordinaires d'arrosage. Pour chaque baril d'eau de savon on ajoute deux barils de pétrole. La pompe est ensuite adaptée au réservoir du tonneau d'arrosage et le contenu est agité jusqu'à émulsion. Cela forme la réserve qui contient 66 pour 100 de pétrole. On l'envoie à pied d'œuvre et on l'emploie à l'alimentation des arroseuses utilisées sur les promenades. Le remplissage s'opère par la gravité; les réservoirs sont placés en légère élévation et on emploie un tuyau d'alimentation de forte dimension. Ce procédé est rudimentaire, l'expérience permettra de l'améliorer. On pourrait peut-être employer avec avantage l'air comprimé. Chaque réservoir peut remplir de 4 à 6 arroseuses suivant le pourcentage d'huile qui varie, ainsi que nous l'avons vu, de 16 pour 100 pour la première application, à 5 et 8 pour 100 pour les applications suivantes. Les bornes-fontaines publiques suffisent pour obtenir l'émulsion du mélange du réservoir avec l'eau des arroseuses.

Nous recommandons l'emploi d'un matelas peu épais de sable dur ou de criblures fines, saturées d'huile. Cependant ce procédé ne donne pas de très bons résultats dans les courbes, la vitesse des roues rejetant le sable à la partie externe de la courbe. Nous pensons que ce matelas mobile et libre annihile l'aspiration des bandages, cause de destruction des routes. Un sable fin ou mat de couleur Jaune donne une chaussée très agréable mais il ne faut pas y répandre trop d'huile, autrement on obtiendrait une chaussée d'asphalte dur qui pourrait s'écailler.

Je n'ai pas ajouté le prix du très léger matelas de sable que nous aimons à étendre sur nos chaussées avant de les huiler, ce que nous ne faisons pas toujours, pour cette raison qu'il s'agit là plutôt de réparation des routes que de suppression de la poussière. L'année dernière, alors que nous arrosions les routes avec de l'eau, il ne fallut pas moins de deux ou trois applications de criblures et cylindrages. Cette année, avec l'arrosage à l'huile, une seule application a suffi.

Le savon d'huile de graine de coton à 0 fr. 225 la livre est le meilleur que nous ayons essayé pour l'émulsion. L'huile que nous employons vient du Texas et nous coûte net 0 fr. 325 le gallon (4,54 litres).

Il se produit rarement des flaches d'où l'eau est chassée avec les matériaux d'empierrement au passage des automobiles sur les routes arrosées à l'huile.

(Trad. Cozic.)

62424. — Imprimerie Lahure, rue de Fleurus, 9, à Paris.

Ier CONGRÈS INTERNATIONAL DE LA ROUTE
PARIS 1908

3e QUESTION

NETTOYAGE, ARROSAGE ET GOUDRONNAGE DES ROUTES

RAPPORT

PAR

M. CH. W. ROSS
Commissaire des voies publiques de la Ville de Newton (Massachusetts).

PARIS
IMPRIMERIE GÉNÉRALE LAHURE
9, RUE DE FLEURUS, 9

1908

NETTOYAGE, ARROSAGE ET GOUDRONNAGE DES ROUTES*

RAPPORT

PAR

M. CH. W. ROSS

Commissaire des voies publiques de la Ville de Newton (Massachusetts).

Le sujet que j'ai à traiter est : le nettoyage, l'arrosage et le goudronnage des routes, comme moyens d'empêcher la poussière et de préserver le revêtement. Il y a lieu de diviser ce sujet en deux parties, dont le premier est le nettoyage des routes.

Quand une route macadamisée a été construite, il est tout aussi indispensable de la maintenir en parfait état de propreté qu'il l'est de prendre soin d'un bon habit pour qu'il dure et qu'on retire le plus de profit possible de l'argent ainsi placé. Aussi la poussière et la boue doivent-elles être balayées de la surface de la route, et la route doit en tout temps avoir l'air tout à fait propre jusqu'à l'assiette. Une chose qu'il faut se rappeler pendant les mois d'été, c'est d'apporter une attention toute particulière à l'arrosage des rues. L'ennemi le plus implacable des bonnes routes est l'excès d'eau. L'arroseur fait, à son insu, courir un grand danger à la route quand il y répand trop d'eau. J'ai vu l'eau surabondante causer la perte de bonnes routes macadamisées : elle forme en effet des flaques dans toutes les dépressions; chaque fois que des roues y passent, elles font sortir de la mare d'eau plus ou moins de matériaux composants, qu'elles déposent sur le bord de la dépression, de sorte qu'en peu de temps la route devient dure et raboteuse, et prend l'aspect de la surface d'un étang où le vent soulève des vagues. Il faudrait s'inquiéter davantage de ne pas laisser l'eau séjourner en mares tout le long de la route. Elle ne le fait que lorsqu'elle trouve des flaches comme récipients. Une demi-pelletée de fin cailloutis suffit pour combler une petite flache et, si toutes les petites flaches étaient remplies, il n'y en aurait plus jamais de grandes. Si la route est tenue en parfait état de propreté, et l'arrosage fait par une personne sensée, il reviendra beaucoup moins cher qu'il ne l'a été auparavant. J'estime qu'il est aussi nécessaire de dresser les cantonniers dans ce but, qu'il l'est de leur donner des leçons sur d'autres points. Dans bien des cas, les agents voyers ont confié cette besogne à des gens inexpérimentés sans leur donner d'instructions, de sorte que ces derniers arrosent la route, sans s'occuper de voir si le temps est nuageux et pluvieux ou s'il est sec et chaud. Naturellement, cela implique un énorme gaspillage d'eau; et il en résulte, non seulement une détérioration pour le revêtement de la route, mais une grande gêne pour tous les usagers de la route, car la boue éclabousse les voitures. Si l'on employait l'eau comme il faut, il faudrait faire quelques tours de plus sur la route pendant la journée et la même provision d'eau effectuerait deux fois le parcours, ce qui donnerait des résultats plus satisfaisants.

Je n'ai pas l'intention de dire la manière de construire une route macadamisée. On a discuté, autrefois, très longuement sur ce point, et, aujourd'hui, nous ne cherchons qu'un moyen d'empêcher la poussière et de préserver le revêtement.

Je constate que le système dit « de l'affectation de chaque cantonnier à une section spéciale pour l'entretien des rues », pratiqué dans notre ville, donne des résultats beaucoup plus avantageux que toute autre méthode adoptée antérieurement. On donne aux cantonniers 1 ou 2 milles de rues (1 km 6 à 3 km 2) à tenir en bon état, suivant l'intensité de la circulation supportée par les différentes rues. Ils ont chacun pour tâche : de combler les petites flaches de fin cailloutis, et cela dès leur apparition; de désherber, de nettoyer les trottoirs et de balayer et maintenir en tout temps en état de propreté le revêtement de la route. Ils doivent aussi curer les fossés d'asséchement, balayer les carrefours et faire tous les travaux nécessaires sur la section qui leur est attribuée. Chaque cantonnier reçoit un lot d'outils composé d'une charrette à bras ou d'une brouette spéciale, d'un grand balai, d'une pelle, d'une houe, d'un rateau et d'une faucille. Ce trousseau lui est remis au printemps. Chaque cantonnier est responsable de sa section de route. Il est facile à l'agent voyer, en faisant sa tournée, de voir si la section est tenue en bon état. J'estime que, de cette façon, chaque cantonnier sent la responsabilité personnelle qui pèse sur lui, et beaucoup d'entre eux mettent leur orgueil à s'efforcer de soigner un peu plus leur section qu'elle ne l'eût été, s'il n'y avait pas eu entre eux une petite émulation. Ce système de nettoyage ne s'applique pas seulement aux rues macadamisées, mais à toutes les rues, et je n'hésite pas à recommander cette méthode, puisqu'elle a été essayée depuis plusieurs années et a donné des résultats très satisfaisants, et que les places de cantonnier ont été de plus en plus recherchées chaque année. Je ne pense pas que la dépense annuelle de nettoyage et d'entretien pour les rues soit beaucoup plus grande qu'elle ne le serait si l'on ne s'occupait des rues qu'une fois pour toutes, dans une certaine période, ce qui donnerait à penser au public que les rues pourraient bien n'être nettoyées que lorsque le Service de la Voirie le trouverait bon. Depuis l'adoption de ce système, il y a eu peu de réclamations et au contraire beaucoup de compliments de la part des habitants aussi bien que des visiteurs de la ville.

Le bon état des routes macadamisées dans les pays étrangers, malgré la médiocrité des matériaux employés, tient à la perfection du système d'entretien que l'expérience a fait choisir. Les routes macadamisées demandent à être soignées constamment, dès qu'elles sont livrées à la circulation. A s'occuper continuellement des routes, on dépense moins qu'à ajourner les emplois. La meilleure matière d'agrégation pour la couche supérieure du revêtement, toutes choses considérées, doit consister en un mélange de trois parties de poussière de trapp pour une de débris. En dehors de sa solidité, la poussière de trapp présente cet avantage sur la poussière calcaire, qu'elle est très dense et par suite que le vent ne l'entraîne pas facilement. Si ce mélange manque de liant ou s'il se désagrège ultérieurement, on peut y remédier par des débris ou par l'addition d'éclats calcaires dans la proportion de 1/4 au plus.

Les revêtements faits de pierres brutes autres que le trapp se consolident beaucoup plus rapidement par le cylindrage. Comme des routes de ce genre s'usent suffisamment pour fournir des matières d'agrégation et comme la pierraille ne se désagrège pas, ces routes donnent toute satisfaction au début; mais elles s'usent rapidement, et, bien que la pierraille soit uniformément tendre, la roche la plus dure finit par rester au-dessus de la plus tendre : d'où un revêtement caillouteux qui appelle un rechargement.

Quand on emploie le trapp pour le revêtement, il faut deux ou trois fois plus de tours de rouleau pour consolider que si on employait de la pierre plus tendre. Souvent, lorsqu'une route avec revêtement de trapp est livrée à la circulation, malgré l'excès considérable de débris employés dans la construction et malgré l'arrosage journalier, pendant plusieurs semaines après l'achèvement, la pierraille se détache et nécessite un nouveau cylindrage humide. Lorsqu'il en est ainsi, il arrive parfois que le public condamne cette route comme moins bien construite que celles du voisinage, faites de pierre plus tendre. Mais lorsque le revêtement prend de la compacité, grâce à la circulation, ce qui arrive plus ou moins vite suivant l'importance et la nature de cette circulation, la route faite de trapp s'améliore, alors que la route faite de pierre plus tendre se détériore. Donc, on peut recommander l'emploi du trapp dans tous les cas où il ne coûte pas trop cher.

Il est impossible de découvrir, pour la construction des routes, une seule roche et une seule méthode, qui satisfasse à toutes les conditions. Une roche et une méthode, qui conviennent parfaitement pour établir une chaussée dans une localité, peuvent être tout à fait mal appropriées dans une autre. La raison de ce fait est évidente. La nature de la circulation sur chaque route peut différer du tout au tout et les conditions physiques peuvent varier en bien des points. La meilleure manière de choisir les méthodes et les matériaux est de s'en rapporter à l'expérience. Les constructeurs de routes doivent dans une très grande mesure faire fonds sur les observations et les expériences des autres.

Peu importe qu'une route réponde bien aux conditions auxquelles elle doit satisfaire; sa détérioration sera toujours rapide. Les chocs violents qu'impriment les pieds des chevaux au revêtement d'une route tendent à ébranler les pierres et à défoncer la matière d'agrégation ; les fines particules ainsi mises en liberté ne tardent pas à être entraînées par le vent et la pluie, de sorte que l'eau peut pénétrer jusqu'à la fondation. L'action pulvérisante des roues accentue continuellement les dénivellations qui se sont produites de cette manière. En outre, on ne peut plus se passer de l'automobile, qui est entrée dans les mœurs, comme moyen de transport, et il est fort probable qu'elle prendra encore plus d'extension. Il a donc été nécessaire d'employer, pour le revêtement des chaussées, une matière d'agrégation dont on n'avait pas besoin jusque-là. Les meilleurs constructeurs de routes de nos jours ont été conduits par l'expérience à chercher une matière d'agrégation qui ne coûte pas trop cher et qui cependant empêche la formation de la poussière et l'usure occasionnée par les roues des automobiles. Celles-ci ont beaucoup dégradé et parfois presque complètement détruit bon nombre de nos meilleures routes macadamisées.

J'aborde maintenant le goudronnage des routes. Je dirai que nous avons utilisé non seulement différents mélanges goudronneux, mais aussi quelques-unes des diverses espèces d'huiles et autres préparations qui sont dans le commerce, et je rendrai compte d'une façon aussi générale que possible des résultats, qui ont été en partie publiés par la *Revue des bonnes routes* paraissant à New-York. Pour le détail de ces opérations, je m'en remettrai à l'ingénieur qui a noté le prix de revient exact et je ne doute pas qu'au sein de ce Congrès vous profiterez de toutes ces expériences, sans que je m'étende sur les frais qu'entraînent les procédés, etc.

Dans notre ville, nous avons environ 320 km de rues. La plupart sont du type macadam ou du type Telford ; on en trouve rarement qui aient un revêtement de briques, de pavés de bois, d'asphalte ou de tout autre genre, etc. Comme nous le savons tous, il est très difficile de préserver un macadam de la poussière, surtout dans les conditions actuelles. Nous avons à lutter contre l'automobile et il y a cinq ou six ans encore, il n'en était pas question. Les rues ont été construites pour supporter la circulation qui s'y effectuait à cette époque-là et elles donnèrent de très bons résultats ; mais à présent, dans bien des cas, elles ne satisfont plus aux conditions nouvelles, car les « poids lourds » allant à une allure rapide arrachent la matière d'agrégation; celle-ci est éparpillée par le vent et la meilleure route macadamisée qu'on puisse construire ne tarde pas à devenir raboteuse et à exiger plus que des emplois ordinaires. Les antidérapants adaptés aux automobiles pendant l'hiver, pour empêcher le glissement et donner prise sur la route, écorchent et entaillent le revêtement de façon telle, qu'au printemps il se trouve tout dégradé.

Nous avons essayé divers produits pour prévenir ces effets, et, parmi ceux qui ont le mieux réussi jusqu'à présent, se trouve l'asphaltoléine. mélange de goudron minéral, distillé juste au point de le rendre flexible, de quelque substance qui doit pénétrer rapidement le revêtement et d'huiles lourdes d'asphalte. Dans quelques-unes de nos rues, on a eu recours au ciment de Portland. Permettez-moi de dire que jamais un mélange à base de ciment répandu sur un revêtement de macadam ne donnera de bons résultats si l'on n'a pas une fondation de première qualité. Il faut que ce soit un empierrement du type Telford ou un macadam très solide; sinon la gelée fait éclater la chape, la fend et la brise de telle façon qu'elle ne tardera pas à se détériorer; une fois que des cassures s'y sont produites, il est difficile de la restaurer. Pour une fondation médiocre, je n'hésiterai pas à recommander les huiles lourdes de préférence à tout produit goudronneux, car, par le froid, le goudron deviendrait si dur que les crampons pointus fixés au pied des chevaux ne tarderaient pas à le casser, les antidérapants des automobiles à le couper et la gelée à le faire éclater tout comme le ciment; les matières sont charriées au loin par le vent et la pluie pendant l'hiver et naturellement la route est bientôt dégradée. Avec une bonne fondation, on échappe à la plupart de ces inconvénients.

Nous avons recouvert une section de route avec du « tarvia », il y a deux ans. Elle est actuellement en bon état et semble vouloir durer plusieurs années encore. Celle-ci avait une fondation à la Telford et une déclivité de 5 cm par mètre. On a commencé par bien nettoyer la chaussée. Le tarvia nous arrivait dans des voitures citernes et à pied d'œuvre; il avait une température de 170 à 180 degrés; on l'étalait avec des balais à la dose d'un peu plus de 3/4 de gallon par yard carré. Après l'application, on le laissait s'infiltrer dans le revêtement pendant 12 heures environ, puis on le recouvrait d'une légère couche de débris de trapp de la grosseur des grains de blé. Après avoir enlevé la poussière de ces débris, on les répandait sur le goudron, on les laissait environ 6 heures, puis on les passait au rouleau à vapeur de 15 tonnes. Celui-ci faisait entrer par la compression les débris de pierre dans le « tarvia » et on livrait la route à la circulation. Deux semaines plus tard environ, on répandait une autre couche de débris de pierre. La route n'a pas cessé de servir, depuis deux ans, presque uniquement aux automobiles, dont il en passe des centaines par jour. A mon sens, l'action des pneus a plutôt profité que nui à cette route, car elle a lissé par pression le revêtement, de sorte qu'aujourd'hui il est parfaitement uni et compact. Depuis, il n'y a pas eu besoin de faire de réparations.

La grande difficulté dans ces expériences est d'appliquer le goudron à l'état voulu ; on a constaté qu'il n'est pas pratique de l'employer à froid, qu'il faut le chauffer et l'épurer suffisamment pour le débarrasser des huiles légères et des gaz, afin qu'il convienne aux routes. Il est nécessaire de faire l'analyse chimique complète des divers produits fournis, de prélever des échantillons de routes et de les analyser afin de s'assurer qu'ils donnent les meilleurs résultats, car le goudron varie beaucoup suivant les différentes usines où l'on se le procure, malgré toute la peine qu'on ait pu se donner. Un examen attentif montre la différence complète de qualités des matériaux produits. Je sais qu'actuellement on emploie divers procédés pour répandre le goudron à la surface de la route. Ce travail, convenablement fait, procure une économie ; la méthode prendra sans aucun doute de l'extension tôt ou tard.

J'ai constaté qu'on peut s'épargner beaucoup de frais de matières d'agrégation et de débris de pierre, si l'on applique le goudron à la dernière couche de pierraille pour finir la route avant de répandre la matière d'agrégation ; on procède de la manière suivante :

Piquer le revêtement de macadam, le râteler complètement et cylindrer. Appliquer environ une couche de 2 cm 5 de débris passant à la claie à mailles de 2 cm 5, la poussière ayant été enlevée par la claie à mailles de 0 cm 6. On obtient ainsi un mélange de cailloux ayant 0 cm 6 à 2 cm 5 de grosseur. Les répandre à la surface de la route. Cylindrer jusqu'à ce que le revêtement soit parfaitement uni. Appliquer un gallon d'un mélange à base de goudron ; le répandre à la surface de la route et cylindrer à nouveau complètement. Ce mélange donnera un revêtement lisse et dur entièrement pénétré de goudron. De cette façon, on dépense beaucoup moins pour appliquer la matière d'agrégation à la surface de la route qu'on ne l'aurait fait autrement.

Nous avons une avenue de 8 km qui traverse notre ville et forme deux chaussées séparées. Ce boulevard a d'abord reçu une bonne fondation du type Telford ou Mac-Adam, il y a dix ans environ. Les résultats ont été très satisfaisants jusqu'à ce que les automobiles deviennent si nombreuses. On a pensé que le mieux était de diviser la circulation, c'est-à-dire de livrer l'une des chaussées aux automobiles et l'autre aux voitures. Le revêtement de la chaussée du sud qui était abandonnée aux automobiles fut tellement ravagé en moins d'une année qu'il nous fallut essayer de divers produits pour porter remède immédiatement.

D'autres sections, sur l'avenue de la République, ont été recouvertes de tarvia ; on en a employé 28 843 gallons ; le prix de revient a été de 1115 dollars par yard carré. En 1906, on a traité une section, qui a coûté 14 cents environ par yard carré ; mais la couche de tarvia a été plus forte, ce qui naturellement a occasionné un surcroît de dépenses, mais je crois que si c'était à refaire nous appliquerions partout une couche aussi forte qu'en 1906. En fin de compte, il pourrait être plus économique de mettre le maximum de tarvia, car la dépense engagée pour nettoyer la route, s'approvisionner de débris de pierre et cylindrer, serait la même, que le yard carré revienne à 11 cents ou à 14 cents, et le surcroît de dépenses représente purement et simplement la plus grande quantité de tarvia.

On a traité une section de l'avenue de la République à l'asphaltoléine au prix de 6 cents par yard carré, non compris les frais de balayage de la chaussée et de main-d'œuvre pour préparer la chaussée à recevoir le produit. Les 6 cents représentent le prix payé pour la fourniture et l'application. On a procédé de la manière suivante : l'asphaltoléine était amenée à pied d'œuvre dans des wagons citernes et transvasée dans l'arrosense fournie par l'entrepreneur. Cette voiture était une citerne en acier montée sur roues; elle ressemblait à une arroseuse d'eau, avec cette différence qu'elle portait à l'arrière des tubes pour la distribution de l'asphaltoléine. Ceux-ci étaient troués de façon que la substance se répandît dans la proportion voulue, grâce à un réglage par des clapets. Il vaut mieux en mettre plus au milieu de la route que vers les ruisseaux, car la substance coule vers ceux-ci. On évite ainsi le gaspillage et l'obligation de ramener l'excès vers le centre de la chaussée à l'aide de balais, ce qui entraîne des frais supplémentaires. Au bout de deux jours, quand la pénétration est suffisante pour que la fixité soit parfaite, on répand une couche de débris de pierre ou de fin gravier que j'estime préférable aux débris de pierre, dans le cas présent. On a interdit la section à la circulation pendant environ 48 heures. Après cela, tout était en état pour le cylindrage. Nous nous sommes servis d'un cylindre à vapeur de 15 tonnes qui a donné aux débris de pierre ou au gravier fin une compacité suffisante pour permettre aux automobiles de parcourir la route à une allure rapide sans risquer de déraper ou de se couvrir d'éclaboussures. Voilà à peu près un an que l'opération a été faite et la route ressemble à celle qui a été enduite de tarvia, à cette différence près qu'elle est plus élastique. Nous ne savons pas combien de temps elle durera, mais, la dépense étant tellement plus faible qu'avec le tarvia, je pense que nous ferons bien d'entreprendre l'expérience. Je ne doute pas que les résultats ne soient parfaitement satisfaisants pendant une nouvelle année, sans faire aucune dépense supplémentaire pour réparer. D'ailleurs, je ne recommanderai pas ce système pour une partie de la ville où la population très dense est obligée de traverser la rue dont l'enduit peut être visqueux par les temps humides et par suite salir les maisons. C'est pourquoi il vaut mieux ne l'employer que sur les rues presque entièrement fréquentées par les attelages et les automobiles.

L'huile du Texas a été utilisée par notre ville de la manière suivante. Le premier produit employé consistait en une huile légère qu'on a appliquée en chauffant les débris de pierre sur un chauffeur de sable. L'huile a été répandue sur les débris à la dose d'environ 30 gallons par yard cube de débris. On retourne les matériaux à l'aide de pelles, on les entasse et on les laisse environ douze heures en tas. On les charge alors sur des voitures et on les répand sur le revêtement. Ils forment une couche très mince qui n'a pas plus de 6 cm d'épaisseur; on passe immédiatement le cylindre à vapeur. On a obtenu ainsi un revêtement dur et lisse et les menus débris de pierre ont eu pour effet de fixer la poussière et de fournir une matière d'agrégation qui a vite pris de la compacité par le cylindrage. Cette opération a été très satisfaisante et, à mon sens, il y a là une bonne façon d'appliquer l'huile au revêtement d'une route. On a expérimenté dans d'autres rues les huiles lourdes du Texas à base asphaltique; on les répandait sur la chaussée à l'aide d'une arroseuse munie à l'arrière de tubes perforés et dont le débit était réglé par des clapets, afin de verser juste la quantité voulue par mètre carré. On la laissait sur la route environ 10 à 12 heures et on la couvrait d'une légère couche de débris de gravier. Cette méthode d'application revient moins cher que l'autre, la dépense de main-d'œuvre étant beaucoup moindre dans ce cas que dans les précédents et les matériaux employés coûtant 2 1/2 cents par yard carré. La dose d'huile était d'un peu moins qu'un demi-gallon par yard carré et on ne traitait à la fois que la moitié de la chaussée laissant l'autre libre pour les voitures pendant 2 ou 3 jours jusqu'à ce que l'huile ait eu complètement le temps de pénétrer le revêtement. Après cela, il n'y avait pas de danger qu'elle éclaboussât ou qu'elle nuisît à la circulation.

On a expérimenté sur une autre section de l'avenue de la République un mélange à base de ciment de Portland. Le revêtement avait été ravagé par les automobiles, présentait de profondes ornières et le centre était plus bas de 5 ou 6 cm que les côtés, alors qu'il aurait dû être plus élevé. Les matériaux furent passés à la claie et remis sur la forme. On fit alors un mélange de 3 parties de sable pour 1 de ciment afin de former un mortier très clair; on l'étala avec de larges pelles à charbon et on le balaya avec des balais de genêt. Ce mélange pénétra très rapidement dans le revêtement, se répartit à la surface et la rendit très lisse. L'opération a été faite vers le 10 juin 1906 et a très bien réussi. Le coût détaillé par mètre carré a été de : 0 dollar 0336 pour le ciment, 0 dollar 0038 pour le sable, 0 dollar 0203 pour la main-d'œuvre, 0 dollar 0156 pour le transport, soit un total de 0 dollar 0733 par yard carré.

Si le revêtement de cette route venait à se fendiller et ne répondait pas aux besoins de la circulation, il serait facile de le recouvrir d'une couche de goudron et de cassures de pierre qui adhéreraient vite à la fondation de ciment, car j'ai constaté par des expériences personnelles qu'on peut recouvrir le ciment de goudron et de cassures de pierre sans aucune difficulté et obtenir ainsi un revêtement tout à fait nouveau. C'est un fait bien connu que deux couches de ciment n'adhèrent pas ensemble, mais, en répandant le goudron à la surface et en le recouvrant d'une couche de cassures de pierre, on a un revêtement nouveau en tous points.

En passant en revue ces différents procédés, je n'entends pas qu'on a fait là des expériences complètes. Il y a une sage mise de fonds à faire dans l'essai de divers produits et plus on ajourne, plus le public en souffre. J'ai le sentiment que les millions de dollars dépensés pour l'achat d'automobiles réclament toute la diligence des constructeurs des routes et appellent un aménagement spécial de la route, car il ne nous sert de rien de trouver à redire aux différents modes de locomotion. C'est à nous de suivre notre époque et les constructeurs de routes ne peuvent le faire qu'au moyen d'une entente réciproque des pays et des cités du monde entier. J'ai constaté, depuis bien des années, que les routes ont été négligées ici bien plus que dans tout autre pays. Nous avons consacré tout notre temps et toute notre pensée à l'amélioration des canaux, des chemins de fer, des tramways et tous autres moyens de transport, sauf ceux qui intéressent le public des voyageurs en général et particulièrement l'agriculture. Voilà des années qu'il faut effectuer les charrois par des routes comme il ne devrait jamais y en avoir dans une nation civilisée et je plains sincèrement les pauvres chevaux, victimes de mauvais traitements. Nous devrions prendre une bonne fois conscience de ce fait, que tout le monde est intéressé et très disposé à mettre la main à la poche pour fournir les fonds nécessaires à la construction et à l'entretien des chaussées les meilleures possibles, et cela, non seulement dans notre pays, mais dans tous ceux du globe.

Nos pauvres ancêtres, qui ont fondé ce pays, avaient fort à faire avec le peu de fonds dont ils disposaient et dépensaient, en proportion de leurs faibles moyens, beaucoup plus pour les routes que leurs enfants et leurs petits-enfants n'ont cru bon de le faire depuis un demi ou trois quarts de siècle. Alors que, dans quelques-unes de nos grandes cités, il y a de bonnes routes, de bons trottoirs, une bonne police du roulage, une bonne canalisation d'eau, de bonnes écoles, c'est-à-dire, en somme, tout ce qui peut faire la beauté et l'attrait d'une ville et d'un séjour, il n'y a pas besoin d'aller bien loin pour rencontrer un pays comme il n'en devrait jamais exister dans une nation civilisée. Il ne manque pas d'endroits où les routes sont dangereuses et indignes du nom de voies publiques. A mon avis, le gouvernement fédéral devrait se charger de cette affaire et prendre soin d'établir dans les divers États des routes qui constituent de meilleures voies de communication d'une ville à l'autre. Nous paraissons être en avance sur presque tous les autres points; mais, en ce qui concerne les voies publiques, nous sommes en retard de plusieurs années. Voilà qui semblera plutôt exagéré; néanmoins, c'est bien la conclusion à laquelle j'arrive après un examen attentif.

Je suis d'avis que ces conférences et Congrès internationaux profiteront beaucoup, non seulement à notre pays, mais au monde civilisé en général, et il est de notre devoir de faire tout ce que nous pouvons pour inciter le plus possible les municipalités et les nations à consacrer à ce sujet une attention toute particulière. Le jour n'est pas très éloigné, où nous constaterons, comme dans ces dernières années, un tel perfectionnement de nos routes que nous serons tous fiers de la besogne à laquelle nous travaillons.

Juillet 1908.

(Trad. Blaevoet.)

62516. — PARIS, IMPRIMERIE LAHURE
9, rue de Fleurus, 9.

IER CONGRÈS INTERNATIONAL DE LA ROUTE
PARIS 1908

3ᵉ QUESTION

NETTOIEMENT ET ARROSAGE

RAPPORT

PAR

M. BRET
Ingénieur des Ponts et Chaussées à Paris.

PARIS
IMPRIMERIE GÉNÉRALE LAHURE
9, RUE DE FLEURUS, 9
—
1908

NETTOIEMENT ET ARROSAGE

RAPPORT

PAR

M. BRET

Ingénieur des Ponts et Chaussées à Paris.

Le rapide développement pris par les nouveaux modes de locomotion sur routes entraîne un supplément d'efforts pour lutter contre l'usure des chaussées et la poussière.

Parmi les moyens employés contre la poussière, les plus usités sont le nettoiement et l'arrosage. Suivant quels procédés et dans quelle mesure doivent-ils être appliqués pour être efficaces, sans être onéreux à l'excès, et sans nuire à la conservation des chaussées, telle est la question très importante et susceptible d'avis différents qu'il y a lieu de soumettre au Congrès; la discussion basée sur l'expérience des praticiens peut, en effet, permettre des conclusions du plus grand intérêt pour ceux qui ont la charge et l'entretien des routes comme pour ceux qui les utilisent.

ROLE DU NETTOIEMENT ET DE L'ARROSAGE

Balayage; Époudrement.

La poussière a une double origine: usure et apports. Malgré toutes les mesures prises contre la première (choix du revêtement, mode d'entretien répandage d'une matière protectrice), on ne parvient qu'à atténuer le mal; la seconde cause (déjections des animaux, chute de matériaux transportés, terres entraînées des champs par les roues) ne peut être évitée.

Le séjour prolongé de ces matières diverses ne fait qu'accroître leur action fâcheuse : leur écrasement qui les rend plus ténues et plus facilement mises en suspension dans l'air.

D'une utilité incontestable pour atténuer la poussière et ses multiples inconvénients, le balayage est-il bienfaisant pour les chaussées; n'est-il pas susceptible de leur nuire?

Nous n'envisagerons tout d'abord que le balayage à sec. Les éléments végétaux, animaux ou pulvérulents constituent, dans une certaine mesure, un matelas protecteur contre les bandages métalliques et les fers des chevaux. Mais les autres matières apportées par les roues, ou tombées des tombereaux, contiennent des éléments résistants qui, en se déplaçant sous les roues, substituent le frottement de glissement à celui de roulement, et augmentent ainsi l'usure; en raison des aspérités que forment ces gravois, la surface des roues portant sur le sol est réduite, et les dégradations produites par la charge se trouvent accentuées. Même en admettant que le balayage soit sans action appréciable sur l'nsure des pavages et revêtements lisses, il est certain qu'il ne peut leur être nuisible.

La question est plus délicate en ce qui concerne les empierrements : ceux-ci constituent une mosaïque pius ou moins grossière, suivant les soins apportés à l'exécution, avec joints de largeur très variable, garnis de matière peu consistante. Ils ne doivent leur résistance qu'à la compression dont ils ont été l'objet, au moment de l'emploi, et à la liaison obtenue par la faible adhérence des matières d'agrégation remplissant les vides. Celles-ci viennent-elles à disparaître, les pierres perdent leur stabilité, les légers déplacements qu'elles éprouvent, au passage des roues, provoquent entre elles des frottements qui activent leur usure, la sortie de leur alvéole est facilitée, et la dégradation de la chaussée s'étend rapidement.

L'importance que présente le maintien des joints bien garnis s'est accusée depuis le développement pris par les bandages pneumatiques. Alors que leur apparition semblait devoir être profitable pour la conservation des empierrements, le fait contraire a été constaté : dans l'avenue du Bois de Boulogne, à Paris, par exemple, qui ne comportait pas d'entretien notable entre deux rechargements espacés de 3 ans, des réparations importantes sont devenues nécessaires au bout d'une année, et n'ont pu être évitées que grâce au goudronnage qui s'est opposé à la dégradation des joints par aspiration des pneumatiques et violents déplacements d'air.

Un balayage énergique courrait le risque de dégarnir les joints, en accentuant ainsi l'effet pernicieux des automobiles.

Pendant l'été, du sable ou des matières d'agrégation sont parfois répandus sur certaines chaussées dont les joints sont appauvris. A part des circonstances exceptionnelles, telles que des voies exposées à des vents violents ou ayant à supporter une circulation très active, une telle pratique, source de poussière abondante, et inconciliable avec le balayage, doit être évitée. En de pareils cas, le goudronnage, grâce à sa pénétration, peut être d'un précieux secours en rendant à la matière d'agrégation la cohésion nécessaire pour permettre le balayage, même lorsque l'enduit superficiel a disparu.

Il importe, en tout cas, que l'empierrement soit constitué de façon à réduire au minimum l'importance des joints et la proportion d'agrégation. La méthode du « point à temps », avec l'importance relative de l'agrégation qu'elle exige et les détritus qu'elle occasionne par l'écrasement d'une partie des matériaux, s'accorde peu avec le balayage.

La polémique qui s'est élevée, au courant du siècle dernier, au sujet de l'opportunité du balayage, les critiques et plaisanteries auxquelles donna lieu l'apparition des premiers balais sur les routes, paraissent motivés par les procédés d'entretien généralement en usage jusqu'à cette époque. On ne saurait trop étendre l'application des rechargements cylindrés qui, en assurant une meilleure utilisation des matériaux, forment une mosaïque nette et serrée, pouvant être balayée dans toute la mesure nécessaire.

La compacité désirable ne peut être obtenue, il est vrai, sur toute l'épaisseur, malgré le cylindrage : la compression agit particulièrement sur la couche superficielle; aussi avec le temps s'accroît l'étendue des joints, et, par suite, la poussière ainsi que les précautions à prendre pour le balayage. Aussi convient-il d'éviter les rechargements de forte épaisseur, afin d'obtenir une compression régulière, également profitable à la conservation de la chaussée.

En somme, les principes qui président à la constitution d'une bonne chaussée permettent, à la fois, d'en réduire l'usure et d'étendre le balayage : ils favorisent ainsi doublement la lutte contre la poussière.

Ébouage.

Par temps pluvieux ou brumeux, les matières pulvérulentes s'agglomèrent et sont rendues adhérentes à la surface des parties granuleuses qui conservent leur indépendance; la chaussée prend un aspect analogue à celui produit par un sablage frais. La pluie persistant et la circulation aidant, les divers éléments se lient entre eux et forment une pâte consistante, surtout si les matériaux sont calcaires, et si les apports sont terreux ou argileux. Lorsque les jantes métalliques s'engagent sur cette boue grasse, elle la chassent partiellement et peuvent s'appuyer ainsi sur le revêtement; mais les bandages en caoutchouc glissent sur cet enduit visqueux, dérapent ou patinent. Si la pluie persiste, la boue se dilue et perd de son adhérence : les inconvénients changent de nature : les roues projettent en tous sens la boue liquide, avec d'autant plus de force que sont plus grandes leur surface de roulement et leur vitesse. Les véhicules, les piétons et les riverains souffrent, à des degrés divers, de cette situation qu'ont aggravée les nouveaux modes de locomotion.

De son côté, la chaussée empierrée supporte mal une humidité prolongée : la matière d'agrégation devenant fluide, les éléments de l'empierrement sont facilement arrachés, soit par les fers des chevaux, soit par adhérence aux roues ; des frayés et ornières se forment au passage des poids lourds.

L'ébouage, d'une utilité immédiate pour les usagers et les riverains de la route, favorise également la lutte contre la poussière, puisqu'il en fait disparaître les éléments.

Il est profitable à la route, en lui évitant les dégradations diverses que provoque la boue prolongée.

L'ébouage peut-il être nuisible? Ici entre en jeu la question de mesure et d'opportunité. Plus l'opération est différée, plus la chaussée perd de sa consistance et risque d'être dégradée par les ébouеurs. D'autre part, une chaussée compacte, contenant peu de matières d'agrégation, et bien comprimée résiste mieux à l'action de l'humidité, fournit moins d'aliments à la boue et supporte mieux l'ébouage. L'intérêt de l'entretien par rechargements généraux cylindrés se trouve ainsi confirmé.

Arrosage.

L'ébouage et le balayage ne peuvent faire disparaître complètement les éléments de la poussière. Convenablement exécutés ils atténuent les inconvénients, dans une forte mesure, mais ils sont insuffisants dans les agglomérations et sur les voies de luxe, où une poussière même légère est gênante pour les riverains et les piétons. Aussi, pendant la saison chaude, l'arrosage devient-il nécessaire pour agglomérer les particules ayant échappé au balayage, sans parler de la fraîcheur qu'il procure.

L'efficacité en est de courte durée, qui dépend d'influences diverses (température, exposition, nature et état du revêtement, etc...). Toutefois, l'effet se prolonge au delà du moment où la chaussée paraît sèche : la légère cohésion des particules subsiste quelque temps, et le déplacement d'air produit par les automobiles soulève relativement peu de poussière dans les parties qui n'ont pas été encore touchées par la circulation.

L'arrosage peut-il être utile ou nuisible aux empierrements? La question est assez controversée. Ces chaussées sont assimilables à un béton dont le mortier est constitué par la matière d'agrégation ; celle-ci, détrempée, laisse trop de mobilité à l'empierrement ; complètement sèche, elle se désagrège ; les joints se dégarnissent alors facilement sous les actions extérieures. Une sécheresse prolongée est presque aussi nuisible qu'une humidité excessive. La chaussée atteint son maximum de résistance dans un état léger d'humidité qui maintient la cohésion de ses éléments et lui donne une certaine élasticité, sans atteindre la mobilité.

Poussé à l'excès, l'arrosage dégarnit les joints et provoque la formation de rigoles qui affaiblissent la chaussée ; il favorise la production de boue désagréable et nuisible, à tous égards. Exécuté dans une juste mesure, il est profitable à la bonne tenue de l'empierrement.

Les précautions à prendre et dépenses qu'exige cette opération la font trop souvent proscrire.

Dans ce cas encore, une chaussée bien cylindrée sera mieux armée pour résister à un défaut de mesure.

Lavage.

Parmi les opérations que comporte un nettoiement soigné figure le lavage à grande eau. Nul moyen plus radical de débarrasser complètement la chaussée de matières susceptibles de produire poussière ou boue, malgré tous les soins apportés au balayage et à l'ébouage. Mais les frais importants qu'il entraîne, en main-d'œuvre et en eau, en restreignent l'application.

Très utile également pour combattre l'enduit de boue grasse, si favorable aux dérapages et au glissement des chevaux, il ne peut nuire qu'aux empierrements manquant de compacité. Dans ce cas, il convient de s'en tenir à un arrosage qui, diluant la boue, la rend moins glissante et en facilite l'enlèvement.

Pulvérisation d'eau.

Citons enfin la pulvérisation. Impuissante par elle-même à combattre la poussière, elle est d'un secours précieux, par temps sec, pour éviter le nuage que soulèverait le balayage mécanique, à défaut d'arrosage préalable.

L'eau ainsi projetée, immédiatement devant le rouleau-brosse, en quantité faible, mais très divisée, exerce une double action : tout en humectant les particules de poussière, et les rendant moins aptes à rester en suspension dans l'air, elle les rabat mécaniquement en les entraînant sur le sol.

OUTILLAGE DU NETTOIEMENT ET DE L'ARROSAGE.

L'opportunité du nettoiement et de l'arrosage étant établie, de quels moyens dispose-t-on pour effectuer ces opérations? L'un des objets du Congrès doit être de faire connaître l'outillage qui répond le mieux aux nouveaux besoins, et dans quel sens les perfectionnements sont à rechercher.

Balai.

Le balayage à bras est le plus répandu, vu la simplicité du matériel qu'il exige, et en raison de la présence du personnel permanent sur les routes.

Il est généralement pratiqué avec des balais de brindilles ou avec des brosses.

Les premiers, composés de cimes de bouleau, de tiges de genêt et et autres brins souples et résistants, sont utilisés surtout pour un balayage léger ; aussi doivent-ils être de faible volume, à brins allongés, et pourvus d'un long manche, de façon à permettre au balayeur de couvrir une grande surface, à chaque passe. Un cantonnier peut ainsi époudrer 3 à 4 kilomètres de route dans une journée, en repoussant la poussière sur les côtés de la chaussée par un déplacement alternatif et continu du balai promené, presque à plat, d'un seul trait, dans toute la largeur à balayer, tout en faisant varier la pression suivant la quantité de poussière et la consistance de l'empierrement.

Le balai-brosse, employé depuis 1859, et formé de plusieurs rangées de loquets en piazzava ou en fibres de bambou, presque perpendiculaires au manche, a plus d'action sur la poussière. Pour de faibles épaisseurs et une chaussée peu consistante, l'ouvrier peut se servir de la brosse en la tirant à lui. Généralement il la pousse, en augmentant ainsi la pression sur le sol et l'effet du balayage. La largeur de l'outil n'est que de 0 m. 45 environ : aussi le rendement est-il faible (300 à 400 m² par heure).

Le balai-brosse dit « à résistance facultative » présente un perfectionnement intéressant pour la bonne exécution du travail : il se compose d'une seule rangée de loquets, de même nature, mais plus fournis et plus longs, appuyés sur une tringle transversale dont la distance à la planchette est réglable. On peut ainsi donner aux brins la raideur ou la souplesse qui convient. D'autre part, le balai étant plus léger, la largeur en est portée à 0 m. 65.

Rabots et Raclettes.

Lorsqu'une boue compacte est à enlever, il est fait usage de rabots ; à ceux de ces outils en bois, dont l'usure irrégulière rendait le travail défectueux, ont été généralement substitués des rabots en tôle d'acier, de 0 m. 30 de largeur, avec lesquels on peut ébouer environ 200 m² à l'heure.

Sur les revêtements lisses, les raclettes caoutchoutées, de largeur pouvant atteindre 0 m. 80, permettent l'enlèvement rapide de la boue ayant une fluidité suffisante pour ne pas être adhérente ; grâce à la continuité de leur surface d'appui sur le sol, elles assurent un nettoiement plus complet. Sur empierrement, l'irrégularité de la surface et la plus grande compacité de la boue rendent délicat l'emploi de ces outils; l'usure du caoutchouc est rapide, et la largeur doit en être réduite à 0 m. 50 au maximum. La surface ébouée est d'environ 500 m² par heure, alors qu'elle peut dépasser 2000 m² sur asphalte avec boue liquide.

Un récent perfectionnement de cet instrument si utile dans les villes, consiste dans des dispositifs permettant d'orienter à volonté la raclette par rapport au manche, suivant que l'ouvrier veut former un cordon continu ou pousser les produits devant lui.

Machines à bras pour le nettoiement.

Vers le milieu du siècle dernier, l'importance de la circulation ayant appelé l'attention sur les moyens d'entretien et de nettoiement, on s'est ingénié à créer des instruments facilitant l'ébouage et le balayage; on a établi des appareils sur roues, portant des balais verticaux juxtaposés en arc de cercle, d'un mètre de largeur (balayeuse Ducrot), ou un balai plat de même largeur (de Besson). De même on a fait des éboueuses à bras composées de racloirs juxtaposés, de 0 m. 10 environ chacun, et formant une largeur totale d'environ 1 mètre (Frimot, Ducrot, Vignon); elles étaient tirées ou poussées, mais les manches étaient toujours tirés; les racloirs étaient en ligne droite, ou en arc de cercle ramenant au centre la boue, laissée en tas successifs par soulèvement périodique des racloirs.

Ces instruments étaient relativement coûteux, lourds et encombrants; aussi, bien que permettant d'accélérer l'ébouage (jusqu'à 500 m² par heure) n'ont-ils eu que des applications restreintes.

Machines à chevaux pour le nettoiement.

L'emploi de la traction animale a également tenté les inventeurs : l'éboueuse Marmet se composait de 5 racloirs de 1 mètre se recouvrant et formant un arc de cercle; le char éboueur Chardot, opérant sur 2 m. 80 de large et exigeant 3 chevaux, portait 30 racloirs de 0 m. 10 de large, juxtaposés à recouvrement suivant une ligne inclinée à 30° par rapport à l'essieu; il pouvait ébouer 15 kilomètres de route sur 5 m. 40 de largeur par jour.

Nous employons, depuis 1884, pour l'enlèvement de la neige sur chaussées empierrées, une machine à 4 roues, tirée par 4 chevaux, et pourvue de 2 rangées très inclinées de 12 racloirs juxtaposés de 0 m. 28 de largeur, à manches tirés (fig. 3). La neige est déblayée sur 2 mètres de largeur et repoussée en cordon sur le côté de la machine.

Depuis quelques années, la Société « le Progrès agricole et industriel de Chignat (Puy-de-Dôme) » construit une éboueuse constituée par un chariot à 4 roues portant 2 rangs de 3 racloirs juxtaposés, largeur suivant une ligne inclinée par rapport aux essieux, avec manches tirés, sur lesquels peut être déplacé un poids pour régler la pression sur le sol, suivant l'épaisseur et la compacité de la boue (fig. 4).

La largeur rabotée est de 1 mètre dans les machines à 1 cheval, et de 2 mètres dans celles à 2 chevaux; les raclettes d'arrière sont pourvues d'une lame de caoutchouc, afin de parfaire l'ébouage effectué par celles d'avant.

Le petit modèle peut ébouer une surface d'environ 20 000 m² par jour.

Quant aux balayeuses à chevaux, les divers types qui ont été successivement perfectionnés (Tailfert, Blot, Durey-Sohy) consistent en un rouleau-brosse, dont l'axe, incliné par rapport à l'essieu, est animé d'un mouvement de rotation contraire à celui des roues, de façon à ramener les produits du balayage, en cordon continu, à une extrémité de rouleau. On peut ainsi balayer une surface d'environ 5500 m² par heure avec un cheval. Un contre-poids permet de régler la pression du rouleau sur le sol. Le balai peut être constitué d'éléments plus ou moins raides (piazzava, fibres de bambou ou de rotin) suivant la nature de la chaussée.

Le dernier perfectionnement a consisté dans l'addition d'un tonnelet dont l'eau, s'échappant librement par une rampe percée de trous devant le balai, humecte la poussière en réduisant son soulèvement; cet effet est obtenu d'une façon plus complète en envoyant l'eau, par une petite pompe qu'actionne le mécanisme moteur du rouleau, dans une rampe pourvue d'ajutages de pulvérisation. Sur chaussées pavées et revêtements lisses le balayage peut ainsi être effectué pendant 30 à 45 minutes sans renouveler l'eau ; mais sur empierrements le débit nécessaire pourrait atteindre celui correspondant à un arrosage léger.

A Paris, pour assurer un nettoiement plus complet des pavages en bois et de l'asphalte, par temps boueux ou lors des lavages, on fait usage de raclettes en caoutchouc, portées par un châssis adapté à l'arrière de la balayeuse, à manches poussés, de façon à obtenir le meilleur ébouage avec la moindre charge (fig. 11 et 12); dans un autre modèle les raclettes coulissent verticalement dans des glissières (fig. 8).

Signalons enfin que des machines balayeuses chargeant les produits du balayage ont été essayées en France, mais n'ont pas été suivies d'application, en raison de la charge qui en résultait pour les attelages. Elles peuvent toutefois être avantageusement utilisées dans certains cas; c'est ainsi que divers types (machines Donkers, Salus, Handel, fig. 9) sont construits et employés en Belgique et en Allemagne. Un élévateur à chaîne sans fin, actionné par le mouvement de translation de la balayeuse, recueille les matières qui ont été rassemblées dans l'axe par les balais de la machine, et les déverse dans une caisse portée en remorque par cette dernière.

Arrosage à la lance.

L'arrosage à la lance exige des prises espacées de 30 mètres à 50 mètres, suivant la pression, avec débit limité à environ 1 litre par seconde afin d'éviter des dégradations par excès d'eau. Un ouvrier répand ainsi environ 1 litre par mètre carré sur une surface de 7500 m² dans une heure.

Arrosage avec tonnes à chevaux.

On emploie le plus souvent des tonnes en tôle montées sur 2 roues, contenant 1000 à 1400 litres, et traînées par un cheval. L'eau est généralement répandue par une rampe courbe percée de trous; la dispersion est ainsi plus uniforme qu'avec les systèmes à disque sur lequel est projeté un jet unique. Dans certains appareils (Beusnier) la rampe est divisée, dans sa longueur, en deux parties indépendantes permettant l'arrosage sur une demi-largeur lorsqu'il y a lieu. A Paris, depuis quelques années, on tend à substituer aux rampes deux boîtes cylindriques (système Plainchamp, fig. 7) percées de trous et dans lesquelles peut être déplacé un piston, pour faire varier, suivant les besoins, le nombre des orifices en service et, par suite, l'intensité de l'arrosage, ce que l'on ne peut obtenir avec les rampes, en manœuvrant les robinets, sans influer sur la largeur mouillée.

Cette largeur varie de 5 m. 30 à 3 m. 50 pendant la vidange de la tonne. En tenant compte du rejaillissement, la surface arrosée avec 1200 litres varie de 2400 à 2900 m², en 10 minutes, à raison de 0 l. 500 à 0 l. 415 par mètre carré. Le nombre de tonnes vidées dans une journée dépend de l'espacement et du débit des prises. Dans une ville on doit pouvoir compter sur 15 à 20, soit environ 50 000 m² mouillés par jour.

Arroseuses automobiles.

Depuis plusieurs années, la compagnie Thomson-Houston a établi, pour les tramways employant son matériel électrique, des balayeuses à traction électrique pour le déblaiement de la neige; les balais cylindriques sont en jonc de 2 à 6 millimètres de diamètre; leur rotation est obtenue par un moteur indépendant, permettant de faire varier la vitesse relative suivant la compacité de la neige. Elle construit également des tonneaux électriques sur rails, pouvant arroser d'un seul trait la chaussée empruntée par le tramway.

De son côté, la Ville de Paris a fait construire, en 1903, un tonneau à vapeur[1], contenant 5 mètres cubes d'eau (fig. 5 et 6) pour la chaussée de l'avenue du Bois de Boulogne, où l'arrosage à la lance présentait des inconvénients. A chaque passage, une largeur de 10 à 12 mètres peut être mouillée, l'eau étant envoyée par une pompe centrifuge dans les boîtes du système Plainchamp; mais, afin de réduire la hauteur des jets, la largeur est réduite à 8 ou 9 mètres par passe. Dans une journée, 18 tonnes sont vidées, à l'allure moyenne de 9 kilomètres à l'heure, et à raison de 0 l. 520 par mètre carré (ce débit peut être réglé de 0 à 2 litres). La machine arrose ainsi journellement une surface de 173000 mètres carrés, soit plus de 3 fois le travail d'un tonneau à 1 cheval, en consommant 6 hectolitres de coke.

En 1905, la Ville de Paris a fait monter, à titre d'étude et d'essai comparatif, une balayeuse arroseuse avec moteur à essence de 15-17 chevaux[2] et roues à bandages en caoutchouc plein (fig. 1 et 2). La tonne contient 2600 litres; le rouleau-brosse donnant un trait de 1 m. 80 de largeur est placé entre les essieux. Le dispositif d'arrosage est semblable à celui de l'appareil à vapeur. Deux rampes droites placées devant le rouleau-brosse permettent la pulvérisation d'eau pendant le balayage à sec. L'allure peut atteindre 14 à 15 kilomètres à l'heure; mais, en raison des obstacles à la circulation, la vitesse moyenne en travail est de 8500 à 9 kilomètres pour le balayage matinal, et 6500 à 7500 pour l'arrosage dans la Journée. La machine peut couvrir, avec son balai, une surface journalière d'environ 100 000 mètres carrés, et effectuer avantageusement, comme pour l'arrosage, le travail de plus de 3 attelages avec une consommation de 20 à 30 litres d'essence.

Des essais ont été faits avec un avant-train automobile de 12 chevaux attelé à une balayeuse ordinaire (fig. 10). Le rendement journalier est le même et la consommation moindre (17 litres); mais, faute de suspension de l'essieu portant le balai (bandages métalliques et pas de ressorts), les cahots ne permettent pas d'obtenir, sur un revêtement non uni, un balayage aussi satisfaisant qu'avec l'autre automobile, dont le travail est comparable à celui des machines à chevaux. Des recherches sont faites pour obvier à cet inconvénient, ainsi que pour éviter l'importante dépense à laquelle donne lieu l'entretien des bandages en caoutchouc (environ 0 fr. 20 par kilomètre, pour la balayeuse-arroseuse, soit approximativement l'équivalent du prix d'entretien des machines).

Une arroseuse avec tonne de 3500 litres, moteur à essence de 25 chevaux et pompe rotative pour aspirer l'eau dans les lacs ou la lancer dans les boîtes d'arrosement a été construite par le service du Bois de Boulogne.

1. Prix, 18 000 francs.
2. Prix, 12 000 francs.

Choix de l'outillage.

Étant donné l'outillage dont on dispose actuellement, quel choix doit en être fait pour répondre aux besoins créés par les nouveaux modes de locomotion? Il s'agit non pas seulement d'effectuer un balayage de propreté, mais de faire disparaître les particules ténues que les violents déplacements d'air, provoqués par les automobiles, mettent en suspension.

Le balai de bouleau ou de longues brindilles, employé presque à plat, permet un travail rapide, mais ne peut convenir que pour enlever les matières présentant une surface appréciable, ou pour effacer les frayés. L'adversaire à combattre (la poussière impalpable), lui échappe en partie, à moins de multiplier les passes du balai ou de lui donner plus de compacité et de l'employer en bout, ce qui réduit considérablement la surface balayée.

La brosse à plusieurs rangs permet un balayage plus complet : mais elle peut dégrader les joints de chaussées peu compactes ; le rendement en est assez faible.

Le balai-brosse à résistance facultative permet d'obtenir un balayage régulier, approprié à l'état de la chaussée, avec un rendement moyen.

Les balayeuses à chevaux exécutent un balayage très efficace. Employées avec succès sur les pavages de pierre, elles décollent incomplètement les matières humides sur les revêtements lisses. Sur les empierrements elles exigent de la prudence; leur pression sur le sol doit être réglée suivant les besoins, la nature et l'état de la chaussée.

A Paris, elles sont employées sur tous les revêtements. Il semble que l'ostracisme dont elles sont presque généralement frappées, en dehors des villes, est excessif, et que ces machines seraient d'un précieux secours, par leur rapidité et leur efficacité, dans la lutte contre la poussière sur les routes en bon état. Le balai est à réserver aux chaussées peu consistantes ou irrégulières qui exigent un balayage intelligent, combiné en vue de l'entretien aussi bien que du nettoiement.

Enfin les balayeuses automobiles paraissent appelées à rendre d'excellents services, en raison de leur vitesse qui ne nuit pas d'une façon appréciable à la qualité de leur travail, et qui peut atteindre un degré plus élevé sur routes que dans les villes. Le prix de revient auquel elles donnent lieu doit nécessairement décroître en raison des réductions à prévoir dans les dépenses d'entretien des roues et dans le prix du combustible.

En ce qui concerne l'ébouage, le rabot n'est à employer que pour la boue compacte, trop adhérente pour que le balai soit employé efficacement quand on ne peut la diluer, faute d'eau. Mais le nettoiement effectué au rabot est incomplet, et favorise ainsi la production ultérieure de poussière; de plus, il peut facilement produire l'arrachement des matériaux.

Les machines éboueuses peuvent donner un bon résultat si les rabots dont elles se composent sont à charge réglable, assez courts et multipliés pour s'engager dans les dénivellations. L'addition de caoutchouc à la 2e rangée de rabots permet de parfaire l'ébouage, mais peut devenir onéreuse par suite d'une usure rapide des lames.

Le meilleur travail est obtenu avec les rouleaux-brosses, en dehors des cas où la boue est collante.

Quant à l'arrosage il doit être effectué par les moyens entravant le moins la circulation, et réalisant un mouillage uniforme et de degré convenable. Ces desiderata sont difficiles à réaliser avec la lance, les cantonniers ayant une tendance à noyer la chaussée, alors que le ruissellement doit être évité. L'emploi de tonneaux avec boîtes à débit réglable permet d'obtenir plus sûrement le résultat désirable, l'eau parvient généralement sur le sol plus divisée, mieux répartie et mesurée. La traction mécanique, tout en assurant une plus grande vitesse d'exécution, permet au tonneau de suivre l'allure générale de la circulation et de réduire ainsi au minimum la gêne qu'il peut causer. Elle étend le rayon dans lequel peut être pratiqué l'arrosage, généralement entravé sur route par l'éloignement de l'eau et la difficulté de recrutement des attelages.

ORGANISATION DU NETTOIEMENT ET DE L'ARROSAGE

Balayage.

Comment le nettoyage doit-il être organisé pour répondre, le mieux possible, aux nouveaux besoins?

Enlèvement des matières couvrant les chaussées (balayage et ébouage) aussi complet et aussi fréquent que possible, de préférence avec le rouleau-brosse, sauf à mouiller préalablement quand il le faut et si on le peut, lavage périodique faisant disparaître les matières restant adhérentes et qui, par temps sec, sous l'influence du roulage, sont peu à peu pulvérisées et mises en suspension dans l'air.

Jusqu'en ces dernières années l'ébouage et le balayage avaient surtout pour objet l'assainissement de la route, en vue de sa conservation et de sa propreté. Avec les nouveaux modes de locomotion rapide, la présence, sur la chaussée, de poussière ténue, même en quantité si faible qu'elle passait inaperçue, devient gênante et parfois dangereuse. On ne saurait plus attendre que la couche de poussière soit telle que les roues y laissent leur empreinte. Le nettoiement demande à être effectué d'une façon plus complète, et à être renouvelé aussi fréquemment que le permettent les ressources dont on dispose et la consistance de la chaussée. Toutefois, le balayage étant susceptible de nuire à l'empierrement pendant la sécheresse, il doit être effectué particulièrement à la suite des pluies qui viennent à se produire.

Ébouage.

Le séjour prolongé de la boue étant nuisible à la chaussée et rendant l'ébouage plus délicat, il convient d'effectuer ce dernier dès que la boue atteint un degré de fluidité suffisant, sans attendre qu'elle ait réduit la fermeté de la chaussée ou repris elle-même une consistance qui la rend adhérente.

La boue naissante, produite par temps brumeux ou pluie fine, doit également être combattue, au rabot ou mieux, quand on le peut, en la délayant par un arrosage permettant un enlèvement plus complet par le balayage. Un sablage léger peut être d'un grand secours, à titre provisoire, quand les circonstances ne permettent pas l'enlèvement de cet enduit gras, en temps utile, notamment lorsque la couche est trop mince pour être rabotée.

Quant aux produits du balayage et de l'ébouage, il convient de procéder à leur mise en tas et à leur enlèvement dans le plus bref délai : leur séjour prolongé sur la route les expose à la dispersion et au retour sur la chaussée. Leur emploi sur les accotements, même avec choix et modération, est à proscrire, en raison de la poussière à laquelle il donne ensuite naissance. A cet égard le désherbage des accotements ne peut être que préjudiciable, car il met à nu un sol favorable à la production de poussière.

Arrosage.

Chaque arrosage ne doit pas employer plus de $0^l,400$ à $0^l,500$ par mètre carré; cette quantité peut être portée à 1 litre sur une chaussée empierrée et assez chargée de poussière. En dépassant cette limite, on provoque la formation de boue ou le ruissellement d'eau, en pure perte. Quant au nombre des arrosages, il est essentiellement variable avec la température, l'exposition de la route et sa nature : l'avenue du Bois de Boulogne, large et découverte, est arrosée jusqu'à 8 fois par jour en été, alors que les autres voies de Paris ne reçoivent que 3 à 4 arrosages, pendant la même période, lorsqu'elles sont empierrées, et 2 ou 3 si elles sont pavées ou asphaltées.

Vu la quantité d'eau qu'il exige et les dépenses qu'il entraîne, l'arrosage n'est donc généralement praticable que dans les agglomérations ou leurs abords immédiats. L'époque où la poussière gêne le plus est précisément une de celles où un balayage complet est le plus susceptible de nuire à l'empierrement. Aussi l'arrosage est-il désirable sur les voies recevant une circulation assez active et supportant mal le balayage : il est alors aussi utile pour le public que pour la chaussée dont il maintient la cohésion.

Pour augmenter l'efficacité de l'arrosage, il serait à souhaiter que les routes fussent plantées d'arbres les protégeant contre les ardeurs du soleil de midi, en faisant choix d'essences et d'un mode de taille permettant l'asséchement de la chaussée pendant les périodes humides.

Lavage.

Les lavages à grande eau ou arrosages abondants suivis de balayage sont utiles dans les agglomérations où la lutte contre la poussière et la boue exige plus d'efficacité. Cette opération est particulièrement nécessaire sur le pavage en bois, en raison de sa porosité qui rend adhérentes les matières humides, et sur l'asphalte qu'une mince couche grasse rend très glissant. A Paris on est ainsi conduit à laver, plusieurs fois par semaine, les voies de luxe à circulation active. Grâce à la régularité de l'asphalte, les raclettes caoutchoutées y sont employées avantageusement; sur le pavage en bois, elles parfont le travail du balai-brosse derrière lequel elles peuvent être adaptées; elles enlèvent la pellicule boueuse laissée par le balai, et contribuent à l'asséchement de la chaussée.

Enlèvement des neiges.

Au nombre des opérations que comporte le nettoiement est à ajouter l'enlèvement de la neige. Celle-ci nuit non seulement par sa présence, mais par ses conséquences, car sa fusion lente provoque la formation de boue persistante, aussi préjudiciable à la circulation qu'à la chaussée, notamment lorsque surviennent des gelées. Il importe donc que la neige disparaisse rapidement; du reste, l'enlèvement en est d'autant plus facile qu'elle a été moins tassée par la circulation.

Le déblaiement avec le balai, pour une mince couche, ou avec le rabot, pour de plus fortes épaisseurs, est un procédé trop peu expéditif. Le chasse-neige triangulaire, généralement employé sur routes, ne peut, en raison de sa rigidité, que déblayer la plus grande partie de la neige; mais, en présence des nouvelles exigences de la circulation, il faut un résultat plus complet. Le rouleau-brosse ne convient que pour de faibles épaisseurs et une neige légère, n'ayant pas encore été serrée par la circulation; toutefois l'addition de fils d'acier permet d'attaquer la neige plus efficacement. Quand la zone à déblayer comprend des voies de tramways mécaniques, il est avantageux d'avoir recours à des rouleaux-brosses actionnés par la force motrice du tramway et ouvrant ainsi une piste.

A Paris, un dégagement relativement rapide des chaussés pavées est obtenu en projetant du sel[1] avec la pelle ou au moyen de saleuses mécaniques, à raison de 60 à 80 grammes par mètre carré pour une chute de 2 à 5 centimètres d'épaisseur; sous l'effet de la circulation, la fusion de la neige est ainsi provoquée, et les machines peuvent facilement poursuivre le nettoiement. Il est regrettable que, sur routes empierrées et plantées, un procédé aussi expéditif ne puisse être employé, en raison de la désagrégation de la chaussée qu'il faciliterait et de la nocuité du sel marin pour les racines.

A défaut de cette ressource, lorsque la chute est trop importante pour avoir recours au balayage, le chasse-neige à racloirs étroits et multipliés permet d'obtenir un déblaiement satisfaisant.

RÉSUMÉ

Le développement des transports rapides sur routes donne une nouvelle importance au nettoiement et à l'arrosage des chaussées.

Dans quelle mesure et par quels moyens ces opérations peuvent être effectuées avec efficacité et économie? c'est un question qui, par son importance, mérite un examen spécial du Congrès.

Le nettoiement comporte le balayage ou époudrement et l'ébouage.

Le balayage est à renouveler aussi fréquemment et aussi complètement que le permettent les ressources dont on dispose, suivant l'importance de la circulation et dans la mesure que comportent la nature et l'état de la chaussée. Le séjour prolongé de la poussière en augmente la finesse et, par suite, le soulèvement.

Vu sa rapidité et son efficacité, le balayage mécanique semble devoir être étendu. Sans inconvénient sur les chaussées pavées, il exige des chaussées empierrées régulières et compactes.

Dans l'intérêt de la chaussée et du public, il convient d'éviter le balayage à sec.

L'ébouage est toujours profitable à la route: il conserve à l'empierrement la fermeté que détruit une humidité prolongée. Il doit être pratiqué dès que la boue acquiert une fluidité suffisante; le balayage mécanique peut alors être avantageusement employé, sous les mêmes réserves que pour l'époudrement.

Si l'humidité est insuffisante pour détruire la compacité de la boue, et si l'on ne dispose pas de moyen d'arrosage, l'emploi du rabot devient nécessaire, quoique d'une efficacité moindre; et si la couche boueuse est trop faible pour être rabotée, un léger sablage s'impose pour éviter les dérapages.

Dans les agglomérations et à leurs abords, la lutte contre la poussière

1. Sel gemme égrugé, non dénaturé, à grains ne dépassant pas 3 mm, payé 32 à 33 fr. la tonne et exonéré des droits de régie et d'octroi.

doit être complétée par l'arrosement léger et renouvelé de façon à entretenir une humidité continue, sans excès. Le lavage en toute saison, à intervalles variables, suivant l'état de la chaussée, complète les mesures que comporte une lutte active contre la poussière.

Le nettoiement (balayage et ébouage) et l'arrosage, effectués judicieusement, sont profitables aussi bien aux chaussées qu'au public.

Un empierrement compact et peu chargé de détritus facilite ces opérations, tout en réduisant une source active de poussière; l'extension des rechargements cylindrés est donc désirable, la construction, l'entretien et le nettoiement se prêtant ainsi un mutuel appui.

Le surcroît de soins qu'exige le nettoiement donnera lieu à un supplément de dépenses, mais il sera justifié par l'accroissement important des services rendus par les routes. Tout progrès dans l'industrie des transports entraîne une évolution parallèle dans l'établissement et l'entretien des voies de communication.

Les efforts doivent porter sur le moyen d'obtenir le maximum d'efficacité avec le minimum de dépenses. Les procédés mécaniques permettent d'atteindre ce but. La traction mécanique est appelée elle-même à contribuer à la lutte contre la poussière et l'usure, qu'elle a provoquée ou du moins avivée.

CONCLUSION

En conséquence, il semble que des vœux pourraient être émis dans ce sens :

1° Développement du nettoiement des chaussées;

2° Application de l'arrosage dans les agglomérations et à leurs abords, notamment sur les voies empierrées à circulation active.

3° Adoption de revêtements et de modes d'établissement et d'entretien permettant le balayage et l'ébouage dans la plus large mesure.

4° Construction et emploi de machines en vue du nettoiement et l'arrosage des routes dans les meilleures conditions d'exécution et d'économie.

Paris, juin 1908.

62171. — Imprimerie Lahure, rue de Fleurus, 9, à Paris.

SCHLUSSFOLGERUNGEN

Mit der Entwicklung der schnellen Strassenbeförderungen gewinnt das Reinigen und Besprengen der Fahrbahnen eine weitere Bedeutung.

Die Frage, bis zu welchem Masse und auf welche Art diese Arbeiten wirksam und billig ausgeführt werden können, ist von grosser Wichtigkeit und verdient, von dem Kongresse speciell untersucht zu werden.

Das Reinigen umfasst das Kehren oder Staubabzug, sowie den Schlammabzug.

Das Kehren sollte so häufig und gänzlich erneuert werden, als es die zur Verfügung stehenden Mittel ermöglichen; dasselbe soll sowohl der Stärke des Verkehrs, als auch der Beschaffenheit und dem Zustande der Fahrbahn entsprechen. Je länger der Staub auf der Strasse liegen bleibt, um so dünner wird er und um so leichter wirbelt er auf.

In Anbetracht seiner Schnelligkeit und Zweckmässigkeit scheint das maschinelle Kehren ausgedehnt werden zu müssen; auf den gepflasterten Chausséen ist es auf alle Fälle nicht nachteilig, erfordert aber regelmässige und dichte Schotterstrassen.

Im Interesse der Fahrbahn, sowie des Publikums erscheint es angemessen, das Trocken-Kehren zu vermeiden.

Der Schlammabzug ist für die Strasse stets zuträglich : er erhält die Festigkeit, welche gewöhnlich durch andauernde Feuchtigkeit zerstört wird: er soll vorgenommen werden, sobald der Schlamm eine gewisse Flüssigkeit erreicht hat; das maschinelle Kehren lässt sich dann vorteilhaft anwenden, aber unter denselben Bedingungen, wie bei Staubabzug.

Ist nicht genügende Feuchtigkeit vorhanden, um dem Schlamm seine Dichtigkeit zu nehmen, und kann man das Besprengen mit Wasser nicht vornehmen, so wird man die Krücke verwenden müssen, obgleich dieselbe nicht so wirksam ist; ist die Schlammschichte zu schwach, um die Verwendung der Krücke zu erlauben, so ist eine leichte Besandung vorgeschrieben, um das Schleudern zu vermeiden.

In den Städten und deren Nähe soll ferner der Staub durch leichtes Besprengen bekämpft werden, um durch wiederholte Anwendung eine beständige, nicht aber übermässige Feuchtigkeit zu erhalten. Das Waschen zu jedem Zeitpunkte, welches mehr oder weniger häufig, je nach dem Zustande der Chaussée, erfolgen soll, ergänzt die durch eine energische Bekämpfung des Staubes bedingten Massregeln.

Bret.

Gut ausgeführte Reinigungen (Staub- und Schlammabzug) und Besprengungen kommen sowohl den Fahrbahnen, als dem Publikum zu gute.

Bei einem dichten und mit Trümmern nicht zu stark bedeckten Schotterwerke werden diese Arbeiten erleichtert, während eine reiche Quelle von Staub reduzirt wird; die Ausdehnung der eingewalzten Aufträge ist daher zu empfehlen : der Bau, die Erhaltung und Reinigung unterstützen einander gegenseitig auf diese Weise.

Die grössere Sorgfalt beim Reinigen wird allerdings einige Zuschlagskosten zur Folge haben, dieselben werden jedoch in der bedeutenden Vermehrung der durch die Strassen geleisteten Dienste ihre Berechtigung finden.

Jeder Fortschritt der Beförderungs-Industrie hat eine entsprechende Entwicklung der Verkehrsstrassen-, Herstellungs- und Erhaltungsarten zur Folge.

Das ganze Bestreben soll auf die Mittel und Wege gerichtet sein, die äusserste Wirksamkeit unter den geringsten Unkosten zu erreichen. Mit den maschinellen Vorrichtungen können solche Erfolge erzielt werden. Der maschinelle Zug selbst hat seine Bestimmung, zur Bekämpfung des Staubes und der von ihm angerichteten, beziehungsweise erschwerten Abnützung beizutragen.

Schluss.

Folgende Wünsche dürften daher geäussert werden :

1° Es sollte das Reinigen der Fahrbahnen entwickelt werden.

2° Das Besprengen in den Städten und deren Nähe, besonders auf den stark befahrenen Schotterstrassen sollte stets in Anwendung kommen.

3° Eine Decke, sowie Herstellungs- und Erhaltungsverfahren sollten adoptirt werden, welehe in ausgedehntestem Masstabe den Staub- und Schlammabzug ermöglichen.

4° Den Bau und die Verwendung von Maschinen, welche zur Reinigung und Besprengung der Strassen dienen, unter den bestmöglichsten Verhältnissen in Bezug auf Ausführung und Sparsamkeit, zu fördern.

(Übersetz. Blaevoet.)

COLE INDUSTRIEL ANT-TRAIN LATIL

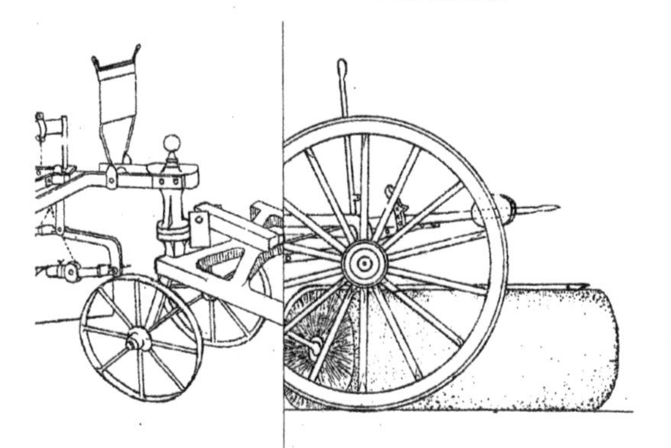

ROSEUSE A VAPEUI CLETTES A MANCHES POUSSÉS

ı latérale ig. 11. Plan

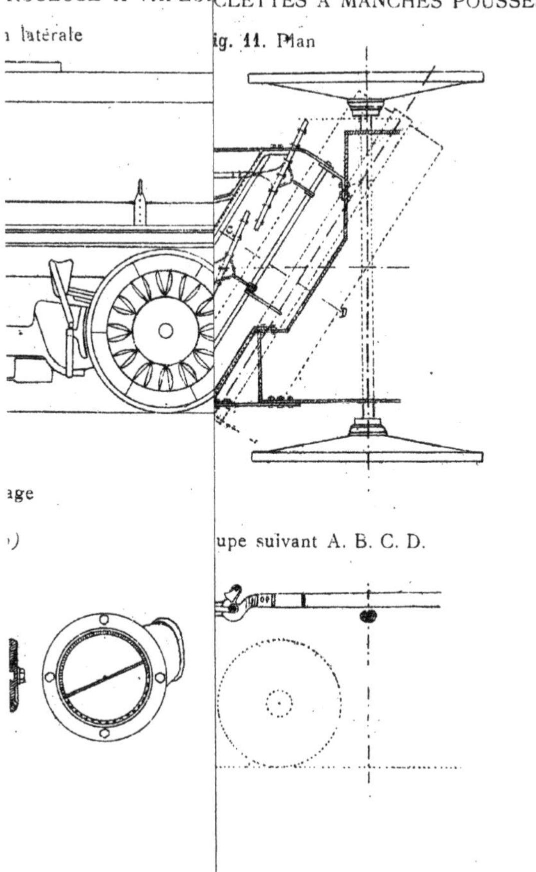

SALAYEUSE ARROSEUSE AUTOMOBILE (Ville de Paris)

Fig. 1. Élévation

Fig. 2. Plan

Fig. 3. RABOTEUSE POUR NEIGE

Fig. 4. EBOUEUSE DU PROGRÈS AGRICOLE INDUSTRIEL

Fig. 8 B

ARROSEUSE A VAPEUR DE LA VILLE DE PA

Fig. 5. Élévation latérale

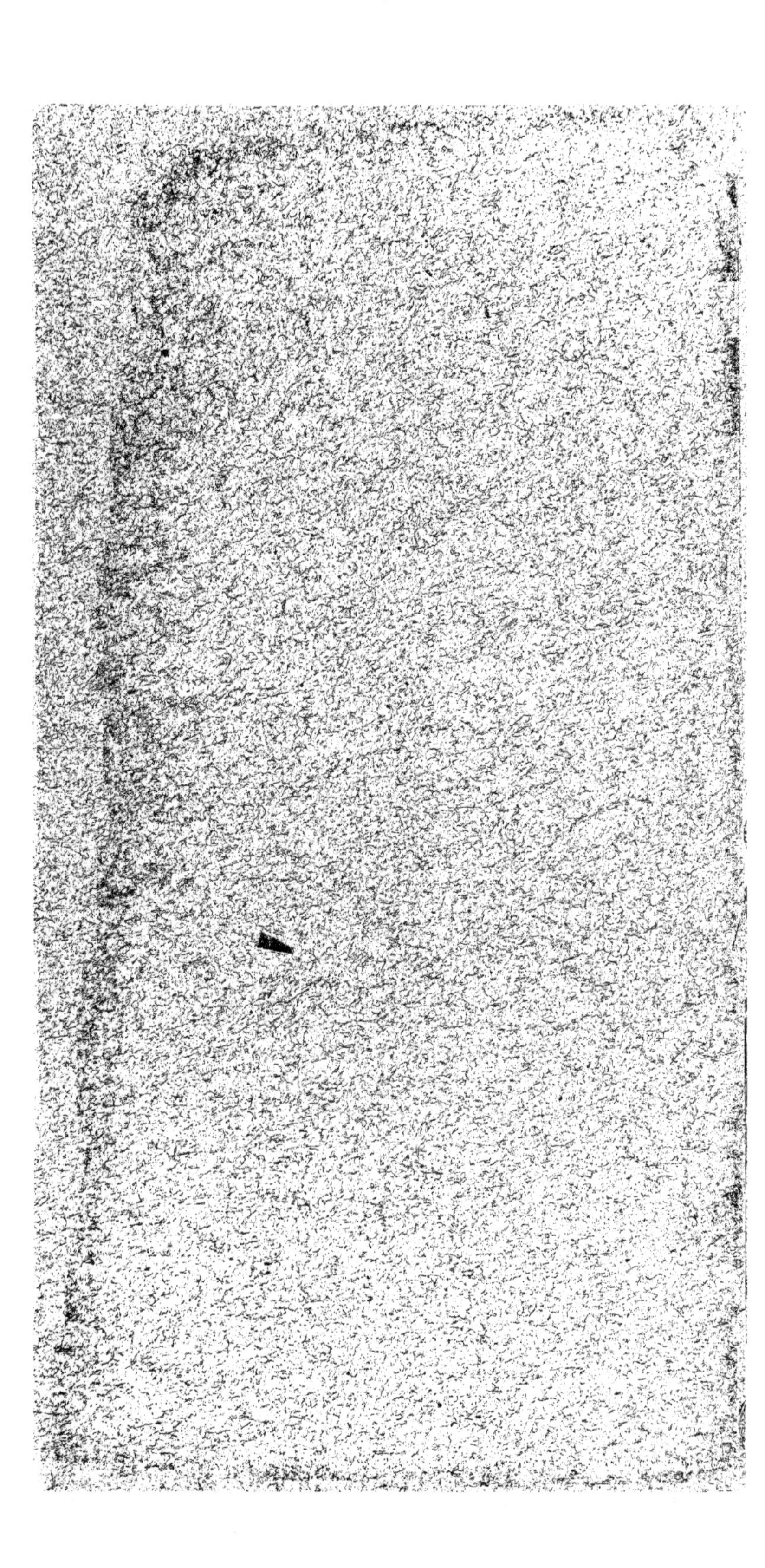

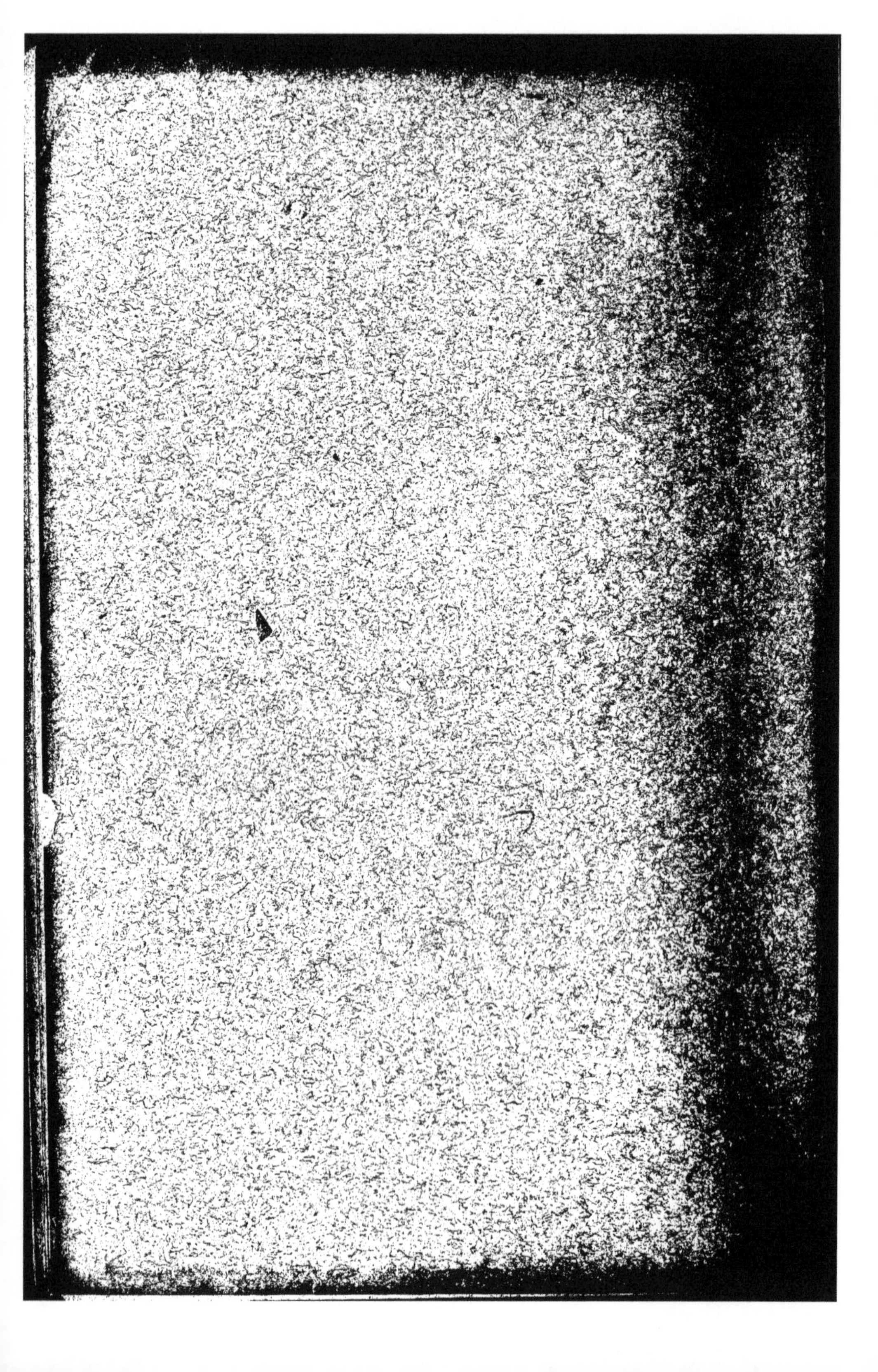

Ier CONGRÈS INTERNATIONAL DE LA ROUTE
PARIS 1908

3e QUESTION

L'ARBRE ET LA ROUTE

RAPPORT

PAR

M. P. DESCOMBES
Président de l'Association centrale pour l'aménagement des Montagnes.

PARIS
IMPRIMERIE GÉNÉRALE LAHURE
9, RUE DE FLEURUS, 9

1908

L'ARBRE ET LA ROUTE

RAPPORT

PAR

M. P. DESCOMBES

Président de l'Association centrale pour l'aménagement des Montagnes.

La Route, délaissée depuis un demi-siècle, reprend son animation; alors que beaucoup la croyaient supplantée par les chemins de fer, le cyclisme, réalisant sur les voies carrossables des vitesses égales et parfois supérieures à celles de la voie ferrée, demande qu'on mette la route à la hauteur de sa nouvelle mission.

C'est une mission toute nouvelle qu'elle se trouve en effet appelée à remplir. Allégée par le chemin de fer des lourds charrois et des diligences dont elle avait autrefois le monopole, elle est devenue un champ d'élection pour les voyages de luxe ou de tourisme, pour les automobiles, les motocycles et les bicyclettes, sans que son rôle industriel et commercial s'en trouve pour cela supprimé. Elle est l'affluent obligatoire des chemins de fer, l'instrument indispensable de mise en valeur des régions montagneuses.

Son utilité économique est transformée. Les routes parallèles au chemin de fer, autrefois les plus suivies, cèdent maintenant le pas aux routes perpendiculaires et aux voies de pénétration des montagnes qui permettent d'en exploiter les richesses naturelles, matières premières et tourisme.

Le bois tient le premier rang parmi ces matières premières, et le tourisme, qui devrait être une branche dominante de la richesse de nos régions montagneuses comme il l'est en Suisse, prend une importance croissante qui justifie la création de nouvelles voies, telle la route de Gèdres au cirque de Troumouse,

ATTÉNUATION DE LA POUSSIÈRE

A quelque point de vue qu'on envisage le rôle futur des routes, la poussière figure toujours parmi leurs impedimenta, tant par la gêne causée aux voyageurs que par l'usure de la chaussée qu'elle révèle; et les inconvénients de la poussière se manifestent principalement avec l'automobile, ce producteur de poussière pour lequel le nuage soulevé par son devancier crée des dangers tout spéciaux, qui croissent avec sa vitesse.

Si la poussière est nuisible à la circulation, elle ne l'est pas moins aux récoltes qui bordent la route, en oblitérant tous les organes des plantes et gênant singulièrement leur végétation.

Il appartient aux spécialistes d'étudier les procédés de confection et d'entretien des chaussées qui peuvent être les plus propres à éviter la production des poussières; quels que soient les procédés, l'insolation sera toujours un facteur important de leur formation sur les enduits divers qu'elle gerce ou qu'elle ramollit, comme sur le macadam, et l'ombre des arbres est généralement le moyen le plus pratique de tempérer l'ardeur du soleil.

EMBELLISSEMENT DES ROUTES

L'usage de planter des arbres sur la bordure des routes n'est pas nouveau et il contribue puissamment à leur beauté; nous pouvons admirer encore quelques ormeaux contemporains de Sully; mais il en est des arbres des routes comme de tous les autres, on en voit beaucoup abattre et fort peu planter. L'arbre en effet a des ennemis.

On fait grand bruit des insectes et cryptogames qui compromettent son existence; mais la vigne ne les connaît pas moins, et la science en a si bien triomphé que la mévente des vins est restée le seul fléau redouté des viticulteurs.

Les propriétaires riverains prétendent parfois que l'arbre nuit par son ombre à leurs récoltes, sans penser qu'il leur évite d'être saupoudrées d'une poussière qui les atrophie, et qu'il abrite une multitude de petits oiseaux pour les défendre contre les insectes et leurs larves; il en est même qui voudraient supprimer l'arbre à cause des oiseaux, quoique cette pratique ait ruiné la Castille.

L'aversion des arbres, qu'on prête aux propriétaires riverains, semble plutôt du domaine de la légende que de celui de la réalité, puisqu'on a signalé, avec photographies à l'appui, nombre d'arbres soigneusement conservés sur les propriétés particulières aux abords de routes dont les arbres étaient mutilés[1].

1. E. Belloc. *L'arbre et ses ennemis. La Nature*, 11 avril 1908.

La mutilation des arbres plantés sur accotements de routes est fréquemment invoquée comme prétexte à leur suppression, mais il serait bien facile d'en avoir raison par quelques avis insérés dans les journaux ou placardés aux bons endroits, quelques arrêtés préfectoraux et l'affichage de quelques jugements. L'État, les départements et les communes ont tout intérêt à sauvegarder un élément de recettes qui a produit dans le Wurtemberg 10 millions de francs en 1878 et va toujours en augmentant[1].

La complexité administrative qui attribue à l'Administration des Domaines, dépendant du ministre des Finances, les produits de la vente des arbres et de leurs fruits, pendant que les dépenses de plantation, entretien et martelage incombent au service des Ponts et Chaussées, dépendant du ministère des Travaux publics, semble être réellement le plus grand ennemi des arbres sur route, et il y a là de quoi faire frémir tous ceux qui connaissent la force des précédents dans notre beau pays de France. Mais ils ne doivent pas oublier les puissantes ressources de son intelligence, et, connaissant le dévouement de ses ingénieurs à l'intérêt général, on peut être assuré qu'ils sauront triompher de ces petites difficultés, dont sont d'ailleurs exemptes les routes départementales et communales.

Il convient de citer aussi les précédents qui méritent d'être suivis.

CONCOURS A LA LUTTE CONTRE LE DÉBOISEMENT

Un éminent ingénieur a fait autrefois de ses plantations sur route une école et une exposition permanente d'arboriculture; Chambrelent, dont la volonté persévérante couronnée par un monument commémoratif du Touring-Club a créé la richesse de trois départements en peuplant de pins maritimes les marais fiévreux des Landes, avait constitué par le recrutement judicieux et l'enseignement mutuel d'un certain nombre de ses cantonniers une élite d'arboriculteurs dont les exemples et les leçons ont puissamment contribué à la réalisation de son œuvre féconde, et un précédent de cet ordre ne doit pas être perdu de vue.

Au moment où l'opinion publique s'émeut de la destruction de nos forêts, où tous les esprits soucieux de l'avenir se préoccupent de propager l'arbre indispensable pour la régularisation du régime des eaux, on ne saurait trop donner l'exemple, l'exemple officiel surtout, qui a toujours tant de prestige et dont l'absence sert d'excuse a tant de défaillances.

Les Sociétés forestières et de tourisme travaillent par une inlassable propagande à multiplier les initiatives de reboisement, les fêtes de l'arbre

1. Comte DE ROQUETTE-BUISSON. *Les arbres et l'arboriculture dans les Pyrénées.* 1er Congrès de l'aménagement des montagnes, page 157. Bordeaux 1906. Ferret et fils éditeurs.

et les scolaires forestières, auxquelles le service forestier prête le plus dévoué concours. Combien il serait précieux, là surtout où l'absence de bois domaniaux réduit à néant le personnel des Eaux et Forêts, que les initiatives encore hésitantes puissent trouver le long de toutes les routes des leçons de choses à leur portée! La plantation des accotements donnerait à tous la solution des problèmes du choix des essences, de leur adaptation au sol, des soins à leur donner, que chacun renonce à étudier isolément.

La contagion de l'exemple serait en outre d'un effet moral considérable, et l'on en peut juger d'après celle déjà suscitée par l'Association centrale pour l'aménagement des montagnes, dans l'œuvre taxée d'impossibilité entreprise depuis quatre ans seulement : un grand nombre de communes la sollicitent d'étendre à leur domaine en montagne les méthodes de restauration en montagne inaugurées par elle, qui ont déjà supprimé l'érosion du sol sur un premier territoire de 2000 hectares par la seule exclusion des troupeaux transhumants. Le reboisement au printemps dernier d'un territoire qui lui avait été concédé gratuitement dans le voisinage du bourg de Vignec (Hautes-Pyrénées) a immédiatement amené la demande par les propriétaires voisins de jeunes arbres qu'ils ont aussitôt plantés, dans une région universellement considérée comme réfractaire au reboisement.

Il n'est pas téméraire d'espérer que le remplacement sur toutes les routes de France de la cognée dévastatrice par la bêche réparatrice sera le signal d'un changemement d'habitudes, que les frondaisons créées sur la voie publique se doubleront vite de frondaisons parallèles sur les propriétés qui les bordent pour en renforcer l'effet utile, comme de plantations dans les terrains en friche qui couvrent encore plus de six millions d'hectares du sol national.

CONCLUSION

L'arbre embellit la route, la protège contre la formation des poussières et atténue leur influence nuisible sur la végétation des propriétés riveraines.

La plantation des arbres sur accotement de route, qui est une fructueuse opération financière, constitue surtout une leçon de choses, un précieux exemple et une école universelle d'arboriculture.

Nous vous proposons en conséquence d'émettre d'après les considérants ci-dessus le vœu :

« Que tous les services de voirie apportent leurs meilleurs soins à la « plantation d'arbres le long des routes. »

Bordeaux, 26 mai 1908.

62040. — Imprimerie Lahure, rue de Fleurus, 9, à Paris.

SCHLUSS

Der Baum verschönert die Strasse, schützt sie gegen die Staubbildung und verringert die beschädigende Einwirkung des Staubes auf die Bepflanzung der angrenzenden Liegenschaften.

Die Anlage von Bäumen auf den Banketten, welche sich als eine vorteilhafte Finanzoperation erweist, bildet vor allem einen Anschauungsunterricht, ein wertvolles Beispiel und eine Weltbaumzuchtschule.

Wir schlagen daher vor, auf Grund der vorstehenden Erwägungen, den Wunsch zu äussern :

« Es sollten alle Wegämter auf die Anlage von Bäumen längs den Strassen alle ihre Sorgfalt verwenden. »

(Übersetz. Blaevoet.

Descombes.

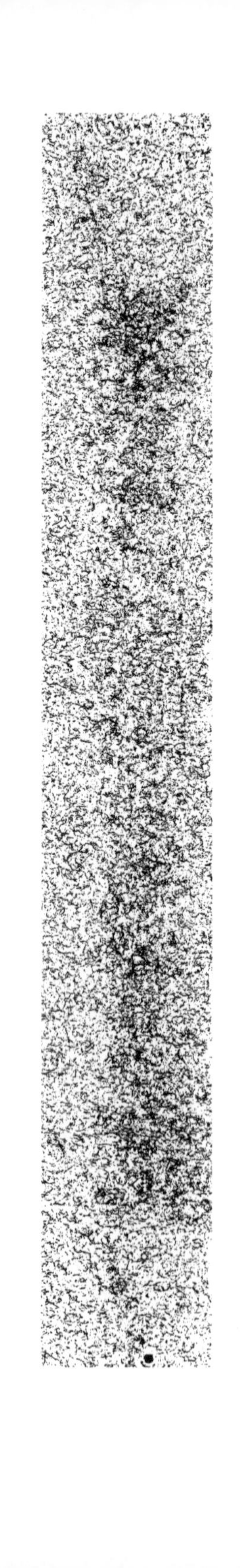

IER CONGRÈS INTERNATIONAL DE LA ROUTE
PARIS 1908

3e QUESTION

LUTTE
CONTRE L'USURE ET LA POUSSIÈRE

UTILISATION DU GOUDRON

RAPPORT

PAR MM.
VILCOT
Sous-Ingénieur des Ponts et Chaussées.

FERNEY
Conducteur principal des Ponts et Chaussées.

HONORÉ
Conducteur des Ponts et Chaussées.

PARIS
IMPRIMERIE GÉNÉRALE LAHURE
9, RUE DE FLEURUS, 9

1908

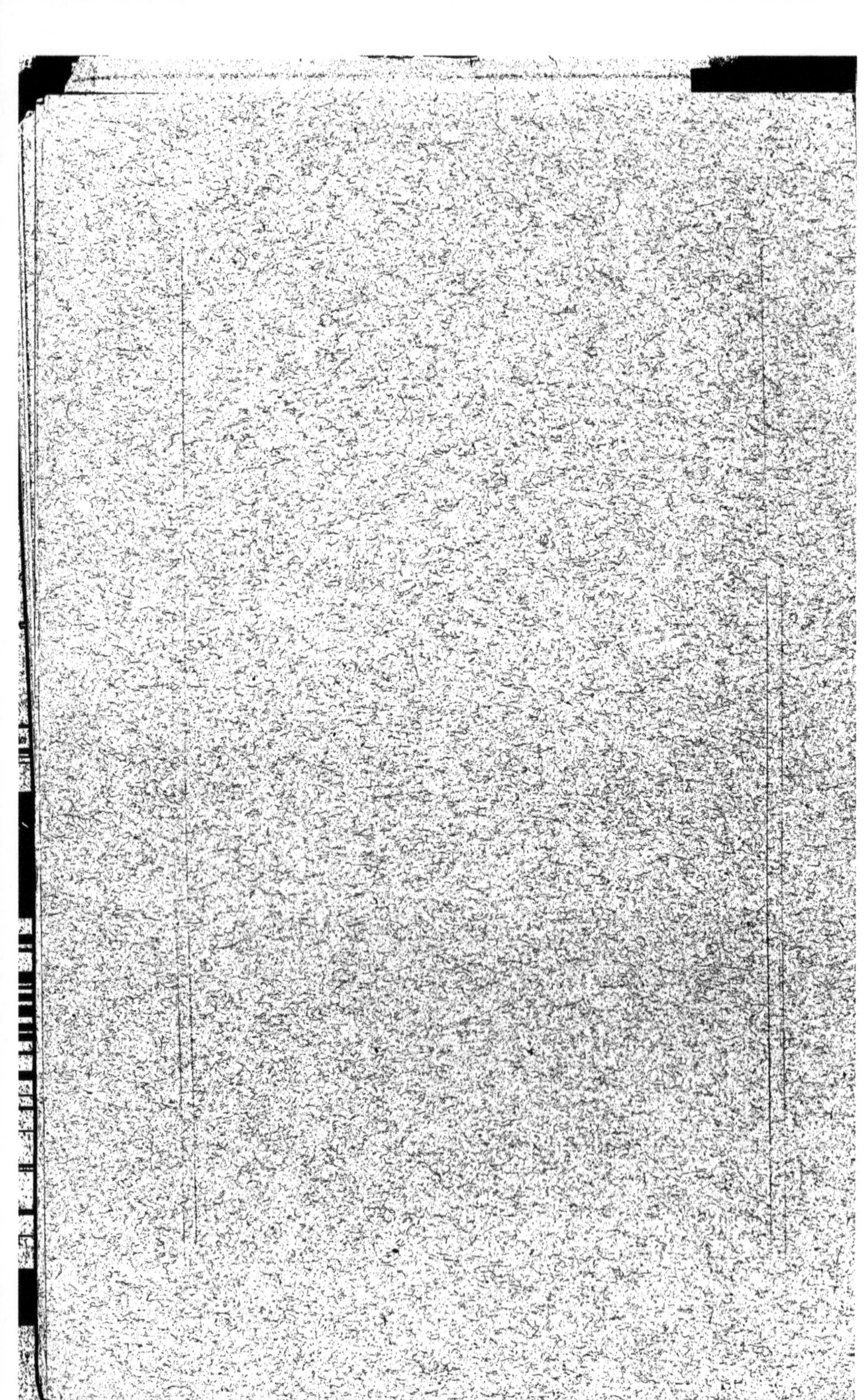

LUTTE
CONTRE L'USURE ET LA POUSSIÈRE

UTILISATION DU GOUDRON

RAPPORT

PAR MM.

VILCOT
Sous-Ingénieur des Ponts et Chaussées.

FERNEY
Conducteur principal des Ponts et Chaussées.

HONORÉ
Conducteur des Ponts et Chaussées.

PRÉLIMINAIRES

Les voitures automobiles qui circulent sur les routes avec de très grandes vitesses, 50 km à l'heure et plus, soulèvent à leur passage des nuages denses de poussière qui gênants et dangereux pour les chauffeurs constituent un véritable fléau pour lés riverains et les piétons. L'étude des moyens à employer pour supprimer la poussière était par suite une question tout indiquée pour le « Congrès de la Route ».

Nous exposons dans le rapport ci-dessous, les résultats que l'emploi du goudron peut *donner* à ce point de vue.

La poussière sur les routes provient des principales causes suivantes :

L'usure des matériaux qui constituent la chaussée;

L'action des agents atmosphériques, notamment du vent;

La circulation elle-même, par les déchets qu'elle apporte ou laisse sur la route.

La dernière de ces causes ne peut pas être supprimée facilement; quant aux autres, on peut espérer en atténuer les effets : pour la première, ne retardant l'usure de la route par l'*isolement* de l'empierrement à l'aide d'une couche superficielle qui évite le contact direct des roues; pour la deuxième, en agglutinant la matière d'*agrégation* et en *fixant* les poussières sur le sol.

Il y avait donc à chercher un *isolant agglutinateur* qui puisse encore éviter l'action de l'humidité qui, en amollissant la masse de la chaussée en facilite la désagrégation, cause d'usure et de poussière. Le goudron de houille ou coaltar paraît réunir ces qualités.

Les premiers *essais* de goudronnage paraissent être en France ceux de M. Christophe, exécutés en 1880 sur la route nationale de Libourne à Bergerac; les premiers *goudronnages pratiques*, ceux exécutés en 1888 dans le département de la Haute-Garonne par les Agents voyers qui dès cette époque employaient couramment le goudron sur leurs chemins; leurs procédés toutefois ne dépassèrent pas ce département et ce ne fut que vers 1901-1902, au moment où la circulation automobile commença à prendre son essor, que, sur l'initiative du Touring-Club de France, sollicité par le Dr Guglielminetti, des essais plus étendus furent entrepris.

Au cours de l'année 1902, les Ingénieurs des Ponts et Chaussées du département de la Seine (sur la demande et avec le concours financier du Touring-Club et l'aide des services chimiques de la Compagnie parisienne du gaz), ainsi que ceux d'un certain nombre de départements, cherchèrent à appliquer les procédés de goudronnage sur des bases rationnelles et méthodiques. En même temps, la « Ligue contre la poussière des routes » se fondait dans le but de développer les nouveaux procédés et dès 1903, es goudronnages furent l'objet d'études et d'applications suivies dans toute la France et à l'étranger.

Aujourd'hui ce mode d'isolemeut des chaussées a pris une extension considérable. La question est traitée industriellement et de nombreux appareils de goudronnage apparaissent chaque année.

Nous avons cherché à exposer les méthodes d'emplois actuelles et les résultats obtenus. Les communications qui seront faites au Congrès permettront probablement d'élucider quelques points de la question et conduiront à dégager des règles de plus en plus précises pour le choix et l'emploi du goudron.

Le rapport a été divisé en deux parties :

§ 1. — Du goudron ou étude du produit.

§ 2. — Des goudronnages ou emploi du produit.

§ I. — DU GOUDRON

COMPOSITION — ORIGINE — DISTILLATION

Le goudron de houille ou coaltar est un liquide noir et visqueux, à odeur empyreumatique forte; on le recueille généralement comme sous produit dans la distillation de la houille; son poids spécifique oscille entre 1 kg 15 et 1 kg 20. Liquide vers 60°, il épaissit avec l'abaissement de la température, durcit vers 0° et se solidifie à 8°. Chauffé à 80°, il mousse très rapidement à la façon du lait, ce qui rend sa manipulation dangereuse et nécessite des précautions spéciales.

La composition chimique du goudron est très irrégulière ; elle varie suivant la nature des houilles dont il est retiré, leur mode de traitement, la température de décomposition, etc. ; un goudron, dit Würtz, est toujours le résultat de synthèses multiples, c'est une sorte de mine de produits chimiques qu'il importe d'étudier.

L'étude de l'influence de la nature des houilles sur le goudron est très complexe et sort du cadre qui nous est tracé. Le seul point sur lequel nous insistons légèrement est celui relatif à leur température de décomposition :

Au point de vue industriel, la distillation de la houille se fait en effet soit pour la production du gaz d'éclairage, soit pour celle du coke métallurgique ; la production de ce dernier produit nécessite une température extrêmement élevée, très différente de celle nécessaire pour la fabrication du gaz.

Or, d'après Würtz et autres chimistes, si la température de décomposition est basse, il se forme principalement des hydrocarbures de la série des paraffines et des dérivés oxygénés du benzène (naphtol) ; si la température est élevée, il se forme au contraire des corps riches en oxygène, ainsi que des anthracènes, phénantrènes, chrysènes et des phénols.

Ce rapide exposé permet de voir le rôle que joue la température dans la distillation de la houille et la différence qui peut exister dans la nature des résidus, c'est-à-dire des goudrons.

Les goudrons eux-mêmes sont susceptibles d'être distillés, les résidus varient avec le degré de distillation et les méthodes employées. Si on travaille le goudron d'après les indications du thermomètre, on sépare successivement :

Essence jusqu'à 105°.
Huiles légères jusqu'à 210°.
Huile à acide carbolique (phénol et naphtaline) jusqu'à 240°.
Huile lourde ou huile verte jusqu'à 270°.
Huile à anthracène au dessus de 270°.

Ces séparations ont sur le résidu ou brai une action différente ; si on ne distille que l'huile légère, on obtient un brai liquide qui forme à peu près 80 pour 100 du poids du goudron ; si on distille davantage, on obtient un brai noir, puis un brai demi-sec, puis un brai sec.

Les méthodes de distillation sont au nombre de deux : à feu nu ou par la vapeur.

La première, la plus employée, permet d'éliminer sous forme de brai les éléments non volatils ; la deuxième permet de déshydrater le goudron et de lui enlever ses éléments les plus volatils (ces derniers produisent le moussage dont nous avons déjà parlé).

On voit, dans ces conditions, combien sont différents les produits qui peuvent être remis aux opérateurs pour le goudronnage des chaussées. Jusqu'à présent il ne paraît pas que des essais parallèles des divers goudrons aient été tentés. On pourrait cependant, sans entrer dans un détail minutieux, diviser les goudrons en deux grandes catégories : goudrons de houille et goudrons de coke, et dans chacune d'elles on pourrait étudier :

Les goudrons complets ;

Les goudrons à brai liquide (distillés à feu nu avec séparation de l'huile légère seulement) ;

Les goudrons déshydratés (distillés à la vapeur).

Les goudronneurs devraient ainsi s'enquérir sérieusement de la nature des goudrons qui leur sont fournis ; cette enquête est assez difficile ; dans la plupart des cas il faudrait recourir à l'analyse chimique qui exige un laboratoire et ne peut pas être toujours poussée assez loin en raison de la complexité des produits rencontrés.

Parmi les rares essais dont nous avons eu connaissance, nous citerons ceux faits par le laboratoire d'essai des matériaux de la Ville de Paris, qui a analysé deux sortes de goudrons qui lui étaient soumis par le service du bois de Vincennes (M. Lefèvre, Conservateur ; M. Pissot, Conducteur).

Les échantillons soumis à l'analyse ont donné comme résultats :

	Goudrons fournis	
	par la Compagnie du gaz	par un industriel du Nord
Eau et essences	1,70 pour 100	7,40 pour 100
Huiles légères.	6,50 —	5,30 —
Huiles lourdes.	4,00 —	11,50 —
Naphtaline.	8,20 —	8,20 —
Brai.	79,60 —	67,80 —
Total. . . .	100 pour 100	100 pour 100

Il résulte du rapport de M. Pissot que le goudron du Nord était plus fluide et par suite d'un emploi plus facile que celui de la Compagnie du gaz. Cependant les quantités employées et les résultats obtenus furent analogues.

En l'absence d'études approfondies sur la valeur des divers goudrons en vue de leur emploi sur les routes, les goudronneurs se sont jusqu'ici inspirés des expériences de M. Audoin, ingénieur en chef des services chimiques de la Compagnie parisienne du gaz, expériences relatives à la fluidité et à la facilité d'emploi et de celles de M. Vinsonneau relatives à la qualité même des goudrons. Nous avons cru intéressant de les rappeler toutes deux.

Expériences de M. Audoin. — Les expériences de M. Audoin avaient pour but de rechercher, en vue d'un épandage facile, les conditions de fluidité des goudrons et produits divers pouvant servir à l'imprégnation des routes. Dans ses conclusions, cet ingénieur s'exprime ainsi :

« Il a été reconnu, dès l'origine, que le goudron s'écoule mal et s'étend
« difficilement quand on opère à la température ordinaire. A 17°, pour
« une même section de sortie et une même hauteur de charge, on a trouvé
« comme débit par minute en chiffres ronds (essai pratique) :

Eau	550 cm³
Huile de pétrole du Texas.	225 cm³
Huile lourde de houille.	300 cm³
Schistes d'Autun	320 cm³
Goudron de pétrole (Mazout). . . .	80 cm³
Goudron de houille.	40 cm³

« Si on chauffe le goudron de houille, on le rend fluide. En effet, pour
« même section et charge que ci-dessus, le goudron de houille qui à 17°
« ne s'écoulait que dans la proportion de 40 cm³ par minute donne :

à 50°.	225 cm³
et à 70°.	280 cm³

« chiffre identique à celui trouvé pour l'huile du Texas. »

Il paraît donc y avoir intérêt majeur, conclut-il, à étaler le goudron à chaud.

Expériences de M. Vinsonneau. — Les expériences de M. Vinsonneau ont porté :

1° Sur la pénétration du goudron dans le corps d'une chaussée en fonction de la compacité ou serrage des matériaux, de la nature du goudron et de la température d'emploi ;

2° Sur les qualités des goudrons au point de vue de leur adhérence propre.

Pour l'étude de pénétration, il a opéré sur des caissons remplis de sable de diverses grosseurs; ces sables étaient comprimés de façon à leur donner une cohésion égale à celle due au cylindrage à vapeur ; les goudrons, aux divers degrés de distillation et de température, étaient posés simplement sur ces masses minérales, pour y pénétrer par capillarité et peut-être par diffusion (une masse n'est jamais parfaitement sèche). Ces expériences ont démontré que, pour obtenir une bonne pénétration, il fallait :

« 1° *Que le goudron fût très fluide et, autant que possible, dépourvu d'eau* ;

2° *Qu'il fût porté à une température suffisamment élevée*, 60° *à* 70° *environ.*

Il a encore constaté que le goudron concentré par une *distillation préalable* n'a présenté que peu d'ancrage entre ce qui avait pénétré dans la masse et la partie restée à la surface.

Pour déterminer les qualités des goudrons au point de vue de leur adhérence propre, M. Vinsonneau a coulé en plaquettes rectangulaires, dans des verres paraffinés, des goudrons à divers degrés de distillation et les a laissés sécher; au bout d'un nombre variable de semaines, ils ont formé des tablettes de section quasi équivalentes qui ont été essayées.

« Aux essais de flexion, le *maximum* de flèche a été obtenu avec le *gou-*
« *dron naturel sans eau*, et le *minimum*, avec le *goudron réduit* à *l'état*
« *de brai sec*, c'est-à-dire au *maximum de distillation* (ce dernier était
« cassant comme du verre).

« Entre ces deux extrêmes se sont classés régulièrement tous les gou-
« drons aux divers degrés de distillation. »

Ces expériences ont encore fait ressortir que la couche qui reste à la surface d'une masse minérale et y sèche peu à peu est ancrée à cette masse par le goudron qui y a pénétré et qu'ainsi la première pénétration obtenue par un goudronnage servait d'ancrage à toutes les couches successives qu'on y pouvait mettre par la suite, cette conclusion est intéressante au sujet des goudronnages d'entretien qu'on peut faire sur une chaussée goudronnée pour remplacer la couche superficielle usée par le roulage des véhicules.

En résumé, malgré le grand nombre de goudronnages exécutés, Il n'est pas possible de définir exactement, à l'heure actuelle, les qualités particulières à exiger du goudron en vue de son épandage sur les routes. Il appartiendrait au Congrès de rechercher et de poser les bases d'expériences normales qui permettraient de déterminer ces qualités.

§ II. — DES GOUDRONNAGES OU EMPLOI DU GOUDRON

Le goudron, sur les routes, est employé soit *superficiellement*, soit *incorporé à la masse de l'empierrement.*

Nous étudions successivement ces deux procédés :

A. — GOUDRONNAGES SUPERFICIELS

Les goudronnages superficiels des chaussées sont le plus généralement exécutés en suivant les règles ci-après :

a) *Préparation préalable de la chaussée.* — Cette opération consiste à balayer à vif la chaussée de manière qu'elle soit complètement débarrassée de toutes les poussières ou immondices. Cette précaution paraît essentielle. Il ne faut pas cependant arriver à un grattage qui soulève les pierres et fait disparaître complètement la matière d'agrégation.

b) *Exécution des goudronnages.* — Les goudronnages sont faits à chaud ou froid; la chaleur, ainsi que l'a démontré M. Audoin, a pour seul but de rendre le goudron plus liquide, par suite d'un emploi plus commode :

elle facilite en outre la pénétration dans le sol. C'est pourquoi dans les goudronnages à froid, on fluidifie le coaltar en l'additionnant d'huile de houille.

Les goudronnages sont faits à la main ou mécaniquement.

I. — GOUDRONNAGES A MAIN

Cette méthode, toute primitive qu'elle paraisse, rend beaucoup de services en raison de sa simplicité et du peu de valeur des appareils qu'elle exige. Son prix de revient avec un personnel entraîné ne diffère pas de celui des autres procédés. Elle permet même souvent d'économiser la main-d'œuvre qui est faite par les cantonniers.

Au point de vue de la rapidité d'exécution, elle peut également lutter avec les appareils mécaniques, mais elle exige une étude préalable sérieuse (approvisionnements, quantité des appareils de chauffage à proportionner au personnel disponible, etc...).

Les phases de l'opération comprennent :

L'approvisionnement du goudron;
Le chauffage du goudron;
L'épandage;
Le lissage;
Le sablage.

Approvisionnement du goudron. — Pour éviter toute perte de temps, il y a lieu de faire approvisionner le produit à l'avance sur toute la longueur à traiter. Le goudron est généralement contenu dans des fûts de 200 kg: on prend comme base pour un premier emploi une proportion de 1 kg 200 à 1 kg 500 par mètre carré de surface à couvrir, suivant le serrage de l'empierrement, sa nature et le degré de température.

Chauffage. — Quand on se sert du goudron chaud il faut l'employer le plus chaud possible. Pour le chauffage, le procédé le plus élémentaire consiste à se servir des bassines que l'on pose sur des foyers chauffés au charbon de bois ou au coke. La capacité des bassines ne doit pas dépasser 70 litres de manière à en permettre la manipulation facile; les appareils, primitifs au début, ont été perfectionnés : ajutages pour le transvasement du goudron, organes pour empêcher le moussage ou pour assurer le prompt enlèvement en cas de moussage; dispositions pour permettre le déplacement facile des foyers et bassines, au fur et à mesure de l'avancement du travail, etc...

En résumé, on recherche les appareils légers, facilement transportables, dont on peut disposer d'un nombre suffisant sur le même chantier pour éviter tout arrêt dans l'épandage et le lissage, condition essentielle pour opérer rapidement et économiquement.

Epandage. — Le plus souvent le goudron chaud est versé dans des arrosoirs de 15 à 20 litres de capacité, munis de pommes spéciales à larges becs en forme d'éventail percé de huit à dix trous de 1 mm. 5 à 2 mm de diamètre, disposés sur une même ligne horizontale, ou, encore, d'une fente longitudinale de 1 mm. de hauteur, pour permettre l'écoulement en mince nappe du coaltar. Ces pommes spéciales sont mobiles pour en permettre le nettoyage facile. On doit d'ailleurs avoir soin de tamiser le goudron au moment du transvasement dans les arrosoirs pour éviter l'engorgement des trous ou fentes de déversement par les impuretés du goudron (cristallisations, etc...).

Pour l'épandage proprement dit, l'ouvrier déverse le contenu de son arrosoir sur la chaussée en commençant par l'axe et en conduisant de préférence l'épandage dans le sens longitudinal. Les bandes liquides ne doivent laisser entre elles aucune solution de continuité.

Lissage. — Immédiatement après l'épandage le goudron doit être lissé avec des balais très doux; quelques opérateurs préfèrent même une raclette en caoutchouc à lame mince. Il est inutile de brasser le goudron étendu pour arriver à couvrir les petites surfaces qui ne s'imprègnent pas immédiatement; ces petites taches blanches se recouvrent d'elles-mêmes et le travail qu'il faut faire pour en obtenir la disparition est nuisible parce qu'il accélère le refroidissement du coaltar.

Quelques praticiens ont préconisé l'emploi de l'arrosoir-balai qui étale le goudron immédiatement à sa sortie de la pomme, ce qui a l'avantage de « saisir » le goudron avant son refroidissement et son épaississement qui dans les climats froids sont en quelque sorte instantanés. Ces arrosoirs-balais exigent malheureusement un effort considérable de la part de l'ouvrier qui les manœuvre; aussi leur emploi, quoique logique, est-il peu répandu.

Sablage. — Après le lissage, on procède le plus souvent au *sablage* des parties goudronnées. Le rôle du sable n'est pas encore bien déterminé; il paraît surtout servir d'isolant pour permettre de rendre rapidement les routes goudronnées à la circulation. On peut en effet, en cas de besoin, rétablir immédiatement cette dernière en sablant suffisamment.

Goudronnage à froid. — L'emploi du goudron froid supprime la main-d'œuvre assez délicate du chauffage, mais il faut pouvoir opérer par une température extérieure d'au moins 25° assez difficile à rencontrer dans les régions du Nord de la France. Il exige, en outre, un brossage énergique à la brosse de piassava et cette main-d'œuvre, dans des expériences personnelles, nous a paru assez coûteuse pour remplacer, dans le prix de revient, celui du chauffage qui d'ailleurs n'est pas très élevé avec des appareils commodes et un entraînement suffisant du personnel.

Pour obtenir plus de fluidité, M. Le Gavrian, Ingénieur des Ponts et Chaussées à Versailles, additionne le goudron d'huile lourde de houille de densité à peu près semblable à celle du goudron. A la suite d'essais il a reconnu que la proportion de 10 pour 100 d'huile lourde pour 90 pour 100 de goudron (en volume) donnait des résultats satisfaisants.

Il opère le mélange sur place, dans des baquets ouverts placés sur des charrettes à bras (à raison de 10 litres d'huile et 90 litres de goudron) et quand le mélange est convenablement brassé il le vide dans des arrosoirs ordinaires, sans pommes, au moyen de robinets placés à la partie inférieure des baquets, il est étendu sur la chaussée. Deux hommes munis de balais de cantonniers poussent le liquide devant eux dans le sens longitudinal de la route, un troisième ouvrier balaye derrière les deux premiers, mais dans le sens transversal, de manière à couvrir complètement le sol et à utiliser tous les excès de matières.

Il est satisfait des résultats obtenus par ce procédé.

II. — GOUDRONNAGES MÉCANIQUES

Dès l'origine de la question, les expérimentateurs se sont immédiatement trouvés en présence de l'obligation d'opérer dans des conditions spéciales de température (sécheresse et chaleur) assez difficiles à rencontrer dans certains climats; aussi pour obtenir la rapidité ont-ils cherché de suite des procédés mécaniques. Dès 1902, M. Audoin avait imaginé un appareil dénommé « mitrailleuse » qui a servi de base à tous les appareils mécaniques. Cette mitrailleuse se composait essentiellement d'un récipient cylindrique horizontal de 200 litres environ de capacité qu'on remplissait de goudron; un fourneau spécial permettait de porter la matière à la température convenable, 70° à 80°, et un système ingénieux de rampes facilitait sur la route l'épandage du goudron. Un jeu de raclettes en caoutchouc fixées après le tonneau égalisait le produit répandu.

Pour l'emploi un homme traînait le tonneau dans le sens longitudinal de la chaussée en commençant par l'axe; le distributeur traçait des bandes de 1 m. à 1 m. 30 (largeur de la rampe de distribution) entre lesquelles on ne laissait aucune solution de continuité.

Parmi les nombreux appareils qui ont été présentés on peut citer :

L'appareil Durey-Sohy qui présente un dispositif spécial analogue aux chauffe-lait pour permettre de porter la matière voisine de 100° sans craindre le danger du moussage.

Les appareils Vinsonneau-Hédeline et Voisembert-Hédeline qui suppriment le lissage en répandant le goudron sous pression. L'appareil Vinsonneau-Hédeline (1905) comportait un compresseur qui refoulait l'air dans un réservoir (pression de 5 kg par centimètre carré).

L'air comprimé était mis en communication avec le tonneau à goudron par l'intermédiaire d'un détendeur et l'écoulement du goudron se faisait en nappe uniforme à l'aide d'un ajutage spécial pour régler l'épaisseur du jet.

L'appareil Voisembert-Hédeline, substitué en 1907 à l'appareil Vinsonneau-Hédeline, conserve le principe d'épandage sous pression, mais dans le nouvel appareil (brevet du 20 juillet 1907) on a recherché l'écoulement régulier du liquide sous la pression constante de 2 kg 500, à l'aide de la traction du cheval. L'appareil épandeur a été modifié et remplacé par un appareil à double rotule qui projette deux gerbes parallèles distantes de 0 m. 35 l'une de l'autre, de manière à ne pas emmagasiner de poussière entre elles. Les rotules permettent de faire varier la largeur de la nappe de 0 m. 80 à 1 m. 65.

Le défaut de tous ces appareils est d'être d'une trop petite capacité et de causer des pertes de temps considérables pour le transvasement et le chauffage des produits.

Appareils Lassailly. — La Société de goudronnage des routes (Lassailly et Cie) fait usage d'appareils de plus grande capacité. Elle emploie deux types « Grand modèle » et « Petit modèle ». Les appareils « Grand modèle » comprennent la voiture chauffe-goudron et la voiture goudronneuse.

La voiture chauffe-goudron permet le chauffage de 2400 kg à l'heure. Elle se compose d'un générateur vertical de vapeur placé à l'avant, d'un réservoir cylindrique placé à l'arrière communiquant avec le générateur et destiné à chauffer le goudron au moyen d'un serpentin intérieur; enfin d'un bac récepteur situé au-dessous du réservoir et destiné à recevoir le goudron froid à son arrivée. Une petite pompe à main est fixée au châssis de la voiture. — *Fonctionnement.* — Le goudron, livré soit en voitures-citernes soit en fûts pétroliers, est vidé dans le bac. Le réservoir cylindrique est alors rempli de vapeur, puis refroidi extérieurement au moyen d'une petite quantité d'eau (70 litres environ) déversée par la petite pompe sur la calotte supérieure. La vapeur en se condensant produit le vide et par suite l'aspiration du goudron : 1000 litres environ. On fait ensuite circuler la vapeur dans le serpentin du réservoir pour chauffer le goudron jusqu'à ce qu'il atteigne la température de 90° à 100°, puis la vapeur est introduite à nouveau dans le réservoir où elle agit alors par pression pour refouler le goudron chaud. Le réservoir une fois vide, la vapeur qui vient d'agir est condensée comme on l'a vu dans la première phase pour aspirer une nouvelle charge de goudron et ainsi de suite.

La voiture goudronneuse se compose de 4 appareils placés l'un derrière l'autre, dans l'ordre suivant : une tonne, un bac régulateur, une rampe d'arrosage, un train de balais lisseurs. — *Fonctionnement.* — Le goudron contenu dans la tonne passe dans le bac régulateur où il est maintenu, à un niveau constant, pour avoir une vitesse de sortie uniforme et être épandu régulièrement. L'épandage se fait au moyen de deux rampes de 1 m. 80, percées de trous ; un double système de chacun 4 balais lisseurs prend le goudron chaud à la sortie de la rampe et l'étend sur le sol. L'ouvrier goudronneur est assis à l'arrière du tonneau ; il a directement à sa portée les différents robinets et leviers qui commandent la sortie du goudron et la manœuvre des balais. Cette voiture permet d'appliquer 2400 kg de goudron en une heure.

Les appareils « Petit modèle », destinés au revêtement des moyennes et petites surfaces, sont basés sur les mêmes principes.

GOUDRON CHAUD EN CITERNES — TONNEAU DISTRIBUTEUR

En dehors des systèmes précédents, qui trouvent partout leur application, il existe un procédé que les goudronneurs de Paris et du département de la Seine ont la bonne fortune de pouvoir appliquer, grâce à M. Audoin, ingénieur en chef des services chimiques de la Compagnie parisienne du gaz, déjà cité, qui a rendu de si grands services à la cause du goudronnage. La Compagnie parisienne du gaz (maintenant Société du gaz de Paris) livre des goudrons *chauds* en citerne de 4000 à 8000 kg. Ces goudrons chauffés à l'étuve arrivent sur le chantier à une température de 65° à 70°, c'est-à-dire suffisamment fluides pour être employés immédiatement. Pour l'épandage on se sert soit des arrosoirs, soit d'un tonneau de 200 litres environ, muni d'une rampe de distribution. La hauteur du tonneau est calculée de façon qu'il puisse être directement empli à la citerne.

Ce procédé est certainement l'un des plus pratiques employés jusqu'à présent, il a donné les meilleurs résultats économiques (voir ci-après prix de revient). Il est regrettable qu'il ne puisse être utilisé qu'à proximité des usines à gaz (8 à 10 km au maximum).

GOUDRONNAGES MÉCANIQUES A FROID

MM. Armandy et Cie se sont spécialisés dans le système du goudronnage mécanique à froid. A l'aide de leurs appareils assez semblables à ceux du goudronnage mécanique à chaud, ils déversent sur la chaussée un produit qu'ils dénomment « *pulvéranto* » et qui est composé de goudron mélangé à des huiles de houille pour le rendre fluide. La proportion de 10 pour 100 indiquée ci-dessus est un peu augmentée par M. Armandy.

Goudronnage par le feu. — On a expérimenté, dans quelques villes du Midi de la France et aux environs de Paris, un procédé de goudronnage spécial dit goudronnage par le feu, imaginé par M. Francou, qui consiste à répandre une couche de goudron sur la chaussée, puis à y mettre le feu au moyen d'un fourneau mobile chauffé au coke, dont la grille est maintenue à 0 m. 15 au-dessus du sol.

Le goudronnage ainsi obtenu est très bon en raison de la température excessivement élevée à laquelle sont portés le produit et la chaussée lors du brûlage du goudron; en outre, les produits qui proviennent de la décomposition du goudron brûlé paraissent être excellents par la préservation des empierrements. (Tous les goudronneurs ont pu constater la bonne tenue des parties de routes où du goudron a été accidentellement brûlé.) Malheureusement le système Francon, tel qu'il est appliqué par son auteur, a le grave inconvénient de provoquer d'épaisses fumées et même de longues flammes qui en rendent l'emploi dangereux et désagréable aussi bien dans les villes où les façades des bâtiments sont recouvertes de noir de fumée, que hors traverses, où les récoltes sont souvent abîmées. Dans un essai fait à Villemonble, aux environs de Paris, des indemnités ont été réclamées.

Pour appliquer ce procédé, il faudrait trouver des appareils qui brûlent le goudron en évitant ces inconvénients.

Goudronnages des trottoirs. — Les goudronnages s'étendent aux parties accessoires des chaussées, notamment aux trottoirs en terre et aux caniveaux pavés.

Les procédés mis en œuvre pour goudronner les trottoirs sont les mêmes que ceux employés pour les chaussées empierrées.

Préalablement à tout goudronnage, il est nécessaire de bien nettoyer et de niveler le trottoir en terre.

La quantité de goudron à employer varie de 1 kg 500 à 2 kg par mètre carré. Après l'opération, on répand une petite couche de gravillon qui adhère à l'ensemble. Les trottoirs ainsi goudronnés prennent l'aspect des trottoirs asphaltés. Si la circulation n'y est pas très active, ils peuvent durer assez longtemps.

PRIX DE REVIENT

Les prix de revient des goudronnages varient suivant les contrées, le prix de main-d'œuvre et de la matière, le matériel de mise en œuvre, etc., etc....

Avec les procédés actuels et le prix du goudron à 50 fr. la tonne, octroi non compris, les prix moyens varient de 0,09 à 0,15 pour les premiers goudronnages et de 0,05 à 0,08 pour les goudronnages d'entretien.

Le procédé à froid donne des chiffres analogues.

Nous indiquons ci-dessous quelques prix de revient :

Goudronnages à chaud. — *Procédé à main* : 1° Chauffage sur place à l'aide de bassines (département de la Seine, subdivision de Vincennes). Atelier composé de huit hommes : 2 au remplissage des bassines, 1 à la surveillance du chauffage et aux corvées, 2 à l'épandage et 3 au lissage.

Matériel : 7 bassines de 60 litres, 6 foyers.

Cet atelier a assuré un avancement régulier de 1500 m² par jour.

Préparation préalable du sol	Balayage à la machine	0 fr. 0015	
	Entourage du chantier avec des cordes, des piquets; balayage minutieux de la chaussée	0 fr. 0020	
			0 fr. 0035
Goudronnage proprement dit	Fourniture de goudron à raison de 50 francs les mille kilos pris à l'usine : 1.200 kg à 50 francs	0 fr. 0600	
	Transport de l'usine à pied d'œuvre	0 fr. 0050	
	Chauffage	0 fr. 0055	
	Épandage	0 fr. 0350	
			0 fr. 1055
Sablage	Fourniture de sable : Environ 0 m 001	0 fr. 0057	
	Main d'œuvre du sablage	0 fr. 0029	
			0 fr. 0086
Faux frais	Huile, savons, chiffons	0 fr. 0003	
	Gardiennage du chantier	0 fr. 0013	
	Éclairage du chantier	0 fr. 0015	
			0 fr. 0031
Amortissement du matériel	Supposé en 20 ans		0 fr. 0003
Prix de revient du mètre carré			0 fr. 1210

2° Goudron livré chaud en citernes par la Compagnie parisienne du gaz (même subdivision). Atelier composé de 4 hommes dont 2 au répandage et 2 au lissage ; matériel : un tonneau goudronneur de 200 litres. Cet atelier a assuré un avancement régulier de 4000 m² par jour.

Préparation du sol (comme ci-dessus)	0 fr. 0035
Fourniture de goudron chaud 1,500 kg à 59 fr. les 1000 kg sur place	0 fr. 0708
Épandage	0 fr. 0050
Sablage (comme ci-dessus)	0 fr. 0086
Faux frais —	0 fr. 0031
Amortissement —	0 fr. 0003
Prix de revient du mètre carré	0 fr. 0913

Procédés mécaniques. Société de goudronnage des routes (Lassailly et Cie). — Cette Société fournit le plus ordinairement le goudron (goudron spécial déshydraté); elle demande pour la fourniture et l'emploi un prix qui oscille autour de 0,13 le mètre carré. En ajoutant à ce prix les différentes mains-d'œuvre indiquées ci-dessus on obtient comme prix de revient :

Préparation du sol . . .	Comme ci-dessus.	0 fr. 0035
Goudronnage proprement dit et épandage. . . .	Prix fixé par la société (département de la Seine)	0 fr. 1300
Frais généraux et gardiennage	Comme ci-dessus.	0 fr. 0031
	Prix du mètre carré.	0 fr. 1366

Procédé Vinsonneau-Hédeline (actuellement Voisembert-Hédeline). — Ces industriels louent de préférence leurs appareils. L'Administration fournit alors le goudron. La location, qui comprend l'appareil, l'attelage et le mécanicien, se compte au mètre superficiel enduit; son prix varie de 0,035 à 0,045.

Calcul du prix de revient :

Préparation du sol . .	Comme ci-dessus		0 fr. 0035
Fourniture du goudron	Goudron : 1.200 kg à 50 francs. . .	0 fr. 0600	
	Transport à pied d'œuvre	0 fr. 0045	
	Chauffage	0 fr. 0050	
			0 fr. 0695
Épandage.	Location de l'appareil (moyenne)		0 fr. 0400
	Main-d'œuvre.		0 fr. 0053
Sablage.	Comme ci-dessus		0 fr. 0086
Faux frais et gardiennage	Comme ci-dessus		0 fr. 0031
	Prix du mètre carré.		0 fr. 1300

Goudronnage mécanique à froid, système Armandy. — Cette maison, en 1906, a demandé par mètre carré le prix moyen de 0 fr. 125, y compris la fourniture du « pulvéranto » (goudron fluidifié à l'huile lourde de houille). Avec ce prix, on obtient pour prix total de revient par mètre carré :

Préparation du sol . .	Comme ci-dessus	0 fr. 0031
Goudronnage proprement dit	Prix de la compagnie.	0 fr. 1250
Sablage.	Comme ci-dessus	0 fr. 0086
Faux frais et gardiennage.	Comme ci-dessus	0 fr. 0031
	Prix du mètre carré	0 fr. 1398

En résumé le goudronnage fait directement par l'Administration a donné les prix de revient les plus économiques. On doit cependant reconnaître qu'avec le développement du goudronnage les surfaces à enduire vont toujours en augmentant et qu'à un moment donné il sera impossible, dans une même subdivision par exemple, de réunir toute la main-d'œuvre nécessaire et de conduire simultanément tous les chantiers de goudronnage pour arriver à opérer avec la rapidité voulue.

L'emploi des procédés industriels sera alors des plus précieux.

A titre de renseignement, nous indiquons le prix de goudronnage d'un trottoir en terre.

Préparation du sol, règlement de la surface	0 fr. 040
Fourniture du goudron chaud à pied d'œuvre 1,750 kg à 0 fr. 059	0 fr. 105
Main-d'œuvre	0 fr. 006
Sablage en gravillon	0 fr. 009
Total	0 fr. 160

RÉSULTATS DES GOUDRONNAGES SUPERFICIELS

Le nombre des mémoires ou rapports relatifs aux goudronnages superficiels est considérable, aussi n'en a-t-on pu faire ici une analyse même sommaire. Notre étude des résultats a principalement porté sur les points suivants :

A) Suppression de la poussière ;

B) Qualités ou inconvénients du goudronnage pour le roulage, parties déclives ;

C) Durée des goudronnages : influence des agents atmosphériques et de la circulation ;

D) Économie résultant du goudronnage : suppression de l'arrosage, conservation de la chaussée.

A) **Suppression de la poussière.** — Tous les goudronneurs ont constaté que le goudronnage était efficace pour la suppression de la poussière.

Ce résultat exige la présence de la couche de goudron sur la route et disparaît en même temps qu'elle.

Pour la suppression de la boue, les résultats sont moins caractérisés ; les pluies prolongées et les grandes périodes d'humidité de l'automne et de l'hiver occasionnent la formation d'une boue noirâtre, spéciale, qui se laisse traverser et met à nu la masse de l'empierrement[1].

1. L'analyse de cette boue faite en janvier 1904 au laboratoire d'essai des matériaux de la Ville de Paris a donné les résultats ci-après :

Eau	9,40
Goudron	2,50
Sable et cailloux	35,65
Argile	35,56
Carbonate de chaux	12,85
Matières organiques	4,04
	100 »

(Extrait d'une étude de M. Pissot, conducteur du bois de Vincennes.)

En dehors de la suppression de la poussière et de la diminution de la boue, une qualité généralement reconnue aux chaussées goudronnées est la rapidité avec laquelle elles sèchent après les pluies (pendant l'été et une partie de l'automne et du printemps, une chaussée goudronnée à profil régulier sèche en 20 minutes environ). Cela tient évidemment à l'imperméabilité relative de la surface.

B) **Qualités ou inconvénients pour le roulage.** — Les goudronnages ne paraissent pas présenter d'inconvénient sérieux pour le roulage.

Quelques praticiens ont signalé le glissement des chevaux dû à ce procédé (service des ponts et chaussées du département d'Oran, agents voyers de la Haute-Garonne), mais d'autres goudronneurs (MM. Adam, Nogent-sur-Marne; Luya, Aix-les-Bains), après expériences spéciales, ont signalé le contraire. En fait, le glissement des chevaux ne paraît pas être à redouter sur les chaussées goudronnées lorsque les déclivités ne dépassent pas 3 à 4 pour 100.

Un inconvénient, qui a été signalé quelquefois, est celui qu'a le goudron frais de tacher les voitures et les passants. On peut y remédier facilement en sablant les goudronnages après leur exécution.

C) **Durée des goudronnages. Influence des agents atmosphériques, de la circulation, etc.** — C'est sur le facteur : durée *des goudronnages* que les résultats diffèrent le plus ; cette durée paraît surtout dépendre de l'état *d'humidité* de l'atmosphère et de *l'intensité* de la circulation.

Dans tous les mémoires, on rapporte invariablement que « le goudronnage s'est bien comporté jusqu'à l'hiver » et que les pluies prolongées ou les grandes périodes d'humidité ont désagrégé la couche de goudron. La cause n'en est pas encore bien déterminée. Il est probable qu'elle est due à ce que, dans les corps qui constituent les goudrons, un certain nombre sont solubles dans l'eau ou tout au moins miscibles et que, sous l'action d'une humidité persistante, ils disparaissent en partie, ne laissant à la surface de la chaussée que le résidu ou brai qui n'a aucune cohésion et est vivement enlevé à son tour.

L'intensité de la circulation influe beaucoup sur la durée des goudronnages; c'est ainsi que, dans des cas de circulation très active, la durée efficace a été signalée comme n'ayant pas dépassé quelques semaines.

L'influence de la nature des matériaux d'empierrement sur les goudronnages ne paraît pas avoir été étudiée à fond par les goudronneurs; M. Girardeau, agent voyer à Luçon, signale avoir essayé des goudronnages sur des matériaux schisteux, quartzeux et calcaires employés sur des sous-sols argileux, calcaires, granitiques et siliceux. Ce sont les cailloux quartzeux qui lui ont donné les meilleurs résultats, les calcaires les moins bons.

Des expériences comparatives seraient certainement intéressantes.

D) **Économie résultant du goudronnage.** — Dans les villes les goudronnages permettent d'économiser une grande partie des frais d'arrosage; une économie résultant de la diminution de l'ébouage est aussi constatée, mais la plus importante provient de la conservation de la masse de l'empierrement qui augmente la durée d'aménagement des chaussées et diminue en conséquence leur prix d'entretien.

L'étude de cette économie nécessitera de longues années d'expériences et d'observations; elle est d'autant plus délicate que des facteurs entièrement étrangers à la question viennent souvent changer les données du problème (circulations exceptionnelles, établissements d'industries, etc...). Une Commission spéciale nommée par M. le Ministre des travaux publics s'occupe de cette question; elle n'a pas encore publié de résultats.

B. — INCORPORATION DU GOUDRON DANS LA MASSE DE L'EMPIERREMENT

RECHARGEMENTS GOUDRONNÉS

L'imperméabilité donnée à la chaussée par le goudron, qualité qui empêche l'eau de pénétrer dans la masse et s'oppose à sa dislocation, a été remarquée dès les premières applications du goudronnage; aussi, dès l'origine, a-t-on cherché à incorporer le coaltar dans la masse de la chaussée au moment de la construction même de l'empierrement. Dans un essai de rechargement goudronné exécuté en 1902 sur le chemin de grande communication n° 50 à Saint-Mandé (M. Dreyfus, ingénieur, M. Foulon, sous-ingénieur), essai exécuté sur quelques mètres carrés seulement dans une partie de chemin un peu déclive (0 m. 025 par mètre), le rechargement de 0 m. 08 d'épaisseur fut fait avec des pierres cassées (calcaire siliceux très dur) sur forme très solide préalablement piquée; la compression au cylindre à vapeur fut poussée jusqu'à obtention d'une mosaïque serrée: le goudron chaud fut alors versé puis le sable d'agrégation répandu tant pour garnir les joints, que pour éviter l'adhérence du goudron aux roues et le cylindrage continué. Quantité de goudron employée: 2 kg 500 par mètre. Le résultat fut médiocre; la prise ne se fit pas; le goudron coula longtemps dans les caniveaux et la chaussée resta sans consistance; il fallut même refaire cette partie au printemps de 1903. (On put constater à ce moment que les pierres goudronnées faisaient rapidement prise sous le cylindre.)

Un essai un peu différent fut tenté en 1904, sur la route nationale n° 191, à Ablis-Paray (M. Lorieux, ingénieur, M. Aillard, conducteur). Le goudron très chauffé (de 70° à 90°) fut répandu sur la partie à recharger; la pierre fut alors placée sur le goudron et le cylindrage exécuté suivant la méthode ordinaire. Le rechargement avait une épaisseur de 0 m. 11.

la pierre employée était du grès quartzite de l'Orne, la matière d'agrégation du sable de Fontainebleau. La quantité de goudron employée fut de 1 kg 979 par mètre carré.

Les résultats contrôlés en 1906, c'est-à-dire deux ans après l'opération, indiquent que la poussière a très sensiblement diminué; la boue également; l'eau pluviale ne pénètre pas dans l'intérieur de la chaussée. L'enduit de la surface a peu duré, le goudron s'est logé presque en entier dans la masse. Usure insignifiante. La chaussée est *restée molle pendant plusieurs mois de l'été* sur tous les points où on a constaté un excès de goudron. M. Lorieux indique que le goudronnage de la chaussée avant le répandage de la pierre à cylindrer paraissait théoriquement préférable au système consistant à goudronner la surface du rechargement, puisqu'on réalisait ainsi la pénétration du goudron sur toute l'épaisseur au lieu de ne l'obtenir avec peine que sur quelques centimètres, mais que pratiquement ce système se heurte à diverses difficultés : 1° Pour s'effectuer dans des conditions favorables, le goudronnage exige une température spéciale : temps sec et chaud, tandis que le cylindrage s'exécute par tous les temps sauf la gelée; 2° le goudronnage gène l'atelier de cylindrage; 3° le système est mauvais pour les rechargements un peu épais, parce qu'on est amené à forcer la quantité de goudron et que la matière s'oppose à la prise (sur les bords on a obtenu tout de suite une chaussée dure, tandis que l'on a eu beaucoup de peine à faire prendre le milieu du rechargement); 4° le procédé exige que les flaches soient bouchées au préalable, sans cela le goudron « s'y accumule et à leur emplacement la prise de la chaussée devient très difficile ».

En 1906 et 1907, sur la route nationale n° 152 à Gien (M. Casset, ingénieur, M. Martin, conducteur principal) et sur le chemin de grande communication n° 50 à Saint-Mandé (M. Arnaud, ingénieur), des essais qui participent des deux systèmes précédents furent encore exécutés. Après un balayage à vif, la chaussée fut enduite de goudron bouillant sur lequel la pierre fut répandue puis comprimée jusqu'à ce qu'elle n'eût plus bourré sous le cylindre. On a alors arrosé avec du goudron chaud la partie comprimée, qu'on a recouverte de matière d'agrégation puis on a achevé la compression.

Malgré tous les soins apportés dans l'exécution du travail, les chaussées ainsi goudronnées présentent une masse compacte, mais élastique et mouvante.

A Gien comme à Saint-Mandé, elles fléchissent au passage des voitures lourdement chargées, et il se forme, en avant des roues, des bourrelets qui augmentent l'effort de traction des chevaux.

En résumé, les essais d'incorporation du goudron dans la masse de l'empierrement au moment des rechargements ne paraissent pas avoir donné des résultats satisfaisants.

EMPLOI DES MATÉRIAUX GOUDRONNÉS POUR LES RECHARGEMENTS

Une méthode différente des précédentes a été mise à l'essai ces dernières années : en Angleterre, Tar-Macadam ; en Suisse, procédé Aeberli ; en France, Aix-les-Bains, Melun, etc.... Elle consiste à préparer à l'avance, en dehors des lieux d'emploi, des matériaux goudronnés qui sont ensuite apportés sur les chantiers, mis en place et cylindrés.

Dans le procédé anglais « Tar-Macadam », la pierre est préalablement chauffée dans un four jusqu'à ce que toute trace d'humidité ait disparu ; elle est alors mélangée avec du goudron bouillant dans la proportion de 10 gallons (45 l. 4) de goudron par mètre cube de pierre. Avant que le goudron ne soit versé sur les pierres on ajoute ordinairement un boisseau de liais calcaire par mètre cube de pierre. Ce premier travail est fait à l'usine ; l'expérience a conduit à conclure que le meilleur résultat était obtenu en employant les matériaux ainsi préparés *une semaine* après le mélange. Les pierres goudronnées sont ensuite transportées sur la chaussée où elles sont cylindrées à vapeur ; après une première prise, on répand des éclats de pierre goudronnés de 1/4 à 3/4 de pouce (0 m. 0125 à 0 m. 018) puis le cylindrage est continué ; la surface est enfin recouverte d'une petite quantité de sable fin qu'on mélange à du liais calcaire, on cylindre ensuite jusqu'à complète consolidation.

Les ingénieurs anglais indiquent qu'une route ainsi construite forme très peu de poussière et qu'elle présente une notable économie d'entretien.

Dans le procédé Aeberli (système breveté) on emploie des silex qui sont triés sur les lieux d'extraction de façon à obtenir des cailloux de 0 m. 03 à 0 m. 05 lesquels sont soigneusement nettoyés puis conservés à sec. Pour achever d'enlever les parties sableuses, glaiseuses, qui pourraient encore y adhérer, les matériaux sont versés dans une machine où un tambour tournant les amène au-dessus d'un foyer qui les chauffe de façon intense. Les impuretés sont éliminées pendant le mouvement tournant du tambour et rejetées au dehors. Les pierres ainsi nettoyées et séchées sont mélangées au goudron chauffé qui est amené d'un réservoir supérieur d'où il goutte sur elles. Le tout est brassé par la rotation continue du tambour et le mélange du caillou et du goudron est poussé jusqu'à ce que chaque pierre soit enveloppée d'une mince couche de goudron. A la sortie de l'appareil, le caillou goudronné est emmagasiné encore chaud, par couches superposées séparées par des couches intermédiaires de sable siliceux lavé et chauffé dans la machine. L'ensemble est revêtu d'une couverture de protection pour éviter la déperdition de la chaleur (sable, fumier, feuilles d'arbres) et il reste dans cet état de 8 *à* 10 *semaines*. Sous l'action de la chaleur concentrée dans l'intérieur des tas, il se produit un mélange intime du goudron, du caillou et du sable. Après 8 ou 9 semaines le tout forme une masse dure et compacte. Le mélange est employé par M. Aeberli après la 7e semaine environ, lorsqu'il est constaté que la matière est desséchée ou à peu près; il est conduit au lieu d'emploi où il est répandu et cylindré. On évite d'arroser et l'on roule jusqu'à prise complète en répandant au besoin un peu de matière d'agrégation. La consommation de goudron par mètre cube de caillou siliceux est de 20 kg avec des matériaux siliceux et 25 kg avec des pierres cassées. D'aprés M. Aeberli les résultats obtenus sont excellents. Des essais de sa méthode sont d'ailleurs en cours sur la route nationale n° 185 près de Versailles, les congressistes seront appelés à les visiter.

M. Luya (conducteur des Ponts et Chaussées, ingénieur municipal d'Aix-les-Bains) a également employé des matériaux préalablement goudronnés. Dans une de ses communications, il cite « qu'une chaussée en cailloux goudronnés construite par cette méthode est telle qu'aux premiers jours après 18 mois d'existence, alors que les rechargements ordinaires faits à la même époque avec les mêmes matériaux donnent des traces visibles d'usure dans des voies moins fréquentées que celle sur laquelle il a été opéré ».

A Melun, des rechargements avec des matériaux goudronnés à l'avance ont été exécutés en février 1908 sur la route nationale n° 5 *bis*. Deux mois avant l'emploi, la pierre cassée avait été arrosée de goudron bouillant, brassée à l'aide de fourches à dents courbes puis mise en tas et reconverte de feuilles pour conserver la chaleur. Pour l'emploi, ces pierres ont été transportées sur la route et cylindrées à vapeur. La prise a été plus rapide qu'avec des matériaux ordinaires. Trois essais ont été faits: ils correspondent à des dosages de 30, 50 et 100 kg par mètre cube de pierre cassée. Jusqu'à présent la masse est imperméable, pas de poussière ni de boue; les résultats semblent satisfaisants.

En résumé, la constitution d'un empierrement avec des matériaux préalablement goudronnés paraît appelée à donner de bons résultats. La masse doit en être rendue imperméable sur toute la profondeur et l'action dégradante de l'humidité y être par suite à peu près nulle. L'ensemble parait encore posséder une légère élasticité qui peut diminuer la dislocation sous le passage des véhicules. La proportion de goudron à mélanger à la pierre doit être un des facteurs principaux de la question. Des résultats constatés dans les premières expériences faites, il résulterait que la quantité de goudron doit plutôt être faible. Les expériences en cours fixeront ce point de la question.

CONCLUSIONS

En résumé, le goudron, qui à l'origine s'employait exclusivement comme revêtement superficiel, commence maintenant à être incorporé dans le corps de la chaussée.

En ce qui concerne les *goudronnages superficiels* dont l'emploi est très développé, la pratique a conduit pour leur exécution aux règles suivantes :

1° Employer des goudrons complets ou spécialement préparés en vue de l'imprégnation des routes ;

2° Goudronner seulement des chaussées à profil régulier (autant que possible à la suite d'un rechargement) ;

3° Nettoyer minutieusement les chaussées avant l'opération ;

4° Épandre seulement le goudron sur des chaussées complètement sèches de façon à en permettre la pénétration ;

5° Faciliter cette pénétration par la chaleur, en employant le goudron le plus chaud possible sur des chaussées aussi chaudes que possible (pour le goudron, on peut remplacer la chaleur en le fluidifiant à l'aide d'une addition de 10 pour 100 d'huile lourde de houille) ;

6° Éviter le goudronnage des chaussées à fortes déclivités (5 pour 100 et au-dessus) pour lesquelles le glissement est à craindre.

Les autres questions ne sont qu'accessoires et l'économie seule doit servir de guide pour l'adoption des procédés ou le choix des appareils.

Pour les résultats à attendre des goudronnages superficiels on peut compter :

1° Sur un résultat immédiat : *la suppression presque complète de la poussière et une diminntion de la boue*. Ces résultats ne sont obtenus que pendant le temps où le goudron forme un isolant à la surface de la chaussée ; il faut donc le conserver par un *entretien* qui se réduit à de simples badigeonnages économiques et faciles à exécuter ;

2° Sur un résultat permanent : *la diminution de l'usure de la chaussée*. La valeur de cette économie n'a pas encore été exactement déterminée ; elle paraît cependant appréciable.

En ce qui concerne l'*incorporation du goudron dans la masse de la chaussée*, les procédés qui consistent à verser le goudron au moment même du rechargement n'ont pas donné de bons résultats ; ceux plus nouveaux, qui ont pour but de préparer un mélange préalable des pierres, de la matière d'agrégation et du goudron paraissent appelés à en donner de meilleurs. Cependant, comme ces derniers procédés sont relativement récents, il y a lieu d'attendre quelques années pour être définitivement fixé sur leur valeur.

Melun, Saint-Cloud, Saint-Mandé, juin 1908.

SCHLUSSFOLGERUNGEN

Im Grossen und Ganzen beginnt man gegenwärtig den Teer, der früher nur auf der Oberfläche der Decklage aufgetragen wurde, dem Strassenkörper einzuverleiben.

Bezüglich Ausführung der sehr verbreiteten *oberflächlichen Teerungen*, kann Nachstehendes gelten :

1. Es ist gehaltvoller, oder mit besonderer Rücksicht auf die Strassenimprägnierung zubereiteter Teer zu verwenden.

2. Nur Strassen von regelmässigem Profil sind — möglichst nach Neuschotterungen — zu teeren.

3. Die Strasse ist vor dem Verfahren sorgfältig zu reinigen.

4. Der Teer sollte nur auf vollständig trockene Strassen aufgegossen werden, um dessen Eindringen zu ermöglichen.

5. Wärme fördert das Eindringen, indem man möglichst heissen Teer, auf eine möglichst heisse Strasse aufbringt. (Wärme kann beim Teer durch einen, denselben verflüssigenden Zusatz von 10 Prozent schweren Steinkohlenöls ersetzt werden).

6. Strassen mit starkem Gefälle (5 Prozent und darüber), auf welchen Gleiten zu besorgen ist, sollten nicht geteert werden.

Die übrigen Fragen sind nebensächlich, und haben nur Ersparungsrücksichten bei Wahl des Verfahrens oder der Apparate mitzusprechen.

Hinsichtlich der zu gewärtigenden Erfolge, lässt sich auf Nachstehendes zählen :

1. Augenblicklich eintretender Erfolg; *vollständige Hintanhaltung der Staubbildung und Verringerung des Strassenmorastes.* Diese Ergebnisse dauern nur so lange an, als der Teer auf der Strasse eine Isolierschichte bildet; es ist daher für eine entsprechende *Unterhaltung* zu sorgen, die sich auf einfaches, leicht und billig auszuführendes Bestreichen, beschränkt.

2. Dauernder Erfolg : *Verminderung der Strassenabnützung.* Eine genaue Wertbestimmung der diesbezüglichen Ersparungen ist noch nicht erfolgt, sie scheinen jedoch beträchtlich zu sein.

Bezüglich der Einverleibung der Teers in den Strassenkörper, lässt sich nur sagen, dass mit dem Aufbringen des Schotters gleichzeitig vorgenommenes Teeren, keine guten Ergebnisse geliefert zu haben scheint; die neueren Verfahren, bei welchen vorher ein Gemenge von Teer und Befestigungsmittel bereitet wird, dürften sich besser bewähren.

Da diese letzteren Verfahren jüngsten Ursprungs sind, wäre noch einige Jahre zuzuwarten, um ein Urteil über ihren Wert zu gewinnen.

(Übersetz. Blaevoet.)

Vilcot-Ferney-Honoré.

62 335. — PARIS, IMPRIMERIE LAHURE
9, Rue de Fleurus, 9

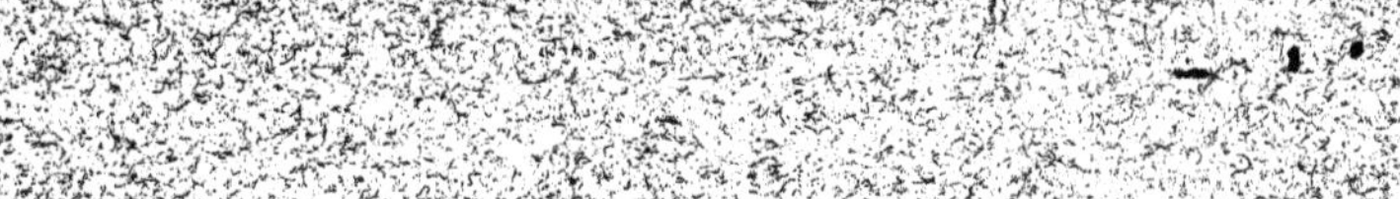

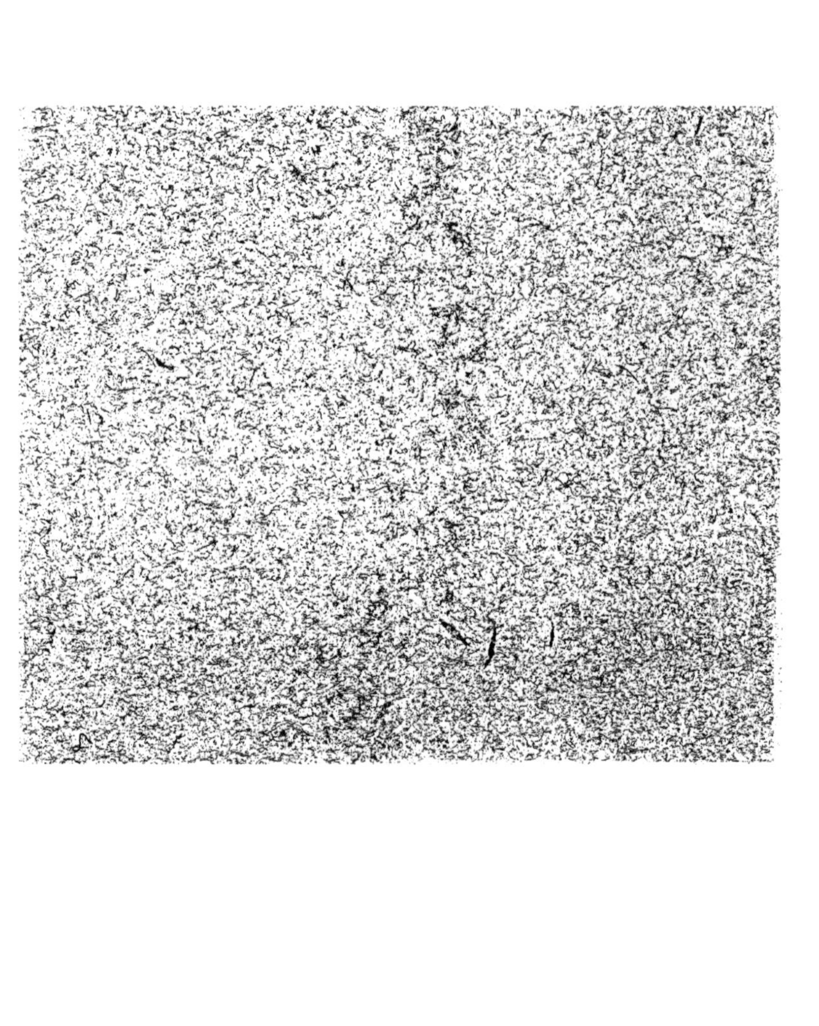

Ier CONGRÈS INTERNATIONAL DE LA ROUTE
PARIS 1908

3e QUESTION

IMPRÉGNATION DES CHAUSSÉES

A L'AIDE D'ARROSAGES AUX HUILES GOUDRONNEUSES OU BITUMINEUSES

RAPPORT

PAR

M. J.-C.-N. FORESTIER
Délégué du Touring-Club de France.

PARIS
IMPRIMERIE GÉNÉRALE LAHURE
9, RUE DE FLEURUS, 9

1908

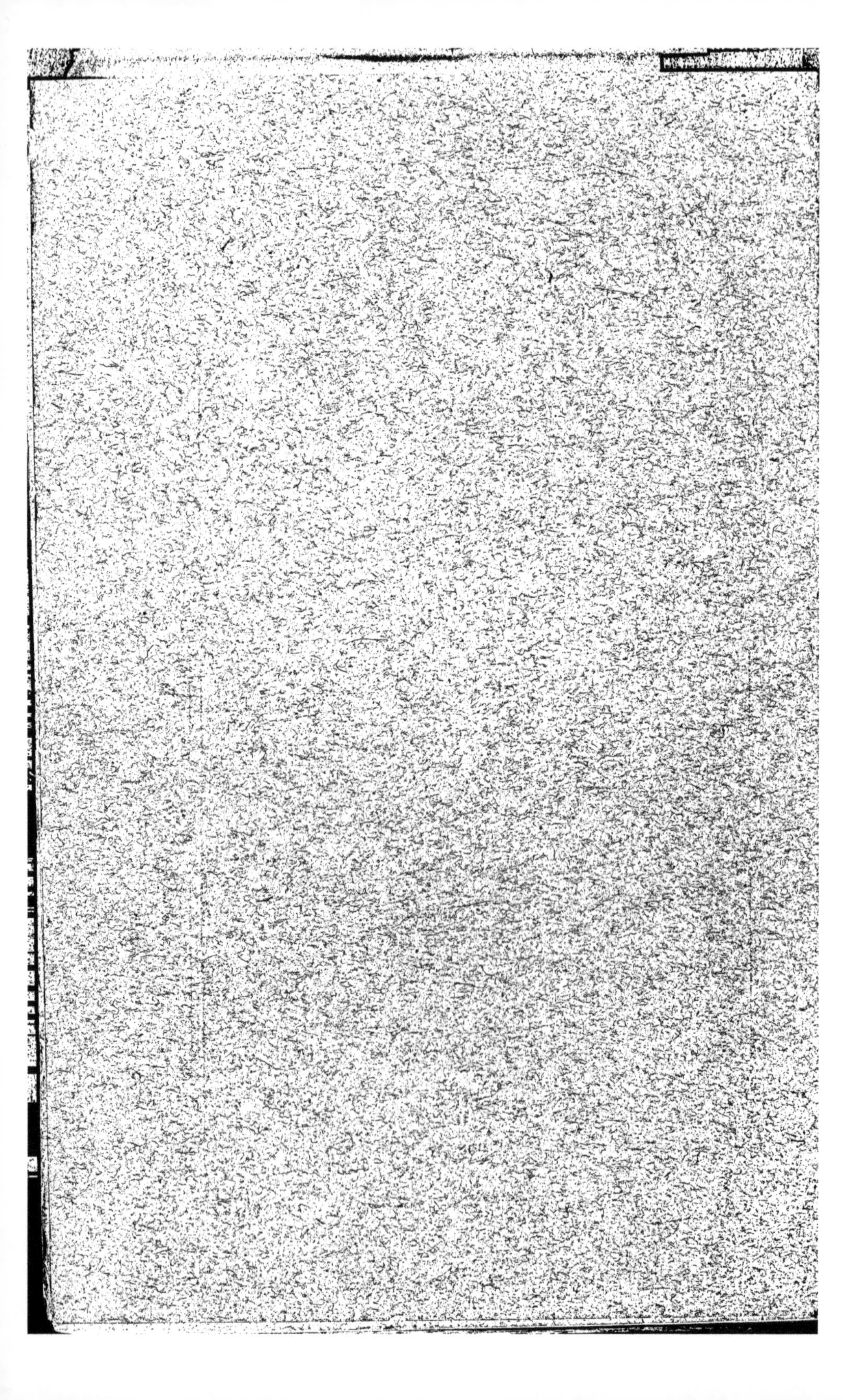

IMPRÉGNATION DES CHAUSSÉES
A L'AIDE D'ARROSAGES AUX HUILES GOUDRONNEUSES OU BITUMINEUSES

RAPPORT

PAR

M. J.-C.-N. FORESTIER

Délégué du Touring-Club de France.

Parmi les différents procédés préconisés, depuis le développement de la circulation automobile, pour atténuer les inconvénients de la poussière sur les routes et remédier à l'usure rapide des chaussées, le goudronnage et l'emploi de divers produits ont tenu, ces dernières années, une place prépondérante.

Nous ne nous occuperons pas de l'emploi direct des goudrons : c'est une question qui doit être traitée à part. Nous n'avons qu'à passer en revue les autres procédés qui, dans leur ensemble, paraissent offrir un intérêt. Le goudron, d'ailleurs, ne remplit pas toujours le but poursuivi. Il a quelques inconvénients ; certains minimes, il est vrai, en comparaison des services qu'il rend : d'autres peut-être plus graves, sur lesquels il n'y a pas encore à s'appesantir, ni même à apporter — faute de preuves — des affirmations qui seraient téméraires ou prématurées. Dans certaines circonstances, les autres procédés peuvent fournir une heureuse solution.

On reproche principalement au goudron sa longue durée de séchage qui nécessite l'interruption de la circulation pendant 12 à 36 heures[1]. Puis, pendant un temps très variable, il souille et peut endommager

1. Nous signalerons l'excellent résultat obtenu pour faciliter le séchage par l'emploi de sable calcaire fait récemment en Égypte, au Caire : la route prend l'aspect d'une chaussée asphaltée.

le vernis des voitures, les bandages des automobiles et des bicyclettes, les semelles des chaussures; le goudron peut être entraîné et faire des taches indélébiles dans les intérieurs des maisons. Pour réussir un goudronnage, il faut aussi que certaines conditions atmosphériques soient remplies, que l'on n'opère pas sur une route imprégnée d'humidité ou dont la chaussée ne serait pas en très bon état, etc., etc.

Pour éviter ces difficultés, pour permettre une application plus facile avec les eaux et les appareils d'arrosage, de nombreux inventeurs ont présenté des produits dont la composition très variable a souvent été tenue secrète. Les résultats ont été assez incertains: en France les essais n'ont pas été suivis avec persistance. L'insuffisance des premières tentatives et le succès rapide du goudronnage ont déjà relégué dans l'oubli des expériences qui eussent, probablement, à la longue, donné des résultats tout au moins intéressants. Nous allons les passer sommairement en revue.

J'ai eu pour ce travail l'heureuse fortune de trouver en M. Granjean, docteur ès sciences, chef de circonscription au service municipal de la voie publique de Paris, un collaborateur averti qui m'a aidé activement à recueillir des renseignements précieux dont plusieurs, difficiles à obtenir, n'ont pu parvenir à temps pour être contrôlés et prendre place dans ce court rapport.

Les produits divers, autres que le goudron proprement dit, qui ont été essayés, sont d'abord :

Les *sels déliquescents*, qui n'ont d'autre but que de prolonger les effets de l'arrosage;

Les produits à base de *goudrons*, *bitumes* ou *mazouts*, traités spécialement dans le but de les rendre, soit miscibles, à l'eau, soit susceptibles d'être employés à froid, soit plus résistants.

A. — ARROSAGES AUX SELS DÉLIQUESCENTS

L'emploi des sels déliquescents date de très loin. Ce sont des sels qui ont une grande affinité pour la vapeur d'eau. Ils condensent l'humidité de l'air et maintiennent, dans la chaussée, un état hygrométrique suffisant pour fixer la poussière.

Pendant la nuit ou sous l'influence de faibles pluies, les sels se dissolvent peu à peu dans une légère quantité d'eau qu'ils retiennent et, aux heures chaudes de la journée, ils la restituent lentement au milieu ambiant.

Les premiers essais ont porté naturellement sur l'eau de mer; mais, à la longue, le sol s'imprègne d'une trop grande quantité de sels marins, particulièrement de chlorure de sodium, de chlorure de magnésium et de sulfate de chaux. Ces sels cristallisent à la surface et, à leur tour, produisent une poussière au moins aussi dangereuse que celle provenant de l'usure de la chaussée. En outre, après plusieurs traitements, la boue qui apparaît à un moment donné brûle les chaussures et les vêtements qui en sont imprégnés.

Emploi du chlorure de calcium et du chlorure de sodium. — Dès 1858, M. Comte, Ingénieur des Manufactures des tabacs, fit connaître les avantages que l'on pourrait retirer de l'emploi de ces sels. Plusieurs essais furent tentés et continués pendant les années 1858, 1860 et 1862 au Bois de Boulogne, sous la direction de MM. Alphand, alors Ingénieur des Ponts et Chaussées, et Darcel, Ingénieur ordinaire.

Le chlorure de calcium était préféré au chlorure de magnésium comme plus efficace et moins cher et il fut reconnu que, pour l'emploi, il valait mieux écraser ces sels et les répandre à la volée que de les incorporer à la route par dissolution dans l'eau d'arrosage.

Le chlorure de calcium était répandu à raison de 0 kg 250 par mètre carré; son action durait huit jours sur l'avenue de l'Impératrice (aujourd'hui avenue du Bois-de-Boulogne) où la circulation atteignait le chiffre de 10 000 à 20 000 voitures, les dimanches, et de 2000 à 3000, les jours de semaine. Sur d'autres routes moins fréquentées, l'effet du chlorure de calcium, utilisé à raison de 0 kg 500 par mètre carré, durait deux mois.

A la même époque — 1860 et 1863 — l'Ingénieur des Ponts et Chaussées Bonnet fit arroser la place Bellecour, à Lyon, avec une dissolution de chlorure de calcium et, en certains endroits, avec de l'acide chlorhydrique pur. D'aprés l'expérimentateur, les meilleurs effets furent obtenus pendant les grandes chaleurs.

A notre connaissance, cette pratique ne fut pas continuée.

L'utilisation de ces sels a été reprise en Angleterre. M. William Grout Whistock, Surveyor of Urban district of Woodbridge, a utilisé, en 1902, du chlorure de calcium sur ses routes et en a obtenu, dit-il, de bons effets. D'aprés cet ingénieur, les routes ainsi traitées n'ont aucune odeur et la poussière ne s'élève pas pendant trois ou quatre semaines. Les arrosages à l'eau pure sont inutiles, sauf pendant les grandes sécheresses où une légère aspersion maintient les résultats.

A Rouen, il a été fait avec succès de nombreuses applications d'arrosages au chlorure de sodium, au chlorure de magnésium et au chlorure de calcium.

Un essai comparatif des chlorures de calcium et de magnésium a été fait à Paris, en 1907, sur trottoir sablé et sur chaussée à circulation moyenne pour Paris. Il n'a donné que des résultats très médiocres.

Produits à base de sels déliquescents. — Un certain nombre de produits déliquescents ont été lancés sur le marché, entre autres l'*Aquifère* et l'*Akonia*.

Aquifère. — L'Aquifère est livré sous forme solide; c'est un produit composé d'un mélange à proportions égales de chlorure de calcium et de chlorure de magnésium. Pour l'utiliser, on le dissout dans l'eau d'arrosage, au titrage de 5 pour 100. En comptant huit arrosages par saison, on consomme environ 0 kg 200 de matière par mètre carré. Il a été utilisé sur les trottoirs et allées du Bois de Vincennes et au square des Vosges; son effet est de peu de durée, une partie des sels disparaissant avec les premières pluies.

Akonia. — L'Akonia est également un mélange de sels déliquescents. Il est employé par arrosage. Des essais ont été faits en Angleterre qui, nous a-t-on dit, auraient donné des résultats intéressants.

Il faudrait, dans des essais de cette nature, observer avec attention les effets de ces sels sur la constitution de la chaussée, sur les arbres d'alignement et sur les végétaux voisins.

B. — ARROSAGES AUX PRODUITS A BASE DE GOUDRONS DE HOUILLE, DE BITUME OU DE PÉTROLE

Les produits à base de goudrons de houille, de bitume ou de pétrole, qui ont été proposés pour combattre la poussière et consolider les chaussées, sont très nombreux.

Nous allons mentionner tous ceux dont nous avons eu connaissance en indiquant, soit nos observations personnelles, soit les renseignements que nous avons pu recueillir sur chacun d'eux. La réunion de ces diverses indications pourra être utile à ceux qui voudront faire des recherches nouvelles.

Westrumite. — En 1903, M. von Westrum est venu à Paris pour proposer l'arrosage des routes avec une composition dont il était l'inventeur.

La Westrumite était composée d'huiles lourdes de pétrole, émulsionnées et saponifiées par des eaux ammoniacales; sa facile application présentait de grands avantages. Miscible à l'eau, elle pouvait être appliquée par de simples arrosages, avec les mêmes appareils que ceux utilisés pour l'arrosage des rues. La circulation n'était pas suspendue et le séchage de la route durait quelques heures seulement.

D'après l'inventeur, les produits constituant la Westrumite jouiraient de la propriété d'être solubles dans l'eau — ou plutôt miscible avec elle — au moment de leur mélange et de se solidifier rapidement sous l'action des agents atmosphériques, en se résinifiant, de telle sorte que les eaux superficielles ne doivent plus avoir d'action sur l'enduit protecteur.

En 1904, un premier essai est fait à Beaulieu : on verse 10 tonnes de Westrumite sur la route; les résultats sont excellents. D'autres applications sont faites un peu partout et le produit fait naître de grandes espérances.

A la suite de la course Paris-Madrid — dont les épreuves ont été suspendues par les gouvernements français et espagnol à cause de nombreux accidents mortels dus à l'opacité du nuage de poussière dans lequel se poursuivaient les concurrents — les divers gouvernements exigèrent, en autorisant d'autres concours, que toutes les précautions possibles fussent prises pour éviter de nouveaux malheurs.

On « westrumita » alors, pour les éliminatoires de la coupe Gordon-Bennett, en mai 1904, le circuit des Ardennes sur 90 km de développement et la course put se dérouler dans l'ordre le plus parfait.

En juin suivant, on westrumite le circuit du Taunus en Allemagne où devait se courir la finale de cette épreuve; les résultats furent, dit-on, excellents. Il restait peu de poussière; on croyait bien le remède enfin trouvé. Ce fut un instant d'enthousiasme.

Il fallait pour le triomphe définitif un essai concluant sur une chaussée urbaine de grande fréquentation.

Sur les renseignements fournis par le Dr Guglielminetti, deux essais furent faits, l'un dans la ville même, sur l'avenue de la Grande-Armée, l'autre au Bois de Boulogne, sur la route du Bord-de-l'Eau.

Avenue de la Grande-Armée, sous l'influence d'une circulation particulièrement active, une poussière noirâtre, abondante, brûlant les yeux, remplit bientôt l'atmosphère, trois jours après les premiers arrosages.

Au Bois de Boulogne, on fit des constatations similaires : la route avait pris une couleur légèrement brune; mais la poussière reparut assez rapidement. Il est vrai que le meilleur procédé d'application n'était pas bien déterminé. Il apparut alors, dans de nombreux essais faits au Bois de Boulogne avec ce produit et d'autres analogues, qu'il était nécessaire, avec la circulation de nos avenues, de l'employer à haute dose, c'est-à-dire à 15, 20 et 30 pour 100, et de répéter, au début, les arrosages fréquemment. On se rendait ainsi maître de la poussière; mais le grand avantage de ces produits restait toujours pour leurs applications rapides et destinées à durer peu de temps.

Ainsi, une visite du roi d'Espagne au Bois de Boulogne est annoncée à la dernière heure. Les visiteurs doivent assister à des essais d'automobiles. On westrumite à 20 pour 100 rapidement les routes que devait emprunter le cortège et où devaient avoir lieu les essais de voitures, la veille au soir et dans la matinée. La journée se passa sans poussière, ainsi que le lendemain; mais le troisième jour elle commençait à réapparaître.

Ces applications sont assez onéreuses : avenue de la Grande-Armee, où l'on a procédé à trois arrosages à 10 pour 100, le prix de revient s'est élevé à 0 fr. 132 par mètre carré; au Bois de Boulogne, pour cinq arrosages, dont 3 à 15 pour 100 et 2 à 2 pour 100, il ressort à 0 fr. 14 environ par mètre carré (exactement 0 fr. 138).

Le goudronnage a supplanté la westrumite qui n'a aujourd'hui presque plus d'emploi.

Odocréol. — C'est un produit analogue à la Westrumite. Au lieu de mazouts saponifiés par de l'ammoniaque, c'est un mélange d'huile de goudron et de brai saponifié et rendu miscible à l'eau par de la potasse ou de la soude. L'Odocréol s'emploie à froid en émulsion dans l'eau d'arrosage.

Les produits qui entrent dans la composition de l'Odocréol se résinifieraient, d'après l'inventeur, au contact de l'air par oxydation et, devenus insolubles, formeraient avec la matière d'agrégation de l'empierrement un magma résistant d'où résulterait une diminution d'usure de la route et, par suite, une suppression au moins partielle de la poussière et de la boue.

La méthode d'application est la même que pour la Westrumite : à 4 ou 5 jours d'intervalle deux arrosages à 10 pour 100, puis d'autres, suivant les besoins, tous les 8 jours, puis toutes les quinzaines environ à 5 pour 100. La circulation doit, autant que faire se peut, être suspendue pendant 2 à 5 heures pour permettre le séchage.

L'Odocréol peut être également utilisé sur des routes légèrement humides.

Des essais ont été faits au Bois de Boulogne et au Bois de Vincennes : on a bien constaté une certaine économie dans l'arrosage; mais la boue se formait facilement après les pluies, la neige et le dégel.

Il paraît, à quantités égales, avoir plus d'effet que la Westrumite; mais il semble être plus long à se résinifier à l'air et peut être emporté par les pluies.

Rapidite bitumine. — Ce produit est indiqué comme étant à base d'huile lourde de goudron émulsionnée par de la caséine.

Les premiers essais en ont été faits à Nantes par M. Préaubert. C'est encore un produit miscible à l'eau et employé par arrosages.

En 1904, un premier arrosage est fait sur la route de Meaux à Trilport (Seine-et-Marne); la poussière a été abattue pendant deux ou trois jours, délai suffisant pour une course d'automobiles. Avec deux ou trois couches, le résultat est meilleur; au quatrième arrosage, il se produit une sorte de vitrification de la surface qui résiste pendant trois mois. D'après l'inventeur, un arrosage renouvelé tous les quinze jours supprimerait complètement la boue et la poussière.

Au Bois de Boulogne, on a incorporé la Rapidite bitumine dans la route au moment même du rechargement. La chaussée est nettement devenue plus résistante, partant moins de boue et de poussière; c'est là un résultat intéressant.

Pulvéranto. — L'inventeur a lancé, sous le même nom, deux produits essentiellement différents :

1° Au début, le Pulvéranto (nous le désignerons sous le n° 1) était un mélange de goudron de houille, d'huiles minérales, le tout rendu miscible à l'eau probablement à l'aide d'une base alcaline, potasse ou soude.

2° En 1905, le Pulvéranto (que nous désignerons sous le n° 2) est constitué par du goudron de houille additionné de 10 pour 100 d'huile lourde de houille. C'était le mélange employé dans le goudronnage à froid qui doit être traité ailleurs. Nous n'en parlerons pas.

Le Pulvéranto n° 1 a été essayé, en 1904, sur une portion de l'avenue de Gravelle de 3000 m² de surface, puis, au Bois de Boulogne, sur 2000 m² environ. La route imprégnée était très découverte, les résultats ont été ceux de la westrumite et de l'odocréol.

Il s'administre par arrosages successifs : pour sécher, il est utile que la la circulation soit suspendue pendant vingt-quatre heures après son emploi. Il communique à la route une couleur rouge jaunâtre (couleur acajou) d'effet assez agréable.

Il a été employé en grand pour l'éliminatoire de la course Gordon-Bennett de 1905 sur le circuit d'Auvergne dont le développement est de 137 km. En huit jours seulement, tout le circuit a été *pulvéranté* au moyen de six camions automobiles porteurs de réservoirs de 7500 litres.

Ce produit n'a pas rendu, dans cette épreuve, les services qu'on en attendait. Des témoins oculaires de la course rapportent qu'en certains points, le passage des automobiles soulevait une poussière très désagréable.

C'est vraisemblablement pourquoi l'inventeur a abandonné la fabrication de ce produit pour lancer, sous le même nom, l'autre ingrédient que nous avons désigné sous le n° 2.

Apulvite. — L'Apulvite est une variété de Pulvéranto n° 1 et s'emploie également par arrosages successifs : deux arrosages à 10 pour 100 d'apulvite sur route bien époudrée, à vingt-quatre heures d'intervalle, puis, quelques jours après, un arrosage à 5 pour 100 et, ensuite, des arrosages à 2 pour 100 suivant les besoins. L'Apulvite rend, d'aprés l'inventeur, la poussière lourde et l'empêche de s'élever dans l'air en tourbillons au passage des automobiles et des coups de vent. C'est un produit antiseptique, pouvant être employé même snr des routes humides.

Un essai en a été fait, à Aix-les-Bains, sur 8000 m² et a consisté en trois arrosages à 10 pour 100. Le résultat, d'aprés M. Luya, ingénieur à Aix, aurait été satisfaisant; mais ce produit dégage une odeur vive et très désagréable qui en rend l'emploi vraiment incommodant. Les essais commencés au Bois de Boulogne ont été abandonnés en raison de cet inconvénient.

Pulvivore. — Le Pulvivore est constitué par des huiles bitumineuses de schistes bitumineux d'Autun, rendues miscibles à l'eau. La Société lyonnaise des schistes d'Autun a fait une application de ce produit sur la route nationale n° 80 d'Autun à Saint-Forget, sur une longueur de 340 mètres. On l'a utilisé comme la Westrumite et les produits analogues: après un balayage à vif de la chaussée, on a arrosé, à intervalles de quinze jours, à raison d'un litre de solution par mètre carré; les deux premiers arrosages étaient faits à 10 pour 100 de Pulvivore et les autres à 2 ou 3 pour 100.

D'aprés l'expérimentateur, les résultats, obtenus dans cet essai, seraient excellents.

Injectoline (dénommée aujourd'hui *Injectol* R). — Composée d'hydro-carbures, antiseptique énergique, c'est un succédané du goudron. Elle est facilement répandable par les procédés ordinaires, son utilisation est commode; par un seul arrosage, on peut déposer sur la route 0,800 d'Injectol R par mètre carré, quantité suffisante pour obtenir une protection efficace.

L'Injectol R s'emploie à froid sans addition d'eau, il convient de suspendre la circulation pendant vingt-quatre heures après l'opération. La route devient complètement noire au moment de l'étalage de l'injectol et tend vers le gris clair (café au lait) au bout de huit jours.

De nombreuses applications ont été faites au Bois de Vincennes, à Champigny, à Versailles, au Bois de Boulogne, etc. Dans ces dernières, le produit a bien tenu; mais la couleur de la route est restée noirâtre et le séchage a été assez long.

Somme toute, les résultats, au point de vue de la supression de la poussière, ont été satisfaisants.

Oléite. — L'Oléite est encore une émulsion d'huiles lourdes de houille, incorporée à la chaussée par arrosages.

Son usage produirait un raffermissement du sol et donnerait par suite plus de résistance et d'élasticité à la chaussée.

Divers essais ont été faits, en 1907, en Belgique et auraient donné, d'après les expérimentateurs, de bons résultats; l'arrosage et l'époudrement des voies traitées auraient pu être diminués dans une forte proportion.

Poussiérol. — Contient des dérivés du goudron et des phénols, c'est un antiseptique très puissant, s'utilise par arrosage.

Un essai en a été fait à Saint-Dizier (Marne) en 1905.

Goudrogénite. — A base de goudron, ce produit a été employé pour le goudronnage du circuit des Ardennes belges. Il est surtout utilisé en Belgique, dans les mêmes circonstances que la Westrumite ou le Pulvéranto, avec lesquels il a beaucoup de ressemblance, en France et en Allemagne.

La Goudrogénite est également employée par arrosages successifs.

Tarvia. — La Tarvia est un brai de goudron auquel on ajoute un produit dont la composition est tenue secrète par l'inventeur. Ce corps pulvérulent est incorporé au brai au moment de l'emploi, il empêche l'enduit superficiel de se ramollir pendant les grandes chaleurs de la journée et quelles que soient les conditions atmosphériques.

La Tarvia est étendue comme le goudron avec les mêmes appareils. Elle s'emploie à chaud et est alors très liquide. Elle a été utilisée près de Londres, à Mount-Vernon, et, quinze mois après l'essai, malgré une circulation assez forte, la chaussée serait restée en assez bon état, sans poussière ni boue.

Goudron Rimini. — C'est un goudron étendu d'huile lourde et rendu siccatif par une addition d'essence de térébenthine. Ce produit est utilisé à chaud avec les mêmes appareils que ceux servant aux goudronnages ordinaires. Le séchage est très rapide et les résultats sont identiques à ceux obtenus avec les goudronnages simples.

Des essais ont été faits à Paris, l'un rue Bayen, l'autre au Bois de Boulogne, route du Dord-de-l'Eau. Ils n'ont pas été repris ni étendus, à cause du prix trop élevé demandé par le concessionnaire.

A titre d'indication, nous donnons encore ci-après l'énumération de quelques produits essayés en Angleterre.

Hacknite. — Mélange d'huile, d'asphalte, de goudron, etc., formant un liquide insoluble, répandu par arrosage sur la route sous forme d'émulsion avec l'eau.

Crempold R. — Mélange de colle, de bichromate de potasse et de goudron, rendu fluide par addition d'huile ou d'autre matière.

Crempold D. — Même composition que le précédent, mais sans goudron.

Ermenite. — Est obtenue en traitant à chaude température l'huile de graine de coton par l'acide sulfurique; le produit est épuré par le lavage et additionné de quatre fois son poids de goudron brut. On agite le mélange avec une solution caustique chaude jusqu'à ce qu'il soit sous forme d'émulsion, puis on le dilue dans l'eau. S'emploie sous forme d'arrosages.

Pulvicide. — Obtenu en mélangeant et en faisant fondre ensemble de la créosote, du brai de houille, de la résine, auxquels on ajoute une lessive de soude ou de potasse caustique.

Est incorporé à la route par arrosages.

Marbit. — C'est une composition de goudron de houille brut et d'un bitume naturel spécialement préparé. Ces deux éléments sont combinés à froid au moment même de l'emploi.

Gas light and coke C°. — Goudron de gaz, d'huile lourde renfermant 5 pour 100 d'eau environ.

Tar solidifying and distilling C°. — Goudron ordinaire auquel on a retiré une partie de ses huiles légères avant de l'amener à l'état solide. Cette matière est fondue au moment de l'emploi et utilisée comme le goudron ordinaire.

Clares patent tar C°. — Goudron spécial dont on a extrait certaines impuretés.

Nous citerons encore les produits suivants :

Simplicite, surtout employée en Autriche;

Zibellite, surtout employée en Autriche;

Tarnac, surtout employé en Angleterre;

Quarrite, surtout employée en Angleterre;

Fix, surtout employé en Italie;

Goudronnine, essayée sur une surface extrêmement faible (8 m^2 environ) au Bois de Vincennes. Après l'hiver, on aurait pu constater que la petite portion de chaussée traitée par ce produit ne donnait pas de boue;

Bitulithe, produit à base de brai, employé à chaud, surtout en Amérique;

Apokonin, employé en Allemagne. Sa base principale est l'huile lourde de goudron ayant subi l'action d'une haute température. Aurait une action bactéricide très marquée;

Poussiérol, composé d'hydrocarbures rendus miscibles à l'eau;

Betonite;

Antistof;

Compo;

Pyne-oiline; etc., etc.

EMPLOI DES PRODUITS A BASE DE GOUDRON PENDANT LES RECHARGEMENTS

En vue d'obtenir, dès l'origine, une plus grande résistance du revêtement dans sa masse, certains inventeurs ont préconisé d'incorporer les matières agglutinantes pendant la construction de la route en étendant ainsi aux huiles lourdes ce qui avait été fait avec le goudron ordinaire.

La Rapidite, le Pulvéranto, le Tarvia, etc., ont été utilisés ainsi. On incorpore une certaine quantité de matière, soit en la mélangeant avec la pierre, en dehors de la forme, au moment du répandage, soit en étalant une couche du produit au fond de la forme, avant l'apport des matériaux.

Généralement, on procède à un cylindrage énergique, sans apport d'eau; quelquefois, après l'achèvement de la chaussée, on la recouvre d'un enduit ordinaire; les résultats sont bons en général.

Les industriels qui exploitent la Tarvia recommandent de faire un mortier de tarvia et de sable et de l'étaler en couche de 0 m. 2 environ au fond de la forme. Lors du cylindrage, le mortier pénètre dans la couche de pierre et forme un agglomérat qui serait très résistant.

Le souci d'obtenir un mélange intime et une masse parfaitement homogène est poussé quelquefois très loin. Voici un exemple rapporté par M. Grandjean de l'emploi de la bitulithe-quarrite dans la confection des chaussées.

A un mélange de pierres d'échantillons différents, dans des proportions définies, de façon que tous les vides soient aussi réduits que possible, on ajoute, pour former lien entre les divers éléments minéraux, une matière bitumineuse de manière à former un corps homogène et solide. Le composé goudronneux a pour base du goudron ordinaire; le goudron subit, à l'usine, un commencement de distillation, on le mélange à une certaine quantité de poudre très fine exclusivement calcaire, passant au tamis de 1/10e de millimètre. Pierres et ciments sont approvisionnés, après malaxage préalable à l'usine dans des appareils spéciaux. Le tout est répandu et fortement comprimé au rouleau compresseur. On constitue ainsi un véritable asphalte artificiel. Pour les circulations très lourdes et intenses, le ciment est posé à chaud; au contraire, quand la circulation est moyenne et rapide, l'application se fait à froid.

Ce procédé a été employé en Angleterre; un essai avec application à froid vient d'être effectué rue de Prony et un autre doit être tenté, dans quelques jours, boulevard Pereire, à Paris. Il n'est donc pas possible de se prononcer encore sur la valeur de ce système.

C. — PROCÉDÉS D'ARROSAGE

L'utilisation de beaucoup des produits que nous venons de citer se fait par arrosages en mélange avec l'eau.

Divers procédés ont été proposés pour remplir toutes les conditions voulues de ces arrosages et même, en 1907, un concours a été ouvert, en Angleterre, entre les divers constructeurs.

Les premiers appareils utilisés furent d'abord ceux dont on disposait dans les différents services. Ordinairement, on faisait le mélange dans les tonneaux d'arrosement et l'on procédait au répandage. Mais, bientôt, les matières en émulsion s'agglutinaient dans les orifices et l'opération devenait malaisée en entraînant des nettoyages fréquents de la rampe de distribution et des irrégularités dans le répandage.

Pour les villes pourvues d'un réseau d'eau sous pression, nous avons fait construire un petit appareil qui utilise la pression de l'eau pour faire automatiquement les mélanges aux dosages voulus. Cet appareil, que l'on désigne sous le nom d'*orifice mélangeur*, s'adapte à la place de l'orifice ordinaire, à la lance du cantonnier, et est jonctionné par un tuyau flexible, soit à une hotte de dix-huit litres, placée sur le dos de l'ouvrier, soit, plus simplement, au fût même contenant le produit et porté sur un petit chariot qu'un aide déplace au fur et à mesure de l'arrosage.

Lorsqu'on ne peut utiliser cet appareil ou les tonneaux ordinaires d'arrosement, on emploie, le cas échéant, tous les appareils qui servent couramment pour les goudronnages.

D. — PÉTROLAGES ET HUILAGES DES ROUTES A CHAUD OU A FROID

par M. Grandjean, Docteur ès Sciences, Ingénieur municipal.

C'est, croyons-nous, avec ces produits qu'ont été tentés les premiers essais pour combattre la poussière des routes.

En 1874, M. Millet observa bien, devant les Forges de Persan (Seine-et-Oise), que la chaussée de l'usine, formée de scories fortement comprimées, ne se ramollissait pas, pendant les pluies, à l'endroit où une assez forte quantité d'huile avait été répandue par accident. L'usure semblait nulle, la portion ainsi huilée finit par être en saillie sur le reste de la route.

Mais ce n'est qu'en 1896 que des essais systématiques sont entrepris par M. Tardy, agent voyer du service vicinal à Oran, en utilisant, pour la protection de ses chaussées, l'huile d'aloès, d'abord, puis l'huile de naphte ou mazout. Les essais ont été satisfaisants.

Ce n'est qu'en 1898 que les Californiens du district de Las Argelès ont pratiqué leurs arrosages au pétrole brut, renfermant 30 pour 100 d'asphalte et répandu à chaud à 80° C.

Dans le même ordre d'idées, certaines compagnies de chemin de fer ont essayé, vers 1900, l'arrosage du ballast avec des huiles lourdes de pétrole : en particulier, le chemin de fer du Midi, entre Morcenx et Bayonne, sur la ligne de Paris-Bayonne-Espagne, dans la traversée des Landes où le sable fin des dunes est apporté sur les voies par les vents. L'essai ne semble pas avoir complètement réussi, peut-être, dit-on, à cause du mode d'emploi du pétrole qui a été répandu à froid, au lieu de l'être à chaud.

En 1902, le docteur Guglielminetti fait son premier essai à Monaco.

A la même époque, août 1902, M. Deutsch fait une application de mazout ou astalki[1] (goudron provenant de la distillation de pétrole de Bakou) sur la route des Quarante-Sous à Saint-Germain. 750 m² environ sont enduits. Le mazout fut chauffé à 90° et étalé à l'aide de balais; la

1. Le mazout est employé à lubrifier les surfaces en contact des machines et, en grand, pour le chauffage des chaudières, dans le bassin de la mer Noire et de la Méditerranée et même sur certains réseaux de chemin de fer du midi de la France.

poussière provenant du balayage préalable de la chaussée fut rejetée sur la partie huilée. Les résultats immédiats furent excellents; mais l'effet ne dura que quelques semaines à peine.

En août 1902, MM. Le Gavrian et Pancrazi, Ingénieur et Conducteur des Ponts et Chaussées, font également usage de mazout entre Versailles et Saint-Cyr-l'École. La poussière a complètement disparu; mais, aux pluies d'automne, la boue a reparu.

M. Heude, grâce à une participation du Touring Club de France et de l'Association générale automobile, fait procéder à des expériences comparatives dans la banlieue immédiate de Paris. Les produits qu'il fit expérimenter, concurremment avec le goudron de houille et l'Injectloine, furent de l'huile de pétrole, des schistes d'Autun, du mazout du Texas et de l'huile de goudron. Tous ces corps supprimèrent totalement la poussière; mais la durée de leur efficacité ne fut que de quelques semaines seulement. L'emploi de ces produits n'offre aucune difficulté; ils pénètrent facilement la chaussée. Il n'est pas utile que l'époudrement de la route soit aussi parfait que celui qu'il convient de faire pour obtenir un bon goudronnage.

A Genève, essais de même nature, en vue d'une comparaison entre le pétrolage et le goudronnage. Deux expériences sont faites avec de l'huile de pétrole à laquelle on a ajouté, dans la première, 10 pour 100, puis 20 pour 100 de mazout; dans la seconde, 40 pour 100 de même matière, sur chaussées nouvellement rechargées. L'effet ne semble guère dépasser six à huit semaines.

En Angleterre, les pétrolages ont eu assez de succès. Sur l'initiative de M. Rees Jeffreys, on a huilé, en 1902, 1 km de route près de Farnborough. La poussière a bien disparu pendant quelques semaines mais la boue est reparue dès les pluies.

On dit que les Chinois emploient, pour la confection de leurs chemins, un mélange de gravier et d'argile, agglutiné par des huiles minérales et formant mortier : ils en seraient satisfaits. Nous n'avons pu vérifier le fait; dans tous les cas, la Chine ne passe pas pour avoir un réseau routier modèle, bien au contraire. Les canaux y sont très développés et tous les transports — marchandises et voyageurs — s'y font à peu près tous par eau.

L'utilisation de ces huiles de pétrole ou de mazout a donné des résultats très différents en Amérique et en Europe.

En Californie, on recommande de laisser beaucoup de poussière sur la route et, avant de commencer le répandage, de faire circuler une herse : c'est dire que ces routes sont tout à fait différentes des nôtres. Le pétrole brut employé, contenant 30 pour 100 d'asphalte, était répandu bouillant, à raison de 1 kg 500 par mètre carré et, au bout de quelques arrosages, la chaussée était faite. Elle était constituée d'une couche imprégnée de pétrole de forte épaisseur, assez résistante pour que le roulement y soit parfait. Pour éviter toute production nouvelle de poussière, on recourt, en outre, à deux ou trois arrosages annuels. Les craintes d'abord émises sur les conséquences du contact des bandages en caoutchouc et de la route s'évanouirent bientôt et les usagers déclarent ces chaussées excellentes : plus de poussière, plus de boue. Le prix de revient en Californie, où la tonne de pétrole brut du Texas vaut 20 fr., est des plus raisonnables. D'ailleurs, dans ces régions pétrolifères, l'eau est trop rare et trop précieuse pour être utilisée en arrosages sur les chemins.

Mais, en Europe, les avis sont beaucoup plus partagés.

D'abord, en France, ce mode de protection est inapplicable en grand pour une raison péremptoire : la tonne de pétrole brut vaut 220 fr. par suite de droits de douane exorbitants. En outre, les essais qui ont été faits n'ont pas pu soutenir la comparaison avec les goudronnages. Pour les essais de Champigny, l'Ingénieur chargé des travaux s'exprime ainsi : « Ces produits ont donné de médiocres résultats. Il s'est formé beaucoup de poussière par temps sec et l'aspect des parties enduites ne différait pas sensiblement, en temps de pluie, de celui des chaussées ordinaires. » Les résultats n'ont duré que quelques semaines, la pluie entrainant l'huile.

En Angleterre, au contraire, dès les premiers essais, les Ingénieurs se déclarèrent satisfaits. La route avait pris un aspect fort agréable — celui d'un tapis de linoléum —; pas de mauvaises odeurs, plus de poussière, prix de revient modéré (le pétrole du Texas vaut 45 fr. la tonne à Londres). La solution de la route de l'avenir semblait résolue; mais, sous le climat humide de la Grande-Bretagne, au début de l'automne, la boue fit son apparition et les automobilistes furent contraints, comme auparavant, de remiser leurs voitures dès le mois de novembre, pour attendre la saison meilleure.

En Suisse, cependant, à Genève en particulier, le pétrolage le dispute encore au goudronnage, malgré son prix de revient plus élevé. D'aprés les Genevois, le pétrole maintenant la chaussée légèrement visqueuse, la poussière est happée pendant longtemps et reste fixée au sol : il joue le rôle de pulvérivore; tandis que les goudronnages faits sur empierrements ne jouissent de cette propriété que pour fort peu de jours. Cette action pulvérivore est bien marquée sur les pavages en bois goudronnés : nous l'avons constatée quinze jours et même plus après l'opération; la poussière d'apport reste collée sur le pavage, bien que le goudron ait été absorbé au fur et à mesure de son étalage. Il y a là un phénomène de destruction sur place des poussières d'apport qui présente un grand intérêt au point de vue hygiénique.

CONCLUSIONS

Ce rapport n'est guère qu'un exposé des différents produits et procédés employés ou préconisés :

1° Pour prolonger seulement l'effet de l'arrosage à l'eau;

2° Pour prolonger les effets de l'arrosage et augmenter en même temps la résistance de la chaussée;

3° Pour augmenter la résistance de la chaussée en utilisant ces divers produits dans la construction même de la route.

Des diverses sortes de produits essayés, les premiers — les sels déliquescents, — qui furent employés autrefois — avaient été déjà abandonnés. De nouveaux essais ont été repris récemment surtout en Angleterre.

Les seconds — qui sont à base de goudron, de bitume, d'huiles lourdes, etc... — ont donné des résultats certainement favorables, mais qu'on a considérés comme étant de trop courte durée et dont le prix de revient paraît plus élevé que celui du goudronnage. Le goudron employé pur, en raison surtout de ses effets faciles à constater immédiatement, a remplacé d'une façon à peu près générale — tout au moins en France — les autres produits.

Peut-être conviendrait-il pourtant de ne pas perdre complètement de vue des produits qui, aux essais, ont donné certains résultats — imprégnation profonde des chaussées; facilité et rapidité d'emploi; utilité pour des circonstances exceptionnelles (cérémonies, cortèges, courses, grandes affluences, etc...) — pouvant faire prévoir dès maintenant leur intérêt.

Pour les arrosages d'entretien, il sera sans doute difficile de donner des instructions et des dosages qui puissent s'appliquer à tous les produits destinés à être employés en mélange avec l'eau; mais, d'une façon générale, on peut déjà conclure qu'il faudra, pour obtenir économiquement les résultats les meilleurs, multiplier les arrosages à forte proportion (10, 15, 20 pour 100) au début de l'emploi et les continuer en les espaçant de plus en plus et en réduisant les proportions.

Dans la construction des chaussées, la plupart des produits à base de goudron, de bitume et d'huiles lourdes ont donné de bons résultats qui paraissent devoir se confirmer; mais les essais sont encore trop récents pour tirer, de ce qui a été fait et de ce que nous avons pu connaître, des conclusions certaines.

Malgré qu'on ait essayé d'utiliser la faculté de certains de ces produits d'être émulsionnables dans l'eau, pour les incorporer aux matériaux d'empierrement à l'aide des arrosages pendant le cylindrage, il paraît meilleur et plus simple de les utiliser purs. Il paraît aussi qu'on ait avantage à constituer ces mortiers de goudron avec du mâchefer pulvérulent, des sables calcaires, des poussières de routes, plutôt qu'avec du sable siliceux.

On peut rappeler ici, à titre d'indication, que la composition du béton de goudron préconisé par M. Audouin est de 1 hectolitre de sable siliceux pour 14 litres ou 17 kg de goudron de houille; mais que, dans les essais que nous avons faits au Bois de Boulogne, les résultats ont été imparfaits avec le sable de rivière et très bons avec du mâchefer pulvérisé ou finement concassé.

Il est à craindre que le succès rapide du goudronnage n'arrête le développement des autres produits, n'en fasse suspendre la fabrication industrielle et ne décourage les chimistes et les ingénieurs qui avaient entrepris des recherches sur cette question qui reste pourtant, croyons-nous, très intéressante.

Paris, le 30 juin 1908.

62296. — Imprimerie Lahure, rue de Fleurus, 9, à Paris.

SCHLUSSFOLGERUNGEN

Dieser Bericht ist kaum mehr als eine Erläuterung und Aufzählung der zur Anwendung gelangenden, empfohlenen Verfahren und Mittel :

1. Um bloss die Wirksamkeit der Wasserbespritzung zu verlängern.

2. Um die Wirksamkeit der Bespritzung zu verlängern und gleichzeitig die Widerstandsfähigkeit der Chaussée zu erhöhen.

3. Um die Widerstandsfähigkeit der Chaussée zu erhöhen, indem diese unterschiedlichen Mittel beim Strassenbau selbst zur Anwendung gelangen.

Von diesen Mitteln sind die ersteren, welche man früher benützte — die zerfliessenden Salze — nicht mehr gebräuchlich.

Die zweite Kategorie, welche Teer- und Asphaltmischungen oder sowie solche, schwerer Mineralöle, etc., etc., umfasst, hat sicherlich zu guten Ergebnissen geführt, doch war deren Dauerhaftigkeit eine ungenügende, und der Aufwand ein grösserer, als für Teerungen.

Reiner Teer hat beinahe überall — in Frankreich wenigstens — wegen seiner, leicht wahrzunehmenden Erfolge, die übrigen Mittel verdrängt.

Vielleicht wäre es empfehlenswert, wenn man jene Mittel, welche sich bei Versuchen gut bewährt haben, nicht gänzlich fallen liesse : tiefes Eindringen in die Chaussée; rasches und leichtes Verfahren; Vorteilhaftigkeit in manchen Fällen, wie Aufzügen, Rennen, Massenandrang, etc., etc., erwecken für dieselben bereits gegenwärtig Interesse. Es hat zweifellos seine Schwierigkeiten beim Besprengen, hinsichtlich des Mischungsverhältnisses mit Wasser, für alle Mittel geltende Vorschriften zu erlassen, und die Dosierung anzugeben; im Allgemeinen lässt sich jedoch sagen, dass man, um die besten Ergebnisse mit geringen Auslagen zu erzielen, zu Beginn der Anwendung des Verfahrens häufig, und mit starken Lösungen (10, 15 bis 20 Prozent) bespritzen sollte, um später auf immer schwächere, in grösseren Zwischenräumen herabzugehen.

Beim Strassenbau haben sich die meisten Teer- und Asphaltmischungen, sowie jene mit schweren Mineralölen, recht gut bewährt, und scheint dies auch so bleiben zu sollen; die Versuche sind jedoch zu jungen Datums, als dass wir aus den bisher angestellten, und unseren eigenen Erfahrungen bestimmte Folgerungen ziehen könnten.

Obgleich man versucht hat, die Eigenschaft einiger dieser Mittel sich mit Wasser zu verseifen, zu benützen, um sie durch Begiessen während des Einwalzens in die Decklage eindringen zu lassen, scheint es zweckentsprechender, sie in reinem Zustande zu verwenden. Es dürfte auch vorteilhafter sein, diese Teermörtel lieber mit gepulverter Eisenschlacke, Kalksand, oder Strassenstaub, als mit Kieselsand anzurühren. Andeutungsweise möge hier erwähnt werden, dass der von Herrn Audouin empfohlene Teerbeton sich aus 1 Hektoliter Kieselsand auf 14 Liter oder 17 Kilogramm Steinkohlenteer zusammensetzt; bei unseren im Bois de Boulogne unternommenen Versuchen, waren die Ergebnisse mit Flussand keine sonderlichen, jedoch ganz vorzügliche mit gepulverter oder fein zerkleinerter Eisenschlacke.

Es ist zu befürchten, dass der rasche Erfolg des Teerens auf den Entwicklungsgang der übrigen Mittel hemmend wirkt, ihre industrielle Erzeugung hindert, und die Ingenieure und Chemiker, die in der Frage, welche unserer Ansicht nach stets interessant bleibt, tätig waren, nunmehr entmutigt werden dürften.

(Übersetz. Blaevoet.)

Ier CONGRÈS INTERNATIONAL DE LA ROUTE
PARIS 1908

3e QUESTION

LUTTE
CONTRE L'USURE ET LA POUSSIÈRE

L'HISTORIQUE DU GOUDRONNAGE DES ROUTES

RAPPORT

PAR

M. le Dr GUGLIELMINETTI
Fondateur et Secrétaire général de la Ligue contre la poussière.

PARIS
IMPRIMERIE GÉNÉRALE LAHURE
9, RUE DE FLEURUS, 9

1908

LUTTE

CONTRE L'USURE ET LA POUSSIÈRE

L'HISTORIQUE DU GOUDRONNAGE DES ROUTES

RAPPORT

PAR

M. le Dr GUGLIELMINETTI

Fondateur et secrétaire général de la Ligue contre la poussière.

Le goudronnage des routes ayant pris, dans ces dernières années, une extension considérable, non seulement en France, mais aussi à l'étranger — c'est ainsi qu'à Paris la surface goudronnée a passé de 21 000 m² en 1904 à 360 000 m² en 1907 — il n'est peut-être pas sans intérêt, à l'occasion de ce premier Congrès international de la route, de fixer, dès maintenant, l'historique de la question.

Il est bien entendu qu'il ne s'agit ici que du goudronnage superficiel (badigeonnage de la route macadamisée) et non de l'huilage ni du goudronnage du macadam avant ou pendant la construction de la chaussée, système qui a été pratiqué depuis de longues années déjà en Angleterre où il est connu sous les noms de « tar-macadam » et de « tarmac ».

Cette distinction préliminaire établie, abordons l'historique du goudronnage.

ANNÉE 1901

C'est en 1901 que l'idée m'est venue de chercher contre la poussière des routes un autre remède que les pavages trop coûteux, l'arrosage à l'eau et le balayage devenus insuffisants depuis l'automobilisme. Vous le comprendrez d'autant mieux qu'étant médecin dans une des stations les plus élégantes de la Riviera française, j'ai pu apprécier les dangers, les inconvénients et les dommages causés par la poussière, devenue depuis l'automobilisme, un véritable fléau en cette région qui empêchait beaucoup de nos confrères étrangers de nous envoyer leurs malades sur le littoral.

Je me souvenais d'avoir lu les articles d'Émile Gautier sur le pétrolage des routes en Californie. Mais il m'apparut de suite que ce procédé était impraticable en France, en raison des droits d'entrée sur le pétrole qui sont de 90 fr. la tonne et qui, joints aux frais onéreux de transport, rendaient ce produit vraiment trop coûteux pour en arroser nos routes. Je pensai alors au goudron de houille, produit similaire et beaucoup meilleur marché, puisque la tonne n'en coûte qu'entre 30 et 50 fr. et que j'avais eu déjà l'occasion d'employer, comme médecin militaire aux Indes néerlandaises, pour la coaltarisation des planchers des hôpitaux militaires.

Le hasard, qui fait quelquefois bien les choses, me fit remarquer quelques plaques de goudron tombées accidentellement sur la route en face de l'usine à gaz de Monaco, où elles formaient corps avec le sol et semblaient résister à la circulation. Il y avait là une précieuse indication.

ANNÉE 1902

Une première expérience de goudronnage, avec une bassine pour chauffer le goudron et un vieux balai pour en badigeonner la chaussée préalablement nettoyée, a été faite, sur ma demande, par M. Garçon, le 13 mars 1902, à Monaco. Elle donna des résultats dépassant toute attente et sur lesquels j'appelai l'attention publique. On constata une diminution manifeste de la poussière provenant de l'usure de la route; les eaux pluviales s'écoulaient sans pénétrer, et il ne se formait pas de boue. La surface n'était pas glissante pour les chevaux et semblait résister à une circulation assez intense. Le goudronnage avait coûté environ 0 fr. 10 par mètre superficiel (1 kg 500 de goudron par mètre carré).

Vivement encouragé par S. A. S. le prince de Monaco, ami des sciences et du progrès, je demandai, le 19 avril, à la ville de Nice et aux ponts et chaussées des Alpes-Maritimes de bien vouloir procéder à des essais semblables.

Sur quoi, rentré à Paris en 1902, je m'adressai à deux hommes qui ne sont plus aujourd'hui — permettez-moi de leur rendre ici un hommage public de notre reconnaissance — et dont le concours de la première heure fut particulièrement utile à notre cause : M. Forestier, inspecteur général des ponts et chaussées, président de la Commission technique de l'A. C. F. et membre du Conseil d'administration du T. C. F., et M. Defrance, directeur des affaires départementales à la préfecture de la Seine et membre également du Conseil d'administration du T. C. F. Tous deux m'adressèrent à M. Ballif, dont on connaît la sollicitude pour tout ce qui concerne le tourisme et les belles routes de France qui en sont le merveilleux instrument, et qui m'assura, dès le début, en même temps que son concours personnel, celui de la puissante association qu'il préside : le Touring Club de France. Par MM. Forestier et le comte de la Valette, j'obtins également le concours financier de l'A. C. F. et de l'Association générale automobile.

Sur la demande de M. Defrance, M. Hetier, inspecteur général des ponts et chaussées et ingénieur en chef du département de la Seine, chargea l'ingénieur Dreyfus de procéder à des essais de goudronnage à Champigny.

Le goudron n'étant pas alors un produit familier aux ingénieurs des ponts et chaussées, je m'étais adressé, en même temps, à la Compagnie parisienne du gaz, dont l'ingénieur en chef des travaux chimiques, M. Audoin, fut mis à notre disposition de la façon la plus aimable pour la partie relative à l'emploi assez délicat du goudron.

Il était intéressant d'essayer en même temps que le goudron, l'huile de goudron et les différentes huiles étrangères et françaises (schistes d'Autun), pour l'achat desquelles il nous fallait des fonds. Le Touring Club vota le 23 mai un crédit de 500 fr.; l'Automobile Club, le 16 juin, 500 fr. et l'A. G. A., 100 fr. C'est grâce à ces subventions et grâce aussi à la générosité de M. Beugnot qui offrit trois tonnes d'huile de Texas que les essais de Champigny purent avoir lieu sur une assez grande échelle.

Quant aux résultats de ces essais, on a pu constater que les huiles, en général, supprimaient bien la poussière et diminuaient la boue, mais que ce bon effet ne semblait pas assez durable, relativement au prix assez élevé de chaque application qui varie de 15 à 60 centimes le mètre carré.

Quant au goudron de houille, les résultats ont paru très satisfaisants pendant toute la période des essais, et on a remarqué de suite qu'en plus de la diminution de la poussière et de la boue, le goudron protégeait efficacement la surface de la chaussée. Le goudron avait durci la surface de la chaussée, la rendant assimilable à une route asphaltée, de sorte que la poussière provenant de l'usure était considérablement diminuée. La poussière d'apport persiste quand même, évidemment, et il faut la combattre par l'arrosage et le balayage; mais ces deux opérations donnent sur des routes goudronnées des résultats qu'on n'obtenait plus, depuis l'automobilisme, sur les routes macadamisées.

Il ne faut donc pas croire que le goudron agglomère ou happe la poussière comme le font les huiles. Il n'a d'autre mérite, mais c'en est un suffisant que de diminuer la poussière d'usure et de rendre plus efficaces les remèdes ordinaires contre la poussière d'apport : l'arrosage et le balayage.

Quant au prix, il était d'environ 15 centimes par mètre carré, et la durée du goudronnage variait, selon l'intensité de la circulation, entre six mois et deux ans.

C'est au cours de ces expériences de Champigny, dirigées par l'ingénieur

Dreyfus, que furent employés les premiers appareils spéciaux pour le goudronnage des routes. Ils furent imaginés par M. Audouin. L'un, pour opérer en petit, était un arrosoir à main à bec plat, d'une contenance de 20 litres, pour lequel on chauffait, au préalable, le goudron dans des bassines. L'autre, pour opérer en grand, était un tonneau distributeur, constitué par une tonne cylindrique en fer de 400 litres environ, monté

Fig. 1. — Arrosoir avec bec spécial pour le répandage du goudron.

sur un chariot à deux roues. Le goudron était chauffé par un foyer amovible et un système de tuyaux amenait le goudron chaud à la rampe percée de trous qui distribuait le goudron sur la route, à la façon de nos tonneaux d'arrosage.

Pour le lissage de la couche après l'épandage, on se servait de balais doux, en crins de coco ou parana. M. Audouin était partisan de lisser le goudron et non de le brosser.

Quant à la chaussée, M. Dreyfus l'a fait mettre en bon état d'abord, nettoyée à vif à la balayeuse mécanique, puis légèrement grattée avec des balais usés, de façon à mettre la mosaïque de l'empierrement à nu, tout en ne dégradant pas les joints.

La chaussée doit, en effet, être sèche jusqu'au sous-sol. Sur une chaussée humide, le goudron ne tient pas. Une légère pluie, après l'opération, n'a pas paru produire de résultats fâcheux. La prise s'est manifestée quelques heures après et la circulation a pu être rétablie, après un léger sablage, soit le même soir, soit le lendemain.

J'ai insisté particulièrement sur ces essais de Champigny, dont M. Dreyfus a publié un rapport dans la *Revue municipale* du 18 octobre 1902, parce que ce furent là vraiment les premiers essais officiels de goudronnage en France, faits par les ponts et chaussées, et dont les résultats aient été publiés. C'est à Champigny, pourrais-je dire, que le goudronnage a gagné sa cause, et c'est de Champigny qu'est partie notre campagne en faveur du goudronnage.

A peu près en même temps, M. Heude, ingénieur en chef de Seine-et-Marne, goudronna près de 3 km de routes dans l'arrondissement de Meaux, après avoir essayé, en 1901, des pétroles et des matières grasses qui lui parurent trop chers. M. Heude a rendu compte de ces essais, en 1904, dans les *Annales des ponts et chaussées*.

En juillet, des essais analogues furent faites à Genève par M. Charbonnier, ingénieur cantonal, mis au courant par M. Navazza de mes publications sur le goudronnage.

Le 6 août 1902, M. Navazza, directeur du Touring Club suisse, m'invita au Congrès de la Ligue internationale des associations de tourisme, auquel prenaient part les représentants de dix-sept groupements. Je profitai de cette occasion pour communiquer au Congrès les résultats obtenus par nos essais de Monaco et les congressistes allèrent inspecter le tronçon de route goudronné par M. Charbonnier.

Dans le rapport qu'il publia à la date du 2 septembre, M. Charbonnier mentionnait déjà quelques faits très intéressants, notamment la question du lavage et du brossage de la route avant l'opération et celle du sablage immédiat ou avant de livrer à la circulation; il reconnaissait déjà l'augmentation par le goudronnage de la durée des chaussées. Dans le canton de Genève, M. Charbonnier poursuivit ses essais de goudronnage, tandis que dans la ville de Genève même on expérimentait le pétrolage.

Quelques semaines plus tard, M. Rees Jeffreys, l'honorable secrétaire de la Motor Union, qui avait assisté au Congrès de tourisme dont j'ai parlé, organisa un essai d'huilage sur 2 km de route en Angleterre, près de Southampton, avec de l'huile du Texas.

En Charente, M. Lavaud, conducteur des ponts et chaussées, goudronna lui aussi une certaine longueur de route et obtint d'excellents résultats, tant au point de vue hygiénique qu'économique; de même M. Jallais, conducteur principal des ponts et chaussées à la Rochelle, et à Jura (Dôle) M. Cordelier.

Dans le département des Alpes-Maritimes, sur une demande faite par Ballif, fin juin, le Ministre des travaux publics mit à la disposition de l'ingénieur en chef du département, pour le goudronnage, une allocation de 4000 fr., qu'une généreuse subvention du Touring Club porta à 5000 fr.

La ville de Nice, de son côté, avait procédé à des expériences étendues sur la promenade des Anglais. A Monaco, les essais s'étaient poursuivis pendant tout l'été, et le regretté chef de la voirie municipale, M. Tschirret, m'adressa un rapport très favorable sur les résultats obtenus.

De toutes ces études qui furent faites au cours de l'année 1902, tant à Monaco qu'en France, en Suisse, en Italie et en Angleterre, j'ai eu l'occasion de rendre compte dans la conférence que je fis au Salon de l'automobile, en décembre 1902, sous les auspices du Touring Club de France.

A partir de cette époque, il est donc facile de suivre exactement la marche du goudronnage; mais il n'en est pas de même, en ce qui concerne les quelques expériences isolées et même les quelques essais poursuivis avant cette date, parce qu'ils n'ont pas été livrés à la publicité.

Je me suis, en effet, adressé à mon arrivée à Paris, en mai 1902, à la bibliothèque des ponts et chaussées, aux ministères des travaux publics et de l'intérieur et au Touring Club pour savoir s'il existait une publication sur des essais de goudronnage faits en France: le résultat de mes recherches fut qu'aucune communication ni rapport n'avaient été publiés à cette date sur la question. Voici, néanmoins, ce que j'ai pu apprendre depuis sur l'histoire du goudronnage avant 1902.

Les premières tentatives, pour employer le goudron comme agglutinant dans la construction des routes macadamisées, paraissent remonter à 1834. Elles furent faites, en Angleterre, par M. Cassell, qui, d'aprés le très intéressant rapport de M. Taylor, County-Surveillor à Winchester, mettait le feu au goudron répandu sur la chaussée.

En 1854, en France, M. Francou, architecte à Auch, eut l'idée d'employer du goudron pour en revêtir les chaussées empierrées. Son premier essai fut fait sur la place Sallinis, puis plus tard, il goudronna l'entrée de la cour des voyageurs à la gare d'Auch. Comme M. Cassell, M. Francou répandait le goudron à froid et y mettait ensuite le feu, ainsi qu'il le mentionne dans la brochure *Nouveau procédé de coaltarisation des routes*, publiée en 1904.

En 1867, M. Charles Tellier, l'inventeur des machines frigorifiques qui portent son nom, proposait, dans son ouvrage l'*Ammoniaque dans l'industrie*, de remplacer dans les rues le macadam ordinaire par des couches successives de sable et de goudron bien pilonnées.

En 1874, M. Millet observa, devant les Forges de Persan où le sol était formé de scories fortement tassées, l'heureux effet d'une assez forte quantité d'huile répandue par accident. Pendant la pluie, la chaussée ne se mouillait pas à cet endroit, et la gelée ne la soulevait pas ni la ramollissait. La partie huilée, loin de s'user, finit par être en saillie sur le reste de la route.

En 1879, M. Christophe fit un autre essai, le plus intéressant, à coup sûr, de tous ceux qui aient été faits à cette date. Je lui laisse la parole. Voici, en effet, quelques extraits d'une lettre qu'il m'adressait, au mois de janvier 1903, c'est-à-dire environ un an après ma publication des premiers résultats obtenus à Monaco :

« Les études que j'ai faites sur le goudronnage, écrit M. Christophe, remontent assez loin, car, en 1879, convaincu, par des expériences antérieures, du résultat heureux de l'application du goudron à froid à l'entretien des chaussées, j'ai fait, à mes frais, une application sur une assez grande échelle dans la traversée de Sainte-Foy-la-Grande. » Les résultats furent excellents, mais la disposition en damier, adoptée pour les expériences (une bande de route goudronnée suivie d'une autre non goudronnée, puis, à nouveau d'une goudronnée et ainsi de suite), tout en faisant ressortir, par la comparaison, l'avantage du système, effrayait d'abord les chevaux, et, ensuite, les parties non goudronnées de la chaussée s'usant beaucoup plus vite, la route fut bientôt transformée en de véritables montagnes russes. Et les essais n'eurent pas de suite.

En 1888, nouvel essai à Saint-Gaudens (Ariège) par M. Lavigne, agent voyer. Le succès ne semble pas, d'ailleurs, avoir couronné cet essai. Pendant l'hiver, le goudron, répandu à froid et trop épais, était devenu visqueux et s'était détaché de la chaussée.

En 1895, à Oran, M. Tardy a expérimenté des matières grasses : l'huile d'aloès et le mazout. Les essais furent satisfaisants.

Nous arrivons maintenant à M. Girardeau, agent voyer à Luçon (Vendée), qui, depuis 1896, sans avoir eu connaissance de ses prédécesseurs, pas plus que je n'ai eu moi-même connaissance, en 1901, des goudronnages faits par M. Girardeau, n'a cessé d'étudier méthodiquement et d'appliquer le goudronnage, d'abord à froid. Il remarqua que là où le soleil échauffait le goudron, celui-ci prenait mieux et vite et donnait un résultat préférable. Il eut alors l'idée de l'employer à chaud. Il en a rendu compte dans sa brochure *Goudronnage des chaussées, trottoirs et allées de jardins*, publiée en 1903. travail très intéressant et le plus complet paru à cette époque. M. Girardeau y préconisait de brosser le goudron chaud pour obtenir une bonne pénétration dans la chaussée.

En 1899, à Mostaganem, M. Pouyanne, ingénieur des ponts et chaussées, fit des essais d'huiles lourdes qui réussirent: mais, envoyé à Alger, il ne poursuivit pas ses expériences.

La même année, la Compagnie des chemins de fer du Midi avait procédé à des épandages d'huile lourde de pétrole pour éviter la poussière sur les voies ferrées entre Bordeaux et Bayonne. L'expérience parut d'abord donner d'excellents résultats ; mais, au bout de deux mois, soit insuffisance d'huile, soit parce qu'on avait négligé de la faire chauffer, la poussière reparut et l'essai n'eut pas de suite.

De cette même époque date l'emploi du pétrole brut, en Californie, dont les résultats, publiés, en 1901, par Émile Gautier, ont, ainsi que je l'ai dit tout à l'heure, attiré mon attention. Le pétrole, répandu sur la couche de poussière qui forme la surface de toutes les routes californiennes, produit une sorte de revêtement asphalté qui donne satisfaction. Sur nos routes empierrées, où la pénétration de l'huile est loin d'être aussi facile, les résultats ne pouvaient être aussi bons, ainsi que l'ont prouvé les expériences de huilage faites en août 1902, grâce à M. Henry Deutsch de la Meurthe, sur la route de Quarante-Sous à Saint-Germain. L'huile employée était le résidu de pétrole russe qui sert aux Compagnies de chemins de fer pour le graissage des wagons.

Plus tard, entre Versailles et Saint-Cyr-l'École, en Seine-et-Oise, M. Le Gavrian fit faire des essais avec du mazout par le conducteur Pancrazzi.

En 1901, de semblables essais avaient été faits sur la route nationale d'Oran à Mers-el-Kébir par M. Platel, conducteur des ponts et chaussées, et à Auterive (Haute-Garonne), par M. Jendrieu, agent voyer.

Nous arrivons maintenant à M. Rimini. C'est à Monaco même que j'ai appris pour la première fois, quelque temps après notre premier goudronnage, que de parails essais avaient été faits à Lugo (Italie) par M. Rimini, qui avait, paraît-il, publié à cette époque dans le *Strade*, une petite note sur les résultats très encourageants, sans cependant mentionner la façon de son procédé. Lui ayant demandé aussitôt de plus amples renseignements, il me pria de ne pas continuer mes expériences de goudronnage, prétendant avoir breveté le procédé. Je n'ai pas cru devoir déférer à son désir, son brevet ne portant que sur le mélange avec le goudron d'un siccatif spécial.

J'en ai fini avec ce que j'appellerai « la préhistoire » du goudronnage. Je tenais à relater tous ces précédents essais, pour rendre un juste hommage à ceux qui avant nous ont eu de louables initiatives, tout en exprimant le regret qu'ils n'aient pas fait connaître aussitôt les résultats de leurs expériences, de sorte que nous ignorions absolument leurs travaux.

Reprenons maintenant notre historique au point où nous l'avons laissé, c'est-à-dire fin de l'année 1902.

ANNÉE 1903

Au printemps 1903, les essais ont repris avec la saison propice, et, plus tôt qu'ailleurs, naturellement, sur la Riviera. D'autre part, dans le Nord, on avait pu se rendre compte, partout où des expériences avaient été faites l'année précédente, que le goudronnage avait résisté aux intempéries de l'hiver, protégeant même les routes, en les imperméabilisant, contre la gelée et le dégel. Au moment du dégel, on a constaté moins de boue sur les parties goudronnées que sur celles avoisinantes qui ne l'étaient pas. Dans certaines régions cependant, les riverains se sont plaints d'une boue noirâtre et grasse, ceci surtout sur les tronçons de route non exposés au soleil et soumis au gros charroi

Si donc on a été unanime à reconnaître les résultats très satisfaisants du goudronnage pendant l'été, il y a eu, comme on voit, divergence d'opinions en ce qui concerne ces mêmes résultats pendant l'hiver. Toutefois il me semble que la façon de goudronner (humidité de la chaussée empêchant la pénétration, insuffisance du balayage, excès de goudron, épaisseur du goudron) a été pour beaucoup dans la production de la boue au printemps.

On ne s'est pas plaint de glissades de chevaux sur les parties goudronnées en palier. Par contre sur des routes trop bombées ou d'une pente dépassant 5 pour 100, on a eu des accidents de ce genre à enregistrer, surtout sur des routes en calcaire, tandis que sur des routes en porphyre, des pentes dépassant 6 pour 100 ont pu être goudronnées sans inconvénient. Et ceci s'explique : le calcaire très friable devient lisse et glissant par le roulage; le porphyre au contraire présente des « têtes de chat » qui offrent une prise suffisante aux sabots des chevaux. A Monaco, sur des routes calcaires d'une inclinaison de 6 pour 100, les chevaux ont de la peine à se tenir après la pluie, même sans goudronnage, tant elles sont glissantes, ce qui n'est pas le cas sur les mêmes pentes en porphyre. Ce n'est donc pas le goudron qui est coupable, mais la nature du revêtement.

Quoi qu'il en soit, dans le Midi surtout, l'opinion publique se prononce nettement en faveur du goudronnage.

Mais, comme l'administration avait manifesté le désir formel que les expériences fussent dues à l'initiative privée; je groupai autour de moi, sous le nom de « Comité contre la Poussière », quelques personnalités sportives et médicales que ces premiers résultats avaient intéressées. La présidence d'honneur de ce Comité fut offerte au prince d'Essling qui souscrivit immédiatement 1000 fr. Son bureau fut formé de MM. le Dr Baretty, Legresle, secrétaire général et Lechenet, trésorier. Leur appel trouva un puissant écho auprès des hôteliers de Nice, Monte-Carlo, Menton et Cannes et auprès de l'A. C. de Nice, présidé par M. Laroze, et dont les membres s'inscrivirent pour 3000 fr., M. Jellineck ayant pour sa part personnelle offert 1000 fr.

Le meeting de canots automobiles de 1903 me fournit une excellente occasion de faire constater à la presse parisienne, représentée à ce moment à Monaco, différents essais d'huilage et de goudronnage des routes, dirigés par M. Cabirau, et j'ai pu leur assurer que dans le courant de l'été, grâce aux souscriptions recueillies par notre Comité de Nice, plusieurs tronçons de la route entre Nice et Menton seraient goudronnés. C'est alors que je m'entretins avec MM. de Lafreté et E. Cuenod de la nécessité de créer à Paris une Ligue contre la Poussière, projet qui devait être réalisé quelques mois plus tard.

En attendant, à Paris, les essais se multipliaient. C'est ainsi que l'Association générale automobile conçut le projet grandiose de goudronner toute la route de Suresnes à Versailles et ouvrit dans ce but une souscription. Mais M. Le Gavrian, ingénieur des ponts et chaussées, craignant que les déclivités de la route ne devinssent dangereuses, par le verglas, n'osa pas d'emblée tenter l'opération sur une aussi grande échelle, et limita cet essai à la route de Versailles à Saint-Cyr-l'École, sous la direction de M. Pancrazzi.

A la Porte Dorée (bois de Vincennes), M. Lefebvre, conservateur du bois, fit exécuter par son conducteur Pissot le goudronnage d'une partie de l'avenue Daumesnil. Pour permettre aux sportsmen et à la presse sportive que cette question intéressait de se rendre compte *de visu* des résultats du goudronnage et aussi de la façon d'opérer, nous organisâmes le 4 août, MM. de Lafreté, Cuenod et moi, une excursion aux endroits goudronnés du bois, à la Porte Dorée et au fort de Vincennes, où les excursionnistes assistèrent à un essai de répandage du goudron, dirigé par l'ingénieur Dreyfus et les conducteurs Honoré et Foulon; puis pour montrer que les résultats étaient durables, nous profitâmes de l'occasion pour pousser l'excursion jusqu'à Champigny, où le goudronnage datait déjà de un an. A la suite de cette excursion, M. le Dr Gariel, inspecteur général des ponts et chaussées, membre de l'Académie de médecine et délégué du T. C. F., publia, dans la *Revue du Touring*, une note dans laquelle il constatait les heureux effets du goudronnage, que, d'autre part, toute la presse fut unanime à reconnaître.

A partir de ce moment, la Ville de Paris s'intéresse au goudronnage. Le Conseil municipal, sur la proposition de M. le Dr Chérot, vote une première subvention de 4000 fr., et le Conseil général de la Seine une autre de 2000 fr.

Le mouvement gagne la province et l'étranger. A Marseille, le Prado est goudronné. Bourg, Poitiers, Dijon, Aix-les-Bains, Alger en font autant pour quelques-unes de leurs rues.

En Suisse, à Genève et à la Chaux-de-Fonds, en Belgique à Liége, Anvers et Bruxelles, on goudronne également, et le retentissement qu'eut une communication que je fis à cette époque à l'Académie de médecine, qui chargea M. Josias d'un rapport sur la question, me prouva combien cette question du goudronnage intéressait tout le monde et que sa cause était gagnée.

Dans la Commission extra-parlementaire nommée par le Gouvernement pour l'étude de la circulation des automobiles, mon éminent collaborateur, M. Henry Deutsch, de la Meurthe, et moi, fûmes nommés rapporteurs de la question de la Lutte contre la Poussière.

Le moment était donc propice pour grouper à Paris même toutes les bonnnes volontés, et c'est alors que fut formée la Ligue contre la Poussière des routes, dont le Dr Lucas-Championnière accepta la présidence et le regretté M. Forestier le secrétariat général.

Le but de cette Ligue était non seulement de faire de la propagande en faveur de la lutte contre la Poussière, mais aussi de réunir par cotisations, souscriptions, fêtes, etc., les fonds nécessaires pour essayer les différents produits proposés comme remèdes contre la poussière.

En août, une excursion à laquelle prirent part MM. Ballif, Jeantaud, les principaux membres de la Ligue contre la Poussière, ainsi que les représentants de la presse parisienne, eut lieu à Melun et à Fontainebleau, où M. Heude, assisté de ses ingénieurs Bory, Ims, Sigaul et des conducteurs Vilcot et Bateaux, reçut la caravane et lui fit les honneurs d'un goudronnage encore frais.

Pendant ce temps, le premier Comité de Nice prospérait et réunissait en faveur du goudronnage jusqu'à 20 000 fr. On goudronnait également un peu partout : en province, à Rouen, Clermont-Ferrand, Remiremont, Valenciennes, Pau, Roubaix, Toulouse, Montluçon, Corbeil, Reims; en Algérie, à Alger, Mustapha; à l'Étranger : en Espagne et déjà jusqu'en Égypte.

ANNÉE 1904

A la fin de 1903, M. Van Westrum m'avait proposé pour l'arrosage des routes la westrumite : huile lourde rendue soluble dans l'eau par de l'ammoniaque. La simplicité de son emploi et la rapidité du séchage me séduisirent tout d'abord. Mais pour pouvoir en apprécier utilement la valeur, il fallait connaître la durée des résultats. C'est cet essai que nous fîmes au printemps de 1904 à Beaulieu (Alpes-Maritimes). Il donna des résultats concluants pour une durée de quelques jours, de sorte que la Ligue put faire adopter la westrumite par l'A. C. F. pour l'arrosage des 100 km du Circuit des Ardennes françaises (Éliminatoires de la Coupe Gordon Bennett 1904) et par l'A. C. de l'Allemagne, pour le Circuit du Taunus (Coupe Gordon Bennett). Ce fut le triomphe de la westrumite !

A la suite de la westrumite une foule de produits analogues firent leur apparition : pulvéranto, rapidite, odocréol, apulvite, simplicite, zibellite, hahnite, erménite, pulvivore, barmite, apokonine, crempoïd, marbite, goudrogénite, aconia, eau de mer, chlorure de sodium, chlorure de calcium, injectoline, etc....

Comme la westrumite, tous ces produits donnèrent de bons résultats, mais pas assez durables, ce qui les rendait néanmoins très précieux dans les occasions telles que fêtes, circuits, etc.... Mon excellent collègue, M. Forestier, conservateur du Bois de Boulogne, va d'ailleurs vous présenter un rapport à ce sujet.

A l'instar de la Ligue de Paris, et à la suite d'une correspondance échangée avec moi, M. le Dr Uebel, avec l'aide précieuse du colonel Layriz, fonda à Munich une Ligue contre la Poussière.

Presque en même temps, en janvier 1904, M. Hansez, secrétaire général du Moto-Club de Belgique, crée une même Ligue à Bruxelles.

Pendant qu'à Nice, Cannes, Menton et Monaco, profitant des beaux jours du printemps ensoleillé du littoral, on goudronnait ferme, la Ligue ne restait pas inactive à Paris.

A la suite d'un appel lancé par *l'Auto*, elle faisait circuler chez les riverains du boulevard Maillot une liste de souscriptions qui atteignit rapidement 2000 francs avec lesquels fut fait le premier goudronnage du boulevard Maillot. On employa pour cette opération le goudron distillé Lassailly. Le goudron, préalablement chauffé dans l'usine même, était répandu au moyen d'un tonneau d'arrosage muni d'une rampe percée de trous, derrière lequel marchait une équipe de vingt hommes porteurs de balais pour l'étendage immédiat du goudron.

En même temps la Ville de Paris faisait procéder, avec le concours financier du *Vélo*, au goudronnage de l'avenue de la Grande-Armée. M. Baratte y utilisa le locomobile, muni d'une rampe d'arrosage, de la Compagnie des asphaltes.

Au bois de Vincennes, M. Lefebvre, sur la demande des riverains enchantés des expériences antérieures, goudronna à nouveau l'avenue Daumesnil.

Au Conseil général du département de la Manche, MM. Gaudin de Vilaine et Dussaux proposent un vote de crédit pour le goudronnage, tandis qu'à Paris, le Conseil général de la Seine, sur la demande de M. Carmignac, accordait une subvention annuelle de 500 fr. à la Ligue contre la Poussière.

Au mois d'août, l'attention de la Ligue ayant été attirée sur les procédés de M. Girardeau, elle le fit venir à Paris où, sur le boulevard Pereire, il fit une démonstration de son procédé. Quelques mois plus tard, M. Girardeau formait en Vendée une Ligue contre la Poussière.

A peu près en même temps, M. Le Gavrian procédait à Versailles à des essais de goudronnage à froid. La nouveauté du système consistait à incorporer 10 pour 100 d'huile lourde à 90 pour 100 de goudron pour rendre celui-ci plus fluide. Autre mode de goudronnage à froid, préconisé celui-là par M. Audouin, l'emploi du mortier de goudron, mélange de sable et de goudron; et un autre encore de M. Armandy.

A la même époque, M. Lorieux faisait procéder par son conducteur Aillard à Ablys-Paré à un essai d'incorporation du goudron dans la masse de l'empierrement, analogue à celui que M. Dreyfus avait fait exécuter en 1902 à Saint-Mandé par le conducteur Foulon.

En province, on goudronnait un peu partout : Lille, Sens, Joigny, Auxerres, Nantes, Evian; en Algérie également.

A Genève, sur ma demande, MM. les professeurs d'hygiène Christiani et Michelis firent des études bactériologiques comparatives sur les poussières contenues dans l'air sur une route normale goudronnée ou pétrolée et sur une route simplement macadamisée. Leurs conclusions furent que le traitement de la route par l'huile et le goudron avait pour effet manifeste et constant de diminuer le nombre des germes vivants au-dessus des routes.

Une exposition internationale d'Hygiène ayant eu lieu au Grand-Palais, la Ligue contre la Poussière y ouvrit un stand où elle exposa des appareils, des produits et aussi des échantillons prélevés sur des routes traitées par les différents produits. La même exposition eut lieu au septième Salon de l'Automobile, au mois de décembre.

ANNÉE 1905

Au commencement de l'année 1905, différentes ligues semblables à celle de Paris furent créées sur le littoral : à Monaco, par les Sociétés Médicales; à Menton, par le Dr Didier et le Dr Chaboux; à Beaulieu, par Mme Johnston-Lewis, et un peu plus tard à Cannes par le Dr Vaudremer. Ces ligues réunirent le premier Congrès contre la Poussière qui eut lieu en avril à Monaco (1905). Il y fut constaté qu'au point de vue économique, le goudronnage donnait des résultats appréciables. La diminution de la poussière d'usure était considérable; mais on reconnut qu'il fallait arroser néanmoins à l'eau de temps en temps les routes goudronnées pour empêcher la poussière d'apport de se soulever. C'est à partir de ce moment que l'on employa pour l'arrosage de la route Nice-Monaco les gros tonneaux électriques de la Compagnie des Tramways.

Un peu plus tard, le 17 mai, en Suisse, à Genève, une ligue analogue était créée, grâce à l'intelligente et énergique activité de M. Navazza, qui en outre du goudron de houille à chaud étudia également l'emploi du goudron de gaz à l'eau, de l'asphaltine, de la westrumite, de l'apulvite et du ciment ligneux.

Autre ligue à Vienne (Autriche) formée par le regretté professeur Schroetter et le chevalier Weber von Ebenhof, et dont le président est le prince Kinsky.

Autre ligue encore en Angleterre fondée sous les auspices de la Motor Union, avec le concours de lord Montagu.

Le 28 avril, le rapport de M. Hetier sur les goudronnages exécutés dans le département de la Seine, lu devant le conseil d'Hygiène et de salubrité publique et dont les conclusions se montraient très nettement favorables au goudronnage, consacra d'éclatante façon la valeur du procédé et devait avoir une influence considérable sur la généralisation de son emploi.

Premier résultat : le crédit de la Ville de Paris fut porté de 3000 fr. en 1904 à 10 000 en 1905. Et les principales artères de la plaine Monceau furent goudronnées.

Au cours de cette année 1905, des progrès sensibles furent réalisés dans la construction des appareils de goudronnage,

Dans l'appareil Grillot, le goudron est chauffé dans une bassine et l'on se sert d'arrosoirs de jardinier à pomme aplatie pour l'épandage du goudron, que des ouvriers étalent ensuite avec des balais. La Société Chapet et fils construit également, sur les modèles de M. Girardeau, un appareil pour le chauffage et l'épandage du goudron.

Appareils à peu près analogues dans les maisons Durey, Sohy et Vve Dacri.

Vinsonneau et Hedeline établissent un appareil où le goudron est chauffé par un thermo-siphon et répandu ensuite sans balais au moyen de l'air comprimé.

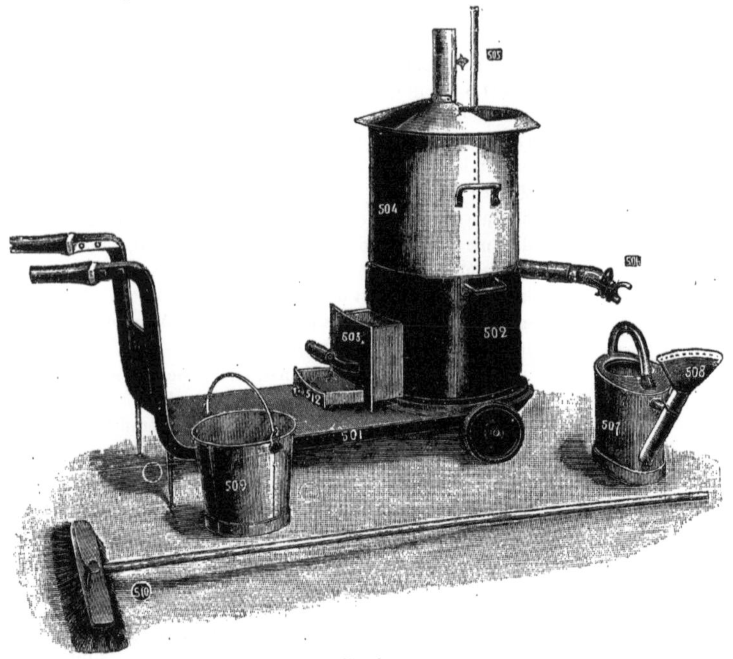

Fig. 2.

Enfin Lassailly invente une voiture chauffe-goudron dans laquelle le goudron est chauffé à la vapeur, pendant que la voiture goudronneuse répand et étale le goudron, au moyen de balais lisseurs automatiques, en une couche mince et régulière.

En octobre 1905, une excursion automobile fut organisée par la Ligue contre la Poussière avec le concours du Syndicat de la Presse Sportive, des Journaux politiques, pour permettre aux membres du Congrès de la Tuberculose réunis en ce moment à Paris de se rendre compte sur place des résultats du goudronnage et du fonctionnement des

Fig. 3. — Appareil Durey-Sohy comprenant une chaudière mobile munie d'une rampe d'épandage. Dans la chaudière un émousseur empêche la montée rapide du goudron moussant.

divers appareils. La même excursion fut répétée quelques semaines plus tard, en l'honneur cette fois des représentants de la Presse Étrangère.

Fig. 4. — Appareil Vinsonneau et Hédeline, sans balai, pour le goudronnage mécanique superficiel des routes.

A la suite de cette dernière excursion, la plupart des journaux étrangers publièrent sur le goudronnage des articles élogieux qui eurent la plus grande influence sur la diffusion du procédé à l'étranger.

Au mois de décembre, MM. Cornudet, député, et Janet, rapporteur du budget des travaux publics, portèrent pour la première fois la question du goudronnage devant la Chambre. L'œuvre et les efforts de la Ligue contre la Poussière y furent appréciés de la façon la plus flatteuse.

Fig. 5. — Voiture chauffe-goudron Lassailly permettant le chauffage de **2400** kilos à l'heure au moyen de serpentins à circulation de vapeur et sans danger d'inflammation.

Le 14 décembre, au Congrès de Tourisme qui eut lieu pendant le Salon de l'Automobile, M. Arnaud fit un remarquable rapport sur le goudronnage, et le 18, à l'Automobile-Club, la Ligue organisa une réunion-conférence à laquelle assistaient toutes les personnalités sportives que la question du goudronnage intéressait, et les délégués des automobiles-clubs étrangers réunis à Paris à l'occasion du Salon. Les Ministres des Travaux publics et de l'Intérieur avaient accordé leur patronage à cette réunion et s'y étaient fait représenter par MM. Heude, ingénieur en chef de Seine-et-Marne, et Couturier, chef de cabinet du Directeur de l'Hygiène publique.

Fig. 6 — Voiture goudronneuse Lassailly débitant et étendant automatiquement le goudron chaud, de sorte que 2000 m² peuvent être goudronnés à l'heure par cette machine.

A cette réunion, le vœu fut émis que le Ministre voulût bien nommer une Commission pour l'étude des remèdes contre la poussière et pour la conservation des chaussées. Cette Commission fut choisie parmi les ingénieurs des trois départements limitrophes de Paris avec M. Hetier comme président, et c'est elle qui constitue en partie le Comité technique, c'est-à-dire l'âme de ce premier Congrès international de la Route.

A la réunion dont je viens de parler, MM. Arnaud et Heude présentèrent des rapports très intéressants sur le goudronnage. M. Heude constatait notamment que le goudronnage permettait de réaliser, dans les traversées des villes, une économie de 5 centimes par mètre carré sur la diminution des frais de balayage et d'arrosage, les frais du goudronnage, qui sont de 10 centimes par mètre carré, étant compensés par l'économie réalisée sur la diminution de l'usure. Et les riverains ont de nouveau pu, en été, ouvrir leurs fenêtres que l'automobilisme avait tenues closes jusque-là.

Avant de terminer cet historique de l'année 1905, signalons encore les essais faits à Cabourg, Cambrai, Saint-Nazaire, Tunis et Marseille, où l'on fit des expériences comparatives avec le goudronnage à chaud et le procédé Rimini.

M. Garibal fit également cette année d'intéressants essais de goudronnage des trottoirs dont il publie les résultats dans une petite brochure.

ANNÉE 1906

A l'époque où nous sommes arrivés, au début de 1906, quatre ans à peine après nos premiers essais, l'extension du goudronnage est telle que déjà l'on craint que la production du goudron ne devienne insuffisante. Heureusement, MM. Mallet et Audouin, dans des articles très documentés parus dans le *Bulletin de la Société technique de l'Industrie du gaz*, démontrent que cette crainte est exagérée et que la production annuelle de 200 000 tonnes est suffisante pour goudronner 30 000 km de routes.

A Londres, l'*Association pour l'Amélioration des Routes* organise, sous les auspices de l'A. C. d'Angleterre, des concours de matériaux pour le rechargement des routes (*Kleinpflaster* allemand et *Tarmac* anglais) et émet le vœu que le gouvernement vote un crédit de 25 millions pour l'amélioration des routes en général.

En mai, l'A. C. de France décide le goudronnage du Circuit de la Sarthe (Grand Prix de l'A. C. F.), l'arrosage au pulvéranto n'ayant pas donné de bons résultats l'année précédente en Auvergne, et la Société de Westrumite n'existant plus en France.

Ce goudronnage donna par la suite d'excellents résultats, non seulement au point de vue de la suppression de la poussière, mais aussi de la conservation de la chaussée, qui ne souffrit que dans les virages. Il faut signaler pourtant un inconvénient : les brûlures des yeux dont furent victimes les coureurs, la transpiration entraînant des poussières de goudron du front dans les yeux insuffisamment protégés par les lunettes.

Il est possible que les vapeurs du goudron, malheureusement trop frais, (les circuits devraient être goudronnés au moins six semaines auparavant) ainsi que les parcelles de goudron qui se détachent de la route mal rechargée, occasionnent des conjonctivites. La faute en est aux lunettes qui protègent insuffisamment les yeux.

Pour la troisième fois M. Lefebvre regoudronne les avenues du bois de Vincennes. On essaie même à Saint-Mandé un goudronnage sur des chaussées pavées en pierre, le goudron formant entre les pavés une sorte de joint asphalté.

Au mois de mai, dans le département de la Haute-Garonne, M. Dieulafoy, dans le département de l'Orne, M. le Dr Le Royer, dans le département de la Charente, M. James Hennessy, rapporteurs, proposent devant les Conseils généraux de voter des subventions en faveur du goudronnage.

En juin, M. Lelièvre, agent voyer en chef à Versailles, fait un essai en ajoutant au goudron un enduit plastique : de la chaux. Dans le courant du même mois, à Paris, le boulevard Maillot est regoudronné. On goudronne également la place Victor-Hugo, la rue Galliera, l'avenue Bugeaud, l'avenue de la Grande-Armée, le Cours-la-Reine, l'avenue d'Iéna, les quais Conti, Malaquais et du Pont-Neuf.

A l'étranger, en Angleterre, à Essex, Winchester, Beckenham, Surrey, des goudronnages assez importants sont exécutés. Et M. Percy, ingénieur en chef, dit que le goudronnage a agi admirablement quant à la suppression de la poussière, de même qu'à East Grinstead, M. W. E. Woollan prétend que le tar-macadam étant trop coûteux, on doit se montrer enchanté des résultats du goudronnage superficiel. A Berconshire on organise même un concours pour les systèmes de voitures automobiles soulevant le moins de poussière. D'autre part, dans un intéressant rapport présenté à l'Automobile Club d'Angleterre, MM. Taylor, le colonel Crompton, Mackensie et Howard Humphrews préconisent l'imperméabilisation des routes.

A Constantinople, au Caire et à New-York le goudronnage fait également des progrès.

A Nice, l'avenue Félix-Faure, le quai Masséna, la Promenade des Anglais sont goudronnés avec grand succès après quelques premiers essais qui n'avaient pas donné entière satisfaction, parce que mal exécutés. Sur la route de Nice à Monte-Carlo, plusieurs kilomètres de suite sont goudronnés.

A Genève, au cours du Congrès International d'Hygiène, M. Navazza, directeur du T. C. Suisse, fait un rapport dans lequel il constate que sur les neuf produits qui ont été expérimentés en Suisse le goudron est de beaucoup celui qui a donné les meilleurs résultats.

En novembre, une excursion automobile est organisée à Versailles par la Ligue contre la Poussière en l'honneur des ingénieurs et conducteurs des ponts et chaussées alors à Paris à l'occasion de la réunion annuelle des Travaux Publics.

A la Chambre, M. Janet consacre pour la deuxième fois, dans son rapport sur le budget des Travaux Publics de 1907, une longue et élogieuse mention au goudronnage.

A Zurich, à la fin de l'année, M. Aeberli me présente une machine servant à la fabrication du *tarmacadam*, c'est-à-dire servant à goudronner, avant leur emploi, les matériaux qui seront utilisés pour la construction de la chaussée.

En France, de nouveaux essais d'incorporation du goudron dans la masse de l'empierrement sont faits par M. Arnaud, M. Casset et son conducteur Martin, à Gien et à Saint-Mandé.

Citons pour mémoire les principales localités où, au cours de l'année 1906, on a procédé à des goudronnages plus ou moins importants :

Chauny, Mantes, Dijon, Langres, Dieppe, Vesoul, Le Vésinet, Vichy, Rouen, Nevers, Aurillac, Bourges, Lyon, Ranse, Grenoble, Cholet, Amiens, Autun, Clermont-Ferrand, Vendôme, Trouville, Aix-en-Provence, Versailles, Le Havre, Perpignan, Charleville, Aix-les-Bains, Montélimar, Châtillon, Dax, Auxerre, Rochefort, Angers, Laval, Bourg, Honfleur, Villeneuve-Saint-Georges, Grenoble, Cussey, Saumur, Châlons-sur-Marne, Saint-Étienne, Angoulême, Turgot, Épernay, Montpellier, Albi, Fécamp, Rocroy, Belfort, Toulon, Châteaubriant, Bordeaux, Épinal, Courbevoie, Issy-les-Moulineaux, Besançon, Beaune, Puteaux, Sedan, Bagnères, Baume-les-Dames. — En Algérie et en Tunisie : Sétif, Bougie, Constantine, Oran. — En Indo-Chine : Saïgon et Haïphong. — En Suisse : Genève et Lausanne. — En Allemagne : Strasbourg, Luxembourg et Berlin, etc., etc....

ANNÉE 1907

Le Congrès de climatothérapie et d'hygiène urbaine, réuni en avril à Nice, émit, à la suite d'un rapport présenté par moi, un vœu tendant à la généralisation du goudronnage.

La ligue du littoral donne, le même mois, une première matinée théâtrale au bénéfice du goudronnage. Les 13 000 fr. qu'elle produisit, joints à la subvention de l'État, fournirent les 20 000 fr. nécessaires au goudronnage de la route Nice-Menton. A Nice même, la municipalité goudronne 130 000 mètres carrés, représentant une dépense de 26 000 francs.

La faveur de ce procédé augmente d'ailleurs sans cesse; des souscriptions s'ouvrent partout dans le public en faveur du goudronnage (au Vésinet, M. Ardovani réunit plusieurs milliers de francs) et, dès cette époque non seulement le goudronnage figure déjà au budget de presque tous les conseils municipaux et généraux, mais l'État accorde aux municipalités des subventions, variant entre le tiers et la moitié des frais des goudronnages.

En avril, M. Aubry, ingénieur ordinaire de l'Oise, présente au Conseil général un rapport sur les goudronnages et pétrolages faits dans son département; M. Aubry conclut en demandant que les essais exécutés dans de bonnes conditions soient multipliés.

En mai, M. Bret fait goudronner par la maison Vve Bacri l'avenue du

Bois-de-Boulogne, après l'avoir au préalable fait recharger à neuf; cette prise de possession par le goudronnage de la plus aristocratique et de la plus élégante des avenues de Paris et du monde, peut être considérée comme le triomphe du procédé.

Le même mois, à l'Exposition internationale d'Hygiène de Lyon, l'A. C. du Rhône, dont le secrétaire général était M. Genin expose des échantillons de routes goudronnées.

Au mois de mai, également, à Londres, l'Association pour l'amélioration des routes ouvre un concours international pour produits et machines, qui réunit 8 machines et 9 produits. Les principaux appareils — les uns à balais, les autres sans balais, au moyen de l'air comprimé — étaient, indépendamment de celui de Lasailly : Aitkens pneumatic, Tar Sprayer, Tarspra, Tarmacier, et les appareils de la Gas Litght And' Coke C° et de M. J. W. Metcalle.

Le Comité d'organisation me fit l'honneur de me nommer membre du jury de ce concours. Ayant vu l'intérêt que portaient à cette question du goudronnage les quelque 300 ingénieurs alors réunis à Londres, et accablé, d'autre part, comme secrétaire de la Ligue, de demandes de renseignements venus de tous les coins d'Europe, je me rendis, à mon retour de Londres, à la Direction des routes de Paris, et je demandai si le moment n'était pas venu de présenter aux ingénieurs de tous les pays, en un Congrès international du goudronnage, les résultats obtenus par ce procédé en France. C'est cette idée d'un Congrès du goudronnage que le gouvernement a généralisée en en faisant ce premier Congrès international pour l'adaptation des routes aux nouveaux modes de locomotion; et la commission ministérielle d'études des remèdes contre la poussière fut chargée de préparer les travaux du Comité d'organisation de ce Congrès.

En juin, rue de Prony, à Paris, on fait un essai de goudronnage avec le système Bedeau.

En juillet, M. Léon Eyrolles, directeur de l'école spéciale des travaux publics du bâtiment et de l'industrie, ouvre dans cet établissement un « cours de goudronnage et de pétrolage des chausésces et des trottoirs » professé par MM. les conducteurs Honoré et Lévy.

Au cours de cette année 1907, tous les circuits ayant servi aux grandes épreuves automobiles sont goudronnés. C'est d'abord au Taunus où pour la Coupe de l'Empereur 12 km de circuit sont goudronnés, par les « Westrumitwerké » au moyen des machines Lassailly, le reste du Circuit étant westrumité. Or de l'avis unanime, les résultats du goudronnage sont reconnus supérieurs. En France, les circuits de Dieppe et de Lisieux qui servirent l'un au grand prix de l'A. C. F., l'autre à la Coupe de la Presse sont également goudronnés par Lassailly. Comme au Taunus, les résultats furent jugés excellents et l'on eut même moins de conjonctivites à constater chez les coureurs que l'année précédente à la Sarthe. Enfin, en Italie, MM. Gola et Gonelli goudronnent avec le même succès pour la coupe Florio une partie du circuit de Brescia, toujours au moyen des appareils Lassailly.

La Commission nommée par le Gouvernement pour l'étude des remèdes contre la poussière s'était rendue sur ces différents circuits et tous les rapports fournis constatèrent les excellents résultats du goudronnage.

Pour la troisième fois, dans son rapport sur le budget des Travaux publics de 1908, M. Janet insiste à la Chambre sur les bons résultats obtenus par le goudronnage.

En Angleterre, à Eton, MM. Gladwell et Manning étudient un procédé de construction des chaussées au moyen de couches alternées de goudron et de macadam, tandis que M. Hooley développe son système de « tarmac », laitier goudronné.

Du 23 au 29 septembre, se tient à Berlin le 14e Congrès international d'hygiène et de démographie. J'avais été invité par le Comité d'organisation à présenter, en collaboration avec M. le professeur Schotellius de Fribourg en Brisgau, un rapport sur les moyens de combattre la poussière des routes. Qu'on me permette de reproduire ici le passage de ce rapport qui résume les résultats obtenus à cette époque par le goudronnage, en Suisse et en Allemagne, où des constructeurs ont établi des appareils très intéressants, mais que je n'ai pas eu l'occasion de voir fonctionner, notamment ceux de MM. Breining, à Bonn et Adolf Stephans Nachfolger, à Scharley O. S.

« En Allemagne de nombreux essais de goudronnage ont été faits à Dusseldorf, Bonn, Aix-la-Chapelle, Leipzig, Mannheim, Fribourg en Brisgau, Baden-Baden, Hombourg, même dans la jolie ville de Villingen dans la forêt Noire avec de très bons résultats; mais à Stuttgard, Cannstatt, Dresde, avec de moins bons résultats. M. Nier, ingénieur de la ville de Dresde, qui avec le professeur Heim, a fait un remarquable rapport sur cette question, n'est pas satisfait du goudronnage. M. Buhl, ingénieur de la ville de Fribourg est par contre très content et se montre convaincu de l'avenir du goudronnage, fait sous de bonnes conditions, malgré le climat plus humide de l'Allemagne. Et voici ce qu'en dit M. Görz, ingénieur en chef de la province du Rhin, venu exprès au Congrès pour nous communiquer les résultats obtenus par le goudronnage depuis 1903 : « S'il s'agissait seulement de savoir si le goudronnage supprime la poussière, but que ses propagateurs avaient uniquement en vue, nos essais faits entre 1903 et 1906 dans la province du Rhin seraient absolument concluants à ce point de vue car ils ont prouvé de la façon la plus évidente que le goudronnage supprime la poussière ».

« En Suisse, grâce à l'intelligente et énergique activité de M. Navazza, président de la ligue Suisse contre la poussière, le goudronnage a pris un développement tout à fait inattendu. Rien qu'au cours du mois de juin à Genève, 60 000 kg de goudron ont été étendus sur 9 km de route. A Bâle, on a goudronné 124 000 mètres carrés à la grande satisfaction des

Bâlois ; dans le Canton de Vaud 100 000 mètres carrés ; de même à Berne, Zurich. etc., où plusieurs rues ont été goudronnées avec succès. »

En Belgique, M. Froidure, ingénieur principal, dans un rapport paru dans les Annales des travaux publics, se prononce nettement en faveur du goudronnage.

ANNÉE 1908

Nous voici arrivés à la dernière année de notre historique. Je m'excuse à l'avance de ne plus pouvoir citer toutes les localités où le goudronnage des chaussées est en faveur. Elles sont trop ! Et il me serait plus facile vraiment de citer celles où l'on ne goudronne pas. Je me bornerai donc à noter les faits les plus importants.

Tout d'abord au printemps, la Ligue du Littoral donne au Casino de Monte-Carlo une nouvelle soirée théâtrale, puis à Nice une Matinée au bénéfice du goudronnage de la route Nice-Menton. Signe des temps : l'État porte sa subvention personnelle du tiers aux deux tiers des frais.

Les goudronnages exécutés ont donné d'excellents résultats. Dans le dernier rapport des Ponts et Chaussées à Nice (avril 1908) il est dit que le goudronnage a non seulement donné entière satisfaction en ce qui concerne la suppression de la poussière sur la route de Nice à Menton, parcourue journellement par 550 automobiles, 550 voitures et 350 charrettes, mais que son état de conservation, grâce à deux années de goudronnage, était tel qu'on a pu en reculer d'un an le rechargement. Les membres du Congrès pourront d'ailleurs s'en rendre compte au cours de l'excursion projetée à Nice.

Au mois de mai, à Paris, on goudronne à nouveau l'avenue du Bois-de-Boulogne au moyen des appareils Lassailly, avec du goudron distillé, mais sans qu'il soit besoin cette fois de recharger la chaussée. Le goudronnage de l'année précédente a ainsi fait réaliser à la Ville de Paris une économie évaluée à 10 000 fr.

Les Automobiles Clubs organisateurs des grandes épreuves gardent leur faveur au goudronnage. Le Circuit de Dieppe, où pour la deuxième fois a été disputé le Grand prix de l'A. C. F., a été goudronné entièrement par Lassailly et le circuit de Boulogne où sera courue en septembre la Coupe Florio, le sera par M. Brun de Grenoble, avec les appareils Hedeline-Vinsonneau.

Les associations sportives, le Touring Club, les Chambres syndicales de l'automobile et de la carrosserie, la Commission de tourisme de l'A. C. F., manifestent cette faveur en encourageant par des subventions l'œuvre de la Ligue contre la Poussière.

Voici donc terminé l'historique du goudronnage jusqu'à nos jours. Je me suis efforcé de le faire aussi complet et aussi exact que possible, et je m'excuse à l'avance des quelques lacunes qui, par défaut de documents, auraient pu s'y glisser.

Comme vous avez pu le voir, cet historique du goudronnage est en même temps celui de notre Ligue contre la Poussière qui, en trouvant bon accueil auprès des administrations, a non seulement fait procéder, grâce à des souscriptions recueillies par elle, aux premiers essais, mais a encore par la suite continué, par une propagande des plus actives, à développer le procédé du goudronnage, non seulement en France, mais aussi à l'étranger.

Et je me félicite d'avoir commencé cette campagne du goudronnage, ici en France, pays de toutes les initiatives et de tous les progrès, et berceau de l'automobilisme. Qu'on me permette de remercier ici tous ceux qui furent les collaborateurs de notre œuvre : les ministères des Travaux publics et de l'Intérieur, les ingénieurs, agents voyers et conducteurs des Ponts et Chaussées; les grandes Associations sportives : le Touring Club, l'Automobile Club de France, les Automobiles Clubs régionnaux et étrangers, et l'Association générale automobile; l'Académie et la Société de médecine dont la haute autorité consacra la valeur, au point de vue de l'hygiène publique, du goudronnage ; la Presse, cette fée bienfaisante sans laquelle aucun progrès n'est plus et qui ne nous a jamais marchandé son concours; mes collègues de la Ligue contre la Poussière... tous ceux en un mot qui ont combattu avec nous le bon combat pour l'hygiène, la sécurité et le bon état des routes et dont les efforts trouvent précisément aujourd'hui leur plus belle récompense dans la réunion de ce premier Congrès international de la route.

RÉSUMÉ ET CONCLUSIONS

Depuis les célèbres travaux sur la bactériologie de Pasteur qui a fait de ce chapitre l'un des plus glorieux de là science française, nous connaissons la véritable nature des différentes maladies infectieuses et nous savons aujourd'hui que dans l'inertie trompeuse de la poussière, vivent des myriades d'êtres tout prêts à accomplir leur œuvre de destruction.

L'essor prodigieux de l'Automobilisme ayant provoqué un accroissement considérable dans la quantité de poussière soulevée et mise en suspension dans l'air, on comprend donc que, surtout depuis cette époque, l'hygiène de la voirie en général et tout spécialement la lutte contre la poussière soit devenue un problème de la plus haute importance qui passionne non seulement les ingénieurs mais aussi et surtout les hygiénistes. C'est à ce dernier titre que j'ai cru devoir m'attacher à l'étude de ce problème. Le goudronnage en est-il la solution ? L'avenir nous le dira ! En tout cas, le développement prodigieux pris par le goudronnage en ces dernières années — puisque, dans la seule ville de Paris, la surface goudronnée a passé de 21 000 mètres carrés en 1904 à 360 000 mètres carrés en 1907 — développement que j'ai essayé de retracer dans ce rapport, prouve indiscutablement que le goudronnage constitue une réelle amélioration au point de vue hygiénique.

Nous avons, en résumé, distingué dans l'historique du goudronnage deux périodes :

Celle avant 1901, fatalement un peu vague par suite du manque ou de l'insuffisance des documents, d'ailleurs tous postérieurs à cette date, et la période à partir de 1901, date de ma publication de nos premiers essais de Monte-Carlo, très précise celle-là, grâce aux rapports recueillis et centralisés par les soins de la Ligue contre la Poussière. Cette Ligue a non seulement recueilli les fonds nécessaires aux premiers essais officiels du goudronnage et à l'étude comparative des différents autres remèdes contre la poussière, mais si le goudronnage s'est généralisé d'une façon si rapide, c'est grâce surtout à son infatigable propagande en faveur de ce procédé.

Il est donc indiscutable aujourd'hui que le goudronnage s'impose comme le remède le plus pratique contre la poussière d'usure sur les routes empierrées : il enraye les effets destructeurs des automobiles en grande vitesse; il imperméabilise la chaussée dont il augmente la durée. Il est à la fois, comme le définissent si bien les rapporteurs Vilcot, Ferney et Honoré : l'isolant qui protège les cailloux contre l'effritement, et l'agglutinant qui les empêche de se frotter les uns contre les autres (roulis). Mais il ne peut rien contre la poussière d'apport qui doit être combattue par le balayage et par de fréquents arrosages à l'eau. La meilleure preuve qu'il donne toutes satisfactions c'est que non seulement les conseils généraux et les conseils municipaux, mais aussi le public contribuent, en France du moins, pour la moitié aux frais du goudronnage.

Mais il est bien entendu que ces bons résultats ne peuvent être obtenus sur n'importe quelle chaussée empierrée. Ils dépendent en grande partie de la nature et de l'intensité de la circulation et c'est pourquoi il faut faire un choix parmi les chaussées à goudronner. Si, sur les routes soumises aux gros charrois, le goudronnage ne peut remplacer le pavage ou l'asphalte, par contre ses résultats sont excellents sur des routes à circulation moyenne, et surtout sur les routes à circulation automobile même très intense; car la pellicule de goudron empêche les pneus d'aspirer la matière d'agrégation et enraie largement par ce fait la dégradation de la chaussée.

Ceci suffit à expliquer la faveur dont jouit aujourd'hui le goudronnage non seulement en France, mais aussi à l'étranger : en Suisse, en Angleterre, en Belgique, en Allemagne, en Italie, en Autriche, en Roumanie, ainsi que dans nos Colonies : Algérie, Tunisie et Indo-Chine.

Malgré tous ces bons résultats on fait quelques reproches au goudronnage, notamment celui de nuire aux plantes et aux arbres. On oublie que l'excès de poussière des routes non goudronnées leur est tout aussi nuisible.

A ce mal il n'y a qu'un remède : éloigner des chaussées goudronnées les plantes délicates ou les remplacer par des espèces moins sensibles.

D'autre part, on s'est plaint que le goudron emporté à la semelle des piétons salit les tapis et qu'aussi il endommage, lorsqu'il n'est pas sec, la peinture des carrosseries. Ceci n'est pas imputable au goudron lui-même, mais à l'insuffisance des précautions prises par ceux qui goudronnent : insuffisance de barrages ou de sablages.

On se plaint aussi parfois, de la lenteur du séchage. Indépendamment des intempéries, ceci vient souvent du répandage inégal du goudron, en flaches, par des appareils n'ayant pas un débit régulier. Il conviendrait que les administrations, en mettant les travaux en adjudication, ne s'adressassent qu'à des maisons possédant des appareils donnant toutes les garanties d'une bonne exécution.

Ceci est extrêmement important, car pour qu'un goudronnage soit bon il faut avant tout qu'il soit bien fait. Si l'on veut que le goudronnage garde les sympathies qu'il a conquises auprès du public et qu'il prenne toute l'extension à laquelle il a droit, il convient — et ceci sont les vœux que j'ai l'honneur d'exprimer au nom de la Ligue contre la poussière :

1° Que les goudronnages soient faits sérieusement, avec des appareils ayant fait leurs preuves, et en s'entourant de toutes les précautions nécessaires pour éviter tous les inconvénients qui peuvent indisposer contre lui l'opinion publique;

2° Que les administrations veuillent bien donner la plus grande étendue à ce nouveau procédé dans l'intérêt de l'hygiène publique et du tourisme.

BIBLIOGRAPHIE

Pour compléter cet historique, il conviendrait que je vous donne aussi exacte que possible la bibliographie complète du goudronnage. Il m'est malheureusement impossible de citer, indépendamment de mes propres publications, tous les articles ayant trait à la question qui ont paru, soit dans les bulletins techniques, tels : les *Annales des Ponts et Chaussées*, les *Annales du Service vicinal*, la *Revue Municipale*, le *Bulletin de la Société des conducteurs*, le *Strade* (Italie), le *Surveilor* (Angleterre), la Revue *Transportwesen und Strassenbau* et la *Revue d'Hygiène* (Allemagne), la *Revue du Touring de France* et celle du *Touring Club Suisse*, le *Bulletin de l'Association générale Automobile*, le *Bulletin de la Société des ingénieurs civils*, le *Génie civil*; soit dans les revues automobiles ou d'hygiène publique; soit encore dans les journaux quotidiens.

Je me contenterai donc de vous signaler, dans leur ordre chronologique, les pricipales publications ayant paru à ma connaissance sur la question après les premiers rapports 1901-1902 :

Goudronnage des chaussées, trottoirs et allées de jardin, par M. Girardeau (1903).

Les moyens de combattre et d'empêcher la poussière, par M. G. Forestier (1904).

Coaltarisation des routes, par M. Francou (1904).

Note sur le goudronnage des routes (présenté au Congrès du gaz), par MM. Mallet et Payet (1904).

Le goudronnage des routes dans le département de la Seine, par M. Hetier (1905).

Goudronnages exécutés de 1903 à 1905 dans le département de Seine-et-Marne, par MM. Guillet, Heude et Sigault (1905).

Lutte contre la poussière des voies publiques, par le docteur Jules Barret (1905).

La lutte contre la poussière, par M. Louis Vasseur (1906).

Rapport sur les moyens employés pour combattre la poussière des routes, par M. le Gavrian (1907).

Le sol de nos routes et de nos rues, par le Colonel Espitallier (1907).

La poussière des routes et les moyens de la combattre, par M. G. Fischback (Strasbourg 1907).

L'automobile et son influence sur la route, par M. Voiges (Allemagne 1908).

Cours à l'École nationale des Ponts et Chaussées, par M. Heude (1908).

Paris, juin 1908.

62 263. — Imprimerie Lahure, rue de Fleurus, 9, à Paris.

SCHLUSS

Seit den berühmten Arbeiten Pasteurs über die Bakteriologie, welche dies Kapitel zu einem der glorreichsten der französischen Wissenschaft gemacht haben, kennen wir die eigentliche Ursache der verschiedenen ansteckenden Krankheiten und wissen heute, dass im scheinbar leblosen Staube unzählige Tierchen leben, welche dazu bereit sind, ihre zerstörende Wirkung auszuüben.

Mit dem gewaltigen Aufschwung des Motorwesens ist eine starke Vermehrung des Strassenstaubes aufgetreten. Daher hat sich hauptsächlich seit dem Erscheinen des Automobilismus die Frage der Strassenhygiene im Allgemeinen und insbesondere der Staubbekämpfung zu einer der wichtigsten entwickelt, für welche sich nicht nur der Wegebaumeister, sondern auch der Hygienist höchst interessieren. Und es ist als Hygienist, dass ich glaubte, mich dem Studium dieser Frage widmen zu müssen. Ob die Teerung die Lösung dieser Aufgabe schafft, wird die Zukunft zeigen. Jedenfalls liefert die gewaltige Entwicklung der Teerung in letzter Zeit — die geteerte Oberfläche in Paris allein ist von 21 000 Quadratmetern im 1904 auf 360 000 im 1907 gestiegen — den unbestreitbaren Beweis, dass die Teerung einen tatsächlichen Fortschritt in hygienischer Hinsicht bildet.

Kurz zusammengefasst haben wir in der Geschichte der Teerung zwei Perioden unterschieden : die erstere vor 1901, unvermeidlich etwas unbestimmte infolge des Mangels an Dokumenten, welche erst später zum Vorschein kamen, und die zweite, welche mit 1901 beginnt, wo ich unsere ersten Versuche in Monte-Carlo veröffentlichte, und allerdings sehr präcis dank den durch die Staubliga gesammelten Berichten erscheint. Diese Liga hat nicht nur die zu den ersten Teerungsversuchen und dem vergleichenden Studium der verschiedenen andern Staubbekämpfungsmittel nötigen Summen zusammengebracht, sondern auch eine unermüdliche Propaganda zu Gunsten des Teeranstriches gemacht und zwar sowohl durch ihre zahlreichen Bemühungen als auch durch die weitgehende Veröffentlichung ihrer Versuche : dies ist die Hauptursache der so raschen Verbreitung der Teerung.

Die Teerung ist heute unstreitig das zweckmässigste Mittel gegen den Staub, welcher aus der Abnutzung der beschotterten Fahrbahnen entsteht. Dieser Anstrich hemmt die zerstörende Wirkung der schnellfahrenden Automobile und macht die Fahrbahn wasserdicht und dauerhafter. Sie bildet, wie die Referenten Vilcot, Ferney und Honoré es ganz richtig bemerken, den Isolator, welcher den Schotter gegen die Zerbröckelung schützt, und das Bindemittel, welches die Zusammenreibung des Schotters verhindert. Die Teerung hat jedoch keinen Einfluss auf den hergeschleppten Staub, den man durch Kehren und häufiges Besprengen mit Wasser bekämpfen muss. Der beste Beweis der günstigen Resultate der Strassenteerung ist darin zu erblicken, dass nicht nur die Departements- und Stadträte, sondern auch das Publikum wenigstens in Frankreich die Hälfte der Teerungskosten decken.

Selbstverständlich erzielt man diese guten Erfolge nicht bei jeder beschotterten Strasse. Diese Erfolge hängen von der Art und Stärke des Verkehrs ab; es ist daher nötig, unter den zu teerenden Fahrbahnen eine Wahl zu treffen. Auf den Strassen mit schwerem Lastenverkehr kann zwar eine Teerung die Pflasterung oder den Asphaltbelag nicht ersetzen; sie bewährt sich hingegen durchaus auf den Strassen mit mässigem Verkehr und hauptsächlich auf den Strassen mit selbst sehr regem Automobilverkehr; die Teerkruste verhindert nämlich die aufsaugende Wirkung der Gummireifen auf das Bindemittel und hemmt dadurch stark die Beschädigung der Chaussee.

Dieser Umstand erklärt die Gunst, in welcher die Teerung nicht nur in Frankreich, sondern auch in Ausland steht, wie zum Beispiel in der Schweiz, in England, Belgien, Deutschland, Italien, Österreich, Rumänien, ferner in unseren Kolonien : Algerien, Tunesien, Hinterindien.

Neben diesen guten Resultaten wirft man der Teerung jedoch vor, den Pflanzen und Bäumen zu schaden. Man vergiesst aber, dass der übermässige Staub der ungeteerten Strassen auch schadet. Dem kann nur durch die Entfernung der empfindlichen Pflanzen von den geteerten Fahrbahnen und den Ersatz derselben durch minder empfindliche abgeholfen werden.

Andrerseits beschuldigt man den Teer, welcher an den Sohlen der Fussgänger klebt, die Teppische zu beschmutzen und so lange er nicht trocken ist, den Wagenfirnis zu beschädigen. Das ist aber nicht dem Teer zuzuschreiben, sondern dem Mangel an Vorsichtsmassregeln seitens derjenigen, welche teeren, wie zum Beispiel : ungenügendes Absperren oder Besanden.

Man beklagt sich auch mitunter über das langsame Austrocknen des Teeres. Abgesehen von der Witterung ist hieran oft das ungleichmässige Verteilen der Teers durch Apparate mit unregelmässiger Ausströmung schuld. Es sollten die Verwaltungen deshalb sich nur an Teerungsunternehmen wenden, welche vollkommen zuverlässige Apparate besitzen.

Dies ist höchst wichtig, denn zu einer guten Teerung gehört vor allem eine gute Ausführung. Soll die Teerung die von ihr beim Publikum gewonnene Gunst behalten und sich verbreiten, wie sie dazu berechtigt ist, so ist es ratsam — und zwar beehre ich namens der Staubliga diesen Wunsch zu äussern — :

1° Dass die Teerungen ernstlich mittels zuverlässigen Apparate zur Ausführung gelangen, und zwar unter allen nötigen Vorsichtsmassregeln zur Vermeidung der Unannehmlichkeiten, welche das Publikum gegen die Teerung verstimmen;

2° Dass die Verwaltungen diesem neuen Verfahren im Interesse der öffentlichen Hygiene und des Verkehrs den weitesten Umfang geben möchten.

(Übersetz. Blaevoet.)

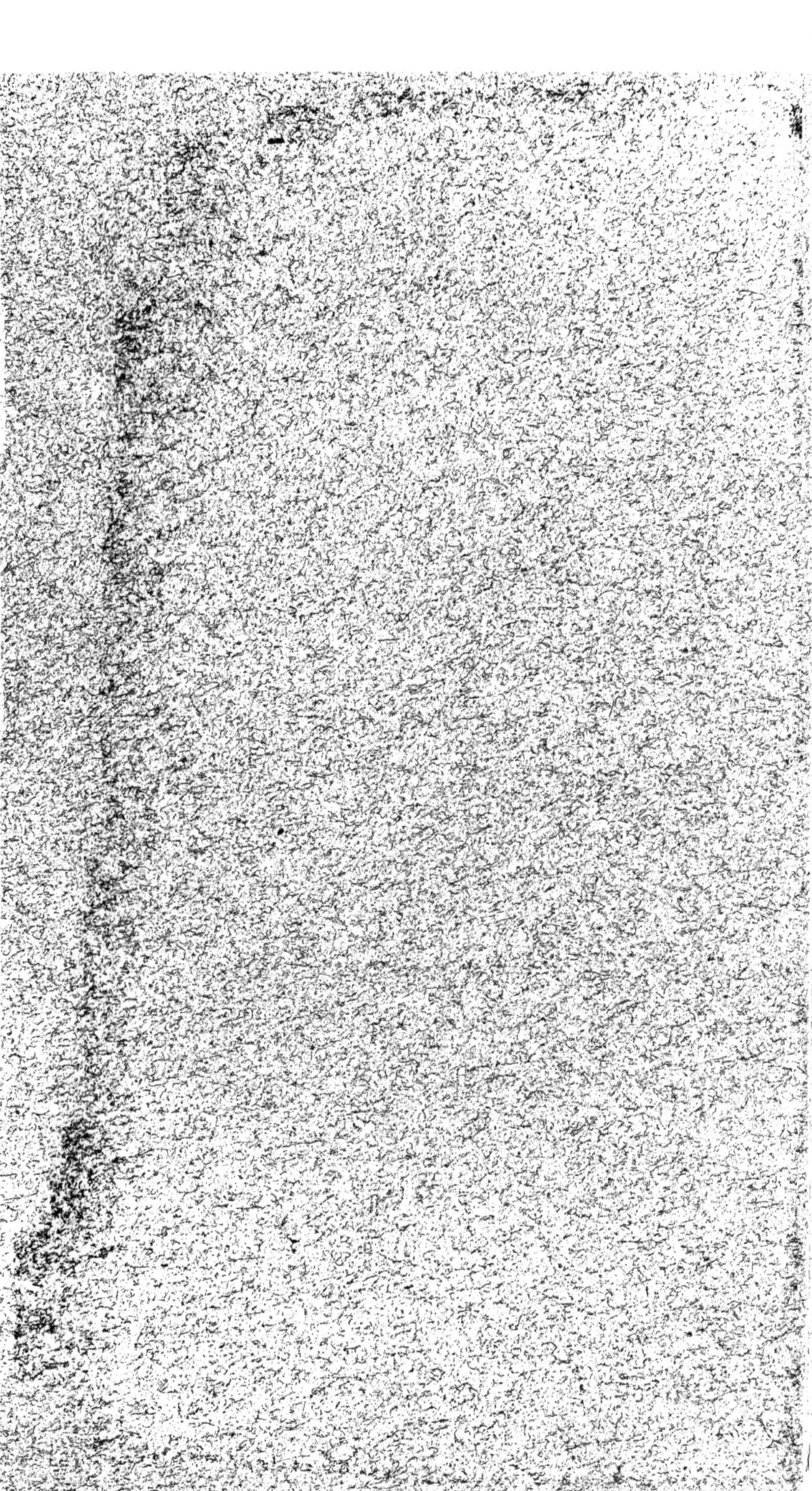

Ier CONGRÈS INTERNATIONAL DE LA ROUTE
PARIS 1908

3e QUESTION

LUTTE
CONTRE L'USURE ET LA POUSSIÈRE

RAPPORT

PAR
M. LELIÈVRE
Agent Voyer d'arrondissement honoraire, Professeur à l'École des Travaux Publics.

PARIS
IMPRIMERIE GÉNÉRALE LAHURE
9, RUE DE FLEURUS, 9

1908

LUTTE
CONTRE L'USURE ET LA POUSSIÈRE

RAPPORT

PAR

M. LELIÈVRE

Agent-Voyer d'Arrondissement honoraire. Professeur à l'École des Travaux Publics.

La question de la suppression de la poussière des routes, il ne faut pas se le dissimuler, est complexe, et c'est peut-être pour avoir voulu la résoudre d'un pas trop rapide, et donner ainsi aux intéressés des satisfactions légitimes trop immédiates, qu'on semble l'avoir traitée sous une forme superficielle, sans avoir recherché assez les causes initiales du mal et la façon de le détruire, ou tout au moins de l'atteindre dans ses racines.

Généralement l'on s'est placé en présence du fait acquis : *l'existence de la poussière.*

N'eût-il pas été préférable *d'en rechercher les causes*, et de voir si elles ne résidaient pas surtout dans le mode d'établissement ou de reconstitution des chaussées empierrées, tel qu'il se pratique ordinairement, ou tous faits d'ordre technique s'y rattachant.

C'est, pour notre part, le point de vue auquel nous nous sommes placé; mais avant d'exposer nos idées à cet égard, nous jugeons bon d'indiquer sommairement les moyens déjà employés contre la poussière.

Certains chercheurs ont eu l'idée vaste d'immobiliser, à la fois, toutes les poussières : celle provenant de la route même, celle venant d'à côté et même celle venant d'au delà. C'était assurément beaucoup embrasser à la fois, et, à la production incessante et souvent capricieuse des poussières, telles que celles soumises à l'action des vents, il leur fallut opposer des moyens de fixation fréquents, et sans cesse renouvelés.

Pour cela, on répandit sur les chaussées des *huiles lourdes de houille, de pétrole ou autres similaires*, à l'état pur ou étendues d'eau, sous forme d'arrosage. On retint ainsi, pendant un certain temps, toutes les poussières; mais rapidement, l'accumulation de ces dernières constituant une boue grasse, sale et gênante, leur enlèvement s'imposait et il fallait recourir à un nouvel huilage, et cela périodiquement.

Cette opération, qui revient assez cher, semble ne devoir convenir qu'aux cas exceptionnels où l'on doit agir sur de grands parcours à la fois, en vue d'un remède immédiat et sans autre préoccupation de durée.

Un autre procédé, mais celui-là plus en faveur, comme capable de fixer d'une manière plus durable la poussière des routes, et d'influencer aussi avantageusement leur durée, c'est le *goudronnage*.

On le pratique sous forme d'enduit, à raison de 1 kg 5 à 2 kilogrammes par mètre superficiel de chaussée, en procédant comme il suit :

L'empierrement ayant été bien nettoyé préalablement et toutes ses aspérités mises à nu, on y répand du goudron de houille (coaltar) chauffé à 60 ou 70 degrés, ou simplement étendu à froid d'huile lourde, dans la proportion de 10 pour 100 de son volume, afin de le liquéfier et d'en rendre la pénétration et l'emploi plus faciles. Il faut faire le travail par un temps sec et avoir le soin de recouvrir l'enduit de sable fin, quelques heures et plus après l'épandage du goudron.

Le prix de revient de l'opération, pour toutes fournitures et mains-d'œuvre, varie entre 10 et 15 centimes par mètre superficiel.

D'après la quantité de goudron ainsi employée, il est facile de se rendre compte tout d'abord, que la pellicule de matière glutineuse constituant l'enduit ne peut guère excéder *un millimètre*, épaisseur au-dessus de laquelle la dessiccation du goudron serait d'ailleurs beaucoup trop longue.

Le surplus du liquide visqueux, qui s'infiltre en même temps dans les joints des cailloux, étant, par suite, assez faible, il ne peut imprégner réellement ceux-ci que sur 1 centimètre et rarement plus, ainsi que nous l'avons constaté en plusieurs endroits.

Ces sortes d'enduits plastiques qui se maintiennent assez bien sur les chaussées solidement constituées et à circulation légère, ne peuvent, au même degré, on le conçoit facilement, donner des résultats satisfaisants sur les chaussées qui supportent, en même temps, cette circulation et le gros roulage. L'influence de ce dernier, déjà néfaste au bon maintien des cailloutis, l'est, *à fortiori*, pour leur chape, eu égard aux pressions et frottements excessifs qu'y exercent les roues des chargements atteignant parfois 6 à 8000 kilogrammes.

Sur ces *voies à circulation mixte* et exceptionnelle, où aucun empierrement ne peut durer, il n'y a qu'un remède contre la poussière, *c'est de les paver*, et, en outre, d'essayer, dans la traversée des lieux agglomérés, au point de vue de l'hygiène publique et de l'imperméabilité des chaussées, de fixer davantage, avec un mastic solide à base de goudron, la partie supérieure des joints, trop fréquemment dégradés par les nécessités du nettoyage et de l'arrosage.

Il convient de remarquer d'ailleurs que *l'usure des pavages*, due au seul frottement de roulement des voitures, est presqu'insensible : 1 ou

2 millimètres d'épaisseur en 10 ou 15 ans. Ce n'est pas que les grès soient de nature plus consistante que les porphyres, les quartzites, les caillasses, communément employés comme cailloux des routes, bien au contraire: soumis sous les mêmes forme et volume à des efforts identiques, les grès présentent une résistance bien moindre que les cailloux. Les raisons qui font qu'ils se comportent mieux en chaussée doivent être attribuées uniquement aux dimensions rationnelles de leur forme prismatique, à la façon régulière dont ils sont appareillés, sur une bonne forme incompressible, toutes choses favorisant la fixité des matériaux, *leur travail moins isolé que par masse* et assurant enfin le maximum de leur bonne utilisation.

Il découle de là, évidemment, une indication de ce que l'on doit rechercher dans la composition des cailloutis, pour qu'ils se comportent de même, ou tout au moins qu'ils produisent peu de poussières.

Tout d'abord, *les matériaux* doivent être *très durs*, régulièrement con cassés dans les dimensions de 6 à 7 centimètres de grosseur.

Les *sables* employés pour l'agrégation ne doivent pas être trop maigres, c'est-à-dire dépourvus de tout liant; autrement ils réaliseraient, avec les cailloux siliceux, le *massif filtrant*, favorisant la pénétration de l'eau dans les chaussées, et par suite, la mobilité et l'écrasement des cailloux.

La *compression*, opération capitale, doit être conduite avec soin et méthode, uniquement en vue de fixer, d'enchevêtrer les uns dans les autres, de coincer en quelque sorte les cailloux, en leur entier, sans éclatement ni écrasement de la matière. Trop souvent, en effet, et sous la raison de prise complète du massif, la compression est poussée au delà des limites nécessaires et raisonnables, et avant même que la chaussée soit livrée à la circulation, les cailloux sont en partie broyés, tout au moins à la surface, où leur transformation en poussière s'opère ensuite rapidement.

Le *cylindrage* bien fait d'une couche de cailloux *reconstitutive* d'un profil ou « aménagement » ne doit pas nécessiter sur chaque point plus de 40 à 50 passages d'une machine de 15 tonnes.

A ces causes initiales de la poussière vient s'ajouter celle due à l'action du roulage et dont les effets sont d'autant plus intenses que les chaussées, dans leur constitution, sont moins homogènes, plus perméables, en un mot, moins en état de résister aux glissements, tassements et déplacements des matériaux.

Le type réel de l'empierrement résistant, c'est le massif monolithe.

De nombreux faits ont démontré que la quantité de poussières et graviers, contenus dans un cailloutis bien constitué, représente environ es 45 *centièmes* de son volume.

Cette proportion doit être attribuée :

25 pour 100 aux sables d'agrégation employés lors de la reconstitution des profils;

6 pour 100 à l'éclatement et au broiement des cailloux pendant le cylindrage;

Et 12 pour 100 seulement aux effets ultérieurs du frottement et de la compression dus au roulage.

Ce dernier chiffre s'accroît cependant beaucoup avec l'intensité de la circulation automobile, dont les pneus, sans cesse aspirant la gangue des chaussées, mettent la mosaïque de celles-ci à vif et dans un état constant de pulvérisation.

Pour arriver à *fixer* ces poussières et à faire disparaître leurs effets nuisibles, le goudron, les huiles lourdes et tous autres produits similaires employés jusqu'alors, ne nous paraissent pas *seuls* pouvoir permettre de résoudre le problème; il faut, à ces produits *gras et de nature lubrifiante, ajouter d'autres matières pour les fixer et les rendre agrégants.* Il faut aussi que leur action ne soit pas simplement de *surface*, et par cela même, de durée très limitée, mais bien de *massif*, de façon à obtenir à la fois l'immobilité absolue des matériaux, l'imperméabilité des chaussées par le colmatage des joints, — ceux-ci ne cédant plus comme en l'état actuel à l'aspiration des pneus, — et le tout réalisant enfin les conditions d'usure des empierrements les meilleures, par le seul frottement des véhicules, facteur le plus insensible de la poussière sur des matériaux de bonne nature.

Dans cet ordre d'idées, nous avons été amené à faire des expériences directes de laboratoire sur les matières susceptibles d'être employées, et voici les résultats auxquels nous sommes arrivé :

GOUDRON LIQUÉFIÉ PAR LA CHALEUR POUSSÉE A 60 OU 70° OU PAR L'ADDITION D'HUILES LOURDES

1° *Épandage d'une couche de* 0 *m.* 002 *d'épaisseur*, correspondant à l'emploi maximum usité de 2 kilogrammes par mètre superficiel, sur massif sableux comprimé :

Pénétration très lente, mais à peu près complète de la matière, après 20 jours, donnant en profondeur :

0 m. 015 dans les sables d'alluvion de la Seine;

0 m. 010 dans les sables de mine.

2° *Épandage d'une couche de* 0 *m.* 01 *d'épaisseur sur même massif.*

Pénétration également lente, atteignant après un mois :

0 m. 032 dans les sables de la Seine;

0 m. 020 dans les sables de mine.

Après ce délai, la couche supérieure de goudron non encore absorbée, était très molle.

Briquettes de 0 *m.* 015 *d'épaisseur composées des mêmes sables et de goudron.*

Après un mois, le mastic était dépourvu de consistance et de cohésion.

Briquettes de 0 m. 012 d'épaisseur, bien comprimées, composées de sable et de chaux hydraulique, celle-ci dans la proportion de 15 à 20 pour 100 du volume de sable.

Après quelques jours sont devenues très résistantes et moins pulvérulentes, comme il est naturel, avec les sables de mine qu'avec les sables de plaine.

Briquettes semblables avec même mortier, mais additionné en petite quantité de goudron de houille dilué à froid.

Résistance presque immédiate et analogue à celle de l'asphalte, sans être cassant. Imperméabilité absolue.

L'adhérence de corps rugueux à faces planes mises en contact par un enduit de goudron est peu sensible, même après un assez long délai ; elle s'accroît cependant par le mélange à l'enduit de quelques matières inertes qui en activent la dessiccation.

De ces observations et autres faits d'expérience déjà acquis, il découle *comme principes* :

Que les goudrons, en général, en raison de leur viscosité et de la difficulté de leur dessiccation, ne peuvent être employés sur les chaussées qu'en très faible quantité à la fois, et encore, faut-il, pour les fixer, l'adjonction nécessaire, immédiate ou successive, de matières sableuses.

Que le rôle siccatif de ces dernières dans le séchage, par la formation d'un « magma » ou mastic adhérent, devient surtout effectif, si on y mélange de la chaux hydraulique dans la proportion en volume de 15 à 20 pour 100.

Qu'enfin, le défaut de cohésion des mortiers à seule base de goudron, doit les faire écarter de tout massif, comme incapables d'y retenir les matériaux à l'état de fixité absolue. A plus forte raison, le goudron pur qui, lui, ne peut déterminer aucune adhérence, au contraire.

Dès lors, le *goudronnage de surface*, tel qu'on le pratique généralement, avec sa faible pellicule de 0 m. 001 et son peu de pénétration, est et ne peut être qu'un *palliatif passager* contre la poussière. Il ne saurait convenir efficacement que sur les chaussées à faible fréquentation, car là où l'empierrement cède sous le poids des véhicules, l'enduit qui le recouvre ne saurait à plus forte raison durer.

L'application de cet enduit exige, nous l'avons dit, de grandes précautions préparatoires et de mise en œuvre, et de plus, un facteur indispensable : le beau temps. Les exigences de la circulation qui ne peut être longtemps interrompue, commandent aussi que le séchage soit prompt, et qu'après sablage il n'y ait plus aucune adhérence aux roues.

Toutes ces conditions d'exécution, difficiles à associer, pour arriver à faire de l'enduit un préservatif quelque peu durable, recèlent en elles-mêmes les causes pour lesquelles souvent l'opération ne réussit pas.

Au contraire, un *goudronnage de massif* constitué avec le *mastic hydraulique très adhérent à base de goudron*, dont nous avons parlé plus haut, pourrait avantageusement remplacer dans les chaussées, les sables pulvérulents d'agrégation, que l'on y met pendant l'exécution des rechargements, et le procédé offrirait, tout d'abord, cet avantage précieux, qu'il serait praticable par tous les temps, sauf pendant les gelées.

Avec ce *mortier cohérent, la fixité des matériaux après compression serait absolue et la chaussée constituerait un véritable monolithe à joints bien colmatés et imperméables.*

Dans des opérations soignées de rechargement, nous avons fait souvent l'emploi de *marnes calcaires ou de chaux, mélangées au sable à sec* et répandues lors du cylindrage, comme matières d'agrégation.

Les résultats en ont été excellents, tant au point de vue de la bonne résistance des massifs que comme *atténuation de la pulvérulence des matériaux de surface.*

L'addition à froid d'un goudron très liquide à ces matières hydrauliques, pendant la compression, ne saurait être une opération ni délicate, ni compliquée, puisqu'il suffirait pour la réaliser, aussitôt après la fixation des matériaux en fondation par les procédés ordinaires, de répandre le *liquide glutineux dans la mosaïque du massif*, à raison de 2 à 3 kilogrammes par mètre superficiel environ, pour qu'*il en imprègne, à la fois, suffisamment les sables inférieurs et supérieurs des joints, au moyen des effets simultanés de la compression.* Après quelques essais et tâtonnements, on arriverait facilement à fixer les conditions les plus rationnelles et les plus économiques du travail.

Ajoutons que le goudronnage de massif ne ferait nullement obstacle au parachèvement du travail par l'enduit de surface, si on le désirait, mais il serait, dans l'avenir, inutile de le renouveler chaque année comme maintenant, puisque toutes les aspérités de la chaussée étant goudronnées, les seules poussières que produirait désormais le frottement des véhicules sur des matériaux siliceux de bonne nature, bien enchâssés et fixés dans le mortier cohérent et glutineux, seraient, comme nous l'avons dit, presque nulles.

Le surcroît de dépense qu'entraînerait l'application de ce système, sur celui actuellement en usage, consisterait uniquement dans le prix de la chaux, celui du goudron liquéfié avec de l'huile lourde, et les mains-d'œuvre d'emploi, le tout se chiffrant comme suit :

3 mètres cubes de chaux hydraulique pour 25 mètres cubes de sable, représentant au maximum la matière d'agrégation de 100 mètres cubes de cailloux à 20 francs	100 fr. 00
20 kilogrammes de goudron par mètre cube de massif, et pour 100 mètres cubes, 2000 kilogrammes à 50 francs la tonne, huile comprise	100 fr. 00
Au total, pour 100 mètres cubes.	200 fr. 00

et par mètre cube : 2 francs.

Le mètre superficiel de chaussée, dans l'hypothèse d'une épaisseur de 0 m. 12, qui est celle des aménagements, ressortirait ainsi à. . . . . 0 fr. 24

En y ajoutant, pour toutes mains-d'œuvre de préparation à sec du sable et de la chaux, le répandage du goudron et divers. . . . . 0 fr. 06

On arrive sensiblement à. . 0 fr. 30

soit au double du prix de revient de l'enduit de surface.

C'est aussi approximativement la dépense annuelle, en bons matériaux, que coûtent les chaussées aménagées par période de 4 années.

RÉSUMÉ

Les avantages attachés au système que nous préconisons, pour lutter contre l'usure et la poussière, sont :

La possibilité d'opérer rapidement et en toute saison propice aux cylindrages; l'emploi facile du goudron à froid, sans aucune altération de sa richesse en hydrocarbures: la constitution de massifs monolithes, imperméables, détruisant les causes initiales de la formation des poussières, et cela, pendant toute la période d'usure de la couche de rechargement. Nous estimons que cette période devra s'en trouver très notablement accrue, et de toute façon, assez largement pour compenser la dépense supplémentaire de premier établissement sus-indiquée, de 0 fr. 30 par mètre superficiel.

NOTICE

sur l'exécution des goudronnages des chaussées par l'emploi simultané du sable et de la chaux hydraulique.

1° Bien nettoyer et mettre à vif l'ancien empierrement et disposer les poussières en bourrelets sur rives des chaussées;

2° Faire mélanger, à l'avance, les sables d'agrégation avec de la chaux hydraulique, cette dernière, dans la proportion en volume de 15 à 20 pour 100;

3° Répandre une couche de 0 m. 008 à 0 m. 01 de ce mélange; puis, par dessus, disposer le caillou de rechargement, et bien le profiler;

4° Mouiller légèrement, s'il ne pleut pas, pour humecter seulement la fondation et cylindrer;

5° Comme d'usage, commencer par les rives, puis remonter successivement vers le milieu de la chaussée, en arrosant peu, et de façon à ce que les cailloux soient simplement fixés en profil et résistent sous la pression du pied;

6° Simultanément répandre, s'il y a lieu, les sables hydrauliques jusqu'à la moitié ou les deux tiers du joint des matériaux de rechargement;

7° A ce moment, employer le goudron assez liquide pour qu'il pénètre le plus possible la mosaïque. Utiliser au besoin le balai pour faciliter la pénétration;

8° Après cette opération, reprendre le sable hydraulique pour garnir complètement le massif, et passer quelques tours de cylindre pour achever la compression;

9° Recouvrir de sable pur et surveiller la chaussée jusqu'à bonne prise, pour qu'il n'y ait aucun arrachement du fait du roulage.

La quantité de goudron à employer doit être de 2 kilogrammes au moins par mètre superficiel.

Au bout de quelques temps, si, après complet nettoyage, la chaussée accusait quelques imperfections ou joints insuffisamment colmatés, on pourrait parachever par un léger enduit de surface.

Versailles, Mai 1908.

62049. — Imprimerie Lahure, rue de Fleurus, 9, à Paris.

SCHLUSSSÄTZE

Die Vorteile, welche mit dem von uns zur Bekämpfung der Abnützung und des Staubes angeratenen System verbunden sind, lassen sich wie folgt zusammenstellen :

Eine rasch vor sich gehende Arbeit und zwar unter allen Witterungsverhältnissen, welche der Einwalzung günstig sind; — die leichte Anwendung kalten Teers, ohne jede Verminderung seiner Reichhaltigkeit an Kohlenwasserstoffverbindungen; die Bildung von monolithischen, undringlichen Körpern, welche die Anfangsursachen der Staubbildung beseitigen und zwar während der ganzen Abnützungsperiode der erneuerten Schichte. Wir sind der Ansicht, dass diese Periode dadurch sehr wesentlich verlängert werden dürfte und zwar immer bedeutend genug, um die obenerwähnten Zuschlagskosten der ersten Anlage, d. h. 0 M. 24 per Quadratmeter auszugleichen.

BEMERKUNGEN

über die Ausführung der Fahrbahnteerungen mittels gleichzeitiger Verwendung von Sand und hydraulischem Kalk.

1° Die vorherige Decke gehörig reinigen und entblössen und den Staub in kleinen Streifenhäufchen an den Rändern der Fahrbahnen anlegen;

2° Im voraus den Bindesand mit hydraulischem Kalk (letzterer im Mischungsverhältnis von 15 bis 20 Prozent an Volumen) vermischen;

3° Eine 0 M. 008 bis 0 M. 01 starke Schichte dieser Mischung auftragen, dann die Schottermenge zur Neuherstellung darüber schütten und sie gehörig auf die profilmässige Höhe bringen;

4° Leicht besprengen, wenn es nicht regnet, um den Unterbau bloss zu befeuchten, dann die Bewalzung vornehmen;

5° Wie gebräuchlich, bei den Rändern beginnen, dann allmälig gegen die Mitte rücken unter leichter Benetzung und derart, dass die Kiesel bloss festgestellt werden und unter dem Fussdrucke nicht weichen;

6° Gleichzeitig, wenn nötig, mit hydraulischem Sand die Fugen der Neubeschüttungsmaterialien bis auf die Hälfte oder die zwei Drittel ausfüllen;

7° In demselben Augenblicke, den Teer in so flüssigem Zustand verwenden, dass er in das « Mosaïk » möglichst tief eindringt; nötigenfalls mittels Besen das Eindringen erleichtern;

8° Darauf den hydraulischen Sand aufbringen, um den Körper vollständig zu versehen, dann festwalzen, um die Zusammenpressung zu vollenden;

9° Die Fahrbahn mit Sand bedecken und bis zu vollständigem Binden überwachen, damit das Befahren kein Aufreissen verursacht.

Die Quantität des zu verbrauchenden Teers soll mindestens 2 Kilogramme per Quadratmeter betragen.

Wenn eine Zeit nachher die durchaus gereinigte Fahrbahn noch einige Mangel oder ungenügend ausgefüllte Fugen aufweisen sollte, so könnte dem durch einen leichten oberflächlichen Teeranstrich abgeholfen werden.

(Übersetz. Blaevoet.)

IER CONGRÈS INTERNATIONAL DE LA ROUTE
PARIS 1908

3e QUESTION

LUTTE
CONTRE L'USURE ET LA POUSSIÈRE

RÉSULTATS TECHNIQUES ET ÉCONOMIQUES

RAPPORT

PAR MM.

SIGAULT
Ingénieur en chef

et

LE GAVRIAN
Ingénieur des Ponts et Chaussées

PARIS
IMPRIMERIE GÉNÉRALE LAHURE
9, RUE DE FLEURUS, 9

1908

LUTTE

CONTRE L'USURE ET LA POUSSIÈRE

RÉSULTATS TECHNIQUES ET ÉCONOMIQUES

RAPPORT

PAR MM.

SIGAULT et **LE GAVRIAN**

Ingénieur en chef. Ingénieur des Ponts et Chaussées.

Nous n'entreprenons pas ici l'historique de la lutte contre l'usure et la poussière des chaussées, ni la description des moyens de toute nature imaginés pour les combattre.

Ces importantes questions ont été traitées par d'autres rapporteurs.

Notre intention est de jeter un coup d'œil d'ensemble sur les résultats que l'on a obtenus jusqu'à présent et de chercher à dégager les enseignements qu'ils contiennent.

Nous nous inspirerons, dans cet essai, des renseignements que nous avons pu recueillir autour de nous, de notre expérience personnelle, et enfin des travaux d'une Commission d'ingénieurs — à laquelle nous avons l'honneur d'appartenir — instituée par M. le Ministre des Travaux Publics et qui depuis le mois d'avril 1906 s'occupe de toutes les questions concernant la « suppression de la poussière et la conservation des chaussées ».

Les procédés employés jusqu'à présent pour combattre l'usure et la poussière des routes se divisent en deux catégories :

Procédés contre l'usure superficielle;

Procédés contre l'usure en profondeur.

Il va de soi que certains visent à la fois à enrayer l'nsure superficielle et à consolider la chaussée dans sa masse.

Nous nous en tiendrons néanmoins à la division ci-dessus qui est commode.

I. — PROTECTION CONTRE L'USURE SUPERFICIELLE ET LA POUSSIÈRE

Arrosage à l'eau pure.

L'arrosage à l'eau pure, en usage depuis de longues années, n'est praticable que dans les villes ou près des agglomérations où existent des distributions d'eau.

Très facile d'application, avec le matériel employé couramment (tonneaux à bras, hippomobiles, automobiles, lances, etc....) il ne produit que des effets temporaires.

Au cœur de l'été, on peut dire qu'un arrosage à l'eau n'est qu'un « déjeuner de soleil » et chacun sait qu'après avoir mouillé la poussière et l'avoir collée au sol, en boue parfois désagréable, il lui rend toute sa mobilité, après une ou deux heures. Pratiqué trop abondamment, au contraire, il rend la chaussée trop molle et favorise son usure.

L'arrosage à l'eau doit donc être fait *légèrement* et *fréquemment*. — C'est par suite un procédé cher et qui ne peut être recommandé que dans les villes.

Les éléments de son prix de revient sont si variables (prix de l'eau, de la main-d'œuvre, amortissement des appareils, durée de l'arrosage, etc....) que nous n'essaierons pas de le chiffrer; il est d'ailleurs, dans chaque cas particulier, parfaitement connu de tous ceux qui emploient le procédé.

Arrosage à l'eau additionnée de sels déliquescents.

L'emploi de ces sels (généralement le chlorure de sodium, de calcium ou de magnésium) a pour objet de retenir plus longtemps l'eau répandue sur le sol, et aussi de fixer l'humidité de l'atmosphère.

Dans les diverses expériences qui ont été faites, on est arrivé ainsi à maintenir presque sans poussière, au moyen de quelques arrosages à l'eau pure supplémentaires, des sections de routes qui auparavant exigeaient que l'on y répandît des tonnes d'eau d'un bout à l'autre de la journée.

Nous citerons le cas de la route qui réunit Versailles à Saint-Cyr-l'École et sur laquelle l'humidité de la nuit et quelques averses d'été ont permis de supprimer tout arrosage du 25 juillet au 1er septembre 1907.

Cette section avait été arrosée avec de l'eau contenant en dissolution des chlorures de magnésium et de calcium.

Le répandage de sel marin, même en solution concentrée, ne semble pas avoir une efficacité réelle : cela tient à ce qu'il est insuffisamment hygroscopique.

Enfin les arrosages à l'eau de mer, qui contient ces divers chlorures, ne semblent pas avoir jusqu'ici donné de résultats bien probants.

Nous pensons qu'il serait intéressant de les pratiquer avec de l'eau de mer préalablement concentrée par évaporation. En cas de réussite la solution du problème de la poussière serait singulièrement facilitée dans toutes les localités du littoral.

L'emploi des sels déliquescents en solution a contre lui l'élévation du prix de revient, eu égard à son efficacité éphémère.

Dans les expériences faites à Versailles en 1907, on a dépensé :

Par mètre carré 8 à 900 gr. de chlorure de magnésium[1]	représentant avec la main-d'œuvre	0 fr.10 à 0 fr.11
— 7 à 900 gr. — calcium		0 fr.10 à 0 fr.12 par mètre carré

On est ainsi amené à conclure que l'arrosage aux sels déliquescents, sans être appelé à se généraliser, peut cependant rendre des services dans certains cas particuliers :

Cas d'une mauvaise chaussée ingoudronnable;

Cas d'une fête, d'un cortège, etc....

Sur le littoral, l'arrosage à l'eau de mer concentrée pourrait offrir au contraire un intérêt pratique.

Arrosage à l'eau additionnée de mélanges goudronneux.

Ces mélanges sont nombreux : leur type est la Westrumite, produit à base de goudron rendu miscible à l'eau par des savons appropriés. Leur objet est de recouvrir la chaussée d'un enduit protecteur en couche extrêmement mince. L'eau sert seulement de véhicule au produit qu'elle dépose, en s'évaporant, à la surface de l'empierrement et dans les joints des cailloux.

Des essais assez nombreux, qui ont été exécutés en France, dans une vingtaine de départements, il résulte unanimement que l'efficacité de l'enduit est limitée à quelques jours, et qu'il faut répéter les arrosages un assez grand nombre de fois par saison. Le prix de revient au mètre carré s'élève donc vite et devient rapidement prohibitif; on peut l'évaluer aux environs de 2 à 3 centimes par mètre carré pour un arrosage à 5 pour 100.

La véritable utilité du système apparaît cependant lorsqu'il s'agit d'enduire rapidement et pour un temps limité une surface déterminée, par exemple pour une course, une cérémonie, etc....

Pétrolages et huilages. — (Emploi d'huiles de pétrole et similaires.)

Ces produits étalés sur la chaussée (généralement à chaud) forment une couverture qui colle les poussières sans adhérer aux véhicules. Ils suppriment radicalement la poussière, aussi bien celle de la route que la

1. Les sels coûtaient : chlorure de magnésium, 95 fr. la tonne en gare de Versailles.
— — chlorure de calcium, 105 fr. — — —
Ils contenaient, le 1er, 25 pour 100 de sel anhydre, le 2e, 75 pour 100.

poussière d'apport. Malheureusement, avec les pluies d'automne, cette couverture purement superficielle se détrempe sous l'action du roulage et se transforme en boue grasse qu'il faut faire disparaître.

Le prix de revient est assez difficile à établir, car les applications qui ont été faites ne sont pas très nombreuses (en Europe du moins) ni surtout facilement comparables entre elles. D'aprés nos expériences, l'arrosage à l'huile de pétrole dite *Mazout* reviendrait, dans la région de Paris, à environ 0 fr. 20 le mètre carré.

Nous rappelons que les huiles de pétrole sont produites à l'étranger et frappées à l'entrée en France d'un droit de douane élevé (90 francs la tonne pour le Mazout).

En définitive, nous considérons les huilages et pétrolages comme très efficaces contre la poussière : mais dans les régions humides, leurs effets sont mauvais en automne et les enduits disparaissent en hiver.

Goudronnages de surface.

On répand le goudron à la surface de la chaussée en le rendant fluide soit par un chauffage préalable, soit par l'addition d'une matière moins visqueuse, généralement l'huile lourde claire provenant de la distillation du goudron.

L'étendage se fait tantôt au moyen de balais, tantôt sans balais, à l'aide d'appareils qui projettent le goudron sous pression.

Quel que soit le système employé, le résultat d'une opération *bien faite* est de revêtir l'empierrement d'une carapace goudronneuse qui se sèche et durcit assez rapidement et qui, ancrée plus ou moins profondément dans la chaussée, maintient les pierrailles et s'oppose à leur désagrégation et par conséquent à la formation de la poussière.

Nous ne discuterons pas ici la question de savoir s'il vaut mieux opérer à froid (avec addition d'huile lourde) ou à chaud; se servir de balais ou d'appareils sans balais; employer des goudrons vierges ou des goudrons déshydratés, etc.... Nous pensons, en effet, que ces différents modes opératoires — quoi qu'on en ait dit — ont jusqu'ici donné des résultats sensiblement identiques. Tout au moins, conviendrait-il, avant d'établir entre eux des différences catégoriques, d'avoir pu fonder celles-ci sur des observations systématiques et nombreuses, ce qui n'a pas été fait encore. Il s'agit, en effet, d'apprécier des causes secondaires, et en matière de goudronnage, on n'a pas eu le loisir jusqu'à présent de pousser les investigations aussi loin.

En tout cas, il convient de se garder des affirmations non étayées par des faits et de faire intervenir dans les appréciations des questions de priorité ou de préférences industrielles.

Donc, quel que soit le mode opératoire, nous dégagerons, des applications de goudronnage superficiel faites jusqu'à présent, les enseignements ci-après :

Il est universellement reconnu qu'il faut, pour obtenir un bon goudronnage :

1° Opérer sur une chaussée solide, bien sèche, de rechargement assez récent, et, en tout cas, sans flaches. Sur une chaussée flacheuse, le goudron se maintiendra beaucoup moins longtemps. Sur une chaussée humide au moment du répandage, il s'écaillera et disparaîtra rapidement;

2° Avoir soigneusement débarrassé la chaussée des poussières et immondices qui la recouvrent, et avoir mis la mosaïque à nu, de manière que la couche de goudron pénètre dans la chaussée et que la croûte superficielle s'y trouve, pour ainsi dire ancrée;

3° Opérer par un temps sec et, si possible, par un temps chaud;

4° Laisser le goudron sécher assez pour que les roues des voitures ne l'enlèvent pas et n'écorchent pas l'enduit, ou le recouvrir d'une couche de sable avant de le livrer à la circulation.

Quant aux résultats, ils se divisent en 2 catégories selon que l'on considère la saison sèche, ou la saison humide.

Résultats en saison sèche.

Par le temps sec, un goudronnage bien fait est toujours satisfaisant :

Suppression ou du moins notable diminution de la poussière, dégradations de l'empierrement largement enrayées.

Ces effets sont particulièrement frappants sur les routes parcourues par les automobiles à grande vitesse.

Résultats en saison humide.

Les bons effets persistent, et même la boue, par temps pluvieux, est moindre sur route goudronnée que sur route ordinaire si la chaussée est bien ronde, bien exposée, et s'assèche facilement.

Le goudron persiste d'ailleurs plus ou moins longtemps selon que la circulation est plus ou moins forte.

La boue goudronneuse apparaît lorsque la chaussée, mal profilée, mal exposée, s'assèche mal.

Quand par surcroît la route est le siège d'une circulation lourde et fréquente pendant la saison pluvieuse (à partir de 6 ou 700 colliers lourds) les avantages du goudronnage disparaissent presque complètement.

Il ressort de là que le goudronnage superficiel est tout à fait recommandable sur les routes où l'on n'a point à craindre la rencontre des éléments défavorables suivants : mauvaises conditions d'assèchement et circulation lourde et fréquente en hiver.

Il est absolument indiqué pour les chaussées qui reçoivent de nombreux automobiles.

Enfin le goudronnage semble s'opposer victorieusement aux phénomènes d'arrachage et de dislocation superficielle occasionnés par les charrois faits par temps brumeux ou au moment du dégel.

Prix de revient.

Le prix dépend de la quantité de matière employée, du coût de cette matière, du système de répandage adopté et de l'ampleur du chantier.

Pour une application normale (1 kg. 500 par mètre carré), et en calculant le prix du goudron à raison de 50 francs la tonne, on peut évaluer le prix de revient entre 0 fr. 09 et 0 fr. 15 par mètre carré.

Les goudronnages n'ont d'ailleurs qu'une durée limitée et l'on a, presque partout, commencé par les renouveler chaque année : mais l'usage tend à montrer que c'est là une pratique qui dans certains cas est inutile et même contre-indiquée (en raison de l'accumulation du goudron en certains points), et il est à présumer que, en beaucoup d'endroits, après un ou deux goudronnages généraux, on pourra entretenir pendant quelque temps en exécutant simplement des raccords, ce que l'emploi du goudron froid dilué dans l'huile lourde rend très facile.

En regard du prix de revient on a cherché souvent à faire ressortir l'économie qui peut résulter dans l'entretien des chaussées de la prolongation de durée des empierrements due au goudron.

Cette prolongation est évidente, pour tous les cas où il ne se forme pas en hiver une boue excessive. Elle est surtout manifeste sur les chaussées à grande circulation automobile où l'on peut, grâce au goudronnage, éviter une désagrégation qui, sans lui, est parfois désastreuse. — (On a vu aux environs de Paris des chaussées ruinées en quelques mois d'été par le passage journalier des autos.)

Quant à assigner une valeur à cette prolongation de durée, et à chiffrer ainsi l'économie d'entretien de la route, nous n'entreprendrons pas de le faire.

La Commission d'études dont nous faisons partie a institué quelques expériences de ce genre ; nous reproduirons simplement les conclusions provisoires auxquelles elle est arrivée (29 octobre 1907) :

« Sur les chaussées à circulation légère et rapide, il y a certainement
« diminution d'usure. Sans pouvoir assigner à celle-ci une valeur que les
« mesures faites jusqu'à présent ne permettent pas de déterminer, et sur-
« tout qui peut varier beaucoup selon les circonstances locales (nature des
« matériaux, exposition de la route, intensité de la circulation) on peut
« conclure à une diminution suffisante pour justifier dans la plupart des
« cas un goudronnage.

« Sur les chaussées à circulation lourde, les mesures directes et les

« observations continues n'ont plus de sens dès que la chaussée commence « à se déformer : on ne pourrait obtenir des résultats probants qu'en « poussant l'expérience pendant 5, 6... 10 ans et constatant au bout de « combien de temps et dans quelle mesure deux rechargements exécutés « simultanément, l'un goudronné, l'autre non goudronné, périront. ».

En définitive, le goudronnage de surface est un excellent palliatif contre la poussière; il protège le revêtement contre les dégradations des automobiles, et dans une certaine mesure contre l'usure produite par le roulage ordinaire.

Il peut être économique soit en prolongeant la chaussée, soit en diminuant des frais d'arrosage et d'époudrement. Il est surtout indiqué dans les Villes ou sur les chaussées parcourues par les autos. Il ne constitue pas néanmoins une panacée universelle, et il est susceptible de présenter, lorsque certaines conditions défavorables de climat, d'exposition, de sol et de circulation sont réunies, des inconvénients pendant la saison humide.

II. — PROTECTION CONTRE L'USURE EN PROFONDEUR

Pavages de différentes catégories, asphaltes, etc.

Avec les chaussées pavées (pavés de pierres, pavés de bois, d'asphalte, etc....) et avec les chaussées à revêtement dur (asphaltées, bitumées, ferrées, chaussées en ciment, etc....), le problème de l'nsure en profondeur a été abordé et pratiquement résolu, depuis longtemps.

Plus la croûte formée par le pavage, ou la couche d'asphalte, ciment, etc., sera épaisse, résistante et homogène, et moins facilement les dégradations superficielles se propageront jusque dans la masse du revêtement.

D'autres Rapporteurs diront les méthodes à employer pour tirer de ces procédés les meilleurs résultats (dispositions et dimensions des éléments, constitution des joints, fondations, etc...), et nous sortirions de notre sujet si nous abordions ce chapitre.

Nous bornerons notre étude à la protection des chaussées empierrées.

Rechargements bétonnés.

Les chaussées empierrées, périclitant principalement maintenant par la disparition des menus matériaux qu'aspirent les roues des automobiles, on a cherché à fixer ces menus matériaux par un liant solide, ciment ou chaux.

On a constitué la chaussée d'un véritable béton comportant 25, 30 et même 40 pour 100 de mortier. Le procédé ne semble pas avoir donné de bons résultats, le béton se désagrège; il est d'ailleurs d'un coût élevé, il représente une majoration d'environ 1 franc par mètre carré sur le prix de revient d'un rechargement ordinaire.

Dans d'autres essais, la proportion de mortier a été réduite au minimum; l'empierrement a été cylindré de la manière habituelle et sans matière d'agrégation jusqu'à complet serrage, l'opération a été complétée en introduisant vers la fin du cylindrage 8 à 10 pour 100 d'un mélange de sable et chaux ou ciment (300 à 400 kilogrammes de chaux ou ciment pour 1 mètre cube de sable). Malgré la précaution prise de serrer énergiquement les pierres avant introduction du mortier pour éviter les effets possibles de la dislocation des joints de mortier, la chaussée s'est considérablement déformée et désagrégée; elle s'est sensiblement plus mal comportée qu'une chaussée voisine comprimée de même façon, mais où la matière d'agrégation n'était formée que de sable.

Il a d'ailleurs été impossible de remarquer une différence entre les effets de la chaux et ceux du ciment.

Nous devons signaler cependant un essai de même genre exécuté dans le Département du Rhône au printemps 1905 et paraissant avoir donné des résultats satisfaisants.

Après serrage à sec, on a incorporé à la chaussée 16 pour 100 d'un mélange de sable, chaux et ciment (255 kilogrammes de chaux et 151 kilogrammes de ciment Portland pour 1 mètre cube de sable) que l'on faisait pénétrer par un arrosage exécuté à raison de 46 litres par mètre carré de chaussée, soit environ 2500 litres par mètre cube du mélange.

Le travail fut complété par un goudronnage de surface exécuté deux mois après. La dépense spéciale afférente au bétonnage et goudronnage est ressortie à 0 fr. 61.

Rechargements goudronnés.

L'incorporation du goudron ou d'hydrocarbures de sa famille dans la masse de la chaussée, soit qu'on l'étende dans la forme avant le cylindrage, soit qu'on le répande pendant la compression, soit enfin que l'on emploie des pierres goudronnées à l'avance, a pour objet de donner aux menus matériaux une certaine cohésion s'opposant à leur dispersion, et d'obtenir une croûte homogène et élastique.

Des essais déjà nombreux, mais encore peu coordonnés, qui ont été faits, il semble ressortir que si la proportion de goudron employée n'est pas trop forte (2 à 4 kilogrammes par mètre carré si le goudron est ajouté, un peu plus si les matériaux sont goudronnés d'avance) l'empierrement, d'abord un peu mou, prend par la suite une consistance plus satisfaisante.

Sous certaines conditions climatériques, le durcissement a été complet et la chaussée est devenue très résistante aussi bien aux autos qu'aux lourdes voitures. Ailleurs la plasticité de l'empierrement a duré fort longtemps, et des déformations se sont produites : ces inconvénients se sont manifestés principalement là où la quantité de goudron a été exagérée.

L'incorporation au rechargement goudronné d'un agrégat calcaire paraîtrait d'ailleurs, d'aprés certaines expériences, de nature à provoquer le durcissement désiré.

En résumé les rechargements goudronnés procèdent d'un principe fort intéressant et méritent d'être étudiés avec soin et dans des expériences de longue haleine et bien coordonnées, car leur réussite nous mettrait en possession du procédé idéal : la chaussée imperméable, légèrement élastique, homogène et bien agglomérée en toute saison.

Emplois bétonnés et goudronnés.

Par temps de sécheresse les routes suivies par les automobiles à grande vitesse se désagrègent, et, phénomène bien connu des ingénieurs et des automobilistes, se couvrent de petits trous ronds. Ces entonnoirs vont en s'agrandissant rapidement, et bientôt forment des flaches larges et profondes, néfastes pour la conservation de la chaussée et pour la sécurité des voitures.

Or, en été, la réparation de ces flaches, par les emplois partiels ordinaires (pierres, sable et eau), est absolument illusoire : les pierrailles ne s'agrègent pas, et, au premier automobile qui passe, elles s'éparpillent de tous côtés.

On a depuis peu essayé avec succès d'ajouter à ces emplois, un peu de goudron, ou même un mélange de goudron et de chaux.

Les résultats ont été bons : on est parvenu à redonner ainsi, en plein été, de l'uni à des chaussées littéralement criblées d'entonnoirs.

Le procédé est simple et vaut d'être signalé.

Il convient toutefois, comme pour les rechargements goudronnés de ne pas exagérer la quantité de goudron ; on se trouve bien d'ailleurs d'emplois faits par couches minces successives, qui prennent plus rapidement.

Autres méthodes.

Nous ne sachons pas que l'on ait essayé jusqu'ici d'incorporer du bitume naturel ou artificiel, ou une matière analogue, à l'empierrement.

Il semble que des recherches dans cet ordre d'idées seraient fructueuses.

Le défaut du goudron est en effet de résister mal à l'humidité, surtout le goudron de surface. Les matières bitumineuses offriraient à cet égard une résistance beaucoup plus grande.

Enfin on doit signaler, à notre avis, comme un facteur très important dans la bonne tenue d'une chaussée, et dans sa résistance à l'usure, l'*exécution du cylindrage*. Il n'entre pas dans notre sujet de traiter cette question, mais il nous est impossible de ne pas attirer l'attention des techniciens sur les dangers d'un cylindrage mal fait, soit qu'une compression exagérée pulvérise les matériaux, soit qu'une compression insuffisante ne leur permette pas de s'agréger complètement, soit enfin que l'emploi de matières d'agrégation trop abondante empêche leur liaison, tout en donnant dans les débuts à la chaussée l'apparence trompeuse d'un revêtement homogène.

RÉSUMÉ ET CONCLUSION

En définitive, pour nous en tenir aux procédés expérimentés jusqu'à présent dans la lutte contre l'usure et la poussière, nous résumerons ainsi notre opinion sur leur valeur respective et sur les circonstances dans lesquelles il y a lieu de les employer :

1° Protection contre l'usure superficielle et la poussière.

L'arrosage à l'eau pure abat la poussière : il n'a d'ailleurs qu'une efficacité très éphémère, parfois incertaine et doit être renouvelé continuellement ; il n'est praticable que là où existe une distribution d'eau, et coûte cher.

Il ne peut donc être adopté que dans les villes ou à proximité. Mal employé il offre de multiples inconvénients (boue, chaussée molle, etc...).

L'arrosage à l'eau mêlée de sels déliquescents ou d'émulsions goudronneuses (Westrumites, etc...), n'a, lui aussi, qu'une efficacité de courte durée et doit être renouvelé assez fréquemment, mais cette efficacité est réelle.

Il coûte cher et n'est appelé à rendre des services que dans des cas particuliers : cas d'une fête, d'un cortège, d'un circuit, cas où la chaussée n'est pas en état de supporter un goudronnage, etc....

L'enduit de pétrole ou d'huile est efficace, mais cher en France ; à cela près, il peut être recommandé sur les empierrements de toute nature, à la condition d'être au besoin, dans les contrées où l'hiver est fort humide, enlevé à l'entrée de la mauvaise saison.

Le goudronnage est le procédé le plus efficace expérimenté jusqu'ici. Non seulement il empêche la formation de la poussière, mais il protège les chaussées contre l'action destructrice des automobiles à grande vitesse.

Il est à recommander sur les chaussées soumises à ce genre de circulation, et aussi, dans les agglomérations, sur les voies publiques parcourues par les voitures ordinaires.

Il ne doit être appliqué d'ailleurs que lorsque certaines conditions de climat, d'exposition et de constitution de la chaussée sont réunies.

2° Protection contre l'usure en profondeur.

Les pavages de diverses catégories, les revêtements d'asphalte, etc., sont efficaces. Ils sont encore susceptibles de se perfectionner.

Leur principal inconvénient est de coûter très cher de premier établissement, et même, pour certains de ces procédés, d'entretien.

Les rechargements bétonnés ne semblent pas avoir donné jusqu'à présent des résultats nettement satisfaisants exception faite, bien entendu, des chaussées en béton de ciment en usage à Grenoble, mais qui ne rentrent pas absolument dans la catégorie de rechargements que l'on a en vue ici.

Les rechargements goudronnés n'ont pas encore donné leur secret tout entier; ils apparaissent cependant comme susceptibles d'apporter une solution excellente au problème de la Route.

Mais il faut se garder des conclusions prématurées et attendre que des expériences méthodiques et bien coordonnées aient été poursuivies.

Il pourrait en être de même de tous autres systèmes tendant à incorporer à l'empierrement un ciment élastique de quelque nature qu'il soit.

Châlons-sur-Marne, Versailles, le 20 Mai 1908.

61 977. — Imprimerie LAHURE, rue de Fleurus, 9, à Paris.

SCHLUSSSÄTZE.

Um uns an die bisher versuchten Verfahren zur Bekämpfung des Staubes und der Abnutzung zu halten, fassen wir zum Schlusse unsere Meinung über ihren bezüglichen Wert und ihre Anwendungsverhältnisse folgendermassen zusammen :

1° *Schutzmassnahmen gegen die oberflächliche Abnutzung und den Staub.* — *Bespritzung mit reinem Wasser* entfernt den Staub; dieselbe hat jedoch nur eine vorübergehende, manchmal ungewisse Wirksamkeit und muss stets erneuert werden; sie ist nur da anwendbar, wo Wasservorräte vorhanden sind und kommt teuer zu stehen.

Sie lässt sich daher nur in den Städten oder in deren Nähe adoptieren; die ungeschickte Anwendung derselben führt zu mehrfache Unzuträglichkeiten (Schlamm, aufgeweichte Fahrbahn u. s. w.).

Die Bespritzung mit einem Gemisch von Wasser und zerfliessbaren Salzen oder Teeremulsionen besitzt ebenfalls nur eine Wirksamkeit von kurzer Zeit und muss öfters erneuert werden; allerdings ist diese Wirksamkeit nicht zu leugnen.

Dies Verfahren ist kostspielig und beschaffen, nur in besonderen Fällen Dienste zu leisten : wie z. B. bei Anlass eines Festes, eines Festumzugs, einer Rundfahrt (Circuit), d. h. in solchen Fällen, wo die Fahrbahn nicht imstande ist, einen Teeranstrich zu ertragen.

Die Begiessung mit Petroleum oder Öl ist wirksam, aber in Frankreich kostspielig; hingegen kann dieselbe bei sämmtlichen Beschotterungen empfohlen werden, unter der Bedingung in den Gegenden, wo ein feuchter Winter herrscht, beim Herbst- und Winterbeginn, eventuell wieder entfernt zu werden.

Die *Teerung* ist das zweckmässigste unter den bisher erprobten Verfahren : nicht nur verhindert solche die Staubbildung, sondern schützt auch die Fahrbahnen gegen die zerstörende Wirkung der schnellfahrenden Kraftfahrzeuge.

Dieselbe ist empfehlenswert bei den Fahrbahnen, welche dieser Art des Verkehrs unterworfen sind, und ebenso in den Städten auf den öffentlichen Strassen, welche von den gewöhnlichen Fuhrwerken befahren werden.

Sie soll übrigens nur unter gewissen Witterungs-, Lage- und Beschaffenheitsverhältnissen der Fahrbahn zur Anwendung gelangen.

2° *Schutzmassnahmen gegen die Abnutzung der Unterlagen.* — *Die*

Pflasterungen von verschiedenen Kategorien, die Asphaltbeläge u. s. w. sind zweckmässig, aber noch vervollkommnungsfähig.

Ihr Hauptnachteil ist sehr tener zu stehen zu kommen, sowohl bei ihrer ersten Anlage als auch bei gewissen Verfahren, hinsichtlich ihrer Unterhaltung.

Die *betonierten Neuherstellungen* scheinen bis heute nicht entschieden befriedigende Resultate gegeben zu haben, mit Ausnahme allerdings der in Grenoble gebräuchlichen Fahrbahnen aus Zementbeton, welche nicht absolut in die Kategorie der Neuherstellungen fallen, von denen hier die Rede ist.

Die *Neuherstellungen mit Innenteerung* haben zwar noch nicht ihr ganzes Geheimnis Preis gegeben, dürften aber eine vortreffliche Lösung der Strassenbaufrage für die Zukunft versprechen.

Es ist jedoch ratsam, sich von voreiligen Folgerungen zu hüten und die Fortsetzung von systematischen, zusammenhängenden Erfahrungen abzuwarten.

Dasselbe dürfte auch mit allen anderen Systemen der Fall sein, welche darin bestehen, der Schottermenge irgend ein elastisches Bindemittel einzuverleiben.

(Übersetz. Blaevoet.)

Ier CONGRÈS INTERNATIONAL DE LA ROUTE
PARIS 1908

3e QUESTION

DES MODES
DE
CONSTRUCTION DES ROUTES MACADAMISÉES
QUI CONVIENNENT A LA CIRCULATION MODERNÉ

RAPPORT

PAR

M. TH. AITKEN
County Surveyor, à Cupar-Fife.

PARIS
IMPRIMERIE GÉNÉRALE LAHURE
9, RUE DE FLEURUS, 9
—
1908

DES MODES DE CONSTRUCTION

DES ROUTES MACADAMISÉES

QUI CONVIENNENT A LA CIRCULATION MODERNE

RAPPORT

PAR

M. TH. AITKEN

County Surveyor, à Cupar-Fife.

Il n'y a plus de contestation, même de la part des adeptes des anciennes théories, sur la nécessité d'améliorer le mode de construction des routes pour se plier aux exigences du jour. Par suite du surcroît d'usure causé aux chaussées par l'augmentation de la circulation et son changement de nature, il faudra disposer d'un plus grand nombre de procédés d'entretien reconnus bons et appliqués non sans frais relativement élevés, pour satisfaire aux conditions du problème.

L'introduction d'une matière d'agrégation bitumineuse, à la place d'un mélange de substance terreuse et d'eau, est maintenant considérée par la généralité comme la meilleure solution de la question. Ce mode de construction, tout en étant apte à résister au surcroît énorme d'usure que font subir à la route les nouveaux modes de locomotion, supprimera en pratique les fléaux de la boue et de la poussière qui, non seulement, sont devenus une gêne et une véritable plaie pour les piétons et les autres voyageurs, mais encore affectent très gravement les propriétés et les végétations riveraines de la route, en même temps qu'ils se posent dans une certaine mesure en adversaires de l'entretien même de la route.

Il y a bon nombre d'exemples d'excellentes routes en ce pays (Grande-Bretagne), et alors que les méthodes de construction convenaient aux périodes précédentes, où la circulation n'était pas aussi intense, aussi rapide ni aussi pesante, maintenant elles appellent des perfectionnements. Dans bien des cas, par suite du mode d'entretien adopté, de grandes routes perdent peu à peu leur solidité, se trouvent avoir un revêtement irrégulier, qui souvent ne tarde pas à se désagréger, les réparations n'étant pas à la hauteur du degré d'usure produit par une circulation croissante et spécialement par celle de lourds automobiles à rapide allure. Il ressort nettement de comptes rendus qui ont été publiés, que bien des routes sont absolument hors d'état de supporter la circulation nouvelle à laquelle elles sont appelées à servir, et, que dans beaucoup de cas, des réfections partielles ou totales seront nécessaires.

Ce n'est pas qu'il y ait des difficultés à construire une route macadamisée qui convienne à presque toutes les sortes de circulation (les méthodes seront décrites plus bas); mais il y a là plutôt une question de finance, et c'est là un sérieux aspect de la question. Il est évident que tout mode de construction qui permet aux routes de résister efficacement à l'usure produite par la circulation des automobiles, et en même temps de conserver l'imperméabilité, de façon à supprimer pratiquement la poussière, se recommandera de lui-même, en tenant compte de l'économie réalisée dans l'établissement, aux ingénieurs des Ponts et Chaussées et à tous autres intéressés.

Avant de décrire ce qu'on peut considérer comme les meilleurs procédés de construction et d'entretien pour adapter les routes macadamisées aux exigences du jour, il convient d'étudier quelques-uns des éléments qui constituent d'importants facteurs dans la construction et l'entretien des routes en général.

FONDATIONS

Pour toutes les sortes de chaussées, une bonne fondation, bien asséchée, s'impose, de l'aveu de tout le monde; c'est d'elle que dépendent dans une large mesure la vitalité future de la route et le coût de son entretien. Les deux grands pionniers de la construction des routes, Telford et Macadam, avaient des méthodes différentes pour établir une fondation.

Telford adopta la fondation posée à la main, et généralement elle porte son nom dans les cahiers des charges pour la construction de nouvelles routes. Il y a lieu de rappeler, cependant, que Telford n'employait ce mode de fondation que lorsqu'il pouvait se procurer des matériaux appropriés à ce but et que, dans bien des cas, il se servait de gravier et de toutes autres espèces de matériaux se trouvant sur les lieux. Des centaines et des centaines de kilomètres de nouvelles routes reçurent de Telford une fondation de gravier dans ce pays, principalement dans les plateaux d'Écosse. Macadam n'avait pas recours pour la fondation aux pierres posées à la main; mais préférait ne former la chaussée que de cailloux de mêmes dimensions. Sous ce rapport — il faut se rappeler que ce sont principalement des routes déjà existantes qu'il fut appelé à améliorer. — Macadam trouvait généralement dans les anciennes routes assez de matériaux, mais de dimensions très irrégulières. En règle générale, Macadam repiquait tout le revêtement, restaurait la fondation, drainait le sous-sol là où besoin était, et posait alors les vieux matériaux après les avoir ébousinés et cassés de façon qu'ils aient tous le volume uniforme de 2 pouces cubes (32,772 cm), mais il exigeait ordinairement que le poids de chaque pierre ne dépassât pas 170 gr.

L'auteur de ce mémoire a adopté dans la pratique un système qu'on peut définir un compromis entre les deux méthodes qui viennent d'être exposées ; bien des kilomètres de nouvelles routes ont été construites selon ce système avec d'excellents résultats. Les matériaux bruts sont d'abord mis dans l'encaissement, puis cassés en cubes de 3 à 4 pouces de diamètre (7,6 cm à 10 cm) de la hauteur voulue, généralement 9 pouces (23 cm) au centre et 7 (18 cm) sur les côtés. On consolide cette couche par le cylindrage, on répand une couche de sable de 2 pouces (5 cm), en partie pour remplir les interstices, en partie pour former coussinet sous l'empierrement supérieur, qui constitue la surface d'usure. Les pierres formant la fondation d'une route doivent être dures et de bonne qualité ; elles ne doivent pas être sujettes à souffrir de la gelée ou du passage de roues pesantes.

Par malheur, la fondation de beaucoup de nouvelles routes a été faite avec de la pierre tendre ou des gravats durs, c'est-à-dire, dans bien des cas, avec des décombres.

Il peut être intéressant de remarquer que quelques-unes des routes de certains comtés de ce pays n'ont qu'une épaisseur d'ensemble de matériaux de 4 à 6 pouces (10 à 15 cm) et il n'y a pas de doute que ce ne soit là le type de centaines de kilomètres de routes dans les îles Britanniques, Ce fait est certainement dû à l'apparition des chemins de fer qui ont privé les routes de leur trafic ; par suite, on a ralenti le tracé des grandes routes à péage. Dès lors, ceux qui avaient les routes à leur charge disposèrent de si peu de fonds qu'on ne pouvait même exécuter comme il faut les réparations et que les routes en souffrirent conséquemment.

Il était commun de rencontrer, dans les derniers jours du système de routes à péage et même jusqu'à une époque relativement récente, des fondations découvertes et servant telles quelles à la fois d'assiette et de surface d'usure. Depuis la suppression des péages, une amélioration graduelle s'est produite, mais pas au point cependant de suivre les progrès considérables de l'automobilisme et l'augmentation de la circulation en général.

PIERRES SERVANT POUR LES ROUTES

Le choix de cailloux appropriés pour la réparation des routes est d'une extrême importance. Les qualités essentielles des pierres sont : qu'elles soient dures, solides, résistantes et qu'elles ne se polissent pas sous l'influence de la circulation. Les matériaux formés de minéraux sujets à se décomposer ou en équilibre chimiquement instable sont à éviter, car l'oxydation produite par l'air et l'action dissolvante de l'eau impure, chargée de sels et d'acides organiques, sont des facteurs de destruction pour la conservation des routes. La dureté et la solidité se rencontrent rarement au même degré dans les pierres servant pour les routes, bien qu'il y ait de notables exceptions, comme en offrent le basalte et certaines olivines dont les éléments sont forts. La bonté des pierres dépend également de la consistance moléculaire et de la solidité du principal agent de cohésion des minéraux.

Pour la plupart, les cailloutis provenant de roches de la famille du basalte, de la dolérite et de l'andésite, sont très bons, bien que beaucoup de dolérites ne conviennent pas du tout aux routes. Il peut sembler étrange que le granit, dont la valeur est si appréciée pour les travaux de l'ingénieur en général, se trouve, à quelques exceptions près, constituer un minéral inférieur pour les routes, comparativement à ceux déjà mentionnés; il en est particulièrement ainsi de celui dont les cristaux de quartz sont forts et grossièment semés. Le granit de Mountsorrel et des environs et quelques espèces des îles de la Manche sont regardés comme les meilleurs et on s'en sert beaucoup dans le sud de l'Angleterre.

Il est généralement admis que, lorsqu'on a affaire à une circulation intense, il est plus économique d'employer les matériaux les meilleurs qu'on puisse se procurer pour réparer les routes, dussent-ils même venir de loin et coûter plus qu'une roche de qualité inférieure qu'on trouve sur les lieux.

On s'est servi de bien des sortes de matériaux pour faire des réparations aux routes : graviers, silex, calcaire, laitiers de forge, grès à moudre, etc., notamment en Angleterre; mais ils ont maintenant cédé la place pour la plupart au granit de bonne qualité, au basalte, etc.

Il y a des roches en quantité dans bien des comtés d'Écosse et le prix moyen de la pierraille peut revenir à 4 sh. 6 d. ou 5 sh. par yard cube (6 fr. 85 à 7 fr. 60 par mc). A Londres, on peut prendre le chiffre de 15 à 18 sh. pour le macadam de Mountsorrel et de Guernesey (22 fr. 70 à 35 fr. 25 par mc).

MATIÈRE D'AGRÉGATION

Les opinions diffèrent sur la nécessité d'employer une matière d'agrégation pour aider à la consolidation des revêtements de route; le doute vient surtout de ceux qui étudient le problème des routes dans leur cabinet, sans avoir jamais eu l'occasion d'acquérir de l'expérience par la pratique de cet art. Telford se servait de fin gravier pour faciliter la liaison du cailloutis des nouvelles routes, alors que Macadam excluait l'emploi de toute matière étrangère pour obtenir le même effet, prétendant que les pierres s'enchevêtreraient grâce à leurs angles mêmes. Il faut se rappeler que Macadam, comme nous l'avons déjà dit, s'occupait surtout de la réfection et de la réparation d'anciennes routes et que, pour la plupart, les matériaux employés avaient déjà servi pour l'empierrement. Les pierres irrégulières et les plus grosses étaient cassées pour avoir une dimension uniforme d'environ 2 pouces (5 cm) de diamètre et naturellement il pouvait adhérer encore à la pierraille une certaine quantité de substances terreuses qui, sans addition aucune d'autres matériaux, constituait aussitôt une matière d'agrégation suffisante pour assurer la cohésion. Il n'était pas nécessaire d'utiliser une matière d'agrégation dans l'ancien système de réparation des routes, qui consistait à répandre le cailloutis en lui donnant l'épaisseur d'une seule pierre, sur des bandes ou des flaches ayant 2 à 6 pieds de largeur (0 m. 60 à 1 m. 82) et une longueur qui différait suivant les cas; d'ailleurs Macadam avait acquis une grande expérience de ce procédé. Peu d'ingénieurs des Ponts et Chaussées ou d'inspecteurs remplissaient de gravier les interstices lors de ces racommodages, sauf dans des circonstances exceptionnelles. L'assiette des anciennes routes était généralement assez molle lorsque la pierraille était posée et la circulation des voitures assujettissait les pierres. Au cours de la consolidation de ces emplois, par l'effet de la circulation, ce qui demandait beaucoup de temps, plusieurs variations atmosphériques se produisaient, la gelée dominant pendant des semaines, parfois pendant des mois, sans discontinuer. Dans ces conditions, voici ce qu'il arrivait : les lourdes roues des charrois étaient obligées de passer sur ces pièces rapportées de l'empierrement, et l'ancien revêtement de la route étant dur, le passage des voitures produisait l'effet d'une meule sur les pierres et contribuait éminemment à les polir. Par ce procédé, non seulement les angles des pierres s'arrondissaient, mais il se formait indirectement une matière d'agrégation suffisante par le limage de la pierraille. Sans aucun doute ce système aidait admirablement à la liaison des lits de pierraille, mais au détriment du cailloutis; en outre, l'enchevêtrement était défectueux, justement parce que les angles des pierres étaient émoussés. Pendant la saison sèche qui suivait, on se heurtait à un grand inconvénient; car les pierres se détachaient et la circulation les éparpillait sur toute la surface de la route. Ce mode de réparation était pratiquement le seul en usage jusqu'à l'apparition des cylindres compresseurs, mais ce procédé ancien est encore employé dans une certaine mesure actuellement.

Le nouveau système de réparation des routes réalise un grand progrès sur les méthodes d'autrefois et produit de bons effets là où la circulation est lente et moyenne. En général, on répand sur toute la largeur de la route en réparation des couches de pierraille de 3 à 4 pouces d'épaisseur (7,5 à 10 cm), au sortir même du cassage mécanique fonctionnant dans les différentes carrières. Les cailloux ainsi obtenus, passés à la claie pour les débarrasser de toute substance inutile, donnent une pierraille dont les éléments sont bien tous de même taille. Lors de la consolidation des couches de cailloutis par le cylindrage, il est indispensable d'utiliser une certaine quantité de matière agrégative convenable, afin de maintenir la cohésion entre les pierres. C'est d'elle que dépend le succès de l'opération, une fois que le cailloutis a été répandu comme il faut. Si l'on se servait dans de fortes proportions d'un mélange de matériaux impropres, on procéderait évidemment de façon défectueuse tant au point de vue sanitaire qu'au point de vue économique. C'est aussi le moyen de produire beaucoup de poussière par un temps sec et de boue par un temps humide, sans compter l'usure réelle des pierres par le passage des roues. Dans de telles circonstances, les pierres n'arrivent jamais à s'enchevêtrer comme il faut et il n'y a pas de véritable solidité tant qu'un volume considérable de boue remplit les interstices. Cela a pour effet d'amener le dessèchement de la boue agrégative pendant l'été et par suite une sorte de ratatinement, alors que, durant l'hiver, la gelée dilate l'humidité considérable amassée dans la boue et gaufre le revêtement de la route. Pour obtenir une chaussée dans les meilleures conditions, il est nécessaire d'employer une matière liante de nature légère, comme du sable glaiseux, et cela, en petites quantités, mais qui soient suffisantes pour assurer la cohésion et le moins d'interstices possibles dans le cailloutis. Les cassures de trapp forment aussi une bonne matière d'agrégation et tous les rechargements devraient être effectués en répandant une légère couche de cassures sur le revêtement et en finissant par un cylindrage.

Même quand on emploie les matériaux les plus résistants à l'usure comme pierraille, c'est la matière liante qui fait la fortune ou la perte d'une route macadamisée, et il est hors de doute qu'on obtient d'admirables résultats quand le travail est exécuté selon les données de la science et de la pratique. Il n'en est pas moins vrai que la matière agrégative est le défaut de la cuirasse dans la construction des routes. Il en faut une de nature glutineuse ou bitumineuse avec l'accroissement actuel du nombre des véhicules automobiles, si l'on veut adapter convenablement les routes à la circulation moderne.

L'auteur de ce mémoire est entré dans des détails minutieux à propos de cette matière d'agrégation; mais c'est qu'il sent que, toutes autres conditions étant égales, c'est là le noyau de toute la question de la construction et de l'entretien efficaces des routes.

CYLINDRAGE

Un cylindrage bien fait est chose de grande importance; bien des routes revêtues avec de la pierraille de bonne qualité ont à souffrir et se désagrègent quand l'eau contenue dans la matière liante s'est évaporée. Il faut tendre, en cylindrant et comprimant la pierraille additionnée d'une matière d'agrégation adéquate en petite quantité, à approcher du volume occupé primitivement par les matériaux dans la masse terrestre. Tout excès de matière liante doit être exprimé par des tours répétés de cylindre et balayé. Il en résulte une croûte solide capable d'offrir une résistance très efficace à l'action du passage normal des roues et renfermant la proportion la plus faible de substances solubles qui puissent former de la boue par un temps humide et de la poussière par un temps sec. On fabrique des cylindres de différents poids, qu'on emploie suivant l'état de la route sur laquelle on doit opérer et suivant la nature des matériaux employés pour les emplois. Il faut aussi tenir compte des conduites d'eau et de gaz et autres tubes affectés à diverses distributions, situés sous la chaussée, et qui, dans bien des cas, se trouvent voisins de la surface ou peu recouverts. On se sert surtout de rouleaux de 12 à 15 tonnes; ces derniers sont les plus employés en Écosse, où la pierraille est principalement de nature ignée, dure et très résistante à l'usure. La quantité de pierraille qui peut être consolidée en un jour par un rouleau de 15 tonnes varie en fonction de la nature de la pierre, de l'espèce de matière liante employée, du degré de compacité exigé, de la nature et de l'intensité de la circulation sur la route où s'effectue l'opération. Dans des conditions favorables, on peut consolider convenablement en un jour 50 à 60 tonnes (5.080 à 6.100 kg), mais ce chiffre peut être réduit à 40 ou même 30 tonnes, là où la circulation oblige à s'arrêter souvent et surtout sur les routes suburbaines. Il y en a beaucoup qui plaident pour le cylindrage à sec, ceux principalement qui n'ont que peu d'expérience en ces matières. Ils estiment que le cylindrage continu d'une couche de pierraille amènera sa consolidation sans l'auxiliaire de matière liante ni d'eau. Ce qui advient en réalité, c'est que la pierraille s'use par frottement et s'écrase, et qu'on obtient ainsi une certaine quantité de matière d'agrégation, ce qui avec la pluie, donne des résultats passables. Avec ce système de cylindrage, les pierres sont plus ou moins détériorées et diminuent par suite l'utilité pratique des réparations qu'on effectue, car elles sont inaptes à supporter la circulation. Il résulte de ce mode de construction beaucoup de boue par les temps humides et de poussière par les temps secs.

Les routes macadamisées, construites comme il faut, conviennent admirablement pour la plupart des genres de circulation dans les conditions atmosphériques ordinaires; le meilleur état d'une route macadamisée est celui où elle renferme une petite quantité d'humidité, en sorte que la matière d'agrégation possède alors un certain nombre des qualités du ciment. En tout cas, c'est aux conditions atmosphériques anormales qu'il faut obvier, c'est-à-dire à une longue période de sécheresse ou d'humidité. Dans l'un ou l'autre de ces cas, chacune des pierres qui se trouvent immédiatement sous la couche superficielle s'use considérablement, car la matière d'agrégation perd ses qualités de ciment; il s'ensuit qu'il conviendrait d'employer comme matière liante une substance résistante, si l'on veut améliorer les routes macadamisées et les rendre aptes à résister à l'usure produite par la circulation nouvelle et toujours croissante et éviter en même temps l'inconvénient parasite de la boue et de la poussière.

MACADAM GOUDRONNÉ

Sans aucun doute, le tar-macadam, ou la pierraille goudronnée de quelque autre façon, constituera le mode futur de construction des chaussées dans ce pays, notamment pour les grandes routes. En effet, le goudron ou ses composés, employé comme matière d'agrégation avec une certaine quantité de cassures et de poussière de trapp est un excellent agent de cohésion et donne une masse solide et homogène. Avec ce sys téme, on empêche les frottements internes et l'nsure des couches de pier raille. inconvénient qui ne manque pas de se produire avec le macadam ordinaire. En confinant la véritable usure de l'empierrement à la surface, elle devient relativement faible, la durée de la route en est considérable ment augmentée et l'on réalise des économies d'entretien.

L'utilisation du tar-macadam date d'environ cinquante ans dans ce pays, et suivant M. Arthur Brown, membre de la Société des Ingénieurs civils, ingénieur de Nottingham, ce serait cette ville qu'on regarderait ordinairement comme le lieu d'origine de l'asphaltage et des chaussées macadamisées. Le mode de préparation actuel des matériaux pour le tar-macadam, tel qu'on l'applique à Nottingham et dans quelques autres villes, réalise un grand progrès sur les méthodes d'autrefois. Le système le plus perfectionné règle les proportions du mélange de la pierre ou du laitier et du goudron; le procédé exécuté scientifiquement supplante les méthodes grossières qu'on suivait autrefois. On emploie d'autres procédés pour traiter le laitier ou la pierraille et ordinairement on amasse les matériaux en tas afin de permettre au goudron en excès de s'égoutter. Ceci est un point essentiel et demande deux semaines au minimum. Lorsque les matériaux goudronnés se trouvent dans l'état voulu, on les charge sur un tombereau, on les répand sur la route en réparation et on consolide par un cylindrage effectué suivant les méthodes ordinaires. On emploie des pierres de dimensions différentes qu'on étale en couches régulières en se servant des matériaux les plus menus pour finir la surface. Le tar-macadam fait de laitier qui absorbe le goudron, comme on le prétend, n'a pas une durée ni une résistance à l'usure comparables à celles des pierres bien connues de ce pays. Le tar-macadam ou le tar-mac fait avec du laitier a donné d'excell nts résultats dans bien des endroits, alors que dans d'autres ils ont été variables. La main-d'œuvre nécessaire pour mélanger les matériaux, réduite au minimum comme elle l'est maintenant par l'emploi des machines, est encore telle qu'en pratique il faut, à cause de la cherté de la préparation, renoncer à l'emploi général de ce genre de macadam goudronné pour les grandes routes de comté, sauf dans les localités où il existe une usine de malaxage. A Nottingham, le prix varie entre 1, 9 et 2 d. par yard carré (0 fr. 23 à 0 fr. 24 par mq). Dans d'autres villes il est de 6 d. (0 fr. 72), la moyenne dans tous les cas pouvant être fixée à 4 d. par yard carré (0 fr. 48 par mq). Il y a lieu de tenir compte de l'augmentation de durabilité d'une route ainsi traitée, par rapport aux routes macadamisées ordinaires, pour comparer le prix de revient annuel des deux systèmes de réparation.

On a utilisé le tar-macadam comme revêtement dans beaucoup de villes, mais son prix de revient par les procédés précédents semble devoir le faire écarter, et on ne pourrait pas entreprendre son application sur une grande échelle. On a essayé dans quelques localités, mais avec peu de succès, une autre méthode d'exécution du macadam goudronné. Elle consiste à verser le macadam bouillant sur la pierraille après l'avoir partiellement cylindrée. On pense ainsi opérer le jointement de la pierraille et le parachever au moyen de cassures de pierre qui rempliront les vides à la surface : on continue d'ailleurs le cylindrage pour consolider le revêtement. Par cette méthode, il est inévitable qu'on répande du goudron en trop grande quantité et d'une façon très irrégulière : par les temps chauds, tout le revêtement commence par se déranger et se déformer pour finir par se désagréger. L'application du goudron bouillant à la pierraille froide mérite réflexion, car, dans bien des cas, il se trouvera que le goudron sera refroidi. Dans ces conditions, il est sujet à s'écailler autour des pierres et présente ce désavantage d'ailleurs que les propriétés agrégatives de la matière liante en sont diminuées.

On a essayé un autre moyen de faire du macadam goudronné en employant une matière d'agrégation composée de cassures de granit, de trapp ou de calcaire et en les recouvrant complètement de goudron ou d'une composition à base de goudron. Pour recharger une route sur une épaisseur de 10 cm, on répand d'abord sur l'ancien empierrement une couche de cette matière d'agrégation avant d'appliquer la pierraille. Par dessus on met la pierraille et on procède au cylindrage, dans l'idée de forcer la matière liante à pénétrer dans les interstices des pierres, grâce à la compression exercée par les roues du cylindre. Pour mettre ce système à l'épreuve, il y a plusieurs années l'auteur de ce mémoire a essayé plusieurs matières d'agrégation de ce genre en variant la composition et les proportions, mais sans grand succès. Pour avoir une réelle valeur, la matière d'agrégation doit être complètement liquide; dans cet état, on ne peut pas la manier comme il faut et, de plus, à procéder dans ces conditions, on se heurte à l'inconvénient que la matière liante devient gluante par les temps chauds à cause de l'excès de goudron qu'elle contient. D'autre part, si elle est épaisse, elle ne pénétrera pas le revêtement, et il faudra une couche superficielle de matière liante qu'on comprimera à son tour pour la faire entrer dans les interstices du cailloutis. Il se peut que ces deux applications se rencontrent au centre du revêtement, mais cela n'a pour ainsi dire jamais lieu, sauf si le revêtement est mince, et il en résulte en pratique un placage à la base et à la surface du revêtement. Sur les routes à surface irrégulière, ce système présente des inconvénients dus à ce qu'il faut répandre des épaisseurs différentes de cailloutis pour donner à la route la forme convenable, ou bien il y a des frais en plus à faire par la raison qu'il faut piocher l'ancien revêtement.

Cependant, d'autres personnes semblent avoir récemment repris les essais du macadam goudronné de ce genre et ont obtenu de bons résultats, dit-on. Il a été lancé dans le commerce comme un nouveau procédé et les annonces le dénomment « Taroia » ou « Système Gladwell ». On a exécuté beaucoup de travaux de cette façon, surtout avec des revêtements ayant l'épaisseur d'une pierre, et on s'en est bien trouvé. Le prix de revient de cette construction est plus élevé que celui du macadam ordinaire de 4 à 6 d. par yard carré (0 fr. 47 à 0 fr. 70 par mq).

Des observations précédentes il s'ensuit évidemment que, pour obtenir de bons résultats qui ne soient pas trop coûteux, il est nécessaire d'employer des dispositifs qui traitent comme il faut la pierraille mécaniquement aussitôt après qu'elle a été répandue sur la route. En répandant le liquide gluant sous une pression considérable, celui-ci traverse l'empierrement, pénètre autour et en dessous des pierres détachées et les recouvre entièrement d'une pellicule de goudron ou substance à base de goudron. Après cela, il est nécessaire de donner deux ou trois tours de machine suivant l'épaisseur du revêtement; ensuite on répand des cassures de trapp en petite quantité pour remplir les interstices du revêtement. On consolide la pierraille par le cylindrage et on applique à nouveau une couche de goudron à la surface à l'aide de la machine; on sème des cassures et de la poussière de trapp par-dessus et on finit par un cylindrage. De cette façon, on applique juste la quantité de goudron nécessaire pour obtenir de bons résultats; avec cette machine déverseuse on peut traiter des revêtements d'une épaisseur de 10 cm. En appliquant la matière liante de cette façon, chaque pierre en est revêtue convenablement, et on évite d'introduire dans le corps de la chaussée un excès de goudron, ce qui serait d'ailleurs un inconvénient. On ne peut pas y arriver par le travail manuel, ni par des machines d'où les matériaux liquides ne s'écoulent absolument que par l'effet de la pesanteur.

La quantité de cassures nécessaire pour remplir les vides, afin de faire du revêtement une masse homogène, dépend de la grosseur des pierres employées: plus elles sont petites, moins il faudra de cassures. Dans ce procédé, il faut tenir compte, comme pour toutes les sortes de macadam goudronné, de la nature des pierres: les matériaux qui ont la cassure nette doivent être préférés aux pierres d'une contexture délicate.

Suivant l'opinion de l'auteur, la méthode qui vient d'être décrite est la plus économique pour faire un tar-macadam et elle est presque aussi efficace que tout autre. Dans tous les cas, il est absolument nécessaire que tous les matériaux soient parfaitement secs et que le travail soit exécuté par un beau temps.

Si la matière liante est faite de goudron épuré, elle doit avoir une résistance suffisante pour agréger les pierres et former un revêtement imperméable. Si le raffinage n'est pas effectué de façon à débarrasser le goudron des substances ammoniacales et du naphte, l'oxydation produite par l'air aura un mauvais effet sur le goudron; si l'épuration est poussée trop loin, le goudron devient cassant après l'application et les roues des véhicules le réduisent facilement en poussière.

La difficulté est d'amener le goudron au degré de composition convenable pour ce genre de travail; aussi a-t-on adopté à cet effet d'excellents mélanges contenant une certaine quantité de bitume. Ceux-ci pour la plupart prennent bien et semblent être l'idéal pour constituer une matière gluante propre au tar-macadam.

Dans des conditions favorables cela produit un revêtement dont la densité approche beaucoup de celle de la roche solide, qui est d'une imperméabilité parfaite et conserve un certain degré d'élasticité et est en pratique silencieux. On peut réduire considérablement le bombement des routes ainsi faites, par rapport à celui qu'elles ont à présent; elles sont sûres pour le pied des chevaux et le coût du balayage est diminué.

La compacité de l'agrégat est un facteur important pour la plupart des revêtements carrossables et notamment pour les routes macadamisées. La proportion de vides dans la pierraille à l'état libre varie suivant la dimension de chacune des pierres composant l'empierrement. Après la consolidation par cylindrage, il reste un certain nombre de vides, qui dépend de la nature des pierres, de leur forme extérieure, de leur dimension, du poids du cylindre employé et du degré de cylindrage. La pierraille cassée à la machine, si elle est de bonne qualité et convenablement triée à la claie, peut former par la compression une masse plus solide que le cailloutis cassé à la main. Sous ce rapport, quand on fait un macadam goudronné à *pied d'œuvre*, il est préférable de se servir de matériaux cassés et triés à la machine, parce que, sous l'action des roues du cylindre, les pierres se mettent d'elles-mêmes dans la position qui leur convient, se trouvent coincées et par suite occupent le moins de volume possible avec un minimum d'interstices remplis de matière liante : goudron, composés à base de goudron ou cassures de trapp.

Il est de la plus haute importance, pour la construction et l'entretien des routes, d'employer pour faire du macadam goudronné à pied d'œuvre des pierres ayant les dimensions les plus avantageuses et qui, en tenant compte des conditions nouvelles de la circulation, donneront les meilleurs résultats sous le rapport de la résistance à l'usure et renfermeront dans les interstices ou vides une quantité suffisante de matière d'agrégation.

Incontestablement, le revêtement le plus compact, réunissant aussi les autres conditions essentielles, est le plus durable et permet, par suite, de réaliser une économie de frais d'entretien. Le grand point dans la construction des routes macadamisées est de réduire autant que possible le frottement interne réciproque des pierres, et, sur ce chapitre, l'introduction du goudron ou d'un composé à base de goudron comme matière liante, additionné d'une certaine quantité de cassures qui dépend de la dimension des pierres employées, constitue un progrès marquant sur les méthodes généralement suivies à notre époque. L'introduction d'une matière liante bitumineuse donne la solution de ce côté du problème et l'usure résultant de la circulation des véhicules se trouve entièrement confinée à la surface de la route.

Pour obtenir un revêtement parfaitement homogène et très consistant, on peut adopter différentes méthodes dans l'exécution du travail. Il n'y a aucun doute qu'on arrivera au maximum de consistance en se servant de pierres de dimensions différentes, ce qui aura pour effet de réduire aussi complètement que possible la proportion d'interstices ou de vides. Tout en réalisant l'idéal de la solidité, ce mode ne donnera pas en pratique à la route ce maximum de durabilité qu'on cherche à réaliser en même temps que l'économie dans la construction. C'est un fait bien connu qu'une pierraille de différentes dimensions appliquée sur la route et consolidée par le cylindrage ordinaire donne lieu à la création de flaches et irrégularités dans le revêtement peu après la consolidation sous l'influence d'une circulation intense. On discute le point de savoir si un macadam goudronné composé de pierres de différentes dimensions, bien malaxées comme dans le système bithulistique, offre autant de résistance et conserve aussi efficacement la route en bon état qu'un revêtement de pierres de dimensions à peu près égales, subissant le traitement à pied d'œuvre et devant leur cohésion à une matière liante de nature bitumineuse. La dimension de la pierraille est aussi un facteur important dans la détermination de la quantité de matière liante ou plutôt de mélange agrégatif nécessaire pour la construction des routes. Si les pierres sont de grande dimension, c'est-à-dire ont 6,5 cm de diamètre, le nombre des vides est tel qu'il exige une quantité relativement importante de matière liante pour que les interstices soient remplis comme il faut. Dès lors, on constate que tout en obtenant une masse homogène, on élève les frais d'établissement à un prix voisin de celui de l'asphaltage. La solidité est remarquable, mais pour des routes en pleine campagne, il faut un mode de construction meilleur marché et de ce côté les pierres composant le revêtement doivent, si elles sont de bonne qualité, supporter l'usure de la circulation pendant que la matière liante, au lieu d'assumer en partie la charge de cette usure, ne doit être considérée que comme élément d'agrégation et ne servir que comme tel.

L'auteur de ce mémoire a fait depuis quelques années des expériences multiples sur ce chapitre, et il est maintenant d'avis que, pour obtenir les meilleurs résultats sous le rapport de l'efficacité et de l'économie dans la construction, comme aussi sous celui de l'élimination de la poussière et de la boue, il convient d'employer des pierres d'une grosseur de 2,5 à 5 cm. La pierraille de cette dimension dont on s'est servi jusqu'ici dans bien des cas pour obtenir un bon revêtement n'était pas d'une durabilité remarquable, mais avec une matière liante de nature bitumineuse elle donne d'excellents résultats.

Dans les conditions nouvelles de la circulation et en face des nouveaux modes de traitement des routes conçus en vue d'y satisfaire, il est évident qu'on doit adopter le mode de construction le plus efficace, mais en même temps le plus économique.

Les expériences auxquelles il a été fait allusion ont convaincu l'auteur que pour réaliser une construction économique, il faut réduire au minimum les vides du revêtement qui sont remplis par le liquide bitumineux et les cassures. La matière liante n'ayant pas grande résistance à l'usure ne doit être considérée que comme l'instrument d'agrégation.

En ce qui concerne l'efficacité, il y a lieu de faire des recherches ultérieures pour savoir s'il faut préférer au revêtement formé de pierres de dimensions régulières, celui qui est composé de pierres de dimensions différentes traitées comme il est dit ci-dessus en remplissant les interstices ou vides d'une matière liante adéquate et en comprimant suffisamment pour arriver au maximum de compacité. S'appuyant sur son expérience personnelle, l'auteur, tout en admettant que des matériaux de différentes dimensions, agencés convenablement, peuvent quelque peu réduire les vides, se prononce en faveur du mode de construction qui consiste à employer des pierres de dimensions égales en fait, afin d'assurer une usure uniforme de la surface et par suite une durabilité plus grande, ce qui est un facteur essentiel.

Les échantillons dont il est question ci-dessus, prélevés sur la route, sont ceux de pierres d'une grosseur variant entre 2,5 et 5 cm, répandus à pied d'œuvre en même temps qu'une matière liante de nature goudronneuse et consolidés avec un rouleau de 15 tonnes. Le poids spécifique de la matière liante était d'environ 1,2 et il est de toute évidence qu'en employant une matière liante bitumineuse de densité spécifique plus grande, on augmenterait la densité spécifique de la route.

L'auteur a constaté que la solidité des morceaux de la route réelle qui a été construite, consistant en pierres de la dimension susdite, traitées de la façon décrite ci-dessus, représente, comparée avec les matériaux à l'état massif dont la route est formée, 85 à 88 pour 100 de la solidité des matériaux résistant à l'usure (les morceaux de route en question figurent à l'exposition avec des notices explicatives).

Il faut faire une large place à une matière d'agrégation qui réunisse le bon marché à l'efficacité et on ne peut la déterminer avec précision qu'après plusieurs années d'expérience pratique. Il est nécessaire d'avoir plusieurs degrés de solidité et plusieurs proportions de mélange de substances bitumineuses avec la matière liante, afin de les employer suivant les nécessités de la circulation, mais il reste à fixer exactement les proportions dans un avenir prochain.

Le prix de revient de la confection du macadam goudronné à pied d'œuvre dépend surtout de la quantité relative de bitume ou autre substance semblable incorporée au goudron. Si on emploie du goudron ordinaire épuré, qu'on peut se procurer à 1 denier 1/2 le gallon (0 fr. 036 par litre) le prix de revient est d'environ 0 fr. 60 par tonne de pierraille consolidée ou d'environ 3/4 ou un denier par yard carré (0 fr. 08 à 0 fr. 12 par m²) en plus de celui du macadam ordinaire. Cependant s'il était nécessaire ou préférable d'utiliser un composé du goudron afin de faire face à une circulation très lourde, le prix augmenterait suivant la proportion de bitume contenue dans le mélange.

Les mélanges employés en Écosse sont de différents prix, mais le meilleur, et probablement le plus économique à la longue, revient en moyenne à environ 3 deniers 1/4 à 4 deniers par gallon (0 fr. 08 à 0 fr. 97 par litre).

Un mélange goudronneux à ce dernier prix, appliqué à un empierrement de 10 cm d'épaisseur, représente approximativement, y compris la main-d'œuvre, 4 d. par yard carré (0 fr. 48 par m²), soit environ 2 d. (0 fr. 24 par m²) en plus de ce que coûte le macadam ordinaire.

Dans les travaux exécutés près de Cupar-Fife, l'auteur du mémoire s'est servi de différentes sortes de goudron et de mélange, et l'expérience qu'il y a acquise lui permet de conclure qu'un mélange assez visqueux et susceptible de sécher suffisamment vite, qui peut être produit à bon marché, constituera la substance utilisée à l'avenir pour obtenir une matière liante qui donne les résultats désirés.

Le répandage de mélanges bitumineux à la machine pour faire du macadam goudronné à pied d'œuvre, système introduit par l'auteur, il y a bien des années déjà, a répondu à toutes les espérances et satisfait pleinement aux exigences modernes.

MOYENS D'EMPÊCHER LA POUSSIÈRE

On ne peut donner de solution satisfaisante au problème qui a absorbé et maintenant encore absorbe l'attention des ingénieurs des Ponts et Chaussées et du public, en général, qu'en adoptant pour les routes, ainsi qu'on l'a vu, une forme ou une autre de macadam goudronné. Néanmoins, comme bien des années doivent s'écouler avant que toutes les grandes routes d'un pays puissent subir ce traitement, il convient de chercher quelque méthode d'empêcher ou de supprimer le fléau de la poussière.

Le nombre croissant des « poids lourds » à traction mécanique et des automobiles à rapide allure, — et, en vérité, de tous les modes de locomotion, — a eu pour conséquence de faire ressortir aux yeux du public les méfaits de la poussière.

On en peut reconnaître les importants ravages dans l'énorme préjudice occasionné à la propriété par la diminution de valeur de beaucoup de maisons voisines des routes fréquentées par les automobiles, et dans le dommage causé aux jardins et à la végétation, en général, aux meubles et aux vêtements, aux marchandises et aux denrées, etc. Le côté hygiénique de la question est aussi d'une importance extrême et la gêne causée aux piétons sur la route ainsi que le danger qu'ils courent constituent un état de choses auquel il faut remédier d'urgence.

Il y a plusieurs facteurs qui influent sur la formation de la poussière : les plus importants sont la nature des pierres et de la matière liante employées ainsi que le genre et l'importance de la circulation supportée par les routes. L'usure des routes est due en grande partie aux véhicules à bandage mécanique, aux pieds des chevaux et à la succion produite par les gros pneus des automobiles à rapide allure; l'action destructive des pneus n'en devient que plus intense lorsqu'ils sont munis de rivets d'acier ou d'autres antidérapants. L'expérience montre qu'une automobile allant à environ 20 km à l'heure ne soulève pas plus de poussière qu'une voiture à quatre chevaux, mais lorsque la vitesse augmente, les nuages de poussière deviennent plus denses, la matière liante et les petites pierres sont arrachées du revêtement après une longue période de temps sec.

Le frottement interne et l'érosion réciproque des pierres constituant la croûte superficielle engendrent la poussière, et cette action est augmentée par le fait que la matière liante perd ses propriétés de ciment par la sécheresse. Le plan sur lequel sont construits les automobiles a quelque chose à voir avec la quantité de poussière soulevée; mais c'est, en premier lieu, par un traitement appliqué aux routes qu'il faut aborder la suppression de la poussière. On a adopté de ci de là différents moyens pour combattre le mal, tels que l'arrosage et l'emploi de divers palliatifs, qui doivent tous être écartés comme étant à la fois coûteux et éphémères, quoique l'on se soit bien trouvé de leur emploi. Ce qu'il faut, en réalité, c'est une substance de bonne constitution et de nature visqueuse, telle que le goudron et ses composés.

Dans un mémoire lu, il y a quelques années, devant l' « Association Britannique » à Southport, l'auteur a préconisé le répandage du goudron pour empêcher la poussière; mais les membres de la section de l'ingénieur ne paraissent pas y avoir eu recours à cette époque.

Il est généralement reconnu maintenant que le goudron, sous l'une ou l'autre de ses formes, est la seule substance qui donne satisfaction jusqu'à présent à cet effet. Pour traiter une route comme il faut, le liquide doit pénétrer à un certain degré dans le revêtement, ce qui a ou n'a pas lieu suivant la présence ou l'absence de divers facteurs qui entrent en jeu.

Cette pénétration ne pourra pas être obtenue en versant le goudron sur la route avec des seaux ou à la main et en l'étalant à la brosse, à moins que le goudron ne soit bouillant; mais, les pierres étant froides, le liquide se refroidit et une pénétration efficace ne peut pas avoir lieu. Cette observation ne s'applique pas dans la même mesure aux pays dont le climat est très chaud. Pour faire pénétrer effectivement la matière liante d'un revêtement, il est nécessaire de répandre le goudron très dilué et sous pression. Par ce moyen, on utilise complètement chaque litre de goudron pour une superficie donnée de revêtement. Tout goudronnage exige une route parfaitement exempte de poussière et de matières étrangères; plus la matière liante est légère, plus l'application sera efficace et plus la pénétration sera profonde. Il n'est pas à recommander d'enduire la surface d'une route sans viser à la pénétration; car, après une période de temps humides, le goudron s'écaille et forme une boue visqueuse. Il est nécessaire de répandre de la poussière à la surface après le goudronnage, et la meilleure est celle de trapp ou d'une autre matière analogue, dont les grains aient 0 cm 6 de grosseur. Le sable n'est pas efficace, et la surface de la route devient parfois glissante pour le pied des chevaux. Pour être couronné de succès, le travail doit être exécuté lorsque l'intérieur et la surface de la route sont complètement secs et qu'il fait beau temps.

Il n'y a pas de doute que, quand une route a été enduite comme il faut de goudron ou autre mélange analogue, outre la suppression de la poussière, on prolonge la durée de la route et on se couvre amplement des frais du goudronnage. Le goudronnage est le moyen le plus économique d'éviter la poussière, pourvu que le goudron soit de bonne qualité, distillé et appliqué convenablement. Les routes ainsi traitées réunissent plusieurs des avantages de l'asphalte, sont en fait imperméables, donnent du pied aux chevaux, sont relativement silencieuses et, d'autre part, permettent de réduire les frais de balayage.

Le prix du répandage varie entre certaines limites, dépendant du coût du goudron, de la quantité employée et d'autres circonstances; mais on peut considérer qu'il est 3/4 d. ou 1 d. par yard carré de route traitée (8 ou 12 c. par m²).

En tous cas, on ne peut obtenir de routes sans poussière, en tant qu'il s'agit de la route en elle-même, abstraction faite de la poussière importée sur sa surface, qu'avec un macadam goudronné ou bituminé d'une façon ou d'une autre.

Cupar-Fife, juin 1908.

(Trad. BLAEVOET.)

62396. — Imprimerie LAHURE, rue de Fleurus, 9, à Paris.

IER CONGRÈS INTERNATIONAL DE LA ROUTE
PARIS 1908

3e QUESTION

NOUVEAU MODE DE CONSTRUCTION DES ROUTES

APPLIQUÉ A LA RECONSTRUCTION ET A L'ENTRETIEN DES CHAUSSÉES

RAPPORT

PAR

M. ARTHUR GLADWELL
M. I. M. C. E.
Ingénieur et agent voyer du district rural d'Éton.

PARIS
IMPRIMERIE GÉNÉRALE LAHURE
9, RUE DE FLEURUS, 9

1908

NOUVEAU MODE DE CONSTRUCTION
DES ROUTES
APPLIQUÉ A LA RECONSTRUCTION ET A L'ENTRETIEN DES CHAUSSÉES

RAPPORT

PAR

M. ARTHUR GLADWELL

M. I. M. C. E.
Ingénieur et agent voyer du district rural d'Éton.

En premier lieu, l'auteur désire exprimer sa reconnaissance envers le Comité exécutif du Congrès qui l'a autorisé à présenter un rapport sur le sujet si important de la réparation et de l'entretien des routes, sujet dont l'importance va croissant au fur et à mesure que se développent le bien-être et la facilité accordés au public.

Il semble à l'auteur qu'un grand pays comme la France, dont l'administration des travaux publics est merveilleusement développée, qui se fait une idée si haute de l'importance dans la vie moderne des encouragements de la science et des arts, est particulièrement désigné pour être le lieu de réunion du premier congrès sur cette question : là, tous ceux qu'intéresse le développement passé et futur des routes du monde entier peuvent se réunir et converser ensemble pour le plus grand bien de leurs semblables; on trouve là toutes facilités d'exposer tous les genres de mécanisme et les applications pratiques des matériaux et des méthodes, afin que ceux qui le désirent puissent les étudier sur place; enfin la question tout entière recevra là une impulsion telle que l'effet dans l'avenir sera excellent au point de vue du développement de l'industrie tranquille, du bien-être et de la commodité des peuples du monde.

L'art de la construction s'est pendant de nombreuses années borné à des types spéciaux, établis et adoptés suivant les procédés employés pour la construction, la réparation et l'entretien des grandes voies de circulation des villes; mais la question d'établissement d'une chaussée pour les routes rurales ou de campagne (ce qui représente une longueur énorme), afin de les mettre en état de résister à la locomotion mécanique ainsi qu'aux intempéries et pouvant être entretenues sans de grandes dépenses, ne paraît pas avoir été étudiée avec le même soin que pour les chaussées d'un type plus coûteux.

De plus, des routes meilleures et plus durables sont devenues absolument nécessaires par suite de l'accroissement énorme et continu du nombre des automobiles passant sur les routes, ce qui rend urgente l'étude d'un type nouveau de construction des chaussées pour les routes des campagnes afin de les mettre en état de résister effectivement aux efforts supplémentaires qu'occasionne cette circulation. Toutes ces considérations nous ont conduits à adopter un système dont nous donnons ci-après la description.

Ce système parait apporter un progrès véritable au mode actuel d'entretien ou de réparation des chaussées (le prix est pour ainsi dire le même, ou dans certains cas légèrement inférieur), qui consiste à consolider l'empierrement au moyen d'un liant ou mélange de sable, de terre, de balayures de routes ou autres détritus. Nous l'indiquons en détail dans une notice explicative préparée par nous en collaboration avec notre confrère M. Manning, ingénieur, agent voyer du Conseil de district rural de Staines (Angleterre) et publiée par l'Association pour l'amélioration des routes d'Angleterre[1]. Ce procédé consiste principalement à appliquer sur la chaussée à construire, à réparer ou à recharger, une couche de pierres cassées (telles que celles qu'on emploie actuellement) sans aucune préparation spéciale (sauf que les pierres seront soigneusement cassées et débarrassées des poussières et éclats) auxquelles on ajoute un liant composé d'éclats propres de granit, syénite, quartzite, de basalte ou autre, mélangés dans une proportion déterminée avec un mastic bitumineux (préférablement du « Tarvia »). Une certaine quantité de ce liant est d'abord étendue sur la vieille chaussée parfaitement nettoyée; la pierre est répandue, suivant le procédé ordinaire, sur une épaisseur de 2 pouces et cylindrée légèrement au moyen d'un léger rouleau à vapeur; on étend ensuite une quantité juste suffisante du liant bitumineux ci-dessus décrit et on le brosse dans les interstices de la chaussée. On cylindre ensuite afin de consolider la masse jusqu'à ce qu'elle soit parfaitement solide (on recommande de ne cylindrer ni trop, ni trop peu).

Il est ensuite nécessaire de répandre sur la chaussée une couche supérieure de liquide bitumineux chaud, dans la proportion de 1 gallon (4 lit. 54) pour 4 yards carrés; on recouvre ensuite d'éclats propres de même nature que ceux qui constituent le liant, de cette façon le liquide

1. Roads' Improvement Association of England.

bitumineux ne gêne pas la circulation et n'est pas abîmé par elle, c'est la fin de l'opération. Pour terminer complètement, on cylindrera la chaussée après l'épandage des éclats de pierre, ce qui constitue un revêtement protecteur.

Les détails particuliers au sujet des diverses quantités de pierres à employer et de la température à laquelle sont mélangés les éclats et le liquide formant le liant ne sont pas donnés ici, la notice fournissant toutes indications à ce sujet.

On remarquera qu'on n'emploie dans ce procédé aucune matière pouvant être facilement entraînée par l'eau, toutes les parties constituantes ont leur importance au point de vue de l'établissement ou de la préservation des chaussées : si on opère avec soin et dans les proportions indiquées, on peut obtenir les meilleurs résultats et les plus économiques, non seulement au point de vue des dépenses d'établissement, mais au point de vue de la qualité définitive pour les raisons suivantes :

1° Imperméabilisation de la fondation.

L'introduction à l'intérieur de la chaussée d'un liant bitumineux imperméable non seulement procure un matelas élastique dans lequel les pierres formant la masse ou supportant la chaussée peuvent être fermement maintenues en place et en repos, mais la constitution du liant est telle qu'aucune humidité ne peut venir de l'extérieur pénétrer le revêtement de la route à son détriment et au détriment de la fondation.

2° Imperméabilisation de la chaussée.

Non seulement la fondation est protégée contre l'humidité, mais la route tout entière est rendue imperméable.

3° Absence de liant facilement entraîné par l'eau.

Tel que détritus de routes, sable, chaux, etc. ; est une caractéristique importante du système et on peut sans crainte avancer que, puisque aucune matière ne pouvant sous l'influence de la circulation être entraînée par l'eau par les temps humides, la route entière résistera solide et compacte sans être influencée par l'humidité ni la sécheresse.

4° Roulage plus facile.

Les efforts de traction sont beaucoup moindres sur une route imperméable, d'où il résulte une économie dans les dépenses de traction.

5° Diminution de la poussière.

Il ne peut se produire de poussière sur une route construite comme nous venons de le dire, si ce n'est celle provenant de l'usure de la chaussée à laquelle s'ajoute celle venant d'autres routes; la quantité de poussière produite et demeurant sur une telle chaussée comparée à ce qu'elle est sur les routes consolidées à l'eau est donc beaucoup moindre.

6° Économie de construction.

Il est également important d'établir que cette méthode de construction de routes peut donner une économie importante de main-d'œuvre et de travail mécanique; la main-d'œuvre est simple et rapide et une route construite suivant ce procédé n'exige pas autant de cylindrage qu'une route consolidée à l'eau.

7° Économie de réparation.

Les réparations à effectuer avec ce système peuvent être faites plus facilement et plus économiquement qu'il n'a été possible jusqu'ici de faire avec le système des routes consolidées à l'eau. On obtient un excellent résultat en recouvrant d'un liquide bitumineux mélangé à des éclats de pierre telles parties de routes qui paraîtraient nécessiter des réparations. La chaussée entière sera ainsi maintenue en bon état.

L'auteur présente ce système à l'examen de ses confrères en exprimant l'espoir qu'ils le considèrent digne d'un essai et qu'il contribue quelque peu à la solution d'un des plus grands problèmes des temps présents dans les pays civilisés.

Slough, comté de Buckingham, 29 juin 1908.

(Trad. Cozic.)

62517. — Imprimerie Lahure, rue de Fleurus, 9, à Paris.

Ier CONGRÈS INTERNATIONAL DE LA ROUTE
PARIS 1908

3e QUESTION

ENTRETIEN MODERNE DES ROUTES

RAPPORT

PAR
M. E. PURNELL HOOLEY
M. I. C. E.
Surveyor du Comté de Nottingham.

PARIS
IMPRIMERIE GÉNÉRALE LAHURE
9, RUE DE FLEURUS, 9
1908

ENTRETIEN MODERNE DES ROUTES

RAPPORT

PAR

M. E. PURNELL HOOLEY

M. I. C. E.
Surveyor du Comté de Nottingham.

On a demandé à l'auteur, en sa qualité d'agent voyer d'un comté du centre, de faire un rapport sur une des questions les plus urgentes et en même temps des plus importantes qui soient à l'ordre du jour. En répondant à cette demande l'auteur ne peut se défendre d'une certaine gêne, car il sait que le comté de Nottingham est à l'heure actuelle un de ceux qui ont le plus à souffrir des changements que l'avènement de l'automobilisme oblige à apporter aux routes principales.

Le Nottingham est indubitablement un comté central et il peut être intéressant de signaler à ceux que cela concerne qu'on a enregistré, dans un rayon de 50 milles autour de Nottingham, l'existence de près de 400 voitures motrices, 8000 voitures de promenades et plus de 9000 motocycles.

En outre, il n'y a pas moins de 13 lourdes machines de traction autorisées à circuler sur les grandes routes de ce comté seul et 223 lourdes machines enregistrées, qui ne sont employées que pour l'agriculture.

S'ajoutant à tout cela, le Nottingham dut supporter l'année dernière le passage de 535 machines de traction possédant une licence accordée hors du Comté, qui visitèrent le pays munies d'autorisations pour un jour. Malheureusement un grand nombre de ces voitures servent à des parties de plaisir et le plaisir sous cette forme n'est d'aucune utilité pour le grand public.

Dans la ville et le comté de Nottingham on a enregistré l'existence de :

20 automobiles de poids lourd,
855 automobiles,
814 motocycles.

En examinant ces chiffres et en songeant à l'état actuel des routes, il ne parait ni sensé, ni possible de continuer à les réparer comme on l'a fait jusqu'ici, le dommage causé aux routes par les automobiles est évident pour tout le monde, surtout lorsque les bandages des roues sont munis de clous d'acier ou protégés par des chaînettes.

Les partisans de l'automobilisme disent souvent qu'une automobile ne cause pas à la route plus de dommage par mille que les charrettes de ferme. Cela se peut, quoique l'auteur en doute; mais on comprendra que si une charrette de ferme fait 2 ou tout au plus 10 milles dans une journée tandis qu'une automobile fera 100 milles, le dommage qui est le même par mille sera dix fois plus grand pour l'automobile et occasionnera par conséquent une dépense d'entretien dix fois plus grande.

Le profane ne peut que difficilement se rendre compte des changements survenus dans la circulation; et, s'efforcer, devant une assemblée d'hommes expérimentés, parfaitement au courant de ces changements, de faire l'historique de l'entretien de la route, d'expliquer la nécessité des modifications apportées aux procédés d'entretien, paraît pouvoir aider quelque peu à la solution de la question, tout le monde s'accordant à reconnaître la nécessité de ces changements.

La tendance générale pendant de nombreuses années et jusqu'à ce que fussent institués les conseils de comté, fut, trop souvent, de laisser les routes principales d'Angleterre se détériorer complètement; mais l'histoire et la construction même des routes démontrent que même où les routes ne se détérioraient pas, leur construction ne convenait absolument pas aux nouveaux modes de circulation.

On nous parle toujours des routes magnifiques que faisaient nos ancêtres, mais peu de gens peuvent dire où elles sont. Rien ne prouve que ces routes furent même aussi bonnes que celles que l'on fait de nos jours et qui sont si violemment critiquées. Mais si ces routes, faites il y a cinquante ans, avaient dû supporter une circulation semblable à celle d'aujourd'hui, il est certain qu'on eût crié plus fort encore, si même il ne se fût pas produit de véritables actes de violence causés par les entraves apportées à la jouissance de la chose publique et l'incommodité occasionnée par les destructeurs actuels de nos routes.

Les progrès de l'automobilisme ont été si rapides qu'il y a peu de gens qui ne se souviennent du temps où l'apparition d'une automobile sur la route était un événement, tandis qu'il est maintenant presque impossible de faire 2 milles dans la campagne sans rencontrer une route détruite par les automobiles ou de se promener sur les routes principales sans être couvert de poussière.

La chaussée doit résister à la fois aux intempéries et à la circulation et le devoir des autorités chargées de l'entretien des routes est d'établir une chaussée et la route entière afin qu'elles puissent économiquement et efficacement résister à ces deux causes de détérioration.

On croit généralement que la poussière ne provient que de l'usure de la chaussée, et depuis l'avènement de l'automobilisme tous les peuples civilisés réclament la suppression de la poussière. Si cet inconvénient ne provenait que de l'nsure de la chaussée par la circulation ou par les intempéries, il ne serait ni difficile, ni coûteux d'en venir à bout. Mais si on examine avec soin une chaussée usée ou en train de s'user on voit qu'une quantité énorme de la poussière vient de la désagrégation de la partie interne de la route. Il n'est pas une des pierres qui présente sa forme cubique primitive et les fragments restants sont arrondis et semblables aux galets des plages.

Cela provient de ce que les routes dont les matériaux d'agrégation ont été assujettis par l'eau ont perdu par la sécheresse ou la gelée leur compacité, et ce qui était autrefois une masse solide et rigide devient bientôt une masse mobile qu'une circulation lourde transformera en une route dangereuse et coûteuse, sinon impraticable et mauvaise.

Les fragments usés, ne pouvant naturellement retomber dans la fondation, reparaissent à la surface où ils sont transformés en poussière. Si la route est entretenue convenablement ils sont enlevés sous forme de boue, tandis que si on les laisse ils deviennent une cause de gêne et de gaspillage.

Il paraît donc inutile de continuer à construire les routes suivant les procédés actuels qui n'ont pas réussi.

Jusqu'ici les routes n'ont été construites qu'en vue d'une circulation ordinaire, mais il est certain qu'il faudra changer de procédé et que pour être entretenues économiquement, les routes devront à l'avenir être construites différemment.

La supériorité de la circulation mécanique sur la circulation animale a fait sur l'opinion publique une impression trop forte pour qu'on puisse l'effacer, malgré la gêne qui peut en résulter pour quelques-uns. En 1898, une loi fut même adoptée, encourageant l'usage des machines motrices sur les routes, mais malheureusement cette loi ne donna pas au contribuable le moyen de régler la dépense.

On n'a guère établi que l'automobilisme cause un bien-être général; le résultat évident pour tout le monde est que ceux qui retirent les bénéfices de l'emploi de ces destructeurs de route sont les propriétaires d'automobiles.

On ne paie pas la bière moins cher parce qu'elle est amenée par camions automobiles, le prix du pain n'a pas diminué parce que la farine est transportée de la même façon.

On répète constamment qu'on devrait employer les machines de traction au transport des fournitures nécessaires aux routes, mais quand on fait appel à des soumissionnaires, le prix qu'ils demandent n'est pas comparable au prix du transport par chevaux et si à la dépense pour location on ajoute les frais de réparation des routes, il est très évident que l'avantage revient au transport par chevaux quoique les partisans de la traction mécanique cherchent à prouver le contraire.

On a fait dans le comté de Nottingham de rapides progrès dans la question d'un procédé différent d'entretien des routes. Dix milles de routes, environ, ont été construits en tarmac et supportent parfaitement la circulation des machines de traction et des automobiles.

La suppression de la poussière n'est pas une question dont le conseil de comté ait à se préoccuper d'abord. Tout le monde s'accorde à dire que les routes devraient être construites en matériaux ne donnant pas de poussière, mais tant que la traction animale existera, que les chemins de traverse et les sentiers seront mal construits et avec de mauvais matériaux, on aura beaucoup de poussière.

Des enquêtes faites par le Local Government Board, il résulte que la suppression de la poussière par l'arrosage est une question de salubrité. Mais, avec la circulation actuelle, il est nécessaire de reconsolider fréquemment la chaussée par arrosage, et rien que cela démontre péremptoirement qu'une route consolidée à l'eau ne peut être bonne si elle a besoin d'un pareil traitement.

On a dit, et c'est vrai, que le temps est le meilleur constructeur de routes ; on pourrait ajouter qu'il est aussi le plus grand destructeur. Par un temps rigoureux, une automobile passant sur une chaussée d'empierrement ordinaire en facilite la désagrégation, elle creuse un sillon par où l'eau entre dans la fondation ou ce qui en tient lieu, c'est le commencement de la destruction et c'en est fait de la route si une lourde machine de traction vient à la suite de plusieurs automobiles.

Sous l'action des automobiles la route s'entr'ouvre légèrement, la voiture lourde la creuse tout à fait, et bientôt elle devient absolument impropre à la circulation ordinaire, ou du moins coûte cher à entretenir.

Certaines routes du comté de Nottingham, sur lesquelles, il y a 10 ans, passaient 10 à 15 voitures par jour, supportent aujourd'hui dans le même temps le passage de 7 voitures de traction et de 50 ou 60 autos ; aussi, la dépense par mille qui était alors de 50 livres (1250 fr.) atteint aujourd'hui 150 livres (3750 fr.).

Il n'est pas possible dans un rapport aussi bref d'entrer dans les détails, mais tous les ingénieurs routiers sont convaincus que pour résister à la circulation d'aujourd'hui, il faut changer radicalement les procédés de construction employés jusqu'ici.

L'auteur a fait l'essai de tous les procédés possibles de construction de routes et il est arrivé à cette conclusion que le seul moyen d'obtenir une route solide, pouvant résister à tous les genres de circulation de tous les temps, est celui employé par le conseil du comté de Nottingham dans plusieurs parties du comté.

Au lieu de laisser la route s'user par frottement, par les intempéries ou la circulation et de laisser se former le maximum de poussière, il faut transformer absolument le procédé de construction ; et si on considère la dépense par mètre carré qui est la seule exacte, au lieu de la dépense par mille, on voit que la dépense initiale qu'occasionne ce nouveau procédé peut supporter la comparaison avec les méthodes coûteuses actuellement employées et qui produisent tant de poussière.

Ce procédé est connu sous le nom de tarmac et revient à 3 fr. 15 le mètre carré[1]. Employé sur une vieille route il dure depuis 9 ans sans qu'il ait été pour ainsi dire rien dépensé pour l'entretien; des routes qu'il fallait auparavant recharger tous les ans, en granit, ce qui revenait à 1 fr. 90 le mètre carré, ont été reconstruites au tarmac moyennant une dépense de 3 fr. 15 le mètre carré; elles ont résisté à six hivers consécutifs presque sans dépenses.

Un avis plus autorisé que le nôtre sera donné par d'autres ingénieurs, au sujet de l'entretien des routes des villes, mais tout le monde sera d'accord pour reconnaître que les routes empierrées ordinaires ne sont pas suffisantes pour résister à la circulation moderne, que même les chaussées pavées en granit ne résisteront pas longtemps si leur mode de construction n'est pas changé et, tant qu'on n'aura pas découvert mieux, l'empierrement goudronné établi d'une manière intelligente sera le procédé le plus économique et le plus satisfaisant.

1. Mètre carré anglais, c'est-à-dire le yard carré (0 m^2 8363, mesure française).

62363. — PARIS, IMPRIMERIE LAHURE
9, rue de Fleurus, 9

1ER CONGRÈS INTERNATIONAL DE LA ROUTE
PARIS 1908

3e QUESTION

RAPPORT

PAR

M. H.-P. MAYBURY
Ingénieur civil, Inspecteur du Comté de Kent.

PARIS
IMPRIMERIE GÉNÉRALE LAHURE
9, RUE DE FLEURUS, 9

1908

3e QUESTION

RAPPORT

PAR

M. H.-P. MAYBURY

Ingénieur civil, Inspecteur du Comté de Kent.

L'auteur de ce mémoire a tout lieu de supposer que, si on lui a demandé de faire un rapport spécial pour le Congrès international de la route, c'est qu'il a l'honneur d'être attaché à l'administration de l'un des comtés les plus importants qui touchent à Londres, celui où sont situés les ports de Douvres et de Folkestone, principales étapes entre Paris et Londres.

Le Comté de Kent a peut-être, depuis que l'automobilisme s'est tellement généralisé, fait plus que tout autre comté anglais pour améliorer les grandes routes et pour y faire disparaître la poussière : le Conseil de Comté s'est empressé de voter de forts crédits à cet effet. On a presque complètement cessé d'employer pour les grandes routes des matériaux friables et on a mis à contribution pour cette amélioration si désirée, les meilleures carrières de pierre dure de France, de Belgique, d'Allemagne, de Norvège, aussi bien que celles du Royaume-Uni.

Voilà plusieurs années que le Conseil de Comté dont fait partie l'auteur achète par an 70 000 tonnes de pierres dures pour l'entretien et l'amélioration de 600 milles de routes.

De plus, chaque année, on emploie 20 à 30 000 tonnes de pierre trouvée sur lés lieux pour construire les routes avant d'y appliquer les matériaux les meilleurs.

Depuis 1905 on a fait nombre d'expériences pour découvrir, si possible, la méthode la plus sûre et la plus économique de consolider les routes et d'y supprimer la poussière. Les essais ont porté sur les systèmes suivants :

A) Le macadam goudronné, pour lequel on se sert, comme matière d'agrégation, de la « pierre à aiguiser de Kent », qu'on trouve sur les lieux et qui, géologiquement, est une roche stratifiée de la nature des grès calcaires ;

B) Le laitier de forge imprégné de goudron ;

C) Le granit bleu de Norvège posé à sec, bien cylindré et jointoyé avec du goudron distillé chauffé et des cassures de granit ;

D) Le répandage de matière d'agrégation sur fondation spéciale : on dispose ensuite la nouvelle pierraille et l'on cylindre ;

E) Le goudronnage à chaud des revêtements macadamisés ordinaires.

Il ne s'est pas écoulé suffisamment de temps pour permettre de porter un jugement ferme sur la valeur respective de ces systèmes ; mais l'auteur de ce mémoire est persuadé que de solides routes, avec des revêtements de granit dur, bien cylindrés et agglutinés au moyen de silex maigre et dur et de cassures de granit, puis goudronnés à chaud à la dose d'environ un gallon de goudron pour six yards carrés, constitue un record très difficile à battre à la fois sous le rapport du coût du premier établissement et sous celui de la durabilité.

Le macadam goudronné coûte en moyenne trois shillings par yard carré, pose comprise, alors que les meilleurs granits durs, enduits de goudron, reviennent à un shilling six deniers par yard carré : il saute donc aux yeux que, pour recourir au premier revêtement, il faut que celui-ci dure deux fois plus que le second.

D'autre part, le macadam gondronné n'empêche pas du tout la poussière, et l'anteur a reconnu, par des expériences personnelles, qu'il est nécessaire de l'enduire de goudron chaque année, absolument comme si l'on s'était servi du granit ordinaire.

Alors que les routes en macadam goudronné sont excellentes pour une circulation moyenne d'automobiles légères, l'auteur a constaté qu'elles ne sont pas aussi bonnes pour le pied des chevaux, ni aussi résistantes à la circulation des voitures à traction mécanique et des « poids lourds » que les routes de granit dur avec goudronnage superficiel.

Dans le comté où réside l'auteur, il a été dépensé pendant l'année finissant le 31 mars 1907, 100 000 francs uniquement pour le goudronnage de 250 kilomètres de grandes routes rurales, ce qui a beaucoup contribué au bien-être des usagers et des riverains des voies publiques.

Cette année-ci nous étendons le domaine de nos opérations et dans peu de temps nous aurons enduit de goudron le tiers des principales voies rurales du comté, c'est-à-dire 320 kilomètres.

Outre sa propriété d'abattre la poussière, le goudron possède encore sans aucun doute celle de donner de la cohésion aux matériaux du revêtement, d'empêcher leur ébranlement et par suite leur désagrégation, et l'auteur espère vivement que, malgré les grands frais occasionnés par l'utilisation du goudron, il en ressortira dans deux ou trois ans un avantage incontestable au point de vue financier.

On a écrit et on écrira tellement pour le Congrès sur l'énorme accroissement de la circulation routière dans notre pays et sur l'augmentation des dépenses qu'elle entraîne, qu'il serait peut-être superflu d'en parler ici.

Cependant l'auteur a eu l'honneur d'être membre d'une sous-commission nommée par les représentants de huit comtés, et des comptes rendus présentés s'est nettement dégagé le point suivant : alors que la dépense d'entretien des grandes routes rurales d'Angleterre et du pays de Galles avait en cinq ans augmenté de 20 pour 100 (soit £. 320 089), elle s'est accrue pour les mêmes routes dans les sept comtés voisins de Londres d'environ 38 pour 100 (soit £. 920 573) et dans l'année finissant en mars 1907 l'augmentation pour les mêmes comtés fut d'environ 48 pour 100 (soit £. 114 372) en sus de celle de 1901.

Il n'y a pas à chercher bien loin la cause de cette augmentation considérable.

Depuis qu'elle a échappé aux réglementations législatives, il n'est pas d'industrie qui, de nos jours, ait fait plus de progrès que celle de la construction des automobiles.

Au 31 décembre 1904, le nombre d'automobiles et de motocyclettes déclarées était de 51 549. A la même date, en 1907 (à trois ans d'intervalle), le nombre était de 123 973, ce qui représente un accroissement annuel de 45 pour 100.

D'aprés un compte rendu récent publié par le Conseil de Comté, le nombre des automobiles déclarées, dans la seule ville de Londres, serait de 30 492, alors que les permis de conduire pour la même ville atteignent 77 233.

Il est impossible d'établir la proportion de ces automobiles qui ont des pneus avec antidérapants, mais, se basant sur de longues observations, l'auteur estime que 50 pour 100 constituent encore une faible évaluation.

Les ingénieurs des ponts et chaussées s'accordent tous à reconnaître que la circulation d'automobiles à rapide allure détériore beaucoup les routes, mais que celles munies d'antidérapants, dont l'effet se combine avec celui de la plus grande vitesse et du poids croissant, ne tardent pas à occasionner leur destruction.

Dans une conférence qu'il fit en mai dernier à la réunion de la Société des ingénieurs de l'automobile, M. Douglas Mackensie, dont le nom fait autorité en matière d'automobiles industrielles, a fait passer des diagrammes et donné des chiffres représentant les dégradations causées par les antidérapants sur un revêtement d'asphalte de Londres. Quand on considère la nature et le prix de revient d'un revêtement de ce genre par rapport aux routes ordinaires de pleine campagne, et qu'on réfléchit aux vitesses relatives à Londres et dans la campagne, on peut se faire une idée des dégradations que doivent subir les grandes routes rurales. Malgré les changements soudains intervenus dans les conditions de la circulation et les détériorations qui s'ensuivent il n'en est pas moins vrai que pendant les cinq dernières années les principales routes d'Angleterre et du pays de

Galles ont été considérablement améliorées et l'auteur est persuadé que, si, pendant cinq nouvelles années, les ingénieurs des ponts et chaussées continuent d'appliquer ces nouvelles méthodes de construction et d'entretien, ils auront satisfait aux exigences de la circulation des poids lourds industriels et le fléau de la poussière aura vécu.

RÉSUMÉ

Pour l'avenir le plus prochain, l'auteur, s'appuyant sur les expériences et sur son expérience personnelle, est d'avis qu'un des moyens les plus certains d'améliorer les routes et de les adapter à la circulation moderne consiste :

A) A les construire aussi solidement que possible, en réduisant uniformément le bombement à 1/30;

B) A employer pour le revêtement les matériaux les plus durs, ayant au moins 5 cm. et au plus 6 cm. 1/4 de grosseur, bien cylindrés et consolidés, en ne se servant comme matière d'agrégation que de gravier dur et d'éclats bien propres;

C) A bien nettoyer le revêtement et l'enduire à chaud d'un produit goudronneux qu'on recouvre de gravier dur bien propre et de cassures de granit; bien cylindrer avec le rouleau à vapeur. Un revêtement de ce genre est celui dont la construction est la plus économique; il ne donne pas de poussière, fournit une bonne surface de roulage pour les voitures à traction mécanique et les camions automobiles de livraison; enfin c'est le moins glissant pour les chevaux. Je suis convaincu qu'aucun autre système — même coûtant le double à appliquer — ne donnerait de résultats aussi satisfaisants que celui-là aux yeux de tous les usagers de la route.

(Trad. BLAEVOET.)

62533. — Imprimerie LAHURE, rue de Fleurus, 9, à Paris.

FOLGERUNGEN

Auf Grund der angestellten Versuche und gestützt auf seine persönlich gemachten Erfahrungen hält der Verfasser dieses Referates nachstehendes Verfahren für ein sicheres Mittel, für die nächste Zukunft die Strassen zu verbessern und dem modernen Verkehr anzupassen :

a) Dieselben sollen so fest als möglich gebaut, und deren Wölbung einheitlich auf 1 : 30 beschränkt werden.

b) Die Decke ist aus den besten Hartmaterialien von mindestens 5 Centimeter und höchstens 6 1/4 Centimeter Korngrösse herzustellen, festzustellen und einzuwalzen, indem nur Hartgries und reine Splitter als Bindemittel zur Verwendung gelangen.

c) Nach gründlicher Reinigung der Decke ist ein warmer Teeranstrich aufzubringen, der selbst wieder eine Bestreuung von reinem Hartgries und Granitsplitter erhält, und schliesslich soll diese Decke mittels der Dampfwalze gut zusammengepresst werden.

Eine solche Decke ist billig zu erstellen, staubfrei, bietet den Kraftfahrzeugen und industriellen Motorwagen eine gute Befahrung, und Pferdehufen den besten Halt.

Ich bin der Überzeugung, dass kein anderes System — selbst wenn seine Anwendung sich doppelt so hoch stellen sollte — allen Strassenbenützern dieselbe Befriedigung bieten dürfte, wie das oben beschriebene.

(Übersetz. BLAEVOET.)

Maybury.

Ier CONGRÈS INTERNATIONAL DE LA ROUTE
PARIS 1908

3e QUESTION

REVÊTEMENTS DES ROUTES

ET GOUDRONNAGE

RAPPORT

PAR

M. H. T. WAKELAM
M. I. C. E.
Délégué de l'Association des Ingénieurs municipaux et de comté
(Association of Municipal and County Engineers)

PARIS
IMPRIMERIE GÉNÉRALE LAHURE
9, RUE DE FLEURUS, 9

1908

REVÊTEMENTS DES ROUTES
ET GOUDRONNAGE

RAPPORT

PAR

M. H. T. WAKELAM

M. I. C. E.

Délégué de l'Association des Ingénieurs municipaux et de comté.

(Association of Municipal and County Engineers.)

L'auteur aborde son sujet avec un embarras extrême, car cette question est d'une grande importance pour les autorités de la route du pays qu'il représente et les autorités des pays continentaux. Son embarras vient de ce qu'il craint de ne pouvoir exposer parfaitement son sujet. Il espère cependant que les notes suivantes contiennent suffisamment d'éléments pour présenter la question au Congrès.

La question est aussi de grande importance et de grand intérêt, pour le grand nombre des ingénieurs routiers, qui travaillent avec le souci d'avoir à trouver une nouvelle sorte de chaussée satisfaisant aux besoins de la locomotion mécanique qui emprunte maintenant les routes, amenant avec elle le fléau de la poussière, dommageable à la fois, à la santé et à la commodité des usagers de la route et aux malheureuses personnes souffrant de phtisie ou autres maladies, qui habitent en bordure des voies principales et de districts.

En vue de réduire au minimum le grave inconvénient de la poussière, l'auteur, avec un grand nombre de ses collègues a, pendant ces quatre dernières années, expérimenté divers palliatifs, préservatifs et mélanges bitumineux pour arriver à la solution la meilleure et la plus économique de ce problème, étant données les difficultés d'ordre financier et fiscal qu'on rencontre dans le Royaume-Uni, difficultés qu'on peut à peine s'imaginer dans les pays continentaux.

L'auteur est entièrement d'accord avec ceux qui font tous leurs efforts pour améliorer la surface des routes, afin d'obtenir le confort et d'être débarrassé de l'inconvénient de la poussière, mais ce problème est plus important qu'on ne croit généralement.

Pendant ces dix dernières années, le nombre des rouleaux à vapeur a augmenté dans le Royaume-Uni d'environ 60 pour 100 sur les dix années antérieures. Cette augmentation, avec l'extension de l'emploi de pierres plus dures et l'amélioration des méthodes de consolidation, a apporté un grand progrès dans le type des routes principales, progrès qui ne peuvent être niés même par les plus éminents de ceux qui réclament constamment une plus grande amélioration.

L'auteur est un de ceux qui ne comptent pas sur un accroissement considérable, sur les routes, du nombre des automobiles légères et rapides.

Les comptes rendus de l'impôt sur le revenu dans le Royaume-Uni, étudiés avec soin, forment un bon guide pour répondre à cette question, en considérant le nombre des personnes qui peuvent s'offrir une automobile.

Quant aux voitures de traction, aux voitures lourdes et aux trains genre Renard, on peut généralement escompter un accroissement du nombre des voitures mécaniques pour transport.

Durant ces dix dernières années, de merveilleux développements et changements se sont produits dans les moteurs et les machines de traction, et il n'y a pas de doute, qu'avec l'accroissement prochain de la traction mécanique sur routes que l'on peut espérer, on réclame plus encore de meilleures voies de transport. Comment satisfaire à cette circulation supplémentaire n'est pas un problème pour l'ingénieur routier seul, mais aussi pour ceux qui ont l'administration des finances, pour toutes les autorités de la route en général. Une dépense d'environ 50 000 000 de livres (1 250 000 000 de francs), serait nécessaire pour revêtir les principales routes d'Angleterre et de Galles seulement en laitier ou en grès goudronné, et il est probable qu'il faudrait une somme supérieure si on employait du basalte ou du granit avec du goudron. Obtenir une telle somme avec le système actuel d'impôt local anglais est pratiquement impossible.

Le revêtement de route qui donnerait sans aucun doute la plus grande satisfaction à tous les usagers, serait celui qui serait à la fois solide et uni, avec une élasticité suffisante pour le tirage des chevaux.

On déposait, en août 1879, au bureau des Brevets (Office of the Commissionners of Patents) à l'effet d'obtenir un brevet, une description qui satisfait à ces conditions Entre autres choses : 1° on prévoyait l'emploi d'une composition asphaltique perfectionnée, servant de liaison aux pierres de la route; 2° on donnait le moyen de l'employer; 3° cette composition empêchait le glissement; 4° donnait une chaussée silencieuse; 5° donnait une chaussée imperméable à l'humidité; 6° à cause de sa-

dureté elle était exempte de poussières, de boue, de malpropretés; 7° présentait une surface unie et continue à la traction. Une telle surface, *si elle existait*, serait l'idéal.

Pour obtenir des renseignements dignes de foi au sujet des qualités de durée du macadam, l'auteur dépensa environ 2500 liv. (62 500 fr.) pendant l'été de 1907 à l'établissement de revêtements en matériaux différents, goudronnés ou non, le long d'une grande voie sortant de Londres.

Les sections de routes désignées pour l'expérience furent choisies de manière à donner des résultats dans les mêmes conditions : 1° de circulation; 2° atmosphériques et d'exposition au vent; 3° de travail; 4° au point de vue de l'usure des matériaux. La dépense pour ces essais monta à 4 sh (5 fr.) par mètre carré, ce qui donnerait une dépense de 57 596 560 liv. (1 439 914 000 fr.) si la surface totale des routes d'Angleterre et de Galles était couverte au moyen de ces matériaux.

Six traitements différents furent adoptés : 1° tarmac; 2° granit, grès et goudron mêlés; 3° grès et goudron; 4° mélange d'éclats de grès et de silex et goudron; 5° mélange de granit, de grès et de goudron; 6° revêtement en basalte non goudronné de Clee Hill.

Pour la 6e section on consolida de la façon ordinaire au moyen d'eau, d'éclats de granit et de poussière de concasseurs pour obtenir une comparaison d'usure entre les matériaux goudronnés et un revêtement de basalte non goudronné.

Les six sections traitées sont jusqu'à présent en bon état. Des observations hebdomadaires il résultera qu'elles se classeront probablement dans l'ordre de mérite suivant :

1° Mélange d'éclats de granit et de grès et goudron;

2° Granit, grès et goudron mélangés;

3° Tarmac;

4° Granit non goudronné;

5° Grès goudronné;

6° Mélange d'éclats de silex et de grès et goudron.

L'état de cette dernière section est très bon, mais on y aperçoit un degré plus avancé de désagrégation que dans une quelconque des autres sections.

La section de basalte non goudronné (n° 6) semble se comporter aussi bien qu'aucun des revêtements goudronnés et si on a soin de recouvrir périodiquement d'une couche de goudron il n'y a pas de raison de croire que sa durée ne soit pratiquement aussi longue que celle des sections goudronnées.

Depuis qu'ont été faites les expériences ci-dessus, l'auteur eut à faire le revêtement de deux voies de transport de la façon suivante : sur la première, la vieille chaussée fut piquée et amenée à un bombement normal. On y étendit une couche de basalte de Clee Hill sur une hauteur de 4 pouces, on cylindra parfaitement à sec. Un mélange formé de 50 pour 100 de sable séché sur plaques chaudes et 10 pour 100 de chaux éteinte fut intimement malaxé avec du goudron bouillant, du brai, de l'huile de créosote, de façon à obtenir une consistance convenable. Le mélange fut ensuite étendu sur les pierres sèches, à l'état semi-liquide, il pénétra et boucha parfaitement les vides des pierres. La surface ainsi obtenue ressemble maintenant à une route au tar-macadam et se comporte de la même manière. La dépense avec ce procédé, non compris la pierre, s'élève à environ 0 fr. 90 par mètre carré. On aperçoit immédiatement que ce système comparé à la dépense pour une route faite par le procédé ordinaire a ses avantages. Surtout si, des observations déjà faites au sujet de son usure et de ses qualités de durabilité sous une circulation lourde, on peut avec une quasi-certitude assurer que les revêtements de route faits dans ces conditions donneront des résultats satisfaisants.

La deuxième section fut traitée exactement de la même manière, mais au lieu de sable, on employa de la poussière provenant de machines à concasser la pierre. A la suite d'essais prolongés, l'auteur espère publier ses observations au sujet de l'usure des longueurs d'expérience.

Un revêtement de basalte avec un mélange d'éclats goudronnés et de « Tarvia » a été expérimenté avec succès dans quelques districts de Londres, mais l'auteur n'est pas sûr que les résultats de l'emploi de cette méthode de revêtement sur une voie supportant une circulation lourde aient été publiés ou soient dignes de foi.

On fit, il y a quatre ans, sur la grand'route de Bath qui sort de Londres, une expérience dans laquelle l'auteur fit recouvrir la route de granit bien nettoyé, d'un mélange de goudron et d'éclats, mais les résultats déconseillèrent l'extension de ce procédé. La dépense pour revêtement monta à environ 1 s. 6 p. (1 fr.85) par mètre carré, ce qui, appliqué à la surface des routes d'Angleterre et de Galles seulement, donne un total de 21594960 liv. (539874000 fr.).

En mai 1907, l'auteur fut désigné par l'Association des ingénieurs municipaux et de comté pour reconnaître les résultats des expériences sur la poussière, effectuées dans les environs de Londres sous les auspices de l'Association pour le perfectionnement des routes d'Angleterre[1]. Il fut aussi désigné par cette Association comme membre de son jury.

Les essais furent faits sur les routes de Hounslow et Staines (grandes routes) dans le Middlesex ; d'Ascot dans le Berck et de Staines et Twickenham (routes de district).

La surface de la route de Hounslow et Staines est en granit et basalte, tandis que la route d'Ascot et de Staines et Twickenham est en silex.

A la suite des essais, la route de Hounslow et Staines fut soigneusement examinée par l'auteur qui prit les notes suivantes sur la durabilité et le pouvoir de pénétration des divers goudrons et composés étendus par les concurrents.

1. *English Roads Improvement Association.*

OBSERVATIONS GÉNÉRALES

sur l'usure des différents goudrons et composés employés par les concurrents.

Dates d'expériences 22-23 mai 1907.

Nos	NOMS	DATES DES VISITES	PÉNÉTRATION	OBSERVATIONS
1	Emulsifin.	30-5-07	»	Très peu de goudron apparent à la surface de la route.
		4-6-07		Aucune trace à la surface de la route.
		11-6-07		Présence de poussière sur cette section.
		25-6-07		Section traitée une deuxième fois; très peu de poussière.
		2-7-07		Se tient mieux qu'après le premier essai.
		18-7-07		Les autos soulèvent la poussière sur cette section.
2	Tarspra 1000 gal.	30-5-07	1/8 de pouce.	Se comporte très bien.
		4-6-07		Partiellement usé au centre de la route.
		11-6-07		Usé au centre de la route, les côtés bien recouverts.
		25-6-07		Les côtés se dégarnissent.
		18-7-07		La surface entière est pratiquement dégarnie.
3	Aitken.	30-5-07	1/4 de pouce.	La surface entière de la route est très bien couverte.
		4-6-07		La surface est très bi n couverte.
		11-6-07		Le centre s'use.
		25-6-07		Presque usé au centre.
		2-7-07		Le centre est usé.
		18-7-07		Il n'y a plus rien.
4	Tarspra 700 gal.	30-5-07	1/4 de pouce.	Se comporte bien.
		4-6-07		S'use en plusieurs endroits.
		11-6-07		Disparaît au centre de la route.
		25-6-07		Le centre de la route est usé.
		2-7-07		Les côtés s'usent.
		18-7-07		Meilleur que les nos 2 et 3.
5	Lassailly de Johnston.	30-5-07	1/2 pouce	Se comporte bien sur la surface entière de la route.
		4-6-07		Se comporte bien.
		11-6-07		*Id.*
		25-6-07		*Id.*
		2-7-07		*Id.* ; une des meilleures sections traitées.
		18-7-07		Se comporte bien ; il se soulève à peine de poussière au passage des autos.
6	Tarspra 200 gal.	30-5-07	»	Se comporte très bien.
		4-6-07		Le centre de la route s'use par places.
		11-6-07		Le centre est usé, les côtés tiennent bien.
		25-6-07		Les côtés s'usent.
		2-7-07		Tout est usé.
		18-7-07		*Id.*

Nos.	NOMS	DATES DES VISITES	PÉNÉTRATION	OBSERVATIONS
7	Thwaite.	30-5-07	1/4 de pouce.	Les côtés s'enlèvent sous les arbres.
		4-6-07		Le côté nord se tient bien, le sud est presque usé.
		11-6-07		Le sud est usé, le nord se comporte bien.
		25-6-07		Il reste peu de trace du revêtement.
		2-7-07		*Id.*
		18-7-07		*Id.*
8	Compagnie du Gaz et du Coke (non concurrent). Goudron d'huile.	30-5-07	5/8 de pouce.	Longueur d'environ 200 m., la moitié sud de la route se détache, s'enlève. le côté nord tient bien.
		4-6-07		*Id.*
		11-6-07		La moitié sud tient mal; le côté nord tient très bien.
		25-6-07		La moitié sud est détachée.
		2-7-07		La surface se détache, la poussière s'élève.
		18-7-07		Beaucoup de poussière.
8 *bis*	Conseil de comté de Middlesex. Peinture au goudron (à la main).	4-6-07	»	Longueur d'environ 200 m., vient d'être fini.
		11-6-07		Se comporte bien.
		25-6-07		S'use un peu vers le centre.
		2-7-07		Dans de meilleures conditions sur toute la surface; se tient bien.
		18-7-07		Se tient bien; très peu de poussière.
9	Hahnite.	30-5-07	»	Section traitée le premier jour, aucune trace; deuxième section traitée, se comporte très bien.
		4-6-07		Pas de poussière sur la deuxième moitié traitée.
		11-6 07		Encore très bon.
		25-6-07		La surface se détache.
		2-7-07		La surface devient très mauvaise.
		18-7-07		Beaucoup de poussière.
10	Crempoid « R ».	30-5-07	»	Première section traitée, aucune trace; deuxième section très bien.
		4-6-07		Deuxième section se comporte très bien.
		11-6-07		Très peu de poussière le long de la deuxième section.
		25-6-07		La surface de la route commence à se détacher.
		2-7-07		La poussière s'elève; la surface s'use.
		18-7-07		Beaucoup de poussière.
11	Ermenite.	30-5-07	»	Peu de traces d'emploi.
		4-6-07		Aucune trace d'emploi.
		11-6-07		Beaucoup de poussière le long de cette section.
		25-6-07		*Id.*
		2-7-07		*Id.*
		18-7-07		*Id.*

Nos	NOMS	DATES DES VISITES	PÉNÉTRATION	OBSERVATIONS
12	Crempoid (environ 200m).	30-5-07	»	Surface bien couverte.
		4-6-07		Se comporte bien.
		11-6-07		Se comporte bien; très peu de poussière.
		25-6-07		Se comporte très bien.
		2-7-07		Se comporte mal au centre de la route; les côtés sont très bien.
		18-7-07		Encore très bien sur les côtés de la route.
13	Burt, Bulton et Haywood.	30-5-07	»	Se comporte mieux que le n° 13°.
		4-6-07		Se comporte très bien.
		11-6-07		La surface très bien couverte.
		25-6-07		Les côtés et le centre s'usent.
		2-7-07		La surface de la route s'enlève par places.
		18-7-07		Très usé; poussiéreux.
14	Pulvicide.	30-5-07	»	Peu de trace à la surface.
		4-6-07		Aucune trace à la surface.
		11-6-07		Beaucoup de poussière.
15	Marhit.	30-5-07	3/4 de pouce.	Deuxième moitié traitée, beaucoup mieux que la première moitié de la route.
		4-6-07		Deuxième moitié très bien.
		11-6-07		Première moitié très usée; la deuxième moitié à moitié bien.
		25-6-07		La deuxième moitié se comporte très bien; la première section est enlevée.
		2-7-07		La moitié de la route s'enlève.
		18-7-07		La deuxième moitié de la route se comporte très bien.
16	Compagnie du Gaz et du Coke. Goudron d'huile.	30-5-07	5/8 de pouce.	Très bien, pas de poussière.
		4-6-07		Se comporte bien.
		11-6-07		*Id.* : devient brune.
		25-6-07		Se comporte bien.
		2-7-07		Le centre de la route est usé, les côtés sont très bien couverts.
		18-7-07		Se comporte encore très bien; la meilleure section est la partie non sablée.
17	Clare et Cie Composé de goudron breveté Clare.	30-5-07	1 pouce.	Une des meilleures sections traitées.
		4-6-07		Se comporte très bien.
		11-6-07		*Id.*
		25-6-07		Se comporte bien.
		2-7-07		*Id.*
		18-7-07		*Id.*

On ne garantit pas l'exactitude des renseignements au sujet de l'état actuel des différents goudrons et composés. Le temps peu favorable au moment de l'épandage fut dans une certaine mesure cause d'inexactitude, ainsi que la valeur réelle des goudrons, des mélanges et palliatifs contre la poussière. La température est aussi un facteur plus ou moins important dans les calculs sur les mélanges bitumineux ou compositions, étendus comme préservatifs contre la poussière. Quelques-uns des composés employés ne réussirent pas à un point de vue autre que l'usure. On remarqua qu'au bout de quelques jours la grand'route de Hounslow et Staines présentait sur une certaine longueur un aspect de désagrégation; cet état était dû sans doute à la réaction chimique de quelques-unes des compositions. On reçut aussi des lettres de personnes ayant à emprunter la route qui se plaignaient de la gêne qu'ils éprouvaient aux yeux.

On devra donc faire bien attention à l'emploi de ces composés.

En considération des mérites des divers goudrons et composés, le jury attribua la médaille d'or de l'Association pour le perfectionnement des routes à MM. Clare et Cie (Liverpool) pour la meilleure préparation. Le trophée « Ballymenagh » d'une valeur de cent guinées (2625 francs) fut accordé au syndicat du « Tarspra » pour la meilleure machine à épandre.

L'auteur avisa récemment le comité des Routes du Conseil de comté de Middlesex, d'avoir à recouvrir, au moyen d'épandeurs mécaniques, avec le procédé Clare, médaille d'or, les sections les plus passantes des grand' routes du comté. Le prix de revient total de l'épandage s'élève à 0 fr. 175 par mètre carré et comprend le prix du composé, celui du sable, de l'épandage à la machine et la préparation de la chaussée. Un gallon (4 lit. 54) du composé couvre de 6 à 7 mètres suivant l'épaisseur.

Des parties de routes du comté de Middlesex ont aussi été peintes au goudron, au moyen de machines à chevaux d'un modèle très commode. Les réservoirs contiennent environ 230 gallons (1044 litres 20) et on étale avec cette machine sur une largeur de 6 pieds (2 mètres). On emploie au chauffage du goudron de la houille et du coke et l'on fait venir directement d'une usine à gaz le goudron à l'état brut mais débarrassé par ébullition des liqueurs ammoniacales. La dépense pour le travail avec la machine à chevaux, y compris la préparation de la surface, atteint 0 fr. 063 par mètre carré. Le prix du goudron est de 0 fr. 20 le gallon.

On a essayé aussi l'épandage du goudron sous pression au moyen d'une machine. La transformation d'un réservoir à goudron (du type Healy), en une machine pour épandage, se fait très rapidement. La première transformation fut faite, croyons-nous, par M. Hawking, ingénieur de Bromley dans le Kent, Angleterre. Le réservoir Healy fut utilisé en adoptant une petite pompe Willcox au sommet du réservoir (voir photographie) ce qui coûte 3 livres (75 francs) y compris fourniture et pose. Le goudron brut est employé et pompé à chaud, on le répand au moyen de la lance, à une assez forte pression. La dépense totale pour épandage s'élève à 0 fr. 05 le mètre carré, le goudron valant 0 fr. 15 le gallon. Il est absolument nécessaire que les hommes employés à l'épandage du goudron au moyen des lances soient convenablement protégés contre les jets de goudron. Pour cela chaque homme dirigeant une lance devra être vêtu d'un imperméable, chaussé de sabots et porteur de lunettes. On a reçu aussi des plaintes de passants à ce sujet et on devra faire grande attention, surtout dans les endroits populeux où on devra utiliser des protège-lances.

On a pratiqué dans ces quatre dernières années sur les routes principales du comté de Middlesex la peinture au goudron faite à la main. La dépense pour ce travail est à peu près égale à celle du composé Clare étendu à la machine, c'est-à-dire à 0 fr. 175 par mètre carré y compris le sablage. Il est difficile de couvrir rapidement une grande surface avec le procédé à main, mais le travail est plus efficace et plus durable que par le procédé mécanique, l'empierrement en bénéficie également. Des ingénieurs routiers expérimentés affirment que certaines de leurs routes principales, qu'il fallait recharger en granit tous les deux ans, n'exigent plus, maintenant qu'elles sont peintes au goudron, qu'un rechargement tous les trois ans, procurant aussi une économie au point de vue de l'ébouage et de l'arrosage. C'est un point très important dans le cas de circulation mécanique surtout des poids lourds, car jusqu'ici dans l'esprit de l'auteur c'était là le meilleur argument que puissent invoquer les persévérants avocats de la transformation des routes.

Dans un mémoire lu en juin 1906 devant l'Association des ingénieurs municipaux et de comtés, l'auteur déclarait que dans sa pensée, la solution la meilleure et le meilleur marché de la suppression de la poussière en général (dans les conditions financières actuelles) était dans l'emploi d'un liquide bitumineux efficace pour recouvrir la chaussée. L'auteur est certain que la dépense en granit, basalte, scories, grès, trapps ou tous autres matériaux goudronnés rendus imperméables, avec les frais de transport et d'application, sans compter les nombreuses difficultés de se procurer une préparation efficace, et le travail en hiver, est trop grande pour admettre la généralisation de l'un ou de l'autre système pour revêtement des routes du Royaume-Uni. A son avis, également, le revêtement des chaussées serait peu recommandable avec des matériaux goudronnés qui coûtent cher, sur des routes possédant de mauvaises fondations, comme il en existe encore des centaines de milles. Les revêtements au bitume ou au goudron, sous les considérations précédentes paraissent prédominer. On peut les employer avec les matériaux les plus durs qui se puissent trouver et cela étant, l'auteur estime que leur emploi peut être justifié et étendu plus qu'aucun système d'imperméabilisation.

L'application de goudron liquide ou d'un mélange bitumineux sur la surface n'empêche pas d'obtenir, par la méthode ordinaire d'entretien, un accroissement d'épaisseur de la croûte de la route, quand elle ne possède pas une bonne fondation. Ce fait ne doit pas être oublié, au point de vue financier, au moment où les diverses associations et institutions s'agitant pour obtenir la reconstruction des routes, s'appuyant constamment là-dessus dans leurs campagnes.

Pour la construction des routes permanentes, l'auteur attire l'attention sur l' « asphalte au granit » établi près de la gare de Herne Hill à Londres (S. E.). Le « Local Government Board » consent un prêt à longue durée pour la confection de ce travail en asphalte au granit tel qu'on peut le voir à l'endroit susmentionné.

D'aprés les circulaires répandues, l'entreprise responsable du travail assurera la construction et l'entretien au moyen de paiements échelonnés. La durée de l'entretien qu'elle accepte est, je crois, de dix ans. La dépense initiale pour le travail y compris la fondation en ciment de Portland avec la surface en asphalte au granit, s'élève à 14 fr. 35 par mètre carré? On peut raisonnablement supposer que les dépenses annuelles qui se font actuellement sur beaucoup de rues des villes et de routes suburbaines en granit, basalte et trapp, justifient une telle dépense à cause des avantages qui en peuvent résulter. Un progrès considérable serait effectué, si au lieu de matériaux tendres employés sur quantités de milles de routes, on utilisait le granit, le basalte ou le trapp.

Outre les divers goudrons et composés présentés au concours dont on a parlé, l'auteur soumet les produits suivants expérimentés comme palliatifs contre la poussière : 1° huile brute de goudron; 2° huile de créosote; 3° westrumite; 4° chlorure de calcium; 5° dustabato; 6° taafelt; 7° quarrite; 8° teralithic; 9° strongite; 10° roadamant; 11° plascom; 12° crempoid; 13° erminite; 14° goudron de gaz d'huile; 15° hahnite; 16° pulvicide et 17° tarmite.

L'huile brute de goudron revient, appliquée, à 0,025 le mètre carré. Le revêtement dure 4 à 5 semaines sous une circulation plutôt lourde. Il est efficace pendant quelque temps, mais ses inconvénients s'opposent à son adoption. Sans parler de son extrême mauvaise odeur, il s'enlève ou s'étale en larges mares par les temps humides, et, de plus, la chaussée traitée semble se désagréger, d'où il suit par conséquent une perte probable au point de vue de l'entretien. Qu'il soit ou non cause d'appauvrissement et de désagrégation ou qu'il soit préférable d'accepter son usage comme le moindre de deux maux, c'est une affaire d'appréciation.

L'huile de créosote fut répandue sur la chaussée (qui avait été préalablement balayée) avec des arrosoirs ordinaires. On traita d'abord la moitié de la route à cause de la circulation et pour éviter d'abîmer les voitures. On s'est souvent plaint de cela ainsi que de la peinture au goudron, aussi faut-il prendre des précautions pour éviter les réclamations pour dommages. Le prix de l'huile de créosote appliquée est de 0 fr. 05 le mètre carré. L'huile disparaît au bout de peu de temps, sans donner apparemment de résultats satisfaisants. Elle a une désagréable odeur et à cause de cela son emploi est peu recommandable.

La westrumite fut étendue au moyen d'une machine. Elle dégagea d'abord une odeur désagréable, la poussière disparut pendant une quinzaine de jours. La dépense est plus grande que pour les arrosages ordinaires.

Le traitement par chlorure de calcium coûte à peu près le même prix que les arrosages ordinaires.

Le traitement par le Dustabato fut entrepris en mars dernier sur une route de Londres, qui supporte une circulation lourde, et, selon les apparences, la durée de la pierre (du granit) a été prolongée par son usage.

Après la pluie, la chaussée sèche rapidement et il est nécessaire d'arroser très peu les parties traitées.

La dépense peut être avec avantage comparée à celle des autres préparations au goudron.

Le taafelt est une préparation de goudron et de granit qui s'emploie de la même manière que le dustabato et qui semble ne pas être affectée par les changements atmosphériques.

Le quarrite est un revêtement de grès mélangé à une distillation spéciale du goudron, il s'emploie de la même manière que le taafelt.

Le téralithic se compose de granit bleu du Fife traité au goudron.

Le roadamant est étendu à l'état semi-liquide sur un lit de béton de 6 pouces d'épaisseur. Il consiste en une préparation chimique mélangée d'asphalte minéral et de granit. Il prétend être : 1° sans poussière; 2° anti-dérapant ou non glissant; 3° particulièrement silencieux; et 4° résistant à tous les temps. Un essai fut fait il y a dix-huit mois à Peckham Rye-Londres (S. E.) que l'auteur a examiné. Le procédé paraît bien résister à la circulation quotidienne d'environ 500 omnibus et autres lourdes voitures.

Le plascom est un composé breveté d'une espèce bitumineuse solide. On le fait bouillir puis on l'étend sur du granit ou du grès propre et au cylindre dans les vides. En plein travail, une tonne couvre environ 40 à 45 mq. La dépense par mètre carré est d'environ 1 fr. 85, soit à peu près le double de ce que coûte le mélange de sable goudron et chaux dont nous avons parlé précédemment.

Le crempoid est un mélange de résine et de bichromate de potasse.

L'erminite se compose de graines de coton et d'acide sulfurique.

Le composé Clare est du goudron préparé spécialement auquel on a ajouté de l'alcool.

Le goudron de gaz d'huile est formé de 95 pour 100 de goudron et 5 pour 100 d'eau.

Le hahnite se compose d'acide carbonique, d'huile et d'asphalte.

Le pulvicide se compose de charbon et d'huile naturelle.

Le tarmite se compose de goudron distillé et d'asphalte; expédié par le fabricant sous une forme solide et étendu après liquéfaction. La dépense, y compris la préparation de la route, sablage, pose, etc., monte à environ 0 fr. 75 par mètre carré.

Après considérations de la question des composés en général, l'auteur est d'avis que les arrosages ordinaires, où ils peuvent être effectués, sont, au point de vue de l'entretien, préférables à l'emploi de plusieurs des préparations chimiques, surtout si on considère la composition intime de ces dernières. Une connaissance élémentaire de la chimie suffit pour se faire une opinion au sujet du dommage causé à la vie des poissons et à la vue que peut causer l'emploi de quelques-unes de ces préparations.

De plus, après examen attentif, l'auteur considère que le mélange de sable donne les résultats les plus économiques.

L'auteur renouvelle avec insistance les observations contenues dans son mémoire envoyé en juin 1906 à l'Association des ingénieurs municipaux et de comté à Londres, c'est-à-dire que la méthode la meilleure pour remédier à l'inconvénient de la poussière sur les grandes routes, à prix de revient supportable pour les contribuables déjà surchargés, consiste dans l'adoption de goudronnages suffisants, combinés avec l'emploi de basalte et de granit les plus durs possible. Ces goudronnages peuvent être maintenant exécutés rapidement à l'aide de machines mécaniques ou à chevaux. Des machines plus petites, épandeurs et lances pour l'usage à main, peuvent aussi être achetées à des prix raisonnables.

A la suite de ces notes ont été placées des photographies montrant quelques-unes des différentes méthodes, mécaniques ou autres, en usage pour le goudronnage et l'épandage des composés au goudron.

CONCLUSIONS

En terminant, nous pensons qu'une liste des diverses chaussées adoptées dans tout le Royaume-Uni, formera une base de discussion utile pour ceux qui s'occupent particulièrement de la circulation dans les rues des villes et sur les routes. A ce sujet, l'auteur énumère les suivantes :

Pavage en granit	Igné.
— grès dur	Roche stratifiée.
— briques	Artificiel.
— bois dur	Eucalyptus d'Australie.
— — tendre.	Sapin rouge et pin jaune.
— chêne prismatique. .	Chêne d'Angleterre.
Mastic d'asphalte.	Naturel.
Pavage d'asphalte comprimé . .	Artificiel.
— de blocs d'asphalte. . .	—
Durax	Roche naturelle.
Pavage au tar macadam. . . .	Artificiel.
Chaussée empierrée.	Roche ignée et stratifiée.
Pavage en asphalte et liège. . .	Artificiel.
— verre	Artificiel.
— caoutchouc	Artificiel.

Il est tout à fait impossible à l'auteur, sans manquer aux conditions imposées quant à la longueur des mémoires et à cause du temps dont il dispose, de faire plus que d'attirer l'attention sur les chaussées permanentes ci-dessus, qui sont toutes considérablement utilisées dans des circonstances différentes. L'auteur espère que leurs mérites et leurs défauts seront discutés à fond au congrès.

Londres, juin 1908.

(Trad. Cozic.)

62 227. — Imprimerie Lahure, rue de Fleurus, 9, à Paris.

SCHLUSSFOLGERUNGEN

Wir glauben endlich, dass eine Liste der in dem vereinigten Königreiche gebräuchlichen Chaussierungsarten eine nützliche Grundlage für die Diskussion denjenigen abgeben wird, welche sich vornehmlich mit dem Strassen- und Stadtverkehr befassen. Der Autor führt diesbezüglich nachstehende Arten an :

Granitpflaster	Gestein vulkanischen Ursprungs.
Harter Sandstein	Aufgeschichtes Gestein.
Ziegel	Kunstpflaster.
Hartes Holz	Australischer Eucalyptus.
Weiches Holz	Gelbtanne und Gelbfichte.
Eichene Prismen	Englische Eiche.
Asphaltmastix	Naturpflaster.
Komprimierter Asphalt	Kunstpflaster.
Asphaltblöcke	—
Durax	Naturgestein.
Pflasterung auf Makadam	Kunstpflaster.
Beschotterte Strassen (Makadam)	Aufgeschichtes Gestein vulkanischen Ursprungs.
Kork-Asphaltpflaster	Kunstpflaster.
Glaspflaster	Kunstpflaster.
Kautschukpflaster	Kunstpflaster.

Es ist dem Autor ganz unmöglich, ohne die den Berichten gestattete Ausdehnung zu überschreiten, und wegen Zeitmangels seinerseits, mehr zu tun, als die Aufmerksamkeit auf die oben angeführten permanenten Chaussierungen zu lenken, welche sämtlich unter verschiedenen Bedingungen in ausgedehntem Maasse gebräuchlich sind. Der Autor hofft, dass ihre Vorzüge und Mängel auf dem Kongress eingehend besprochen werden dürften.

(Übersetz. Braevoet.)

Wakelam.

Ier CONGRÈS INTERNATIONAL DE LA ROUTE
PARIS 1908

3e QUESTION

LUTTE CONTRE LA POUSSIÈRE
DANS LES PAYS-BAS

RAPPORT

PAR MM.
M. D. J. STEYN PARVÉ
Ingénieur en chef du Waterstaat, à Utrecht.

PARIS
IMPRIMERIE GÉNÉRALE LAHURE
9, RUE DE FLEURUS, 9

1908

LUTTE CONTRE LA POUSSIÈRE

DANS LES PAYS-BAS

RAPPORT

PAR

M. D. J. STEYN PARVÉ

Ingénieur en chef du Waterstaat, à Utrecht.

La plupart des grand'routes de l'État dans les Pays-Bas sont pavées de briques, puis on trouve des routes pavées de cailloux, des routes de gravier et des macadams. La longueur totale des grandes chaussées de l'État est de 1700 kilomètres, dont 1170 kilomètres pavés de briques, 230 kilomètres pavés de cailloux et 300 kilomètres de chemins de gravier et de macadam. La largeur du revêtement varie pour les chemins pavés de briques de 3 à 6 mètres, la largeur ordinaire est de 4 mètres à 4 m. 5. Pour les chemins pavés de cailloux, la largeur est de 3 à 5 mètres, pour les chemins de gravier ou macadam, de 3 à 6 mètres.

Les bermes de l'un et de l'autre côté du revêtement ont en général une largeur de quelques mètres, mais il y a aussi des chemins où les dimensions sont beaucoup plus petites. La plupart des routes sont plantées d'arbres, le plus souvent un rang sur chaque berme, la distance des deux rangs d'arbres variant entre 5 m. 5 et 11 mètres.

Les grand'routes sont entretenues aux frais de l'État. L'entretien est mis au rabais en public tous les trois ou quatre ans pour chaque province du Royaume séparément. Pour le nettoiement et les petits travaux d'entretien journalier l'État a dans son service des ouvriers (cantonniers) qui travaillent chacun sur une portion de chemin de 6 à 7 kilomètres.

Les Pays-Bas étant entrecoupés en tous sens de voies d'eau, — rivières et canaux —, le transport des marchandises sur les chemins publics n'est pas très important, et il n'y est pas question de transport mécanique en dehors des chemins de fer et des tramways. Ainsi la circulation des automobiles se borne à l'automobile de luxe, et c'est pourquoi cette circulation est relativement de peu d'importance. Ce n'est que dans le voisinage de quelques grandes villes, dans les lieux qui pour leur situation pittoresque ou agréable sont recherchés comme séjour de villégiature par les gens riches et sur les chemins reliant les villes principales avec les contrées qui excellent par la beauté de la nature que la circulation d'automobiles a quelque signification. Ce sont les villes d'Amsterdam, de la Haye. d'Utrecht, d'Arnhem et de Nimègue, les villages de Hilversum, de Baarn, de Soestdyk, de Zeist, de Driebergen, de Velp, du Steeg et de Dieren et les routes qui mettent ces lieux en communication et dans la partie orientale du pays.

Il s'ensuit que la circulation d'automobiles sur les divers chemins des Pays-Bas n'est pas encore assez importante pour rendre urgentes des mesures spéciales pour l'entretien des routes. Néanmoins en quelques endroits elle est assez animée pour causer de graves inconvénients par la poussière soulevée. Il a donc fallu des mesures pour lutter contre cet inconvénient. A cette fin on a suivi différentes méthodes appliquées à l'étranger. Les chemins des Pays-Bas ayant en général peu de largeur et les habitations des villes et des villages étant bâties tout près des chemins, on peut se figurer que l'inconvénient causé par la poussière soulevée par le vent, les autos, etc., est dans ces lieux des plus graves.

La direction de la Ligue générale des Cyclistes néerlandais (Algemeene Nederladsche Wierydersbond, A. N. W. B.) a compris l'importance de cette question et c'est un de ses membres, M. l'inspecteur J. H. Janson, qui a composé en 1907 une brochure intitulée « Stofbestryding » (Lutte contre la poussière). Dans cette brochure sont traités en premier lieu la compositnio et l'origine de la poussière (usure des matériaux et ordures qui y sont apportées) et ensuite les divers moyens qu'on a imaginés pour lutter contre la poussière. Le point de départ de l'auteur est que ces moyens sont de deux sortes : 1° *préventifs*, en choisissant les meilleurs matériaux possibles pour le revêtement, et 2° *curatifs*, en diminuant autant que possible l'inconvénient et l'ennui causés par la poussière. En traitant la lutte curative contre la poussière, il énumère les différents moyens qu'on a appliqués à l'étranger, et puis il nomme les lieux et les manières dont ces moyens sont appliqués aux Pays-Bas.

Ce que je communiquerai dans les lignes suivantes sur la « lutte contre la poussière aux Pays-Bas » est principalement emprunté à cette brochure.

Les moyens ordinaires pour neutraliser et écarter la poussière, dont on se sert depuis longtemps, sont l'arrosage à l'eau et le balayage manuel ou mécanique. L'arrosage à l'eau est très coûteux, parce qu'il faut le répéter souvent, en outre il n'est pas efficace, parce que. en arrosant largement.

on ne fait que changer la poussière en boue. On s'est efforcé de vaincre cet inconvénient en mêlant à l'eau quelque matière unissante, afin de diminuer le nombre des arrosages, mais, comme on sait, les résultats de ces expérimentations n'ont pas été favorables.

A l'imitation de ce qu'on a fait à l'étranger, on a utilisé aux Pays-Bas les liquides huileux et le goudron. La première application eut lieu en 1901 et 1902 par la Société d'exploitation du tramway à vapeur de Harlem à Velsen, où ledit tramway soulevait beaucoup de poussière. L'arrosage fut fait avec du résidu de pétrole qu'on répandait par le moyen d'arrosoirs sur la voie du tramway et à 50 centimètres de l'un et de l'autre côté des rails; on avait de très bons résultats. Un arrosage de westrumite sur la même voie avait bien moins d'effet.

En 1905 et 1906, quelques particuliers, habitants de maisons de campagne le long du chemin de Leyde à Harlem, dans les communes de Heemstede et de Bennebroek, ont appliqué l'arrosage à la westrumite et au « stop dust » pour rendre moins poudreuses les parties du chemin qui s'étendent le long de leurs campagnes. Sur une partie d'une longueur de 150 mètres on répandait, après avoir arrosé à l'eau par le moyen d'arrosoirs à main, une émulsion de « stop dust » de 10 pour 100, et après 6 semaines cette manipulation fut répétée. Sur une autre partie du même chemin d'une surface de 400 mètres carrés on expérimentait avec une eau résineuse, produit d'issue du bois employé à la fabrication de papier. L'effet était très médiocre : après quelques jours il était à peine perceptible. En 1906 sur la même partie du chemin, balayé d'avance, la westrumite fut appliquée en solution de 10 pour 100 par une quantité de 0,7 litre au mètre carré ; après dix jours on répétait cet arrosage avec une émulsion de 15 pour 100 et encore dix jours plus tard pour la troisième fois avec une émulsion de 15 pour 100. Le résultat de cette épreuve était médiocre et ne laissa presque nulle trace après 5 ou 6 jours. Le coût de cet arrosage s'éleva à 45 florins (presque 100 francs).

En 1906 et 1907, la Société pour la lutte contre la poussière siégeant à Utrecht exécuta des arrosages de westrumite au bénéfice de quelques particuliers, habitants de maisons de campagne le long de la chaussée de l'État dans les villages de Baarn et de Soestdyk et répéta ces arrosages plusieurs fois pendant les mois d'été. Les résultats furent passablement favorables.

Tous les chemins nommés ci-dessus sont des chemins pavés en briques.

De la part des communes on a expérimenté sur quelques chemins de gravier et macadam à Dordrecht, à Middelbourg et à Nimègue. A Dordrecht une surface de 2100 mètres carrés, arrosée de barnite et une surface de 2 250 mètres carrés, arrosée de « stop-dust » par le moyen d'une voiture-arrosoir, restèrent en bon état pendant deux semaines, mais du reste le résultat n'était que médiocre.

A Middelbourg on a obtenu des résultats satisfaisants par la westrumite. Ayant nettoyé une surface de 700 mètres carrés de macadam à coups de balai, on arrosait le 17 juillet 1907 de 72 litres d'une émulsion de westrumite à 10 pour 100 ; répétait cette manipulation le 30 juillet, et arrosait de nouveau le 5 septembre et le 9 octobre, chaque fois avec 28 litres d'émulsion de westrumite à 4 pour 100. Le coût de cette expérimentation s'éleva à 40 florins (85 francs).

A Nimègue la Place Charlemagne, d'une surface de 12 800 mètres carrés, fut arrosée à raison d'un litre de barnite (baros) à 100 pour 100 par mètre carré, après avoir été nettoyée d'avance à coups de balai. L'expérimentation fut faite en septembre et octobre 1904, par conséquent à une époque trop avancée de l'année pour obtenir un bon résultat.

Outre les arrosages mentionnés, le A. N. W. B. (Ligue des Cyclistes) en a exécuté en plusieurs autres endroits dans les Pays-Bas, nommément à Bréda, à Dordrecht, à Enschedé, à Nimègue, à Fauquemont et à Veendam. Les résultats de ces épreuves se trouvent réunis au tableau ci-joint.

On a appliqué deux fois les émulsions huileuses à la construction de chemins en macadam, dont l'un à Arnhem, où le basalte fut mêlé de westrumite, mis sur la voie en couche de 8 à 10 centimètres d'épaisseur, saupoudré de sable et roulé après. Il semble que la westrumite empêchait le sable de pénétrer dans le basalte et il a fallu beaucoup de temps avant que le chemin fût en bon état.

L'autre expérimentation fut faite près d'Almelo et de Bornerbroek. La couche inférieure du blocage de briques fut arrosée deux fois d'une émulsion à 5 pour 100, l'empierrement de basalte d'une émulsion à 10 pour 100 et ensuite roulé. Le sable pour remplir les interstices de l'empierrement fut imprégné d'une émulsion à 10 pour 100, placée à coups de balai, et roulé après. Pour couvrir le tout on se servit de sable siliceux, arrosé d'une émulsion à 5 pour 100 et roulé encore. Après deux jours on arrosa de nouveau d'une émulsion à 10 pour 100. Après deux ou trois mois, ce chemin ne présentait aucune différence avec les chemins construits de la manière ordinaire.

Pour l'application des émulsions huileuses, l'état dans lequel se trouve le chemin qu'on veut arroser a beaucoup d'importance. Plus le chemin est dur, solide et égal et d'un bon profil, plus le résultat de l'arrosage aura un bon effet. Le A. N. W. B. donne les règles suivantes pour l'arrosage avec des émulsions huileuses :

A. *Pour les chemins de gravier et macadam* :

1° Attendre le temps beau et sec ;

2° Nettoyer le chemin à coups de balai et écarter les balayures ;

3° Le chemin, ayant été sec pendant longtemps, arroser modérément d'eau fraîche.

4° Arroser d'une émulsion à 10 pour 100 ;
5° 2 à 4 jours après, d'une émulsion à 10 pour 100 ;
6° 7 jours après 5°, d'une émulsion à 5 pour 100 ;
7° 10 jours après 6°, d'une émulsion à 5 pour 100, et répéter cet arrosage tous les jours.

B. *Pour les chemins pavés de briques ou de cailloux* :

1° 2°, 3° comme A.
4° Arroser d'une émulsion à 5 pour 100 ;
5° 2 à 4 jours après, encore d'une émulsion à 5 pour 100 ;
6° 7 jours après 5°, d'une émulsion à 3 pour 100 ;
7° 10 jours après 6°, de nouveau d'une émulsion à 3 pour 100, et répéter cet arrosage tous les 10 jours.

Quantité de liquide : 1 litre par mètre carré, distribué en deux ou trois tours de voiture-arrosoir. Temps de l'arrosage, le soir. Les frais pendant les mois d'avril jusqu'à octobre, s'élèvent à 180 florins (375 francs) pour les chemins de gravier ou macadam et à 120 florins (250 francs) pour les chemins pavés.

Ce qui est dit ci-dessus se rapporte exclusivement à l'usage des émulsions huileuses, mais on s'est servi aussi dans les Pays-Bas de goudron à Arnhem, à Delft, à Dordrecht, à Ede, à Nimègue et à Flessingue.

En 1902, un chemin en macadam à Arnhem fut traité au goudron de houille chauffé, par arrosage et balaiement, et ensuite saupoudré de sable de rivière. L'année suivante on répéta le même traitement, mais après on roula le chemin pour faire pénétrer le goudron plus avant et pour avoir ainsi un résultat plus durable. On a employé 10 700 kilogrammes de goudron sur une surface de 5800 mètres carrés; les frais étaient de 0,075 florin (16 centimes) le mètre carré.

Profitant de l'expérience réalisée en France on a mis plus tard le goudron de houille non chauffé. En l'étendant deux fois, les frais s'élèvent à 0,105 florin (22 centimes) le mètre carré, et en ne l'étendant qu'une seule fois à 0,035 florin (7 centimes 1/2) le mètre carré.

A Delft on a obtenu depuis 1904 de bons résultats par l'utilisation du goudron sur des chemins en macadam. Les chemins nouvellement goudronnés sont traités au goudron non chauffé, ceux qui ont été déjà goudronnés sont traités au goudron chauffé, qui pénètre plus avant dans la croûte dure.

A Dordrecht on commença en 1906 et ayant obtenu de bons résultats, on répéta la manipulation en 1907. On fit bouillir le goudron et on l'appliqua chaud sur le chemin ; on l'étendit à coups de balai et l'on saupoudra le tout de sable de rivière.

A Ede on a obtenu de bons résultats sur un chemin en macadam en bon état, où l'on versa le goudron chauffé par le soleil et l'étendit à coups de balai. Sur un chemin de gravier les résultats n'étaient pas aussi favorables. Les frais s'élevèrent à 7 centimes 5, la quantité de goudron à 1 litre 67 le mètre carré.

Sur une surface macadamisée de 1600 mètres carrés à Nimégue on utilisa du goudron de l'usine à gaz de la commune, chauffé d'avance pour faire évaporer les parties légères. Le goudron tout chaud fut porté sur le chemin à raison de 1,5 litre le mètre carré, étendu à coups de balai et saupoudré de sable de rivière. Après 5 jours, le chemin fut roulé quatre jours durant, deux fois par jour. La semaine suivante, on roula encore une fois et l'on écarta le sable à coups de balai. A la suite de cette application, ce chemin fut pendant quelque temps en état de résister à l'influence de la poussière et de la pluie. Le coût était de 0,10 florin (21,5 centimes) le mètre carré. En 1907, on le goudronna, mais dans des circonstances défavorables.

A Flessingue, 400 mètres carrés du boulevard de la mer du Nord, chemin en macadam, furent couverts d'une couche épaisse de goudron et saupoudrés ensuite de sable de rivière. Les frais étaient de 0,20 florin (42 centimes) le mètre carré. Le chemin restait en bon état, mais ne pouvait résister aux fardeaux lourds qui passaient dessus.

L'utilisation du goudron pour la construction des chemins macadam a aussi été tenté dans les Pays-Bas.

En 1903, un des boulevards d'Arnhem fut couvert d'une couche de macadam goudronné. Un tas de petits morceaux de basalte fut saupoudré de sable de rivière, et en le mêlant, arrosé de goudron bouillant. Une couche de ce mélange d'une épaisseur de 7 centimètres fut mise dans le lit du chemin et couvert d'une couche de macadam sans goudron d'une épaisseur de 3 centimètres; puis le tout fut roulé. Pendant l'hiver suivant la formation de boue était moindre que sur les autres chemins.

A Rotterdam et à Zutphen aussi, on a construit des macadams goudronnés sur les boulevards, mais je n'ai pas reçu de renseignements sur ces travaux.

Utrecht, le 15 mai 1908.

LIEUX	REVÊTEMENT	SURFACE EN MÈTRES CARRÉS	MATIÈRE UTILISÉE	QUANTITÉ	INTENSITÉ DE L'ÉMULSION	MOYEN D'ARROSAGE	DATE	FRAIS EN FRANCS	RÉSULTATS
Bréda	Macadam.	7.000	Westrumite.	3.185 kg.	10 0/0 5 0/0 6 0/0 4 0/0	Voiture arrosoir.	Le 4 juin ..... 1904 8 — — 30 — — 30 — —	730	Favorables.
Dordrecht	Macadam. Macadam, briques et cailloux. Macadam.	828 2.250 3.625	Barnite. Émulsion de barnite. Stop-dust.	600 kg. 600 — 600 —	» » 10 et 5 0/0	Voiture arrosoir.	Juillet .... 1906 — — — —	?	Médiocres.
Enschede	Macadam.	4.500 5.000	Westrumite.	700 lit. 500 — 300 —	10 0/0 5 0/0 5 0/0 3 0/0 5 0/0 5 0/0	Voiture arrosoir.	Le 14 mai .... 1904 16 — — 16 — — 2 juin .... — 4 et 26 juil. — 24 et 29 août —	?	Chemin sans poussière. Sans poussière pendant 3 semaines.
	Macadam.	4.000	Westrumite.	450 lit. 450 — 300 —	10 0/0 10 0/0 5 0/0	Voiture arrosoir.	Le 20 mai .... 1904 24 — — 13 juin, 8 et 28 juil., 26 août 1904	?	Chemin absolument sans poussière.
	Macadam.	2.100	Westrumite.	400 lit. 200 —	10 0/0 10 0/0 5 0/0	Voiture arrosoir.	Le 29 juillet.... 1904 1er août ..... — 26 — —	250	Environ 16 jours sans poussière. Environ 14 jours sans poussière.
	Cailloux.	3.135	Westrumite.	175 lit. 220 — 250 —	5 0/0 5 0/0 5 0/0	Voiture arrosoir.	Le 16 mai ...... 1904 18 — — 30 — —	?	
	Briques.	3.520	Westrumite.	250 lit. 250 —	5 0/0 5 0/0	Voiture arrosoir.	Le 16 mai ...... 1904 18 — —	?	6 à 8 jours sans poussière.
	Macadam.	945 960	Stop-dust et anti-poussière		3 et 7 0/0 3 et 7 0/0 10 0/0	Voiture arrosoir.	Le 11 août ..... 1905 17 — — 11 sept...... —	?	8 à 10 jours sans poussière.
Nimègue.........	Gravier.	16.000	Westrumite.	1.900 kg. 1.700 — 992 — 743 —	9 0/0 8 0/0 5 0/0 4,5 0/0	Voiture arrosoir.	Le 5 juin ...... 1904 7 — — 1er juillet .... — 26 — —	?	Favorables, mais arrosage répété d'émulsion atténuée nécessaire.
Fauquemont....	Macadam.	6.000	Westrumite.	1.972 kg.	10 0/0 5 0/0	Voiture arrosoir.	30 juin, 6 juil. 1904 Le 10 août. .... —	440	Favorables.
Veendam	Macadam.	4.000	Westrumite.	590 lit. 270 — 180 —	10 0/0 10 0/0 5 0/0	Voiture arrosoir.	Le 25 août ..... 1904 27 — — 12 sept. —	?	Favorables.

61 950. — PARIS, IMPRIMERIE LA

9, rue de Fleurus, 9

IER CONGRÈS INTERNATIONAL DE LA ROUTE
PARIS 1908

3e QUESTION

RÉSULTAT DE QUELQUES ESSAIS
DE PAVAGES ARTIFICIELS

RAPPORT

PAR MM.
ROCHAT-MERCIER et PIOT
Directeur des Travaux Publics
Ingénieur-Chef du service de la Voirie
à Lausanne.

PARIS
IMPRIMERIE GÉNÉRALE LAHURE
9, RUE DE FLEURUS, 9
1908

RÉSULTAT DE QUELQUES ESSAIS
DE PAVAGES ARTIFICIELS

RAPPORT

PAR MM.

ROCHAT-MERCIER et **PIOT**

Directeur des Travaux Publics — Ingénieur-Chef du Service de la Voirie

à Lausanne.

Il est parfois nécessaire dans l'intérieur des villes et plus spécialement sur certains ponts où la circulation est très intense de recourir à des systèmes de pavages coûteux peut-être, mais ayant l'avantage de ne nécessiter que peu ou point de réparations.

Les qualités requises sont en tout premier lieu la résistance à l'usure; on exige, en outre, que la chaussée soit hygiénique, produise peu de poussière, soit facile à nettoyer, pas glissante, insonore si possible et peu coûteuse, ce point-là n'intervenant qu'en dernier lieu; car il est rare de réunir dans un même produit des avantages si divers.

Le Service de la voirie de la ville de Lausanne fut amené à faire une étude comparative de divers pavages sur le Grand Pont, ou Pont Pichard, qui relie deux parties de la ville au travers de la vallée du Flon.

Deux voies de tramways le sillonnent; une circulation intense de piétons et de chars lourdement chargés rendait nécessaire la réfection de la chaussée en pavés présentant les avantages indiqués plus haut.

La chaussée du Grand Pont à ce moment-là était établie en asphalte comprimé qui avait donné des résultats médiocres.

Six échantillons de pavés furent mis en présence, la pose opérée en septembre 1902 permit de faire un choix déjà au commencement de l'année 1904.

I. Les planelles en comprimés d'asphalte du Val de Travers de $4 \times 10 \times 20$ cm, jointoyées au ciment et posées sur béton par l'intermédiaire d'une couche de mortier fin, firent preuve d'une résistance absolument insuffisante; dès le début de l'année 1904 elles étaient percées de part en part.

Le coût de ce pavage s'est élevé à 15 francs le mètre carré.

II. Le Pavé « Leuba » constitué par des plots de 11 cm d'épaisseur. La surface supérieure de 4 1/2 cm d'épaisseur en roche d'asphalte repose sur un noyau de 6 1/2 cm de béton; ces deux couches sont comprimées et forment un tout d'une seule venue.

Les résultats un peu meilleurs qu'avec les planelles en comprimés d'asphalte ne furent cependant pas très satisfaisants; des creux et de nombreuses ornières, qui furent constatés déjà en 1904, permirent de conclure que ce genre de pavage ne résistait pas à une circulation charretière intense.

Le coût de ce pavage est de 15 francs le mètre carré.

III. Pavé en asphalte de la Compagnie du Centre.

Ces planelles de $4 \times 10 \times 22$ cm en comprimés de roche asphaltique furent placées sur béton avec interposition d'une couche de mortier fin et les joints coulés au bitume.

Des trois produits en asphalte, ce fut ce dernier qui donna les meilleurs résultats.

Mais l'usure se fit sentir aussi et spécialement le long des rails du tramway.

Le prix de revient de ce pavage est de 15 francs par mètre carré.

IV. Les planelles en verre Garchey de $4\ 1/2 \times 9\ 1/2 \times 20$ cm, posées sur béton, avec interposition d'une couche de mortier de ciment, ont donné d'excellents résultats.

La résistance à l'nsure de ce pavé peut être comparée à celle d'un pavé de grès de très bonne qualité, la résistance à l'écrasement de ce produit s'élève à 2000 kg par centimètre carré.

Malgré tout, plusieurs pavés se brisèrent et durent être remplacés. Ce pavé est propre, d'aspect agréable, mais trop sonore.

V. Quelques mètres carrés de pavés ordinaires en grès donnèrent des résultats semblables à ceux du verre Garchey; toutefois le verre Garchey est d'un aspect plus agréable; il est aussi plus doux au roulement des voitures.

Le prix de revient du mètre carré de pavage en grès est de 9 fr. 50.

VI. Le dernier produit essayé et qui a donné les meilleurs résultats au point de vue de la résistance à l'usure et au choc est le Rostolith; aussi ce produit a-t-il été choisi de préférence aux autres pour le revêtement de la chaussée du Grand Pont.

Il nous paraît intéressant de donner quelques renseignements sur ces matériaux relativement peu employés.

Le Rostolith tire son nom de l'inventeur, l'ingénieur Rost; il est aussi appelé Keramit en Autriche où il a été fabriqué en premier lieu.

En Suisse, à Embrach dans le canton de Zurich, existe une fabrique de produits céramiques qui compte le Rostolith parmi ses spécialités.

C'est un silicate argilo-calcaire cuit à une haute température. La station fédérale suisse d'essai de matériaux a obtenu avec ces briques les résultats suivants :

Résistance à l'écrasement, moyenne de 4 essais, 4652 kg par centimètre carré.

Résistance à l'usure, après 200 tours d'un disque en fonte réduit au rayon normal de 50 cm, avec une charge de 15 kg, l'usure par centimètre carré de surface est de 0,012 cm³.

L'absorption de l'eau, en pour 100 du poids de la pierre, après 28 jours, fut de 0,5 à 1,05.

Pour éprouver la résistance au gel, les briques et carreaux furent immergés dans l'eau pendant 28 jours, puis soumis 25 fois de suite à un changement de température entre 0 et — 22 degrés centigrades avec dégel dans l'eau à + 18 degrés centigrades; les échantillons sont restés intacts.

Les acides chlorhydrique et sulfurique n'exercent qu'une action insensible sur ces matériaux.

Le Rostolith employé au Grand Pont se présente sous la forme d'un prisme droit, ayant comme dimensions $20 \times 10 \times 6{,}8$ cm et dont les arêtes sont taillées en chanfrein. Une brique pèse 3 kg 02; il y a 46 briques au mètre carré.

La fondation du pavage fut établie en béton de chaux hydraulique au dosage de 250 kg par mètre cube de gravier et sable, recouvert d'une chape de 1,5 cm d'épaisseur au ciment lent; la brique fut placée sur cette fondation avec interposition d'une couche de 2 cm de sable; les joints furent coulés au bitume.

Les rails du tramway, d'une hauteur de 14 cm reposent sur leurs traverses par l'intermédiaire de sellettes. Les traverses reposent, à leur tour, sur des longrines en béton dont les dimensions sont : 48 cm de hauteur et 40 cm de largeur.

Le long du rail une rangée de briques forme bordure.

Le pavage est d'un bel aspect, toujours propre, un peu sonore peut-être; la résistance à l'usure et au choc fut confirmée.

Cependant, au bout de 2 ans, la vibration de la voie ferrée eut raison des joints, l'appareil de briques finit par se disloquer dans le voisinage des rails.

Un autre pavage en Rostolith, exécuté sur un autre pont de Lausanne, récemment construit, le pont Chauderon-Montbenon, a donné de très bons résultats jusqu'à ce jour; le Rostolith a été posé sur mortier de ciment et les joints coulés au bitume. Seules quelques briques le long des rails ont subi un commencement de dislocation d'ailleurs vite arrêté.

Récemment, vers la fin de 1907, le pavage sur sable effectué sur le Grand Pont a été transformé; le Rostolith a été enlevé et reposé sur mortier de ciment et les joints furent coulés au ciment. Le résultat obtenu est bon sauf le long des rails où la vibration pulvérise les joints et le mortier.

Pour parer à ces inconvénients nous avons eu l'idée d'interposer entre le rail et le pavage une bordure élastique; nous avons enlevé la rangée de briques placée le long des rails ainsi que la couche de mortier sous-jacente, puis dans le vide nous avons coulé un mélange formé de 90 kg d'asphalte du Val de Travers, 30 kg de goudron Trinitad épuré et 10 kg de sable très grenu.

Quand on opère par un temps frais, le goudron ajouté à l'asphalte doit se composer de 20 kg de Trinitad épuré et 10 kg de goudron normal raffiné.

Quelques villes suisses, entre autres Zurich, ont eu l'occasion d'employer ce joint élastique dans des circonstances analogues et ont obtenu de bons résultats.

Le système de coulage des joints au bitume nous paraît préférable à celui au ciment lent, car le ciment n'adhère qu'imparfaitement à la brique. L'emploi du bitume permet en outre une réparation rapide, ce qui n'est pas le cas avec l'emploi du ciment.

Le prix de pavage en Rostolith en dehors des voies du tramway peut être évalué à 21 francs environ le mètre carré, ce prix comprend : 1° la fouille, soit piochage de la chaussée, la charge et le transport des déblais à la décharge publique (pour une distance de 500 mètres environ); 2° l'établissement de la fondation en béton de 20 cm d'épaisseur, y compris une chape en ciment de 1,5 cm; 3° la fourniture, la pose des briques Rostolith et le coulage des joints au ciment ou au bitume.

En résumé nous avons pu constater que, parmi les matériaux soumis à l'essai, la brique Rostolith a donné les meilleurs résultats au point de vue de la résistance au choc et à l'usure.

Le long des voies de tramways cependant le pavage tend à se disloquer si la voie n'est pas établie d'une façon absolument rigide.

La teinte jaunâtre de ces matériaux donne un aspect plaisant et propre à la chaussée.

Mai 1908.

62041. — Imprimerie Lahure, rue de Fleurus, 9, à Paris.

I. INTERNATIONALER STRASSENKONGRESS
PARIS 1908

4te FRAGE

DIE STRASSEN DER ZUKUNFT

(EXCLUSIVE STÄDTISCHE STRASSEN)

RICHTUNGSLINIEN, LÄNGEN- UND QUERPROFILE, KURVEN;
ANFORDERUNGEN HIERZU MIT RÜCKSICHT
AUF VERKEHRSSICHERHEIT UND AUTOMOBILVERKEHR

BERICHT

VON

WERNECKE
Landes-Bauinspektor, Königl. Baurat zu Frankfurt a. M.

PARIS
IMPRIMERIE GÉNÉRALE LAHURE
9, RUE DE FLEURUS, 9

1908

DIE STRASSEN DER ZUKUNFT

(EXCLUSIVE STÄDTISCHE STRASSEN)

RICHTUNGSLINIEN, LÄNGEN- UND QUERPROFILE, KURVEN; ANFORDERUNGEN HIERZU MIT RÜCKSICHT AUF VERKEHRSSICHERHEIT UND AUTOMOBILVERKEHR

BERICHT

VON

WERNECKE

Landes-Bauinspektor, Königl. Baurat zu Frankfurt a. M.

Neue Anforderungen sind an die Verwaltungen der öffentlichen Strassen herangetreten, nachdem sich in der jüngstverflossenen Zeit eine Umgestaltung des Verkehres vollzogen hat.

In der zweiten Hälfte des vorigen Jahrhunderts fand zwar eine grosse und allgemeine Steigerung des Strassenverkehres statt, die Massnahmen aber, welche aus diesem Anlass zu treffen waren, bewegten sich fast ausschliesslich innerhalb derjenigen Gesichtspunkte, welche schon vorher als die richtigen erkannt worden waren.

Mit dem Ende des 19. und dem Beginne des 20. Jahrhunderts tritt in das Strassenwesen ein neues Verkehrsmittel ein, dessen Bedeutung von Tag zu Tag in Zunahme begriffen ist. Es ist das Kraftfahrzeug (Automobil), dessen Einführung in den öffentlichen Verkehr die Strassenbautechniker alsbald vor neue Aufgaben gestellt hat.

Diese Aufgaben erstrecken sich sowohl auf die erste Anlage und die Art der ersten Herstellung, als auch auf die Unterhaltung der Strassen.

Die neuen Anforderungen, welche durch das neue Verkehrsmittel gestellt werden, erfordern die Beachtung folgender Punkte :

1. Die Bauweise und die Betriebsart der Automobile bieten in ihrem Ein-

fluss auf die Strassenoberfläche durchaus eigenartiges, weil es sich bei ihnen nicht, wie bisher, um gezogene Räder handelt, sondern um selbstbewegte;

2. Die Schnelligkeit der Automobile beträgt, abgesehen von Lastautomobilen, zumeist ein vielfaches derjenigen Geschwindigkeit, mit der die gezogenen Fuhrwerke über die Strasse gehen;

3. Durch die Automobile hat der Strassenverkehr mehr oder weniger den örtlichen Charakter eingebüsst, den er bisher besass. Durch das Automobil ist ein internationales Element dem Verkehre hinzugefügt worden. Es bewegen sich alltäglich auf den Strassen jedes Landes eine ganze Anzahl fremdländischer Fahrzeuge, deren Führer mit den Örtlichkeiten nicht vertraut sind. Dieser Umstand, in Zusammenhang gebracht mit der Schnelligkeit des neuen Verkehrsmittels, bedingt ganz besondere Rücksichten, namentlich in Hinsicht auf die Erhaltung der Sicherheit des öffentlichen Verkehres.

Unter Hinweis auf die unter Ziffer 2 und 3 vorstehend gegebenen Hinweise, soll im folgenden erörtert werden, welche Massnahmen zur Erhaltung der Verkehrssicherheit bei der allgemeinen Anlage der Strassen (gerade Strecken, Längenprofil, Querprofile, Kurven) getroffen werden sollten.

Es liegt auf der Hand, dass ein zutreffendes Urteil über derartige Massregeln am zuverlässigsten zu gewinnen sein wird, wenn die ungünstigsten Umstände, als : tunlichst grosser Verkehr, bei gleichzeitiger grösster Verkehrsschnelligkeit, längere Zeit der Beobachtung unterworfen werden können. Besonders lehrreich werden die hierbei eingetretenen Unfälle sein, weil diese den deutlichsten Hinweis auf diejenigen Anordnungen geben, welche notwendig erscheinen, um sie in Zukunft auszuschalten.

Es sind deshalb diesen Erörterungen diejenigen Erfahrungen zu Grunde gelegt worden, welche bei zwei grossen Automobil-Rennen im Taunus, Regierungsbezirk Wiesbaden, in den Jahren 1904 und 1907 gesammelt werden konnten.

Im Jahre 1904 fand in dem bergigen Gelände des Taunus das Gordon-Bennett-Rennen statt, bei welchem eine Strassenstrecke von rund 128 Kilometer (nach Abzug der neutralisirten Strecken) in Anspruch genommen und viermal durchgefahren wurde.

Das Kaiser-Preis-Rennen des Jahres 1907 vollzog sich unter teilweiser Inanspruchnahme derselben Strassenstrecken auf einer Länge von 118 Kilometer mit ebenfalls viermaliger Durchfahrung.

Die in Betracht kommenden Strassen besitzen Steigungen bis zu 13 Prozent und Kurven mit Halbmesser bis herab zu 18 Meter auf freier Strecke.

Bei dem Gordon-Bennett-Rennen betrug die durchschnittlich erzielten Geschwindigkeit der 1000 Kilogramme nicht überschreitenden Rennwagen etwa 110 Kilometer in der Stunde; als grösste Geschwindigkeit wurden 160 Kilometer in der Stunde beobachtet.

Das Kaiser-Preis-Rennen von 1907 wurde mit Tourenwagen, die mit Rennkarosserien versehen waren, und nicht unter 1175 Kilogramme wiegen durften, gefahren.

Es wurde eine Durchschnittsgeschwindigkeit von etwa 80 Kilometer in der Stunde erzielt. Die höchste Geschwindigkeit dürfte etwa 130 Kilometer in der Stunde betragen haben.

Die den beiden Rennen vorhergehenden, mehrwöchentlichen Übungsfahrten der beteiligten Firmen, sowie der sonstige grosse Automobilverkehr, der sich vor den Renntagen entwickelte, haben die beteiligten Strassen teilweise ganz erheblich belastet. Beispielsweise ergab die amtliche Zählung auf der Bezirksstrasse von Frankfurt nach Siegen zwischen Homburg und Saalburg in der Woche vor dem am 14. Juni 1907 stattfindenden Rennen während der Zeit von 6 Uhr Morgens bis 6 Uhr Abends einen Durchschnitt von 110 Rennwagen und 449 sonstigen Automobilen, insgesammt von 559 Automobilen täglich. Dieser Verkehr war, einschliesslich demjenigen der gewöhnlichen Fuhrwerke, der zu normalen Zeiten täglich 577 Zugtiere beträgt, von einer Steinbahn von 7,0 Meter Breite aufzunehmen.

Die starke Inanspruchnahme der Strassen bot ausreichende Gelegenheit Beobachtungen darüber anzustellen, ob die jetzigen Strassen einem gesteigerten und neugearten Verkehre hinreichend zu entsprechen vermögen.

Stellt man hierzu die Bedingung, dass sich der Gesammtverkehr mit tunlichst vollkommener Sicherheit bewegen soll, so ergeben sich für die allgemeine Anlage der Strassen folgende Anforderungen, welche bei den Strassen der Zukunft zur Berücksichtigung empfohlen werden :

A) **Gerade Strecken**, einschliesslich Querprofil. An gerade Strecken sind aus Anlass des Automobilverkehres (abgesehen von dem, was unter B, Längenprofil, angeführt ist) keinerlei neue Anforderungen zu stellen.

Unfälle, welche mit der allgemeinen Anlage der Strassen in Zusammenhang gebracht werden könnten, sind nicht beobachtet worden.

Es wird lediglich darauf zu achten sein, dass die Breite der Steinbahn zu der Verkehrsgrösse in angemessenem Verhältnis steht.

Das für gerade Strecken bisher übliche Querprofil, mit beiderseitiger Abwässerung bei 4-6 Prozent Quergefälle, hat sich als zweckentsprechend bewährt.

B) **Längenprofil.** — Es darf angenommen werden, dass man bezüglich der Steigungsverhältnisse dieselben Rücksichten anzuwenden haben wird, wie sie der bisherige Verkehr erfordert hat. Auf allen Strassenneigungen, in den Grenzen zwischen horizontalen Strecken bis zu Steigungen von 13 Prozent, haben sich für den Automobilverkehr keine Anstände ergeben.

Dagegen hat sich gezeigt, dass an den Punkten, an denen Gefällswechsel stattfinden, Stosswirkungen um so eher eintreten können, je grösser die Fahrgeschwindigkeit und je unvermittelter der Übergang von einer Neigung zu einer anderen ist. Jeder plötzliche Gefällswechsel bedingt übrigens eine Umstellung der Fahrzeuggeschwindigkeit und dürfte sowohl auf die Automobile, wie auf die Strassenoberfläche, nachteilig einwirken.

Es wird sich deshalb empfehlen, zur Gewinnung sanfterer Übergänge, bei der Herstellung neuer Strassen die Gefällswechsel durch Kreisbögen mit weit grösserem Halbmesser auszugleichen, als dies etwa schon bisher der Fall gewesen ist (Fig. I)

C) **Kurven** einschliesslich **Querprofil.** — Fast alle Unglücksfälle, welche sich bei dem Verkehr vor den beiden Taunus Rennen ereignet haben, sind in den Strassenkurven beobachtet worden. Als Ursache konnte niemals die Beschaffenheit der Strassenoberfläche festgestellt werden; vielmehr war als solche das Verhalten der Fahrzeuge in den gekrümmten Strassenstrecken anzusehen.

Diese Unglücksfälle lassen sich in zwei Gruppen teilen, nämlich :

1° Entgleisung von Wagen in Kurven;

2° Zusammenstoss von Fahrzeugen, welche ein und dieselbe Kurve in entgegengesetzter Richtung durchführen. Hierzu ist im Einzelnen folgendes zu bemerken :

Zu 1 : *Entgleisung von Wagen.* — Diese Fälle sind auf folgende Umstände zurückzuführen :

a) Durchfahren der Kurven mit zu grosser Geschwindigkeit, insbesondere dann, wenn die Chauffeure mit den örtlichen Verhältnissen nicht oder noch ungenügend vertraut waren.

Die Unfälle traten am häufigsten da ein, wo sich an eine lange Gerade, die mit grosser Schnelligkeit befahren wurde, eine Kurve mit kleinem Halbmesser anschloss. Die Wagen kamen durch Einwirkung der Centrifugalkraft zum Umkippen nach der Aussenseite der Kurve (Fig. II).

b) Unter gleichen Verhältnissen kann das nicht rechtzeitige Einsetzen der Steuerung veranlassen, dass der Wagen, statt die Kurve zu nehmen, in der Tangente weiterfährt und über den Strassenkörper hinaus gelangt (Fig. II).

c) Bei Überholungen in Kurven. Der vorfahrende Wagen fährt auf der inneren Kurvenseite mit der dem Querprofile entsprechenden Neigung nach Innen und mit der höchsten zulässigen Schnelligkeit, die der Kurvenhalbmesser zulässt. Der überholende Wagen steigert seine Geschwindigkeit über diese Grenze hinaus und muss überdies die Strassenmitte oder die nach Aussen abfallende Strassenseite benutzen. Unter diesen Umständen erfolgt die Entgleisung bezw. das Umkippen (Fig. III) des überholenden Wagens infolge der Centrifugalkraft.

Zu 2 : ***Zusammenstösse.*** — Mit Rücksicht auf die Wegkürzung und die vorhandene grossere Fahrsicherheit auf der nach innen geneigten Strassenseite nehmen beide aus entgegengesetzter Richtung kommenden Wagen die Innenseite der Kurve. Bei vorhandener Unübersichtlichkeit ist alsdann ein Zusammenstoss fast unvermeidlich und umso wahrscheinlicher je grösser die Fahrgeschwindigkeiten sind (Fig. IV).

Mit Rücksicht auf die vorstehend unter 1^{abc} und 2 erörterten Verhältnisse werden an die Strassen der Zukunft folgende Anforderungen zu stellen sein, um die Verkehrssicherheit zu fördern :

Zu *Punkt* 1[a] und 1[c]. — Nach erfolgter Ermittlung der Beziehungen zwischen zulässiger Fahrgeschwindigkeit und den Krümmungshalbmessern der Strassenkurven wird diese zulässige Geschwindigkeit vor den Anfangspunkten der Kurven auf Tafeln kenntlich zu machen sein.

Zu *Punkt* 1[b]. — Es ist die Anordnung (Fig. V) von Übergangskurven zu empfehlen. Solche Übergangskurven (Parabel, Korbbögen) sollen eine allmälige Überleitung aus den geraden Strecken in die gekrümmten vermitteln und dadurch ein sichereres Einlenken in die Kurven ermöglichen. Insbesondere wird diese Anordnung bei Gegenkurven (Serpentinen) erwünscht sein. Sie ist — ebenso wie bei den Eisenbahnen — stellenweise schon früher zur Anwendung gelangt, sollte aber in sorgfältigerer Form und in allgemeinerer Durchführung gefordert werden. Gleicherweise ist eine angemessene Erbreiterung der Strasse in allen Kurven dringend erwünscht.

Zu *Punkt* 1[c] und 2. — Die Anordnung von Querprofilen mit einseitig nach der Innenseite der Kurven geneigtem Gefälle wird bei dem Durchfahren der Kurven für jede Stelle der Strassenbreite gleiche Sicherheit herbeiführen (Fig. VI).

Die vorstehenden Anforderungen sollen nachstehend eingehender erörtert werden.

Zu den Forderungen zu 1[a], 1[c] und 2 ist es notwendig die Abhängigkeit der Fahrgeschwindigkeit von dem Halbmesser der Strassenkurve einer Untersuchung zu unterziehen. Hierbei ist zu unterscheiden, ob die Fahrzeuge auf der Innenseite oder der Aussenseite bezw. auf nach innen oder nach aussen geneigten Querprofile die Kurven passiren.

I. — BESTIMMUNG DER FAHRGESCHWINDIGKEIT BEI FAHRT AUF DER INNENSEITE DER KURVE.

Hierzu fig. VII. — In dieser seien : N und P die Punkte, in denen die Räder des Automobiles die Strassenoberfläche berühren. M sei der Schwerpunkt des Fahrzeuges, A dessen Spurmitte. Es werden folgende Bezeichnungen eingeführt :

$c =$ Fahrgeschwindigkeit in Meter und Secunde.
$g =$ Beschleunigung der Schwerkraft $= 9$ m.,81 für Sec..
$r =$ Kurvenhalbmesser.
G = Wagengewicht.
C = Centrifugalkraft.
R = Resultante aus G und C.

u = Spurweite des Wagens.
s = Projektion der Spurweite auf die Horizontale.
h = Querneigung der Strasse auf Länge s.
a = Abstand der Resultante R von der Spurmitte A.
k = Höhe des Wagenschwerpunktes über der Strassenöberfläche.
α = Neigungswinkel des Strassenquerprofiles.
β = Winkel zwischen R und der Linie MA.
m = Hülfsgrosse.

Es bestehen folgende Beziehungen :

$$C = G\frac{c^2}{gr} \quad (1)$$

$$\tan(\alpha+\beta) = \frac{C}{G}$$

daher

$$\tan(\alpha+\beta) = \frac{Gc^2}{grG} = \frac{c^2}{gr} \quad (2)$$

ferner ist :

$$\tan(\alpha+\beta) = \frac{\sin\alpha\cos\beta + \cos\alpha\sin\beta}{\cos\alpha\cos\beta + \sin\alpha\sin\beta}$$

setzt man hierin ein :

$$\sin\alpha = \frac{h}{u}$$

$$\cos\alpha = \frac{s}{u}$$

$$\sin\beta = \frac{a}{m}$$

$$\cos\beta = \frac{k}{m}$$

so folgt :

$$\tan(\alpha+\beta) = \frac{hk+sa}{sk+ha} \quad (3)$$

aus (2) und (3) ergibt sich :

$$\frac{c^2}{gr} = \frac{hk+sa}{sk+ha}$$

woraus

$$c = \sqrt{gr\frac{hk+sa}{sk+ha}} \text{ in M. und Sec.} \quad (4)$$

also

$$c = 3{,}6\sqrt{gr\frac{hk+sa}{sk+ha}} \text{ für Km. und Stunden} \quad (5)$$

da $g = 9{,}81$ folgt :

$$(6) \qquad c = 11{,}275 \sqrt{r \frac{hk + sa}{sk + ha}} \text{ für Km. und Stunden.}$$

II. — BESTIMMUNG DER FAHRGESCHWINDIGKEIT BEI FAHRT AUF DER AUSSENSEITE DER KURVE

Hierzu Fig. VIII. Bezeichnungen, wie unter I.

Jedoch β = Neigungswinkel zwischen R und der Vertikalen durch M

$m\ n\ o\ p\ q$ = Hülfsgrössen.

Es ist wieder :

$$(1) \qquad C = G \frac{c^2}{gr}$$

ferner

$$\tan \beta = \frac{C}{G}$$

somit

$$(2) \qquad \tan \beta = \frac{Gc^2}{grG} = \frac{c^2}{gr}$$

da

$$(3) \qquad \tan \beta = \frac{q}{o} \text{ so folgt } \frac{q}{o} = \frac{c^2}{gr}$$

also

$$c^2 = gr \frac{q}{o}$$

$$(4) \qquad c = \sqrt{gr \frac{q}{o}}$$

Hierin bestimmen sich q und o wie folgt :

$$k : p = s : h.$$

daher

$$(5) \qquad p = \frac{kh}{s}$$

da ferner

$$n = a - p$$

so ist :

$$(6) \qquad n = a - \frac{kh}{s}$$

Weiter ist :

$$n : q = u : s$$

also

$$n = \frac{uq}{s}$$

hierin den Wert von n aus (6) eingeführt :

$$(7) \qquad a - \frac{kh}{s} = \frac{uq}{s}$$

also

$$(8) \qquad q = \frac{s}{u}\left(a - \frac{kh}{s}\right).$$

Zur Bestimmung von o dient :

$$m^2 = o^2 + q^2$$

somit

$$o^2 = m^2 - q^2$$

und

$$(9) \qquad o = \sqrt{m^2 - q^2}$$

da ferner :

$$m^2 = k^2 + a^2$$

so ist :

$$(10) \qquad o = \sqrt{k^2 + a^2 - q^2}$$

setzt man hierin den Wert von q aus (8) ein, so erhält man :

$$(11) \qquad o = \sqrt{k^2 + a^2 - \frac{s^2}{u^2}\left(a - \frac{kh}{s}\right)^2}$$

aus 8 und 11 folgt :

$$\frac{q}{o} = \frac{\frac{s}{u}\left(a - \frac{kh}{s}\right)}{\sqrt{k^2 + a^2 - \frac{s^2}{u^2}\left(a - \frac{kh}{s}\right)^2}}$$

Diesen Wert in 4 eingesetzt ergiebt :

$$(12) \qquad c = \sqrt{gr \frac{\frac{s}{u}\left(a - \frac{kh}{s}\right)}{\sqrt{k^2 + a^2 - \frac{s^2}{u^2}\left(a - \frac{kh}{s}\right)^2}}} \text{ für M. und Sec.}$$

Für Km. und Stunde daher das 3,6 fache. sodass mit Einsetzung des Wertes von $g = 9,81$ folgt :

$$(13)\quad c = 11{,}275\sqrt{r\frac{\frac{s}{u}\left(a-\frac{kh}{s}\right)}{\sqrt{k^2+a^2-\frac{s^2}{u^2}\left(a-\frac{kh}{s}\right)^2}}}\ \text{Km. in der Stunde.}$$

Zur Gewinnung von Zahlenwerten sollen einer Beispielsberechnung folgende Masse zu Grunde helegt werden :

$u = 1{,}4$ M. } bei 6 Procent Quergefälle ausreichend genau $s = u$.
$s = 1{,}4$ M. }
$h = 0{,}084$ M. für 6 Procent Quergefälle.
$k = 0{,}8$ M.

Zu I. *Fahrzeug fährt auf der Innenseite der Kurve.*

Fall a) Bedingung : Resultante R soll durch Spurmitte A (Fig. VII) gehen, steht somit rechtwinklich zur Strassenoberfläche. Sicherheit gleich der auf gerader Strecke.

Setzt man in Formel 6 die vorangeführten Werte von u, s, h und k, sowie $a = 0$ ein, so ergiebt sich :

$$c_1 = 2{,}76\sqrt{r}\ \text{Km. in der Stunde.}$$

Für verschiedene Werte des Kurvenradius r folgen alsdann nachstehende Grössen der Geschwindigkeit c_1 :

Halbmesser r.	Geschwindigkeit c_1 Km. in der Stunde.
20 Meter.	12,3 Kilometer.
25 —	13,8 —
30 —	15,1 —
35 -	16,3 —
40 —	17,5 —
50 -	19,5 —
60 -	21,4
70 -	23,1 —
80 -	24,7 —
90 -	26,2 —
100 —	27,6 —
125 -	39,9
150 -	33,8 —
175 -	36,5 —
200 -	39,0 —
300 -	43,6 —
350 -	51,6 —
400 -	55,2 —

Fall b) Bedingung : Resultante R soll die Strassenoberfläche im Abstande von 1/6 der Spurweite ab Spurmitte treffen; Fahrsicherheit noch ausreichend.

In Formel 6 ist zu setzen $a = \frac{u}{6}$.

Die Einführung der angenommenen Zahlenwerte ergiebt dann

$$c_2 = 6,63 \sqrt{r} \text{ Km. in der Stunde}$$

woraus nachstehende Zahlenwerte sich ergeben :

Halbmesser r.		Geschwindigkeit c_2 Km. in der Stunde.	
—		—	
20	Meter.	29,6	Kilometer.
25	—	33,2	—
30	-	36,3	—
35	-	39,3	—
40	-	42,0	—
50	-	46,9	
60	-	51,4	
70	-	55,5	—
80	-	59,3	—
90	—	62,9	—
100	-	66,3	—
125	-	74,1	—
150	-	81,2	—
175	—	87,7	—
200	-	93,8	—
250	—	104,8	—
300	—	114,8	—
350	—	124,1	—
400	-	132,6	—

Fall c) Bedingung : Resultante R soll die Strassenoberfläche im Abstande von 1/3 der Spurweite ab Spurmitte treffen. Dieser Fall wird als *Grenze der zulässigen Geschwindigkeit* angenommen.

In Formel 6 ist zu setzen $a = \frac{u}{3}$

dann wird :

$$c_3 = 8,89 \sqrt{r} \text{ Km. in der Stunde}$$

woraus nachstehende Zahlenwerte folgen :

Halbmesser r.	Geschwindigkeit c_3 Km. in der Stunde.
—	—
20 Meter.	39,7 Kilometer.
25 —	44,5 —
30 —	48,7 —
35 —	52,6 —
40 —	56,3
50 —	62,9
60 -	68,9 —
70 -	74,4
80 -	79,5 —
90 -	84,4 —
100 —	88,9 —
125 -	99,4 —
150 -	108,9 —
175 -	117,6 —
200 —	125,7 —
250 -	140,6 —
300 —	154,0 —
350 —	166,3 —
400 —	177,8 —

Fall d) Bedingung : Resultante R trifft die äussere Radspur. Es besteht labiles Gleichgewicht, also *keinerlei Sicherheit*.

In Formel 6 ist zu setzen $a = \frac{u}{2}$

das ergiebt :

$$c_4 = 10{,}63\sqrt{r} \text{ Km. in der Stunde}$$

und folgende Zahlenwerte :

Halbmesser r.	Geschwindigkeit c_4 Km. in der Stunde.
—	—
20 Meter.	47,5 Kilometer.
25 —	53,2 —
30 -	58,3 —
35 —	62,9
40 -	67,3 —
50 —	75,2
60 —	82,4 —
70 —	89,0 —

Halbmesser r.	Geschwindigkeit c_4 Km. in der Stunde.
—	—
80 -	95,0 —
90 -	100,9 —
100 -	106,3 —
125 -	118,8 —
150 —	130,2 —
175 -	140,6 —
200 —	150,3 —
250 —	168,1 —
300 —	184,1 —
350 —	198,9 —
400 —	212,6 —

Zu II. *Das Fahrzeug bewegt sich auf der Aussenseite der Kurve.*

Fall a) Bedingung : Die Resultante R soll die Strassenoberfläche im Abstande von 1/6 der Spurweite ab Spurmitte treffen.

In Formel 13 ist zu setzen $a = \frac{u}{6}$.

Man erhält nach Einführung der Zahlenwerte :

$$c_5 = 5{,}39\sqrt{r} \text{ Km. in der Stunde}$$

und danach :

Halbmesser r.	Geschwindigkeit c_5 Km. in der Stunde.
—	—
20 Meter.	24,1 Kilometer.
25 —	27,0 —
30 —	29,5
35 —	31,9 —
40 —	34,1 —
50 -	38,1
60 —	41,8 —
70 —	45,1
80 -	48,2 —
90 -	51,2 —
100 —	53,9 —
125 —	60,3
150 —	66,3 —
175 —	71,3 —
200 —	76,2
250 —	85,2
300 -	93,4
350 -	100,9 —
400 -	107,8 —

Fall b) Bedingung : Die Resultante R soll die Strassenoberfläche im Abstande von 1/3 der Spurweite ab Spurmitte treffen. Wird als *Grenze der zulässigen Geschwindigkeit angenommen.*

In Formel 13 ist zu setzen $a = \frac{u}{3}$

dann wird :

$$c_6 = 8{,}03 \sqrt{r} \text{ Km. in der Stunde}$$

woraus sich folgende Zahlenwerte ergeben :

Halbmesser r.	Geschwindigkeit c_G Km. in der Stunde.
—	—
20 Meter.	35,9 Kilometer.
25 —	40,2 —
30 —	44,0 —
35 ·	47,5 —
40 —	50,8 —
50 —	56,8 —
60 —	62,2 —
70 ·	67,2 —
80 ·	71,8
90 ·	76,2 —
100 —	80,3
125 —	89,8 —
150 -	98,4 —
175 —	106,2 —
200 —	113,5 —
250 ·	127,0 —
300 -	139,1 —
350 —	150,2 —
400 —	160,6 —

Fall c) Bedingung : Die Resultante R geht durch die äussere Radspur. Labiles Gleichgewicht, *keinerlei Sicherheit* vorhanden.

In Formel 13 ist einzusetzen $a = \frac{u}{2}$

das ergiebt :

$$c_7 = 9{,}94 \sqrt{r} \text{ Km. in der Stunde}$$

daraus folgen die nachstehenden Zahlenwerte :

Halbmesser r.		Geschwindigkeit c_7 Km. in der Stunde.	
20	Meter.	44,4	Kilometer.
25	—	49,7	—
30	—	54,5	
35	·	58,9	
40	·	52,9	—
50	·	70,3	—
60	—	77,0	
70	—	83,2	—
80	—	88,9	—
90	—	94,5	—
100	—	99,4	
125	—	111,1	—
150	·	121,8	—
175	—	131,5	—
200	—	140,6	—
250	—	157,2	—
300	·	172,2	—
350	—	186,0	—
400	—	198,8	—

Die vorberechneten Zahlenwerte für c_1 bis c_7 sind in Fig. IX für die Halbmesser von 0 bis 400 Meter derart eingetragen worden, dass die Halbmesser als Abscissen, die zugehörigen Geschwindigkeiten als Ordinaten erscheinen.

Die Verbindung der durch Auftragung der Geschwindigkeiten erhaltenen Punkte geben Parabeln. Der Vergleich dieser Linien zeigt, dass bei gleicher Sicherheit die Geschwindigkeit der Wagen auf der Kurvenaussenseite wesentlich geringer ist, als auf der Innenseite. Es wird deshalb geboten sein bei den Strassen der Zukunft in allen Kurven ein einseitiges Quergefälle von etwa 6 Prozent anzuwenden. Nur hierdurch wird es möglich sein den Anforderungen der Verkehrssicherheit gemäss Ziffer 1^a, 1^c und 2 Genüge zu leisten.

Durch Anbringung von Tafeln, auf denen für jeden Radius die als zulässig ermittelte Geschwindigkeit (Kilometer in der Stunde) verzeichnet ist, wird die Möglichkeit gegeben werden, dass jeder Wagenführer — auch der Fremde — in der Lage ist, seine Fahrgeschwindigkeit dem jeweiligen Kurvenhalbmesser anzupassen.

Es wird Sache der Industrie sein, die Übereinstimmung der Rechnungswerte mit der Praxis zu prüfen und hierbei gleichzeitig festzustellen, in welchen Grenzen und inwieweit bei kleinem Centriwinkel — also bei kurzen Krümmungen — etwa eine Erhöhung der Fahrgeschwindigkeit gegen die berechnete zulässig erscheint. Einer theoretischen Untersuchung ist dieser letztere Punkt nicht recht zugänglich.

Zu Punkt 1[b] ist die Anwendung von Übergangskurven und angemessene Vergrösserung der Strassenbreite empfohlen worden. Hierfür kommt in Betracht :

Die Fahrzeuge werden bei dem plötzlichen Einlenken aus der Geraden in scharfe Kurven stark beeinflusst; dasselbe gilt für die Strassenoberfläche. Je grösser die Geschwindigkeit ist, umso gefährlicher wird ein Versagen der Steuerung werden. Letzteres wird umso weniger zu erwarten sein, je allmäliger der Übergang aus der Geraden in die Kurve erfolgt. Sowohl die Übergangskurven als die Strassenerbreiterung sind daher Mittel-Entgleisungen zu verhüten.

Die Übergangskurven sollen ferner dazu dienen, die, zu Punkt 1[c] und 2 empfohlene Anlage einseitig geneigter Querprofile zu erleichtern. Der Übergang aus dem normalen Querprofil gerader Strecken in das einseitig geneigte der Kurven wird sich in den Übergangskurven besser vermitteln lassen, als wenn solche fehlen.

Zu den *Punkten* 1[c] *und* 2 ist die Anlage einseitig geneigter Querprofile in den gekrümmten Strassenstrecken befürwortet worden. Bei dieser Anlage können die Fahrzeuge an jeder Stelle der Strassenbreite mit gleicher Sicherheit fahren. Die Automobile brauchen daher auch bei schneller Fahrt nicht die Innenseiten der Kurven einzuhalten. Sie sind in der Lage, wie auf den geraden Strecken, so auch in Kurven, ihre Fahrrichtung so zu nehmen, dass Zusammenstösse selbst an unübersichtlichen Stellen vermieden werden.

ZUSAMMENFASSUNG

Aus Rücksicht auf die Verkehrssicherheit und den Automobilverkehr werden für die allgemeine Anlage öffentlicher Strassen (ausgenommen städtische Strassen) folgende Anforderungen als erwünscht bezeichnet :

1) *Gerade Strassenstrecken.* — Es sind besondere Anforderungen nicht zu stellen. Voraussetzung hierfür ist, dass die Strassenfahrbahn eine, der Verkekrsgrösse angemessene, Breite erhält.

2) *Längenprofil.* — Die Stellen, an denen Gefällswechsel stattfinden, sind durch Einlegung von Kreisbögen mit tunlichst grossem Radius abzurunden. Durch diese Massnahme sollen die allmälige Überleitung von einer Steigung in die andere hergestellt, die Stosswirkungen auf Fahrzeuge grosser Schnelligkeit vermieden und den, durch diese Stösse veranlassen, schädigenden Wirkungen auf Fahrzeuge und Strassenoberfläche vorgebeugt werden.

3) *Kurven.* — *a*) Der Übergang aus geraden Strecken in gekrümmte Strecken soll durch Übergangskurven (Korbbögen oder Parabel) vermittelt werden. Besonders zu empfehlen sind solche Übergangskurven bei Gegen-

kurven mit kurzer oder fehlender Zwischengeraden. Diese Massregel soll die sichere Steuerung der Fahrzeuge durch gekrümmte Strecken erleichtern.

b) In Kurven unter 100 Meter Radius sollte eine Erbreiterung der Strassenfahrbahn stattfinden, um das Ausweichen und Überholen der Wagen, besonders an unübersichtlichen Stellen, zu erleichtern.

c) Alle Kurven, für welche die zulässige Geschwindigkeit unter 80 Kilometer in der Stunde beträgt, — also, gemäss vorliegender Berechnung, bei Kurven unter 100 Meter Radius — sollten mit Tafeln, welche die Angabe der zulässigen Höchstgeschwindigkeit enthalten, bezeichnet werden. Durch eine solche Bezeichnung werden vielfach Unfälle zu verhüten sein.

d) Die in dem Berichte des Unterzeichneten vom Juni d. J. enthaltenen rechnerischen Ergebnisse über die in Kurven zulässigen Geschwindigkeiten sollten von der Industrie einer praktischen Prüfung unterzogen werden. Dieser Prüfung würden schmale Wagenspur, hohe Schwerpunktslage und Quergefälle von 5 bis 6 Prozent zu Grunde zu legen sein. Sie würde sich auch darauf zu strecken haben, inwieweit bei kleinem Centriwinkel eine Vergrösserung der sonst als zulässig erkannten Geschwindigkeit annehmbar erscheint.

4) *Querprofile. a*) In geraden Strecken ist gegen das bisher übliche Querprofil mit beiderseitiger Abwässerung bei 4 bis 6 Prozent Quergefällen nichts zu erinnern.

b) In Kurven ist die Anwendung von einseitiger Abwässerung mit etwa 6 Prozent Quergefälle zu empfehlen, damit die Wagen jede Stelle des Querprofiles mit gleicher Sicherheit benutzen können. Es werden damit das Befahren der Kurveninnenseiten aus verschiedenen Richtungen, sowie die Gefahr bei Überholungen beseitigt werden können.

Hierüber. — Die vorstehend für die Strassen der Zukunft geforderten Massregeln sollten auch für die vorhandenen Strassen zur Durchführung gelangen, soweit sich das als erwünscht erweist und in dem Bereiche der Möglichkeit liegt. Letzteres wird zutreffen für die Punkte 2, 3^b, 3^c und 4^b.

Frankfurt a. M. im Juni 1908.

62414. — Imprimerie Lahure, rue de Fleurus, 9, à Paris.

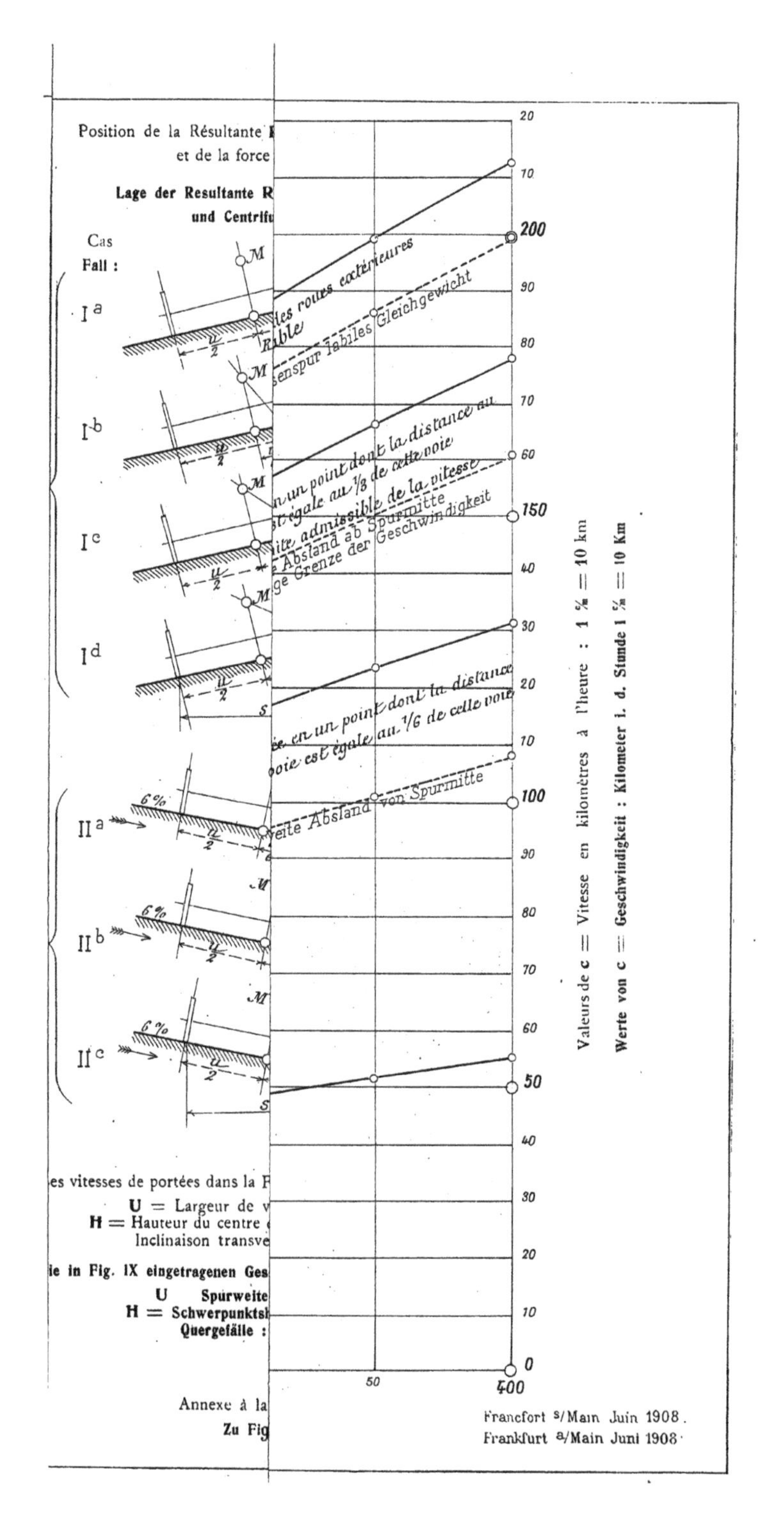

Position de la Résultante
et de la force
Lage der Resultante R
und Centrif
Cas
Fall :
I a
I b
I c
I d
II a
II b
II c
6 %
es vitesses de portées dans la F
U = Largeur de v
H = Hauteur du centre
Inclinaison transve
ie in Fig. IX eingetragenen Ges
U Spurweite
H = Schwerpunkts
Quergefälle :
Annexe à la
Zu Fig
200
150
100
50
0
50
100
Valeurs de c = Vitesse en kilomètres à l'heure : 1 ‰ = 10 km
Werte von c = Geschwindigkeit : Kilometer i. d. Stunde 1 ‰ = 10 Km
Francfort s/Main Juin 1908.
Frankfurt a/Main Juni 1908.

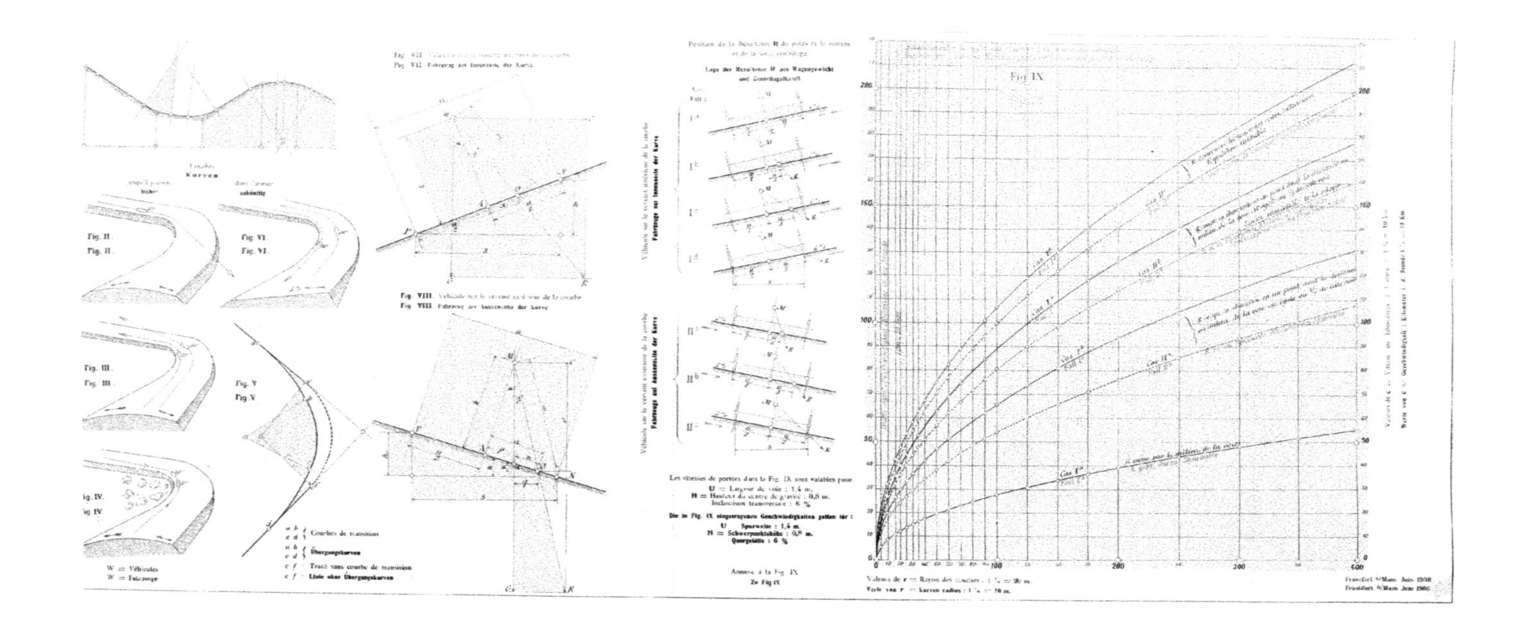

Courbes
Kurven
Fig. II.
Fig. II.
Fig. VI.
Fig. VI.
Fig. III.
Fig. III.
Fig. V
Fig. V
ig. IV.
ig. IV.
a b / c d Courbes de transition
a b / c d Übergangskurven
c f : Tracé sans courbe de transition
c f : Linie ohne Übergangskurven
W = Véhicules
W = Fahrzeuge
Fig. VII. Fahrzeug an Innenseite der Kurve.
Fig. VIII. Véhicule sur le versant extérieur de la courbe
Fig. VIII. Fahrzeug an Aussenseite der Kurve
Position de la Résultante R du poids de la voiture et de la force centrifuge
Lage der Resultante R aus Wagengewicht und Centrifugalkraft
Fall :
Véhicule sur le versant intérieur de la courbe
Fahrzeuge auf Innenseite der Kurve
Véhicule sur le versant extérieur de la courbe
Fahrzeuge auf Aussenseite der Kurve
Les vitesses de portées dans la Fig. IX sont valables pour
U = Largeur de voie : 1,4 m.
H = Hauteur du centre de gravité : 0,8 m.
Inclinaison transversale : 6 %
Die in Fig. IX eingetragenen Geschwindigkeiten gelten für :
U Spurweite : 1,4 m.
H = Schwerpunktshöhe : 0,8 m.
Quergefälle : 6 %
Annexe à la Fig. IX
Zu Fig IX
Fig IX
Cas I a
Cas I b
Cas I c
Cas II a
Cas II b
Fall I a
Fall II b
0
50
100
150
200
300
400
Valeurs de r = Rayon des courbes : 1 % = 20 m.
Werte von r = Kurven radius : 1 % = 20 m.
Werte von c = Geschwindigkeit i. Kilometer i. d. Stunde
Frankfurt a/Main Juin 1908
Frankfurt a/Main Juni 1908

Ier CONGRÈS INTERNATIONAL DE LA ROUTE
PARIS 1908

4e QUESTION

LA ROUTE FUTURE

RAPPORT

PAR

M. A. de SOMER
Ingénieur principal des Ponts et Chaussées, à Bruges (Belgique)

PARIS
IMPRIMERIE GÉNÉRALE LAHURE
9, RUE DE FLEURUS, 9

1908

LA ROUTE FUTURE

RAPPORT

PAR

M. A. de SOMER

Ingénieur principal des Ponts et Chaussées, à Bruges (Belgique).

INTRODUCTION

Préposé, depuis bientôt 13 ans, au service de 250 kilomètres de routes de l'État dans l'arrondissement de Bruges, Flandre Occidentale, Royaume de Belgique, j'ai pu faire quelques observations pratiques concernant l'entretien et la construction de ces voies de communication ; j'ai eu à étudier de près les besoins des divers modes de locomotion qui se sont succédé et développés durant cette période, et c'est le résultat de ces observations et de ces études que j'ai l'intention de consigner dans le présent rapport, en me plaçant au point de vue des dispositions à recommander pour l'amélioration des routes existantes et pour la construction de nouvelles routes.

Dans un pays à population dense comme le nôtre, la construction de routes entièrement neuves ne se présente plus que rarement, parce que toutes les agglomérations sont déjà reliées par des routes et des chemins de toutes espèces; mais l'adaptation des voies existantes aux besoins toujours croissants de la circulation, revêt de jour en jour une importance plus exceptionnelle. C'est surtout dans cet ordre d'idées que mes études et mes travaux ont toujours été dirigés, mais les principes qui régissent l'amélioration des routes existantes sont évidemment ceux qui régissent la construction de nouvelles routes, parce que le but à atteindre est le même pour les unes et pour les autres.

Jusque vers 1886 ou 1887, époque de la construction des premiers chemins de fer vicinaux en Belgique, toutes les routes de quelque importance ne comportaient qu'une plateforme en terre de largeur variable bordée de deux rangées d'arbres et comprenant une chaussée pavée de largeur également variable ; les chaussées empierrées étaient une exception surtout dans le Nord de notre pays.

Certains accotements des routes de l'arrondissement de Bruges ne furent occupés par des voies ferrées vicinales qu'à partir de 1890, et ce ne fut qu'à partir de 1895 que l'usage naissant du vélocipède fut le signal de l'établissement de pistes cyclables sur l'un ou l'autre accotement de nos routes. Enfin, vers la même époque, les propriétaires d'automobiles signalèrent aux autorités la nécessité de mettre en bon état nos chaussées, qui avaient été réellement négligées jusqu'alors, depuis que les chemins de fer avaient absorbé la majeure partie des transports par axe.

Il fallait aux nouveaux modes de locomotion des chaussées unies; la construction ou la reconstruction de celles-ci en pavés spéciaux étant trop coûteuse, et, d'autre part, les carrières ayant trouvé un emploi fructueux à leurs déchets, la construction de chaussées empierrées prit rapidement un grand essor, même dans les contrées les plus éloignées d'elles et où conséquemment le prix de revient de ces déchets, préparés et classés, était très élevé.

En même temps, les administrations provinciales et communales, grâce à des réductions de faveur consenties par le Gouvernement sur les tarifs des transports de ces matériaux, purent consolider, à relativement peu de frais, des étendues considérables de chemins de terre, impraticables la moitié de l'année jusqu'alors.

Ce fut un bienfait non seulement pour les nouveaux, mais pour tous les modes de locomotion.

C'est ainsi que l'élan fut donné pour améliorer la situation de toutes les routes et qu'en particulier dès 1899, l'Administration me chargea d'étudier les travaux d'amélioration à exécuter au réseau de mon arrondissement, spécialement aux grandes artères qui se dirigent vers le Littoral, dont les stations balnéaires ont pris, surtout depuis cette époque, un si grand développement. Je fis ainsi une étude préliminaire d'ensemble, à la suite de laquelle j'eus à dresser les projets d'importants travaux d'amélioration, exécutés en très grande partie jusqu'à ce jour, et dont j'aurai l'occasion de reparler dans mon exposé qui va suivre. Ces études de projets ne comprenaient pas seulement des renouvellements de chaussées et la construction de pistes cyclables, mais aussi des élargissements et redressements de routes trop étroites et trop sinueuses, et même la construction d'une route tout-à-fait nouvelle au Nord de Bruges.

Je passerai maintenant au développement des diverses rubriques de mon présent rapport.

I. — TRACÉ

Quand il s'agit d'une nouvelle route à construire, on connaît au moins deux points aboutissants; ce sont généralement des parties de voies de communication déjà existantes auxquelles la nouvelle route doit se raccorder. Souvent aussi on connaît un ou plusieurs points de passage; ils sont obligés ou on les choisit. Pour le restant, on s'attache à rendre le tracé le plus direct possible, en évitant les rampes exagérées et en cherchant à satisfaire le plus d'intérêts possible, tout en évitant de tomber dans des exagérations de dépense.

La ligne droite est évidemment le tracé le plus avantageux pour la circulation à desservir quelle qu'elle soit, mais un tracé en ligne droite est rarement possible et désirable à d'autres points de vue.

Les courbes pour relier les alignements droits sont donc presque toujours inévitables, et personne que je sache n'a pu fixer une limite aux courbures à appliquer dans les tracés de routes ; même quand celles-ci doivent servir d'assiette à des chemins de fer vicinaux, qui d'ailleurs trouvent presque toujours moyen de se développer sur la largeur disponible de la voirie ou passent dans un redressement indépendant; toutes les courbures au surplus existent et c'est aux appareils de locomotion à s'en accommoder par un réglement de leur allure et de leur marche. En mainte circonstance, j'ai eu à améliorer la courbure trop brusque d'une route, surtout dans les agglomérations, où le conducteur d'une machine à marche rapide, peu disposé à ralentir outre mesure, ne voyait pas la route à suffisamment de distance pour prévenir des accidents; c'est ainsi que, dans certains cas, j'ai pu réaliser par exemple des courbes sur l'axe de la route de 30 mètres de rayon là où il n'y avait auparavant que 20 mètres et moins, mais en découvrant en même temps une partie importante de la route redressée, par l'expropriation de bâtiments qui en cachaient la vue. Ces améliorations coûtent généralement très cher, mais elles se justifient en raison de la sécurité plus grande obtenue.

Dans de petites agglomérations et surtout en pleine campagne, on a évidemment plus de latitude, et j'estime que l'on peut aisément appliquer des rayons de 200 mètres et même descendre jusqu'à 150 et 100 mètres. Pour les petits rayons, il est évidemment désirable que le développement des courbes soit le plus petit possible.

Quand il s'agit d'une route existante à transformer, à redresser et à élargir, les points obligés sont plus resserrés que dans le cas d'une route nouvelle; là on doit s'attacher à causer le moins de perturbation possible aux intérêts des immeubles bâtis attenants et ce n'est généralement qu'en dehors des agglomérations qu'il devient possible de redresser l'axe de la route existante dans ses parties les plus sinueuses.

On ne peut guère ainsi poser comme règle, dans le cas d'une route nouvelle comme dans celui de l'amélioration d'une route existante, que celle de chercher un tracé avec les plus faibles courbures possibles, se développant sur les plus faibles longueurs et visibles en tous points de la route sur leur plus grande longueur.

II. — PROFIL EN LONG

S'il est désirable, au point de vue de la circulation, que le tracé d'une route se rapproche le plus possible de la ligne droite, il est au moins aussi désirable d'éviter les fortes rampes dans la fixation de son profil en long. On sait, en effet, que quand un véhicule quelconque gravit une rampe, son moteur doit vaincre, en plus du 25ᵉ de sa charge (effort minimum à exercer pour mettre une voiture en mouvement sur un plan horizontal), une résistance égale à cette charge multipliée par le sinus ou la tangente (l'angle étant petit) de l'angle que fait le plan incliné avec le plan horizontal. C'est pour cette raison qu'un attelage qui peut traîner une charge de 10 000 kilogrammes, par exemple, sur un plan horizontal, en exerçant un effort de 400 kilogrammes, doit pouvoir accroître très rapidement cet effort sur une rampe à mesure que l'inclinaison de celle-ci augmente; cet effort devant être doublé sur une rampe de 40 millièmes.

L'on comprend aussi que quand l'attelage descend une rampe, l'effort à faire est réduit en sens contraire, mais alors, et en vertu de la force vive acquise, on est obligé, pour éviter des vitesses trop grandes et des accidents, d'actionner le véhicule par un effort inverse qui est le frottement produit par le frein.

Comme sur toute route, les transports se font dans les deux sens, le meilleur profil en long, au point de vue exclusivement de la circulation, est donc le profil horizontal; mais de même que, de façon générale, la ligne droite pour tout le tracé d'une route n'est pas possible, il n'est généralement pas possible non plus de réaliser la complète horizontalité du profil en long; car on doit tenir compte des niveaux à réunir aux points obligés, de la nécessité d'éviter des exagérations de dépense, en terrassements, ouvrages d'art, etc.

L'on prendra donc encore pour règle de composer le profil en long en pentes et rampes les plus faibles possibles en ayant égard à ces divers éléments, parmi lesquels se place aussi le désir d'assurer le mieux possible l'assèchement de la plateforme de la route et l'écoulement des eaux de ses fossés. Dans le cas de l'amélioration d'une route existante, encore une fois les points obligés (niveaux) sont plus rapprochés, mais la règle ci-dessus reste la même.

III. — PROFILS EN TRAVERS

Les profils en travers sont les éléments essentiels d'une route. Les attelages, comme je l'ai dit, doivent s'accommoder de ses courbes, de ses pentes et rampes, mais ses profils en travers doivent répondre à l'usage qui est fait ou sera fait de la route. Ses profils marquent même cet usage, comme la coupe d'une voie ferrée nous indique l'importance des transports pour lesquels cette voie a été établie.

C'est des profils en travers d'une route que dépendent, les courbes et les pentes ou rampes étant les plus faibles possibles, les facilités recherchées par tous ceux qui désirent en faire usage; c'est d'eux que dépend sa bonne conservation et son aspect; et c'est par eux que nous pouvons déterminer la dépense de construction ou d'amélioration d'une route.

On pourrait donc dire que tout l'intérêt d'une route se résume dans ses profils en travers. C'est pour ce motif que j'ai cru utile de faire une étude spéciale de tous les profils appliqués sur les routes comprises dans mon service et parmi lesquels se trouvent, à peu de différences près, les profils de toutes les routes de notre pays. J'ai réuni dans la planche ci-jointe tous ceux de ces profils qui m'ont paru présenter quelque particularité. Au sujet de la construction des routes comme au sujet de tous autres grands travaux, on peut dire qu'il n'y a rien de nouveau sous le soleil. Les profils les plus avantageux pour la circulation de nos jours sont le résultat d'améliorations que les besoins de celle-ci ont successivement fait rechercher, tout comme pour les voies ferrées dont je parlais tout à l'heure, on n'est pas arrivé du premier jour aux profils adoptés pour les rails, le ballastage, etc.

On a construit des routes de tout temps et on n'a pas manqué de chercher à les établir dans les meilleures conditions possibles, en harmonie avec les besoins et les crédits dont on disposait; et c'est surtout dans ces 15 dernières années que des progrès importants ont été réalisés.

La route future ne sera ainsi que le résultat des améliorations successives dont je viens de parler, surtout des plus récentes.

Dans la planche ci-jointe, j'ai placé en premier lieu les divers profils réalisés sur la route d'Ostende à Thourout, à l'amélioration de laquelle l'État belge a consacré, sur un développement d'à peine 24 kilomètres, sans compter les frais de son entretien, plus de 1 million entre les années 1901 et 1906. Ces travaux s'appliquent uniquement à la transformation de la chaussée, qui était primitivement en pavage de 4 m. 50 de largeur, sans consolidation des accotements.

Au sortir de la ville d'Ostende, la route vers Thourout comprend sur 1500 mètres (profil 1), une chaussée en pavés oblongs de porphyre de 10 mètres de largeur entre bordures de trottoirs et placée sur un coffre de cendrée de 0 m. 20 d'épaisseur, lequel a été reconnu nécessaire à cause de la nature argileuse du sol. Un chemin de fer vicinal est construit dans le milieu du pavage.

Vient ensuite (profil 2), une chaussée empierrée de 6 mètres de largeur s'étendant jusqu'à la borne kilométrique 5; elle est longée par un chemin de fer vicinal en accotement. Cette chaussée, également établie sur un coffre de cendrée de 15 centimètres d'épaisseur, a ceci de particulier que l'enrochement se compose d'une couche de libages de porphyre et de calcaire de Tournai de 12 centimètres d'épaisseur posés à plat, sur lesquels on a placé l'enrochement proprement dit en moellons debout sur 20 centimètres d'épaisseur; vient ensuite la couche de pierraille 4/6 de 15 centimètres d'épaisseur donnant ainsi à l'empierrement une épaisseur totale de 0 m. 62.

D'après l'expérience acquise, c'est une erreur de croire que cette couche de moellons posés à plat donne plus de stabilité à la chaussée; au contraire, on y a remarqué une tendance continuelle des moellons de l'enrochement à percer à la surface, la pierraille 4/6 s'engageant entre les moellons de l'enrochement jusque entre les moellons de la fondation; il en est résulté un entretien assez onéreux de la chaussée; les travaux sont en cours pour remplacer cet empierrement par un pavage sur 600 mètres de longueur.

D'après le cahier des charges, cette chaussée empierrée devait être construite avec un bombement de 15 à 20 centimètres; après sa construction, un relevé a été fait des bombements réalisés et on a trouvé 15 à 25 centimètres. Ce fort bombement, qui était très favorable à l'assèchement et par conséquent à la conservation de l'empierrement, était désagréable et même dangereux pour le croisement des attelages; les reins de cette chaussée ont été rechargés et le bombement réduit à environ 0 m. 15 partout.

La section suivante, profil 3, s'étend sur un kilomètre et comprend un ancien empierrement de 4 mètres, porté à 5 mètres, longé par un pavage en accotement.

Entre les bornes kilométriques 6 et 10 (profil 4) a été construit un empierrement ordinaire de 5 mètres de largeur sur fondation en cendrée, ce profil n'exige pas plus de travaux de rechargement que l'empierrement de la section précédente qui finit à la borne 5 kilomètres.

Entre les B. K. 10 et 20 (pr. 5), la chaussée a été reconstruite en pavage sur 5 mètres de largeur, sans fondation de cendrée; elle comprend une partie en pavés neufs carrés remaniés de 3 mètres de largeur, longée par une bande de 1 mètre de chaque côté en pavés vieux épincés; toutefois, dans une rampe de 30 millimètres par mètre, sur 750 mètres de longueur, on a employé, pour la chaussée centrale, des pavés oblongs en porphyre Cette chaussée se maintient très bien; le sol est du reste sablonneux.

Entre les bornes 20 et 21 kilomètres (profil 6), on a reconstrui l'ancienne chaussée de 4 m. 50, sur fondation de cendrée : la chaussée centrale est en pavés oblongs de porphyre et les bandes latérales, de 0 m. 75, sont en matériaux de remploi.

Suit (profil 7) une chaussée d'environ 200 mètres en grès oblongs sans fondation de cendrée, sur une pente de 35 millimètres par mètre, entre 2 lignes de bordures (traverse de Wynendaele) espacées de 8 mètres.

Entre les bornes 10 et 21 kilomètres, l'accotement de droite est pourvu d'une piste cyclable en cendrée protégée par des tertres.

Entre l'aggloméré de Wynendaele et Thourout (profil 8), soit sur 2600 mètres, a été construite une chaussée pavée de 5 mètres de largeur comprenant une chaussée centrale en pavés oblongs de porphyre de 3 mètres de largeur et 2 bandes latérales en pavés de remploi. L'accotement de droite est occupé par un empierrement de 2 m. 50 de largeur, un filet d'eau pavé et un trottoir en cendrée de 1 m. 50 de largeur. La chaussée pavée est construite sur une fondation en cendrée et l'empierrement comprend un enrochement ordinaire en moellons de porphyre de 0 m. 25, et 15 centimètres de pierraille.

C'est à mon avis, la plus belle partie de la route d'Ostende-Thourout. Les travaux ont été exécutés en 1902.

A l'entrée de la ville de Thourout, la chaussée pavée est comprise entre 2 lignes de bordures espacées de 11 mètres (profil 9).

La route d'Ostende à Thourout mesure généralement 11 à 13 mètres de largeur entre les arbres.

Sur cette route, comme sur d'autres routes encore, j'ai remarqué que depuis que les mauvais pavés ont été remplacés par un pavage uni et des empierrements, on ne fait presque plus usage des accotements, toute la circulation se reportant sur la chaussée. Auparavant, les transports, agricoles notamment, empruntaient les accotements pour éviter les cahotements et les chocs, et mettaient ainsi les terrassements en mauvais état. Cette constatation indique à mon avis qu'on ne doit pas exagérer la largeur de la plateforme des routes.

Sur la même route d'Ostende-Thourout et sur d'autres, il a été établi en travers des accotements, des drains en moellons, de 0 m. 30/0 m. 30 de section pour assécher le fond des coffres des pavages et des empierrements. J'ai pu remarquer que ces ouvrages ne rendent aucun service et qu'on peut aisément les supprimer.

Les profils 10 et 11 sont pris sur une autre grande route, de Bruges vers Gand, jusqu'à la limite de la province de la Flandre Occidentale. La réfection de cette route, de 10 kilomètres et demi de longueur, moins environ 600 mètres (traverse du village de Sysseele) a été faite en 1906, et a coûté 388 000 francs.

Le profil 10 règne sur environ 2400 mètres; il figure une chaussée de 5 mètres de largeur comprenant une chaussée centrale de 3 mètres en pavés neufs 13/ 20/13 et 2 bandes latérales en pavés vieux, plus un accotement, celui de droite, empierré, de 2 m. 50, avec un filet d'eau pavé et un trottoir en cendrée; en outre, le pavage est contrebuté à gauche par un coffre de briquaillons recouverts de cendrée. Le terrain est sablonneux mais très léger; c'est ce qui a justifié ce contrebutage. L'empierrement est constitué par un enrochement ordinaire en moellons de Tournai et pierraille de porphyre.

Le profil 11, appliqué sur 5120 mètres, comprend une chaussée pavée de 5 mètres composée comme la précédente, mais les pavés neufs de porphyre sont de l'échantillon carré. Il existe le long de cette partie de route, sur l'accotement de droite, une piste cyclable en cendrée protégée par des tertres. En outre, certaines parties de l'accotement de gauche ont été consolidées par un coffre de briquaillons de 2 m. 80 de largeur et 20 centimètres d'épaisseur recouverts de 5 centimètres de cendrée.

Cette route mesure entre les arbres, 11 à 12 mètres de largeur.

Les profils 12 à 15 sont ceux de la route de Bruges vers Courtrai ; cette route n'a pas subi une réfection générale comme les précédentes, mais depuis 1896 on y a exécuté d'importantes améliorations.

Au sortir de la Ville de Bruges, sur 2250 mètres environ (jusqu'au pont de Steenbrugge), elle porte le nom d'Avenue de Steenbrugge; elle y a 29 mètres de largeur, avec les fossés, et comprend 2 drèves latérales sous arbres accessibles aux piétons; mais la circulation générale de tous véhicules ne comporte que 8 m. 50 de largeur, dont 5 m. 50 pour la chaussée pavée, longée à gauche par un chemin de fer vicinal, à droite par un empierrement construit en briquaillons et pierraille en 1896. Cette chaussée et l'empierrement se comportent très bien et la route entière y a très bel aspect.

Les parties latérales de cette section de route sont évidemment trop larges pour l'usage seul des piétons et puisque 8 m. 50 suffit pour la circulation générale des véhicules, il en résulte que cette circulation n'exige pas de grandes largeurs, mais des revêtements judicieusement établis.

Au delà du pont de Steenbrugge, le chemin de fer vicinal est placé dans l'accotement tantôt de droite, tantôt de gauche, sur environ 14 kilomètres.

Jusqu'à la traverse d'Oostcamp (soit sur environ 2 kilomètres) et au delà, sur 5 kilomètres, la chaussée (en pavés ordinaires) a 4 mètres de largeur et est longée à droite par un contrebutage en briquaillons et pierraille de 1 m. 25 de largeur servant de piste cyclable.

Dans la traverse d'Oostcamp, le profil n° 14 est réalisé sur environ 350 mètres de longueur.

Entre les bornes 11 k, 5 et 13 kilomètres, et entre 17 k, 500 et 23 kilomètres, cette route est disposée suivant le profil 15 : chaussée en vieux pavés de 4 m. 50 de largeur et piste cyclable en cendrée et fine pierraille le long des arbres sur l'accotement de droite.

La largeur générale de cette route mesurée entre les arbres varie de 12 m. 50 à 14 mètres.

Sur la route de Bruges à Blankenberghe, autre route spacieuse, qui relie le chef-lieu de la Province à une ville balnéaire, il a été exécuté d'importants travaux également depuis 1896, mais ils se sont bornés aux traverses de Bruges, et de Blankenberghe jusque et y compris le village d'Uytkerke.

Des travaux de grande réfection sont en ce moment projetés sur cette route à partir de Bruges sur environ 2000 mètres; mais entre Bruges-Saint-Pierre et Uytkerke, soit sur environ 9 kilomètres, la situation est celle que j'ai représentée par le profil 16 : chaussée de 4 m. 50 de largeur en pavés ordinaires et piste cyclable en cendrée protégée par des tertres sur l'accotement de droite. En outre, presque tout l'accotement de gauche a été consolidé en briquaillons (0 m. 20) et cendrée (0 m. 05) dans ces dernières années. Cette consolidation est surtout la conséquence de l'occupation de l'accotement opposé par la piste cyclable avec tertres, qui a fait reporter sur l'accotement de gauche la circulation; celle-ci se partageait précédemment entre les 2 accotements.

La largeur générale de cette route est de 13 m. 50 entre les arbres.

Les profils 17 à 19 sont ceux de la route, de 21 kilomètres, qui relie par Ghistelles, la Ville de Bruges, chef-lieu de la Province, à la Ville d'Ostende, en empruntant une partie de 10 kilomètres de la route d'Ostende à Thourout. Cette route de Bruges-Ghistelles a été aménagée en 1904, expressément en quelque sorte pour la circulation des automobiles entre Bruges et Ostende. En plus des aménagements déjà faits précédemment à la sortie de Bruges jusqu'à la sortie du village de Saint-André (sur 2 k., 500 environ, renouvellement de pavage avec construction d'une piste cyclable, entre 2 lignes de bordures de trottoirs) et dans les traverses de Varssenaere, de Jabbeke, et de Ghistelles où les pavages ont été renouvelés avec des matériaux neufs et de remploi, la chaussée de cette route a été reconstruite entièrement sur un développement total d'environ 16 kilomètres, dont 12 000 mètres en empierrement et 4000 mètres en pavage. La dépense de ces travaux a été d'environ 460 500 francs.

La chaussée a été établie en pavage, à l'entrée et à la sortie des traverses, dans la traverse du village de Westkerke (sur 745 mètres environ) où la chaussée a 8 mètres (3 mètres en pavés neufs) de largeur entre bordures de trottoirs, et à la traversée des petites agglomérations. Les empierrements ont été établis sur le restant de la route, en pleine campagne. L'expérience a prouvé que cette disposition est hautement recommandable.

Les profils 17 et 18 indiquent la composition des parties empierrées et des parties pavées.

A la sortie de Ghistelles, la chaussée est constituée comme l'indique le profil 19 sur 720 mètres; c'est une belle partie de route abritée par de beaux marronniers.

La largeur générale entre Bruges et Ghistelles, est de 9 m. 25 à 11 mètres entre les arbres.

Cette route se prolonge vers Nieuport au delà de sa jonction avec la route d'Ostende à Thourout; mais ce prolongement, sur près de 6 kilomètres, n'a subi dans ces dernières années, que des réfections partielles peu importantes, au moyen de pavés de remploi.

Le profil 20 indique la situation actuelle : chaussée en pavés ordinaires de 4 m. 50 de largeur devenant 3 m. 50 au delà de Zevecote, et piste cyclable en cendrée et fine pierraille sur l'accotement de droite, protégée par des tertres.

Largeur générale de la route entre les arbres : 10 mètres.

Les profils 21 et 22 sont ceux de la route de Bruges à Westcappelle et vers l'Écluse (en Hollande); cette route est sinueuse et n'a que 9 à 11 mètres de largeur entre les arbres sauf toutefois sur 2 kilomètres et demi, avant son extrémité, où cette largeur est de 13 m. 50. Sur toute sa longueur (18 kilomètres environ) est établi un chemin de fer vicinal, qui emprunte tantôt l'accotement de gauche, tantôt l'accotement de droite. Cette route n'a guère subi d'améliorations dans ces dernières années.

Le pavage de la chaussée en pavés ordinaires a 4 mètres de largeur. Une piste cyclable en contrebutage y est projetée et certaines parties d'accotement ont été consolidées récemment par le moyen d'un coffre en briquaillons (0 m. 20) et 5 centimètres de cendrée.

Le profil 23 indique la situation d'une partie (13 kilomètres à partir de Bruges) de la route de Bruges à Ostende, longue de 22 kilomètres. Cette partie de route est très sinueuse et n'a que 8 m. 50 de largeur entre les arbres; l'étude est en cours pour redresser et élargir cette partie de route en donnant 12 mètres de largeur à la plate-forme et en y construisant une chaussée empierrée entrecoupée de parties pavées, de 5 mètres de largeur.

La chaussée actuelle, en pavés ordinaires, a 3 m. 50 à 4 mètres de largeur et l'accotement de droite est pourvu d'une piste cyclable en cendrée protégée par des tertres.

Le profil 24 est celui d'une route secondaire entre Jabbeke-Station et Village. Cette route a 10 mètres environ de largeur utile et comprend un pavage de 4 mètres de largeur, reconstruit en pavés de remploi il y a quelques années. Certaines parties des accotements de cette route sont consolidées à l'aide de briquaillons et cendrée. Ce profil très simple, présente des avantages multiples : solidité de la chaussée, facilité de circulation, aspect de propreté, etc.

Enfin, j'ai représenté aux profils 25 et 26, les dispositions de 2 autres routes secondaires, dont la chaussée, ancienne, n'a que 3 mètres de largeur, la distance entre les arbres n'étant que de 8 mètres. Ces profils offrent cette particularité que l'un des côtés de la chaussée est contrebuté par une piste cyclable constituée en briquaillons et pierraille. Le second de ces profils indique en outre un chemin de fer vicinal sur l'un des accotements.

Il me reste à indiquer parmi les éléments des profils que je viens de décrire ceux qu'il conviendrait d'adopter de préférence dans la construction des routes futures. Mais, auparavant, je crois devoir examiner les divers autres points de mon programme.

IV. — REVÊTEMENTS

Les revêtements des routes sont de diverses natures qu'il serait difficile d'énumérer toutes.

Il est probable que le revêtement le plus ancien est l'empierrement, non tel qu'on l'entend aujourd'hui, mais celui qui consiste à échouer dans la terre de la plate-forme d'une route, des moellons et des pierres de toutes formes et dimensions pour donner au sol assez de résistance au passage des charges; plus tard on a creusé des coffres préalables en maintenant ceux-ci par des pierres choisies spécialement, pour résister aux actions horizontales que les charges ont transmises aux pierres du revêtement et qui tendaient à ouvrir celui-ci. Successivement, ce mode de consolidation des routes a subi des perfectionnements aussi bien dans la préparation des matériaux que dans les procédés d'exécution. L'étude de ces perfectionnements a nécessairement fait naître l'idée d'employer, pour la construction des routes utilisées par les véhicules, des matériaux pierreux de forme régulière, juxtaposés dans un coffre soutenu latéralement par des bordures; c'est l'origine des *pavages*, première catégorie des revêtements de chaussée de nos jours.

Ces revêtements ont subi eux-mêmes des perfectionnement successifs dans la préparation des matériaux et la pose de ceux-ci.

Les matériaux pierreux employés pour les pavages sont d'espèces diverses, mais les pavés les plus employés en Belgique sont en porphyre et en grès. Le porphyre est la roche qui réunit les conditions les plus avantageuses de résistance et de durée, quoique le grès offre également, dans certains cas, ces caractères à un degré suffisant. Dans certaines contrées comparées à la situation des carrières, l'emploi du grès a d'ailleurs souvent l'avantage de réduire la dépense. Dans d'autres cas enfin, la préférence est donnée aux pavés de grès, comme par exemple, quand le pavage doit être établi sur une rampe, le porphyre devenant généralement glissant et pouvant donner lieu à des accidents.

Au pavage de certaines artères de la voirie de la ville d'Anvers, on emploie depuis un certain nombre d'années, des pavés de granit de Suède-Norvège. Cette application tend à présent à s'étendre à la construction des chaussées de l'État en Belgique; mais elle est encore trop récente pour permettre de se prononcer sur son avenir, eu égard aux qualités, défauts et prix de revient de ces matériaux.

Les pavés peuvent être taillés carrés ou oblongs; ces derniers sont souvent préférés parce qu'ils donnent une meilleure prise au pied des chevaux. La taille des pavés s'est sensiblement perfectionnée de nos jours, de telle sorte qu'on peut maintenant obtenir des pavages absolument unis, que certains chauffeurs d'automobiles préfèrent même aux empierrements les mieux entretenus.

Les pavages s'emploient entre deux lignes de bordures dans un lit de sable, sans fondation, ou avec fondation de cendrée au fond du coffre, suivant que le sol est de nature plus ou moins perméable, car un point capital pour le maintien d'une chaussée est évidemment son parfait assèchement.

La seconde grande catégorie des revêtements pour les chaussées est l'*empierrement*. Suivant le principe des éléments les plus résistants aux points des plus fortes pressions, on emploie les plus grandes pierres pour former le fond du coffre, sans laisser aucun vide entre elles et on achève le remplissage de ce coffre avec des matériaux plus petits, mais résistant le mieux possible à l'écrasement ; le coffre doit également être fortement soutenu latéralement par des bordures ou un contrebutage, parce qu'il est essentiel que le massif formé ne puisse pas s'ouvrir ni s'affaisser, en réduisant le bombement, si nécessaire à l'assèchement, sous la pression des charges qui se transmettent sur les bords latéraux de l'encoffrement.

Pour donner à l'empierrement suffisamment de compacité, il est indispensable de forcer l'enchevêtrement de ses divers éléments entre eux, par les pressions produites par un cylindrage énergique, à l'aide de rouleaux très pesants, manœuvrés par chevaux ou machines. Simultanément, on arrose l'empierrement pour augmenter sa consistance. La surface d'un empierrement doit être unie et aucune pierre ne peut y présenter des angles ou des arêtes non noyés dans une matière granuleuse ou sableuse, dont on saupoudre la surface et que l'on fait pénétrer dans tous les interstices, par balayage, par pression et avec le concours de l'eau.

On utilise à la construction des chaussées empierrées toute espèce de matériaux pierreux, en épaisseurs et proportions diverses. Les moellons de porphyre pour l'enrochement sont les matériaux les plus employés en Belgique à cause de leur résistance, et l'épaisseur de 0 m. 20 paraît généralement convenir. Les moellons de grès ou de pierre calcaire du bassin de Tournai donnent également de bons résultats, mais on les applique de préférence aux empierrements latéraux ou d'accotements.

Une couche de cendrée ou d'autre matière grenue sous l'enrochement peut être très utile dans les terrains peu perméables pour aider à l'assèchement de l'empierrement ; 10 ou 15 centimètres d'épaisseur selon les cas me paraissent pouvoir suffire. Au-dessus de l'enrochement on emploie généralement 15 centimètres de pierraille ; celle-ci ne peut pas être prise trop grosse ni trop petite : trop grosse, on n'obtient pas la surface unie nécessaire ; trop petite, les éléments s'écrasent sous les roues des attelages ;

on favorise ainsi, en temps sec, la formation de poussières, et en temps pluvieux, la formation de boue et la désagrégation de l'empierrement; l'échantillon de porphyre 4 sur 6 centimètres, paraît le plus avantageux. C'est aussi l'échantillon à préférer pour les rechargements généraux cylindrés. Pour l'agrégation de la surface des empierrements, le poussier de porphyre de 0 à 10 millimètres paraît le mieux convenir; une quantité de 0,020 mètre cube de cette matière par mètre carré, répandue judicieusement, est suffisante. On emploie aussi le gravier de Saint-Omer, mais pour les chaussées qui doivent être goudronnées, le poussier de porphyre est préférable.

Le goudronnage des empierrements à raison de 1 litre à 1,5 litre par mètre carré, avec du goudron chauffé, donne de bons résultats, en ce sens qu'il prévient pendant plusieurs mois la production des poussières dont on s'est plaint à juste titre; mais il est indispensable que cette opération soit faite peu après la construction de l'empierrement et en tout cas, après l'ébouage et le balayage à fond de celui-ci quand il a été construit ou rechargé depuis un certain temps; car le goudron mélangé avec de la boue fraîche ou séchée favorise la production de boues plus considérables pendant les périodes pluvieuses et conséquemment la détérioration de l'empierrement.

On a construit des empierrements en incorporant le goudron dans la pierraille même; le versement du goudron directement sur la pierraille déjà mise en place n'a pas donné de bons résultats; il faut en employer trop pour enduire toutes les faces des pierres et alors il s'accumule à la base de la pierraille, d'où il remonte à la surface par l'action du roulage. Mieux vaut goudronner la pierraille au préalable, mais alors l'opération devient très coûteuse et on ne peut guère l'appliquer que dans la construction de chaussées spéciales, surtout si cette application se complique de fondations en béton ou en béton armé.

L'expérience prouvera sans doute plus tard dans quelles conditions le tar-macadam trouvera son application aux chaussées ordinaires. Il paraît du reste que dans ce goudronnage préalable, la pierraille de scorie substituée à la pierraille de porphyre, n'a pas donné de bons résultats, parce que cette scorie s'effrite et ne conserve pas sa dureté.

En dehors des deux grandes catégories de revêtement ci-dessus pour chaussées, en pavés naturels ou empierrées, d'autres systèmes sont en usage, comme les pavages en scorie-bricks qui paraissent avoir fait leur temps, les pavages en bois et en pavés de grès asphalté, les pavements en asphalte, etc.; mais tous ces systèmes généralement coûteux, ne peuvent guère être appliqués que dans les cas spéciaux de traverses de villes, vu notamment leur grand prix qui s'élève parfois à 20 francs le mètre carré et au delà.

La nécessité de construire un revêtement ne se présente pas seulement pour les chaussées proprement dites, mais aussi pour les accotements, à mesure que se développe l'usage des routes, et à cause de la réduction de leur largeur utile par l'occupation d'un accotement par un chemin de fer vicinal ou une piste cyclable.

Le revêtement des accotements a encore pour avantage d'éviter de devoir donner de trop grandes largeurs à la plate-forme des routes en concentrant la circulation sur une surface plus restreinte, mais mieux aménagée. Enfin, ce revêtement favorise la propreté et l'esthétique des routes.

Les revêtements des accotements se font au moyen de pavages et d'empierrements comme pour les chaussées, mais ces revêtements sont établis dans des conditions plus économiques, parce que les efforts de destruction auxquels les accotements doivent pouvoir résister sont sensiblement moindres.

Jusqu'à présent, on ne consolide des accotements que les parties qui sont les plus sollicitées ; telles sont les parties destinées à servir de pistes cyclables, celles qui avoisinent des accès aux constructions et à d'autres routes, et les accotements utilisés par les attelages en même temps que les chaussées.

C'est ainsi que l'on construit des pistes cyclables en cendrée et fine pierraille de porphyre ; en briquaillons ou moellons pour enrochement et en pierraille de porphyre, selon que les pistes sont situées en plein accotement, à l'abri du roulage pondéreux, ou longent les chaussées dont elles font partie intégrante ; que l'on construit des empierrements en briquaillons et cendrée ou des pavages en matériaux de rebut provenant de la démolition de parties de chaussées pavées ; que l'on construit des accotements empierrés formés d'un enrochement en briquaillons ou moellons et pierraille pour servir à la circulation des voitures légères ; que l'on consolide enfin de grandes longueurs d'accotements par le moyen d'un encoffrement de 2 à 3 mètres de largeur (comme dans les cas de certains profils renseignés ci-dessus) composé de 0 m. 20 d'épaisseur de briquaillons concassés sur lesquels on étend 5 centimètres de cendrée. Ces dernières consolidations sont aussi soumises à un cylindrage pour obtenir finalement une surface unie et roulante dans un plan tangent à la chaussée et disposé en pente convenable, 3 ou 4 pour 100 vers les fossés de la route.

Enfin, pour les parties des accotements (trottoirs) habituellement fréquentés par les piétons ou par les cyclistes, on emploie suivant les cas, des dalles, des pavés spéciaux, des carrelages ou des pavements homogènes en asphalte ou autres, ou on consolide la surface par des pavages en matériaux de rebut ou par un répandage de cendrée, de poussier de macadam ou d'autre matière granuleuse ou pulvérulente.

V. — VIRAGES

Les virages sont aux endroits où la route change brusquement de direction. Ils ne doivent exister que pour les attelages à grande vitesse, pour les automobiles par exemple. Pour que ces attelages puissent conserver en ces endroits une certaine vitesse, ils doivent y trouver une disposition telle que la force centrifuge est combattue par une inclinaison convenable vers le centre de rotation. C'est pour cette raison que tous les chauffeurs dirigent leurs véhicules sur l'accotement intérieur du tournant ; de cette façon, au moment de leur passage, leur machine est inclinée vers l'intérieur de la courbe par l'effet du bombement de la chaussée et de la pente de l'accotement. Il résulte de là que, en ces endroits, il est désirable de disposer cet accotement avec quelques soins notamment en le consolidant suivant la pente de cet accotement sur la plus grande largeur possible. La nature de ce revêtement dépend évidemment de la situation de cette partie d'accotement et de la plus ou moins grande fréquence des passages en vitesse en cet endroit. Ce revêtement peut également être exécuté en pavage ou en empierrement.

VI. — OBSTACLES DIVERS

Les obstacles au roulage sur les routes sont permanents ou passagers.

Parmi les obstacles permanents, on peut citer les chemins de fer vicinaux qui occupent certains accotements le long des chaussées; généralement ils réduisent la section de celle-ci, utile à la circulation par axe, de la largeur complète de l'accotement; c'est ainsi par exemple que, si on se rapporte au dessin ci-joint, les largeurs utiles dans les profils :

Numéros	2	12	15	21	22	et 26
qui étaient primitivement de	13.00	13.50	12.50	9.00	11.00	8m,00
ont été réduites respectivement à	10.00	8.50	8.50	6.50	7.50	5m,50

Un autre obstacle permanent est la présence des tertres ou autres ouvrages de protection le long des pistes cyclables construites sur les accotements. Toute la largeur utile de la route comprise entre la rangée d'arbres de cet accotement et la limite extrême des tertres est perdue pour la circulatiou de tous véhicules autres que les bicyclettes.

Les profils ci-joints donnent une idée de ces réductions :

Aux numéros.	5	6	11	15	16	20 et 25
les largeurs utiles primitives de	11.50	12.50	11.50	14.00	13.50	10.00 et 8m,50
ont été réduites respectivement à	8.75	9.75	8.75	11.25	9.75	7.75 et 6m.50

Ces réductions de la largeur des routes par l'établissement des chemins de fer vicinaux et des pistes cyclables avec tertres sont considérables, et l'importance de ces réductions doit frapper d'autant plus qu'elles se produisent au moment où la circulation sur les routes prend brusquement plus d'extension. — En réalité, quand on observe bien ce qui se passe le long des routes qui servent d'assiette à un chemin de fer vicinal, ou dont un accotement est encombré de tertres, on remarque que la largeur de la route confisquée est encore plus grande que celle que j'ai indiquée dans les tableaux ci-dessus : c'est que le long d'un vicinal, un attelage ne se risque pas contre les bordures de l'assiette de cette voie, quand un train passe ou va passer, et que le long d'une ligne de tertres, les attelages au moment d'un croisement ne s'aventurent pas non plus entre ces obstacles et d'autres attelages sur la chaussée quand l'espace resté libre n'est pas suffisamment large : de là résultent bien souvent des accrocs forcés à ces prescriptions du règlement sur le roulage, d'après lesquelles les conducteurs des attelages doivent prendre à droite pour croiser, à gauche pour dépasser.

Les tertres sont d'ailleurs très rarement en bon état et ils nuisent à l'aspect de la route.

La présence de ces obstacles (chemins de fer vicinaux et pistes cyclables avec tertres) sur certains accotements des routes est encore cause du mauvais état continuel de l'accotement opposé, qui supporte toute la circulation répartie auparavant entre les 2 accotements.

Il y a aussi des obstacles permanents partiels, tels que les ponts, passages inférieurs et supérieurs trop étroits, etc.

Parmi les obstacles temporaires, on peut citer les passages à niveau de trains de chemins de fer ou vicinaux, les ponts tournants, les chemins de fer vicinaux intercalés dans les chaussées mêmes; les pouvoirs publics doivent évidemment s'attacher à atténuer les inconvénients de ces obstacles le plus possible, en réduisant la durée des stationnements et des passages des trains et des bateaux; les usagers des routes, de leur côté, doivent régler leur marche en conséquence.

VII. — PISTES SPÉCIALES

Jusqu'à présent, les pistes spéciales aménagées le long des routes ne sont guère que les pistes cyclables et nous avons vu comment elles sont et peuvent être aménagées; on en a même disposé à l'abri de tertres, sans revêtement aucun; ces voies ne résistent pas aux effets des pluies, des sécheresses, des vols de sable, de la croissance des herbes, de la circulation des animaux et sont bien vite mises hors d'usage.

RÉSUMÉ — CONCLUSIONS

Aux chapitres I et II, j'ai indiqué mes conclusions quant au *tracé* et au *profil en long* d'une nouvelle route ; je les résume en disant que l'on doit, par l'étude du projet, rechercher le tracé et le profil qui conviennent le mieux au cas particulier de cette route : le tracé devra être le plus direct possible, et le profil en long devra se rapprocher le plus possible du profil horizontal, dans toutes ses parties.

Les *profils en travers* à adopter, qui sont, comme je l'ai dit, les éléments essentiels d'une route, doivent résulter de l'étude de la nature et de la situation du terrain, de la nature et des conditions de la circulation à laquelle cette route est destinée à faire face dans ses diverses parties, et du chiffre de la dépense qu'on ne peut dépasser.

Si le sol est ferme et perméable, on prévoira le coffre des pavages et des empierrements sans fondation ; dans le cas contraire, on étendra suivant les cas, 10 ou 15 centimètres de cendrée ou autre matière grenue, dans le fond du coffre, approfondi en conséquence.

Les *pavages* seront employés de préférence dans les traverses des villes et des agglomérations, et sous bois ; les *empierrements*, en plein champ, où l'assèchement continu est assuré.

La *largeur de la chaussée* résultera de l'importance de la circulation : 5 mètres peut être considéré comme un maximum ; 3 mètres sera un minimum, s'appliquant aux routes de minime importance. Si la chaussée est bordée par un chemin de fer vicinal, il convient d'augmenter ces largeurs d'un mètre.

Quand la largeur de la chaussée est de 4 m. 50 au moins, la construction d'une *chaussée centrale* en pavés neufs de 3 mètres de largeur, avec bandes latérales en pavés vieux, épincés ou non (lorsqu'on peut disposer de ces matériaux), est fort à recommander, par raison d'économie, en pleine route et dans les traverses secondaires, où semblable chaussée se comporte parfaitement bien.

Le *bombement* sera de 1/50e de la largeur des chaussées *pavées* bien contrebutées, entre trottoirs par exemple ; 1/45e pour les autres ; il peut cependant s'élever à 1/40e, pour les petites chaussées qui ne sont qu'imparfaitement contrebutées. Pour les chaussées *empierrées*, 1/40e pour le bombement est une bonne proportion.

Une *épaisseur* de 10 centimètres pour le *sable* sous les pavés des nouveaux pavages est suffisante.

Il n'y a pas d'utilité à donner à l'*enrochement* et à la *pierraille* plus de 20 et 15 centimètres d'épaisseur respectivement.

Il est de la plus haute importance que les bords de toutes les chaussées soient solidement *contrebutés* par de bonnes bordures, des revêtements d'accotement, et des coffres de briquaillons au besoin, si le sol offre peu de résistance.

La *largeur à donner à la plateforme* de la route résultera également de l'étude de sa destination et de la largeur des revêtements qu'on se propose d'établir.

Bien entendu, dans toute cette étude, j'ai fait abstraction des largeurs supplémentaires que l'on veut donner à certaines routes ou parties de routes pour l'établissement de squares, drèves, etc.

On peut généralement admettre que les plantations d'alignement font perdre 1 mètre de la largeur utile de chaque accotement.

Dans les traverses des villes, et des agglomérations de quelque importance, le profil qui s'impose est celui d'une chaussée pavée la plus large possible, entre bordures de trottoirs parallèles.

Les résultats du Recensement de la circulation sur les routes, actuellement en cours en Belgique, permettront fort probablement de fixer des bases sûres quant aux largeurs, à l'importance et à la nature de leurs revêtements, etc.

Les *pentes des accotements* peuvent être fixées à 3 jusque 4 pour 100.

Il faut *consolider les accotements* le plus possible. Ces consolidations sont les meilleurs soutiens de la chaussée; elles réduisent sensiblement les frais de son entretien et elles permettent seules de garder à la route un aspect permanent de propreté.

J'estime même qu'en consolidant les accotements, ou peut aisément réduire la largeur d'une chaussée, à 4 mètres par exemple quand elle est prévue à 5 mètres; cela donnerait un profil semblable à celui du n° 24 du dessin ci-joint et dont il est question ci-dessus.

Si l'un des accotements doit être occupé par un chemin de fer vicinal, la largeur de la route doit en tenir compte et la consolidation de l'autre accotement, au moins jusqu'à 50 centimètres du pied des arbres, s'impose. Il en est de même si une piste cyclable, à l'abri de tertres ou d'autres ouvrages de protection doit être établie sur l'un des accotements; mais il est *toujours* préférable de supprimer *complètement* ces obstacles, sur les routes existantes et le long des routes nouvelles, en construisant la piste en contrebutage de la chaussée ou en consolidant tout l'accotement; alors il devient inutile de consolider l'autre accotement. De cette manière, on simplifiera aussi la police des pistes cyclables.

Le *système de consolidation* des accotements sera choisi d'après les moyens dont on dispose et d'après l'importance et la nature de la circulation qu'on peut s'attendre à y voir s'établir; dans certains cas, on devra faire un véritable empierrement; dans d'autres, on pourra se contenter d'un coffre en briquaillons de 15 ou 20 centimètres d'épaisseur avec une couche de cendrée de 5 centimètres; dans d'autres enfin, une simple couche de cendrée damée, plus un répandage de sable pour l'agrégation, pourra donner toute satisfaction.

La question des *plantations* sur les accotements, des *fossés* d'assèchement des routes et des *ouvrages d'art* sort du cadre qui m'a été tracé. Toutefois, je crois utile d'exprimer le vœu que la *largeur* de la voie carrossable des ponts mobiles soit au moins celle des chaussées dans lesquelles ils sont intercalés, et que la *largeur* entre garde-corps ou murs des ponts fixes, des passages supérieurs et inférieurs soit égale à la largeur utile des routes dont ils font partie.

Bruges (Belgique), le 22 mai 1908.

61 945. — Imprimerie Lahure, rue de Fleurus, 9, à Paris.

SCHLUSSSÄTZE

In Kapitel I und II habe ich meine Folgerungen bezüglich der *Richtungslinien* und des *Längenprofils* einer neuen Strasse auseinandergesetzt; kurz zusammengefasst sind die Richtungslinien und das Profil bei der Bearbeitung des Entwurfes aufzusuchen, die am besten den besonderen Verhältnissen dieser Strasse entsprechen. Die Richtungslinien sollen möglichst direkt gehen und das Längenprofil soll sich in allen seinen Teilen dem wagerechten Profil so sehr als möglich nähern.

Die zu wählenden *Querprofile*, welche, wie gesagt, die wesentlichen Bestandteile einer Strasse bilden, sollen sich aus dem Studium der Beschaffenheit und der Lage des Bodens, der Art und der Verhältnisse des Verkehrs, für welche diese Strasse in ihren verschiedenen Teilen bestimmt ist, sowie auch des zur Verfügung stehenden Maximalbetrags ergeben.

Ist der Boden fest und durchdringlich, so muss ein Koffer für Pflasterungen und Beschotterungen ohne Unterbau vorausgesehen werden; im andern Falle soll eine aus Bleischaum oder einem andern körnigen Stoffe bestehende Schichte in der Dicke von 10 oder 15 Centimeter je nach den Umständen auf den verhältnismässig vertieften Grund des Koffers aufgebracht werden.

Die *Pflasterungen* sind vorzugsweise in den städtischen Strassen, in den Dorfstrassen und in den Waldwegen, die Beschotterungen hingegen auf flachem Felde, wo die stetige Entwässerung gesichert ist, zu verwenden.

Die *Breite* der Chaussee ist nach der Stärke des Verkehrs zu berechnen und zwar mit einem Maximum von 5 Meter und mit einem Minimum von 3 Meter für die Strassen von schwächerem Verkehr. Ist der Chaussee entlang noch eine Kleinbahn angelegt, so erscheint es angemessen diese Dimensionen um 1 Meter zu erhöhen.

Ferner empfiehlt sich aus Sparsamkeitsgründen bei Fahrbahnen von mindestens 4,50 Meter Breite die Herstellung einer 3 Meter breiten *Centralfahrbahn* aus neuen Pflastersteinen mit seitlichen Streifen aus alten Pflastern — seien solche mit dem Zurichthammer bearbeitet oder nicht —; dies Verfahrenbewährt sich auf freier Strasse und bei den Dorfstrassen durchaus.

Die *Wölbung* soll 1/50 der Gesamtbreite der zum Beispiel durch Trottoirs gut gestützten, gepflasterten Chausseen, 1/45 bei den anderen betragen; diese Dimensionen können sich jedoch auf 1/40 bei der nur unvollkommen gestützten kleineren Fahrbahnen gebracht werden. Bei den beschotterten Fahrbahnen ist eine Wölbung von 1/40 ein gutes Verhältnis.

De Somer.

Bei den neuen Pflasterungen genügt eine 10 Centimeter dicke *Sandschichte* unter den Pflastersteinen.

Es ist von wenig Nutzen, dass die *Packlage* mehr als eine 20 Centimeter Höhe und das *Schotterwerk* mehr als eine 15 Centimeter Höhe haben.

Es ist von grossem Werte, dass der Rand aller Fahrbahnen mit guten Randsteinen, mit befestigten Banketten und im Notfalle mit Untermauern aus Backsteinstücken — wenn der Boden nur wenigen Widerstand bieten sollte — *fest geschützt* wird.

Die *Breite*, welche das *Planum* einer Strasse erhalten soll, wird sich ebenfalls aus ihrer Bestimmung und der Breite der Bekleidungen, welche man vorzunehmen beabsichtigt, ergeben.

Selbstverständlich habe ich in dieser Studie von der Ergänzungsbreiten abgesehen, welche gewisse Strassen oder Strassenstrecken zur Einrichtung von Schmückanlagen u. s. w. erhalten könnten.

Man darf im Allgemeinen annehmen, dass die Bepflanzungen 1 Meter der praktischen Breite jedes Bankettes in Anspruch nehmen. Bei städtischen Durchfahrtsstrassen und in Dörfern ist das Profil einer möglichst breiten, gepflasterten Fahrbahn zwischen Rändern von parallelen Trottoirs stets vorgeschrieben.

Die Ergebnisse der zur Zeit in Belgien vorgenommenen Strassenverkehrszählung werden aller Wahrscheinlichkeit nach ermöglichen, zuverlässige Grundlagen hinsichtlich der Breiten, der Bedeutung und der Beschaffenheit der Strassendecken festzustellen.

Die *Gefälle der Bankette* können auf 3 bis 4 Prozent berechnet werden.

Die *Bankette* müssen so sehr als möglich *befestigt* werden. Diese Befestigungen sind die besten Unterstützungen der Fahrbahn; sie vermindern sehr wesentlich die Unterhaltungskosten und sind auch das einzige Mittel, der Strasse ein stets reines Aussehen beizubehalten.

Ich bin sogar der Ansicht, dass die Breite einer Fahrbahn unter Befestigung der Bankette sich leicht vermindern lässt, z. B. auf 4 Meter für eine vorher entworfene Breite von 5 Meter; es wird sich hieraus ein Profil ergeben, wie es beiliegende Zeichnung 24. vorstellt.

Soll eines der Bankette mit einer Kleinbahn versehen werden, so muss dies bei der Bestimmung der Breite der Strasse in Betracht gezogen werden und ist in diesem Falle die Befestigung des anderen Bankettes bis in einem Abstande von wenigstens 0,50 Centimeter von den Bäumen nötig. Dasselbe ist der Fall wenn ein durch Hügel oder ähnliche Werke geschützter Radfahrweg auf einem der Bankette angelegt werden soll. Es ist jedoch *immer besser* solche Hindernisse auf den vorhandenen und auf den neuen Strassen durch die Erhöhung des Radfahrwegs und die Befestigung des ganzen Bankettes *gänzlich* zu beseitigen; auf diese Art fällt dann eine Befestigung des anderen Bankettes weg.

Das *Befestigungssystem* wird je nach den zur Verfügung stehenden Mitteln, der Bedeutung und Art des Verkehrs, welchen man zu erwarten hat.

gewählt; in gewissen Fällen ist eine eigentliche Beschotterung herzustellen; in anderen kann eine 15 bis 20 Centimeter starke Unterlage aus Backsteinstücken und ein 5 Centimeter dicker Bleischaumbelag hinreichend sein; ferner in anderen dürfte eine einfache gerammte Beischaumschichte, welche mit Sand zur Bindung ausgegossen wird, durchaus befriedigend ausfallen.

Die Frage der *Bepflanzungen* der Bankette, der *Strassenentwässerungsgräben* und der *wissenschaftlichen Anlagen* liegt zwar ausserhalb der mir vorgeschriebenen Aufgabe. Ich glaube jedoch den Wunsch äussern zu müssen, dass die fahrbaren Chausseen der Drehbrücken wenigstens so *breit* seien, wie die von ihr verbundenen Fahrbahnstrecken und auch die *Breite* zwischen den Geländern der feststehenden Brücken, der Unter- und Überführungen der praktischen Breite der Strassen, deren Teil sie bilden, gleichkomme.

(Übersetz. BLAEVOET.)

outes Secondaires
e Jabbeke-Station et Village
Pavés vieux
Gand
Sortie d'Eerneghem
De Hille à Wyngene
Piste
en
cendrée
rs Courtrai
ernational de la Route
RIS 1908
E DE BELGIQUE
S EN TRAVERS
Routes de l'État
ndissement de Bruges
Annexé à mon rapport de ce jour :
Bruges, le 22 Mai 1908.
énieur principal des Ponts et Chaussées.
ghe

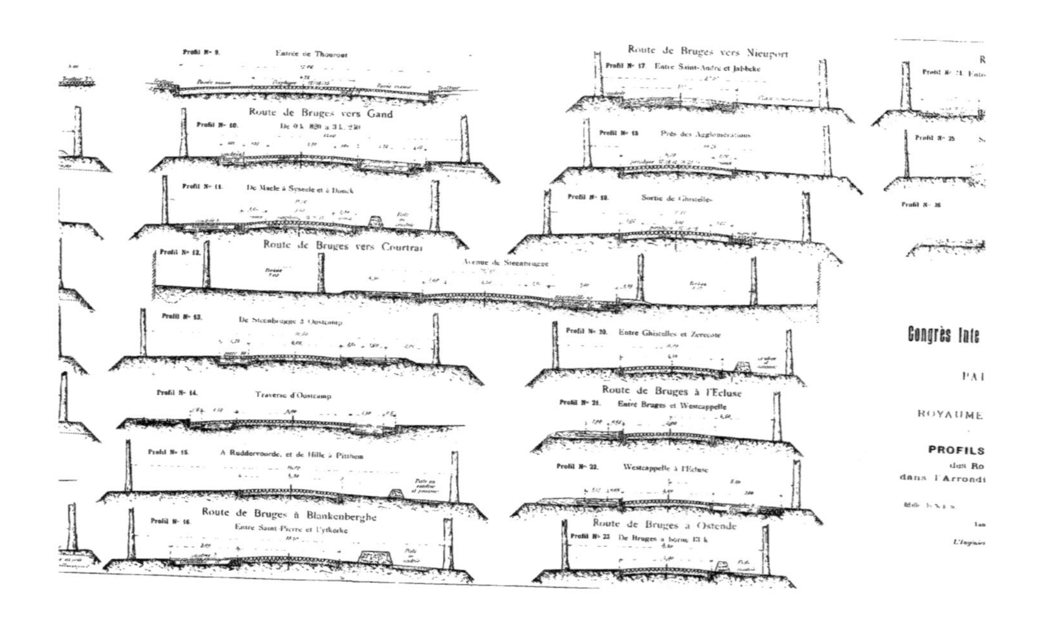

Profil N° 9.
Entrée de Thourout
Route de Bruges vers Gand
Profil N° 10.
Profil N° 11.
De Maele à Syseele et à Donck
Route de Bruges vers Courtrai
Profil N° 12.
Avenue de Steenbrugge
Profil N° 13.
De Steenbrugge à Oostcamp
Profil N° 14.
Traverse d'Oostcamp
Profil N° 15.
A Ruddervoorde, et de Hille à Pittem
Route de Bruges à Blankenberghe
Profil N° 16.
Entre Saint-Pierre et Uytkerke
Route de Bruges vers Nieuport
Profil N° 17.
Entre Saint-André et Jabbeke
Profil N° 18.
Près des Agglomérations
Profil N° 19.
Sortie de Ghistelles
Profil N° 20.
Entre Ghistelles et Zevecote
Route de Bruges à l'Ecluse
Profil N° 21.
Entre Bruges et Westcappelle
Profil N° 22.
Westcappelle à l'Ecluse
Route de Bruges à Ostende
Profil N° 23.
Profil N° 25
Profil N° 26
Congrès Inte
ROYAUME
PROFILS
dans l'Arrondi

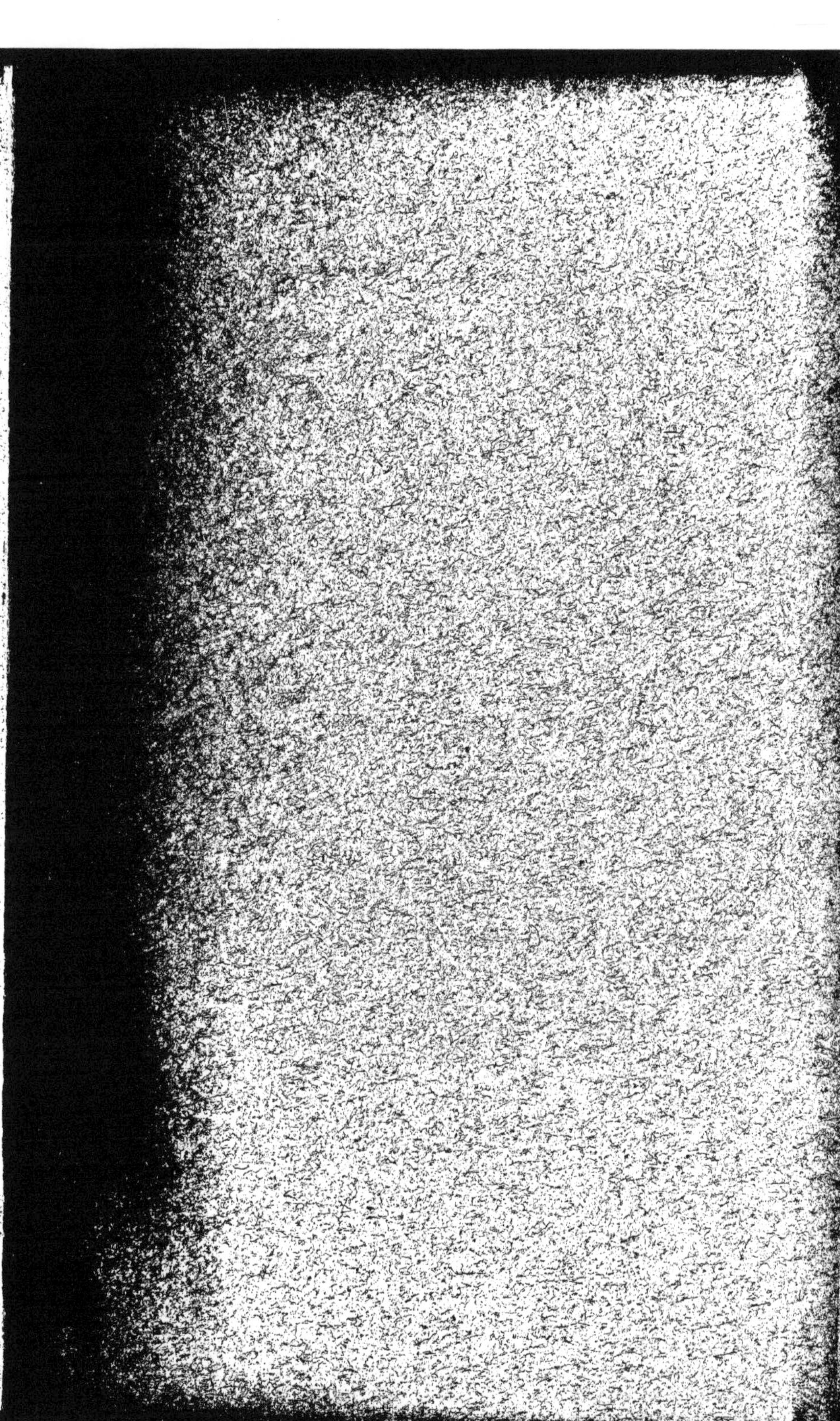

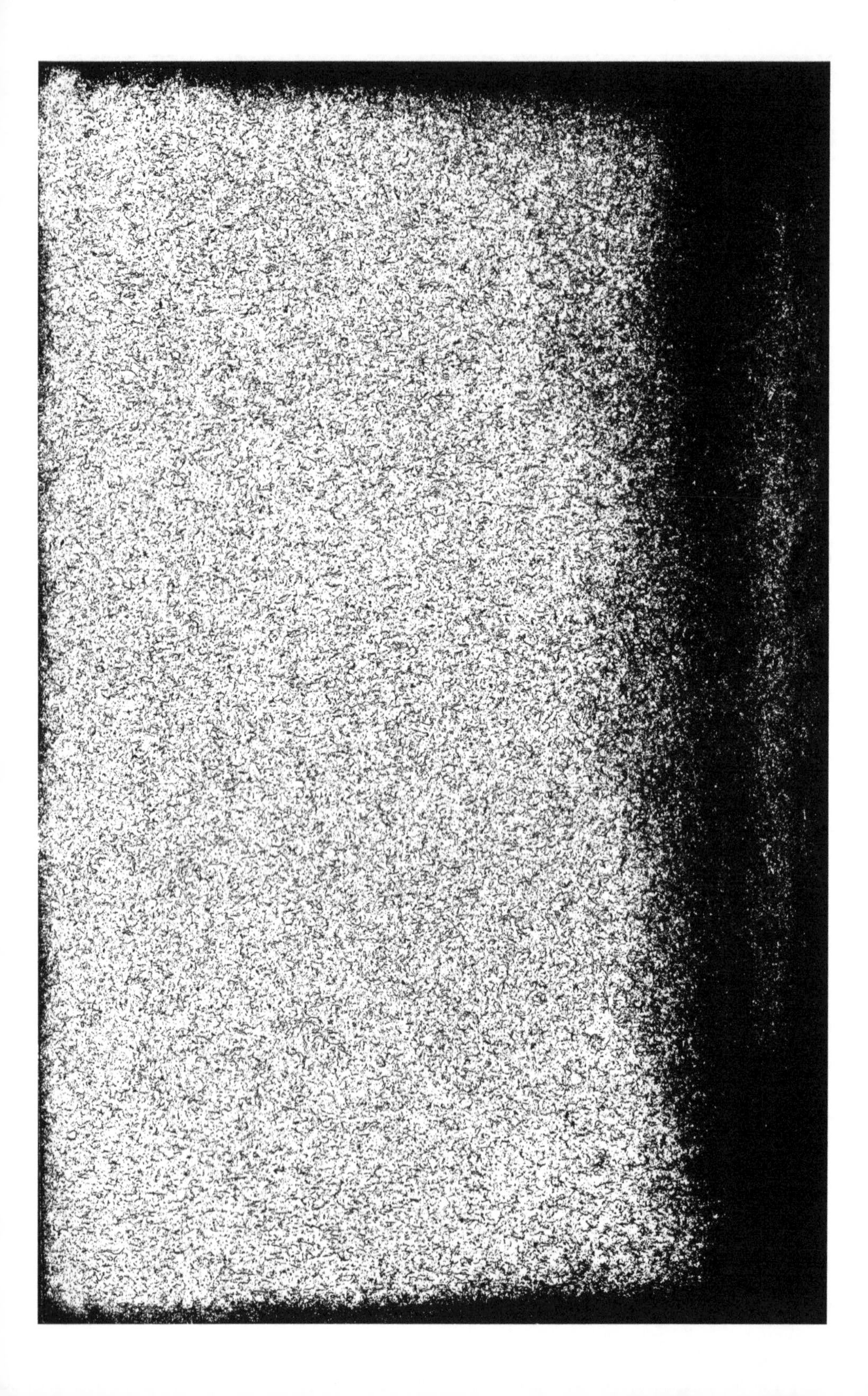

Ier CONGRÈS INTERNATIONAL DE LA ROUTE
PARIS 1908

4e QUESTION

SUR UNE ROUTE NOUVELLE
À CRÉER ENTRE BRUXELLES ET ANVERS

RAPPORT

PAR

M. Henry VAES
Ingénieur-Architecte à Bruxelles.
Secrétaire de la Commission pour l'amélioration des Routes Belges.

PARIS
IMPRIMERIE GÉNÉRALE LAHURE
9, RUE DE FLEURUS, 9

1908

SUR UNE ROUTE NOUVELLE
A CRÉER ENTRE BRUXELLES ET ANVERS

RAPPORT

PAR

M. Henry VAES

Ingénieur-Architecte à Bruxelles.

La communication que nous avons l'honneur de faire au Congrès de la Route à Paris a pour but de développer quelques considérations sur une route nouvelle, dont nous avons dressé les plans et qui est destinée à relier Bruxelles et Anvers par une artère digne des deux centres principaux de la Belgique.

Ces deux villes, rapprochées de la minime distance de 45 kilomètres environ, ne sont pas réunies par une route de grande communication ni même par une route gouvernementale. Déjà, en 1876, M. Lagasse de Locht, inspecteur général des Ponts et Chaussées, proposa de faire racheter par le Gouvernement les routes reliant Bruxelles à Anvers par Boom. Son projet, admis, ne fut pas exécuté. Aujourd'hui, les administrations communales des villages intermédiaires ont repris le projet, et l'accueil favorable qui a été fait à celui-ci en haut lieu en fait prévoir l'exécution dans un bref délai. Le type de route que nous avons été amené à tracer ne demandera que des dépenses peu considérables, malgré son ampleur, attendu qu'il est basé sur ce principe que nous préconisons : *éviter la traversée des villages.*

LES TRAVERSÉES DES VILLAGES SONT ÉVITÉES

Il en résulte une grande économie d'expropriations, et une sécurité considérable pour les populations villageoises.

EXPROPRIATIONS

Le total des expropriations d'immeubles requises par notre projet ne dépasse pas, grâce à ce système, 385 500 francs, alors qu'nn tracé empruntant les anciennes rues qu'il faudrait élargir à 30 mètres absorberait plusieurs millions.

PRINCIPES

Quels sont les principes qui nous ont guidé dans le tracé de la *route d'avenir*, que nous avons élaboré?

Ce sont les suivants :

1° La distance entre les deux centres doit être réduite au minimum au moyen de :

a) La suppression, dans la mesure du possible, *des points neutralisés*;

b) L'espace réservé sur la route *aux transports* et aux usages de toute nature;

c) L'espace réservé à une *double voie* pour *tramway électrique*.

2° La route doit occasionner le moins de désagréments possible, et *supprimer la poussière*; de plus, les plantations ne peuvent faire de dommage à l'agriculture.

CHOIX DU TRACÉ ET PROJET LONGITUDINAL

Nous pensons avoir réalisé l'application de ces principes. En effet :

En consultant une carte topographique, on constatera que la route fait une courbe assez prononcée dans la première partie du tracé. Cette courbe est déterminée par l'existence de la route *Laeken-Meysse*, existante, et qu'on est occupé à agrandir dans des proportions grandioses (150 mètres de large). Le tracé que nous avons adopté, s'il paraît quelque peu s'écarter de la ligne droite, est néanmoins le meilleur. D'abord, parce qu'il utilise deux tronçons existants *Laeken-Meysse* et *Boom-Anvers*. L'autre route vers Anvers devrait traverser les faubourgs industriels de Bruxelles, Haeren, sans compter les nombreux points neutralisés, Vilvorde, Eppeghem, Malines, etc., qu'elle trouverait sur son parcours. De plus les terrains y sont industriels et d'un achat plus onéreux. Enfin, le tracé n'est pas plus direct que celui que nous avons choisi.

Entre *Laeken et Meysse*, la route actuelle est très rapide. A partir de Meysse jusque Boom les chemins provinciaux et vicinaux qui font fonction de route ne présentent que courbes, méandres, coudes dangereux, etc., la largeur du pavé n'ayant à certains endroits que 3 m. 50 de large. *L'avenue nouvelle* s'infléchissant à droite au départ de Meysse laisse le village à sa gauche. *La nouvelle route évite* successivement les villages de *Wolverthem*, *Impde*, *Londerzeel*, *Breendonck*, court en rase campagne; ses courbes sont à très grands rayons. Elle est reliée aux villages par les tronçons de l'ancienne route, là où celle-ci n'est pas absorbée par la nouvelle avenue. Le nouveau tracé est aussi facile que l'avenue de Meysse, et nous y évitons le tracé des ronds-points que nous estimons plus nuisibles qu'utiles.

Nous préconisons un système nouveau pour les entrecroisements de routes (Voir planche ci-jointe) et qui présente ce double avantage : permettre aux véhicules qui se trouvent sur les deux routes de se voir de loin; laisser à la route principale sa vitesse, sans devoir craindre des collisions. Nous insistons sur ce point délicat des entrecroisements des routes car nous avons remarqué que les constructions qui y sont élevées, y occupant les angles coupent la vue aux voyageurs venant de chaque route.

A partir de Willebroeck, un double coude est requis pour passer le pont du nouveau canal de Bruxelles à Wyndham et le pont sur le Rupel. A Boom, se trouve le seul point neutralisé de la route. Des négociations ultérieures permettront de modifier le tracé à cet endroit.

Après la station de Boom, nous retrouvons la route existant actuellement et qui va tout droit à travers la campagne sans traverser d'agglomérations jusqu'à Anvers, tous les automobilistes en apprécient la facilité.

Pour obtenir la vitesse de la route, nous avons évité tous les villages qui se trouvaient sur l'ancien tracé, et avons ainsi supprimé le plus possible les points neutralisés.

PROFIL TRANSVERSAL

Considérons le profil *transversal* de la route. Nous avons porté celui-ci à 30 mètres, pour permettre d'y placer une double voie de tramways. La somme totale à débourser pour achat de terrains s'élève à 478 413 francs. Il faut compter que nous utilisons en partie la route existante.

Ce profil étant admis, nous le décomposons comme suit :

Chaussée centrale pour véhicules lourds.	8 m.
2 terre-pleins de 7 m. 50.	15 m.
Une voie réservée aux tramways.	5 m.
Une voie cyclable	2 m.
Total.	30 m.

La largeur de la chaussée de 8 mètres est suffisante pour laisser passer trois véhicules de front, ce qui permet un trafic intense. Elle sera exécutée en pavés ou en tarmac.

Sur le terre-plein de gauche, la partie centrale est réservée aux cavaliers; la largeur entre arbres étant de 5 m. 50, permet à trois cavaliers de passer de front.

L'autre terre-plein, près du tramway, est réservé aux piétons. L'accotement cyclable a 2 mètres de large, ce qui permet à deux cyclistes de marcher de front ou de se croiser.

Les deux accotements en dehors de la ligne des arbres sont également réservés aux piétons.

Le tramway est à double voie ascendante et descendante.

AVANTAGES DU PROFIL TRANSVERSAL

Voyons maintenant si la nouvelle avenue présente certains avantages sur le type admis aujourd'hui. En effet les champs de culture ont à souffrir d'une route pour deux raisons : *la poussière et la trop grande proximité* des plantations; celles-ci donnent trop d'ombre et étendent leurs racines jusque dans les champs.

Nous remédions à la poussière par un bon pavage, ou un tarmac qui, comme on le sait, et les expériences l'ont prouvé, réduisent celle-ci au minimum.

Si nous n'arrivons pas à la supprimer complètement, nous prétendons néanmoins qu'elle atteindra beaucoup moins les champs avoisinants, à cause du double rideau d'arbres qui borde la chaussée des deux côtés.

Les arbres étant disposés en quinquonce forment un écran complet, tout en étant éloignés de 16 mètres d'axe en axe. Ils ne nuisent pas aux cultures, étant donné ce grand intervalle de l'un à l'autre, tout en ayant l'espace suffisant pour se développer parfaitement.

Étant placés à 2 mètres des cultures, sans compter le fossé qui borde la route, leur ombre ne nuit pas, et leurs racines ne dépassent pas l'assiette de celle-ci. De plus, un autre avantage résulte de leur écartement longitudinal; l'air et le vent circulent et assèchent la route, ce qui est très important dans nos contrées, où il pleut beaucoup et où le pavage tend rapidement à devenir gras et glissant.

COÛT TOTAL DE L'AVENUE

La dépense totale de la route s'élève à 3 500 000 francs en y comptant les expropriations de toute nature, achats de terrains, établissement de la route, soit, pour un parcours de 19 kil. 500, 180 francs environ le mètre courant sur 30 mètres de large.

Nous pouvons donc estimer, par l'exposé ci-dessus, avoir réalisé un type de route nouvelle économique et en même temps pratique, et qu'il nous a paru intéressant de communiquer au Congrès de Paris.

Bruxelles, le 30 Mai 1908.

02 065. — Imprimerie Lahure, rue de Fleurus, à Paris

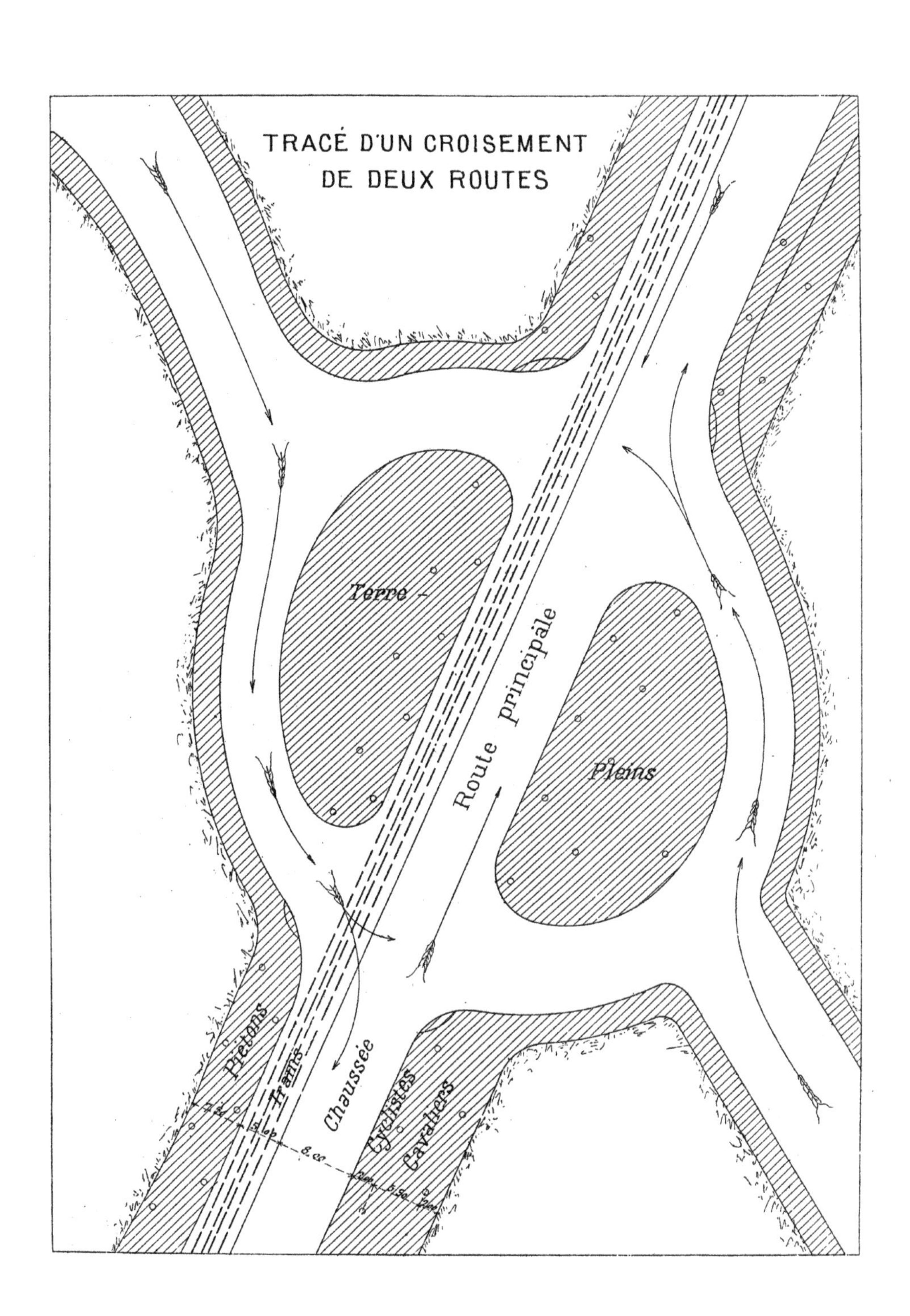

TRACÉ D'UN CROISEMENT
DE DEUX ROUTES
Terre-
Pleins
Route principale
Piétons
Trams
Chaussée
Cyclistes
Cavaliers
8.00

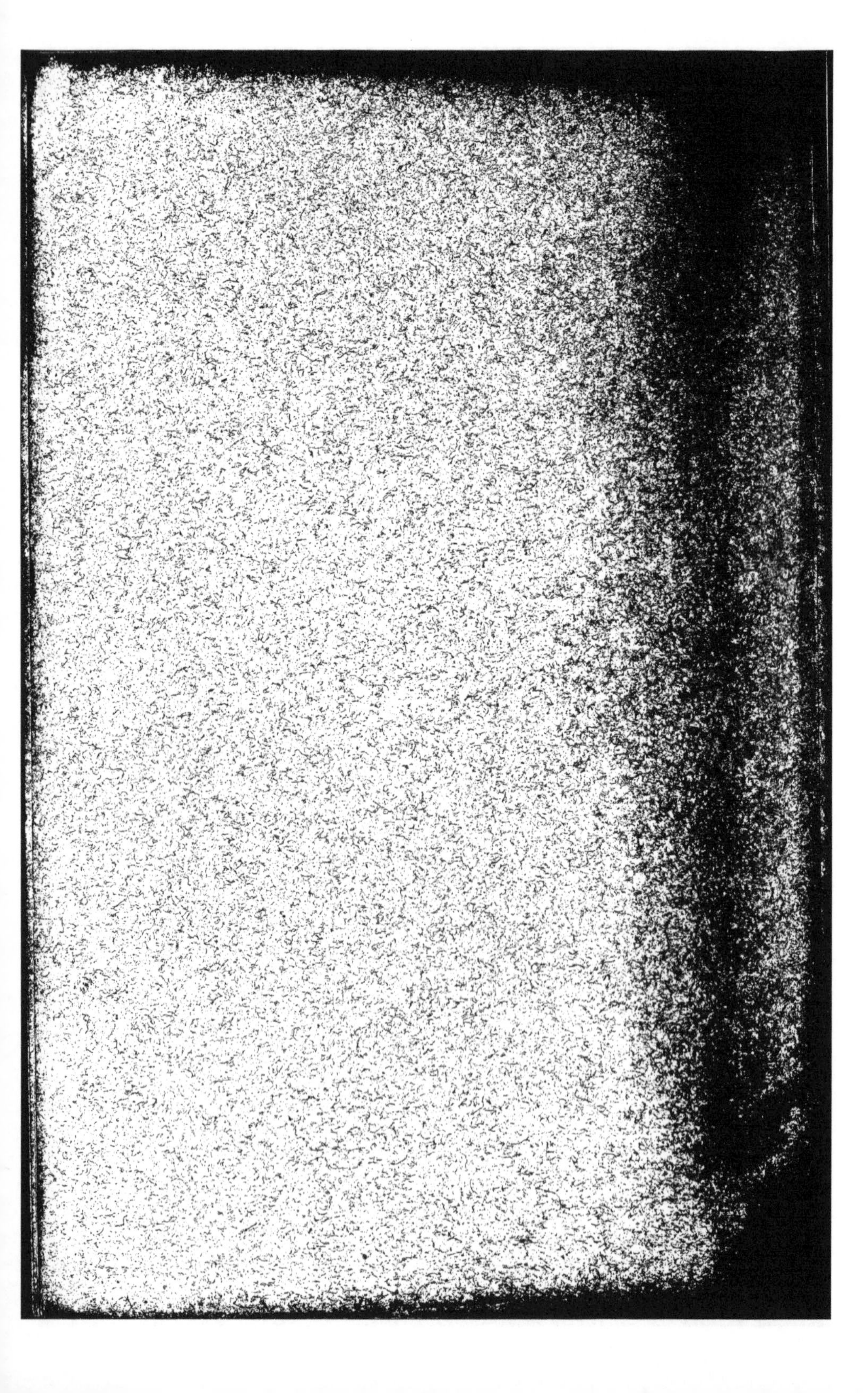

Ier CONGRÈS INTERNATIONAL DE LA ROUTE
PARIS 1908

4e QUESTION

LA ROUTE FUTURE

TRACÉ

RAPPORT

PAR

M. WALIN
Ingénieur en chef, Directeur des Ponts et Chaussées à Bruxelles

PARIS
IMPRIMERIE GÉNÉRALE LAHURE
9, RUE DE FLEURUS, 9

1908

LA ROUTE FUTURE

TRACÉ

RAPPORT

PAR

M. WALIN

Ingénieur en chef, Directeur des Ponts et Chaussées, à Bruxelles.

L'invention des véhicules à traction mécanique et à allure rapide a modifié profondément les conditions de la circulation sur les routes.

Aujourd'hui, et plus encore dans l'avenir, les routes devront permettre la circulation simultanée et aisée des piétons, des cyclistes, des véhicules à traction animale et des véhicules à traction mécanique.

L'apparition de ceux-ci impose-t-elle des conditions nouvelles pour la fixation du tracé?

Les automobiles sont des machines si bien conçues qu'elles peuvent circuler partout où passe une voiture ordinaire. Par suite de l'indépendance de leurs essieux, elles sont à même de franchir les courbes du plus faible rayon admis sur les chemins les moins importants.

Mais ce passage dans les courbes de très petit rayon n'est possible qu'à faible vitesse et il n'est pas sans danger, surtout dans l'obscurité et en temps de brouillard.

Empêcher la vitesse ou la rendre impossible ou dangereuse en pleine campagne, c'est non seulement enrayer les progrès de l'automobilisme, mais c'est le condamner à disparaître.

Il ne peut être question d'anéantir ce magnifique moyen de transport.

Le tracé de la route future doit donc être étudié de manière à permettre la circulation rapide des automobiles.

Faut-il pour cela donner aux courbes des rayons plus grands que ceux que nécessite la circulation des véhicules à traction animale?

C'est ce que nous examinerons tout d'abord.

Nous signalerons ensuite d'autres points qui nous paraissent devoir attirer l'attention des ingénieurs.

1er *point*. — Considérons le cas de deux automobiles circulant en sens inverse, à la vitesse de 45 kilomètres à l'heure, dans une courbe de rayon x, bordée de plantations ou de constructions qui empêchent de voir loin devant soi.

Un train de chemin de fer d'intérêt local ou de tramway occupant l'accotement vers l'intérieur de la courbe peut produire le même effet. Les talus en déblais coupent également le champ de vue.

Pour fixer les idées, supposons que la route ait une chaussée de 6 mètres, qu'elle laisse 10 mètres de largeur libre entre les arbres ou les obstacles latéraux et que le temps nécessaire aux deux chauffeurs pour virer ou s'éviter soit de 3 secondes.

L'espace parcouru en ce temps par chaque chauffeur sera de :

$$3 \times \frac{45\,000 \text{ m.}}{60 \times 60} = 37 \text{ m. } 50.$$

Représentons les éléments de la question au croquis n° 1 ci-annexé.

Les chauffeurs suivent par exemple la trajectoire M C D N, chacun cherchant à se mettre du côté où le dévers de la route combat l'effet de la force centrifuge qui tend à le rejeter à l'extérieur de la courbe, chacun cherchant aussi à prendre la corde de l'arc comme d'habitude, malgré le règlement qui prescrit de tenir la droite.

Menons la tangente à la courbe au point A.

Les chauffeurs ne peuvent se voir avant que l'un d'eux, venant de N, ne soit arrivé au point D et que l'autre, venant de M, n'ait atteint le point C.

Ils ont donc l'espace C D pour s'éviter.

Si l'évitement peut se faire en 3 secondes, c'est-à-dire si le chauffeur venant de N peut, en ce temps relativement court, se porter du côté droit de l'axe de la route $a\ a_1\ a_2$, il suffira évidemment que l'espace C K ne soit pas parcouru en 3 secondes pour que la rencontre n'ait pas lieu.

Pour la vitesse supposée de 45 kilomètres à l'heure, il faut donc que C K soit un peu plus grand que

$$\frac{45\,000}{60 \times 60} \times 3 = 37 \text{ m. } 50.$$

L'arc C K étant plus grand que la demi-corde C A on sera dans de bonnes conditions si C A n'est pas inférieur à 37 m. 50.

Prenons C A = 37 m. 50.

D'où d'après les cotes admises au croquis :

$$(x+3.50)^2=x^2+1406,25$$

et

$$x=\frac{1406,25-12,25}{7}=199 \text{ m. } 14.$$

Le rayon de courbure devrait donc être de 199 m. 14.

Le résultat serait à peu près le même si les autos suivaient l'axe de la route $a\ a_1\ a_2$, au lieu de se tenir du côté de la corde.

Pour une vitesse de 30 kilomètres à l'heure l'arc C K serait égal à :

$$\frac{3\times 30\,000}{3600}=25 \text{ m.}$$

et en prenant C A = 25 on trouverait dans les mêmes conditions :

$$x=\frac{625-12.25}{7}=87 \text{ m. } 55.$$

Pour une vitesse de 60 kilomètres on aurait :

$$x=\frac{2500-12.25}{7}=355 \text{ m. } 39.$$

Si le temps d'évitement pouvait être ramené à 2 secondes, x serait égal à 87 m. 55 pour une vitesse de 45 kilomètres à l'heure et à 38 mètres pour une vitesse de 30 kilomètres à l'heure.

On voit que, dans ces diverses hypothèses parfaitement réalisables en fait, le rayon de courbure devrait varier de 38 mètres à 355 mètres.

Or l'expérience a démontré que les attelages de 5 chevaux mis sur deux rangs et remorquant un long chariot peuvent parfaitement passer dans les courbes de 30 mètres de rayon.

On conclut de là que, pour parer aux dangers de rencontre dans les cas envisagés, les courbes de la route future doivent avoir des rayons plus grands que ceux de la route d'autrefois.

On arrivera à la même conclusion si l'on veut, sans exagérer le bombement ou le surhaussement de la chaussée, atténuer les effets de la force centrifuge de façon à permettre aux automobiles de franchir commodément et à bonne vitesse les courbes en pleine campagne.

Nous estimons qu'il convient d'adopter les rayons le plus grands possible, sans descendre au-dessous de 100 mètres pour les routes importantes.

Toutefois, en pays très accidenté les raisons d'économie peuvent exceptionnellement justifier l'adoption de rayons moindres.

Le chiffre de 50 mètres nous paraît en tout cas un minimum au-dessous duquel il serait dangereux de descendre.

2e *point*. — Tous ceux qui ont voyagé sur route ont été arrêtés aux passages à niveau des chemins de fer et aux ponts mobiles sur les voies navigables.

Ils ont ainsi perdu bien souvent une bonne partie du temps précieux que l'admirable invention de l'automobile leur avait fait gagner. « Time is money », disent les Anglais, et le dicton sera de plus en plus vrai.

Le tracé de la route future devra donc être combiné de manière à éviter les passages à niveau et les ponts mobiles, aussi bien dans l'intérêt de l'exploitation des chemins de fer et des voies navigables qu'au point de vue de l'automobilisme.

3e *point*. — Si la route doit être établie en forêt épaisse ou en tranchée, des précautions s'imposent pour éviter la rencontre de véhicules ou de troupeaux, empruntant les chemins latéraux, avec les automobiles qui suivent la grand'route.

A la jonction des voies de communication ainsi placées, un évasement devra être réalisé dans la forêt ou dans la tranchée pour permettre aux conducteurs des voitures de se voir en temps utile.

L'importance de cet évasement dépendra de la largeur de la route, de la profondeur de la tranchée, de la nature de la forêt et de diverses circonstances locales que nous n'avons pas à envisager ici.

Nous nous bornons à signaler l'utilité d'un dispositif spécial.

4e *point*. — Un accident très grave, que nous autres Belges avons encore présent à la mémoire, car il entraîna la mort d'un de nos meilleurs compatriotes, appelle notre attention.

M. Braconnier, de Liège, suivait en auto dans le Midi de la France, une route ayant l'allure du croquis n° 2 ci-annexé.

Venant de la direction A et arrivé en B, M. Braconnier vit la route libre en C et crut pouvoir se diriger droit sur ce point. Il tomba dans le ravin intermédiaire en R.

Les courbes étant inévitables en pays de montagne. il serait désirable de masquer, par des plantations ou autrement, les parties de routes dont la vue peut tromper le voyageur sur la bonne direction à suivre.

5e *point*. — La boue et la poussière seront plus que jamais des causes de nuisance et de dépense sur les routes, par suite de l'apparition des engins à allure rapide.

A ce point de vue le tracé de la route future n'est pas indifférent.

Mieux et plus vite la route s'asséchera, moins il y aura d'usure et moins de boue ou de poussière.

Il importe donc de placer la route autant que possible en plein vent et au soleil.

Si la chose est possible on tiendra utilement le tracé à quelque distance des terres limoneuses livrées à la culture, des dépôts de charbonnages, d'usines à zinc ou autres produits salissants ou dégageant des émanations nuisibles, en manière telle que les véhicules venant de ces dépôts, usines ou terres doivent, avant d'arriver à la grand'route, parcourir un chemin de longueur suffisante pour se débarrasser des boues, terres et détritus emportés au passage dans les zones salissantes.

6e *point.* — La route de l'avenir doit être belle, agréable, large, salubre, facile pour tous les genres de transport comme pour les piétons; elle doit être située et tracée de façon à atteindre ce but sans trop se préoccuper de la faire passer dans les villages ou les centres d'activité peu importants.

Les agglomérations qui ne se prêteraient pas à l'établissement d'une route large et de belle allure devront même être évitées, autant que possible, sauf à les raccorder à la nouvelle route dans les meilleures conditions.

En résumé, il faudra s'inspirer de vues très larges et très progressistes dans le tracé de la route future, sans négliger les intérêts locaux, mais en accordant la prépondérance aux intérêts généraux, aux transports les plus importants.

CONCLUSIONS

I. — Le tracé de la route future devra être étudié de manière que les rayons de courbure soient aussi grands que possible.

On considérera le rayon de 100 mètres comme un minimum sur les routes importantes en pleine campagne.

A la traversée des agglomérations de même qu'en pays très montagneux, ce minimum pourra exceptionnellement être abaissé à 50 mètres.

II. — Le tracé de la route future devra éviter les passages à niveau des voies ferrées et les ponts tournants.

III. — Il devra être combiné de façon à découvrir largement les chemins d'accès au point de leur raccordement à la route.

IV. — Lorsque les sinuosités du tracé seront de nature à tromper les automobilistes sur la direction à suivre, les causes d'erreur devront être masquées par des plantations ou par des constructions spéciales complétées, en tant que de besoin, par des signaux très visibles.

V. — La route sera autant que possible établie en plein vent, bien exposée au soleil et située en dehors des zones poussiéreuses ou boueuses.

c'est-à-dire dans les meilleures conditions d'assèchement et de propreté.

VI. — Elle sera à grande allure, large, bien profilée, bien plantée, agréable et facile pour tous les usagers, conçue et établie en vue d'un trafic intensif et rapide, mais complétée au besoin par des raccordements aux centres d'activité de peu d'importance, de manière à satisfaire aux exigences du trafic local, tout en accordant la prépondérance aux besoins généraux de la grande circulation routière.

Bruxelles, le 15 Mai 1908.

SCHLUSSSÄTZE

I. Die Richtungslinien der zukünftigen Strasse sollten so entworfen werden, dass die Radien der Kurven so lang als möglich sind.

Der 100 Meter lange Radius ist als ein Minimum bei den bedeutenden Landstrassen auf flachem Feld anzunehmen.

Beim Durchziehen der Ortschaften sowie auch in sehr bergigen Gebieten darf dies Minimum ausnahmsweise auf 50 Meter verringert werden.

II. Die Richtungslinien der künftigen Landstrasse sollten die Eisenbahnübergänge und die Drehbrücken vermeiden.

III. Sie sollten so ausgedacht sein, dass die Zugänge am Vereinigungspunkt mit der Landstrasse gänzlich offen liegen.

IV. Sollten die Krümmungen der Richtungslinien derart sein, die Automobilisten zu Irrfahrten zu veranlassen, so müssten die Irrtumsursachen durch Bepflanzungen oder durch besondere Bauwerke, welche nötigenfalls mittels leicht erkenntlichen Signale ergänzt würden, verborgen werden.

V. Die Landstrasse soll möglichst so angelegt sein, dass sie sich dem freien Wind und der Sonne ausgesetzt, ausserhalb der stäubigen oder schlämmigen Zonen, d. h. unter den besten Entwässerungs- und Reinlichkeitsverhältnissen, befindet.

VI. Sie soll von freiem, weitem Gange, breit, gut profiliert und gut bepflanzt, angenehm und leicht zu benützen sein; in ihrer Zeichnung und Anlage einen starken, raschen Verkehr voraussehen; nötigenfalls noch durch Nebenwege in Verbindung mit unbedeutenden Verkehrszentren ergänzt werden und so den Ansprüchen des Ortsverkehrs genügen, in der Hauptsache aber den allgemeinen Bedürfnissen des grösseren Strassenverkehrs entsprechen.

(Übersetz. Blaevoet.)

Walin.

61 976. — PARIS, IMPRIMERIE LAHURE
9, rue de Fleurus, 9.

quis n° 2

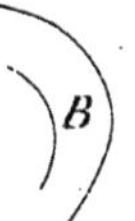

Congrès International de la Route

4e question

LA ROUTE FUTURE

TRACÉ

RAPPORT DE M. WALIN

Croquis n° 1

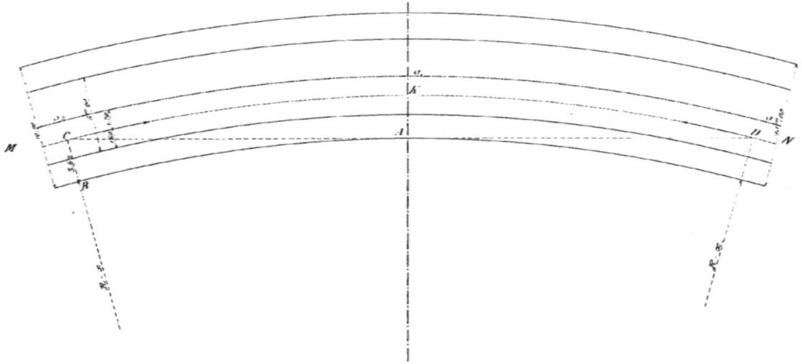

Ier CONGRÈS INTERNATIONAL DE LA ROUTE
PARIS 1908

4e QUESTION

LA ROUTE FUTURE

RAPPORT

PAR

M. CORNU
Ingénieur principal des Ponts et Chaussées, à Arlon.
Au nom de la Société belge des Ingénieurs et des Industriels.

PARIS
IMPRIMERIE GÉNÉRALE LAHURE
9, RUE DE FLEURUS, 9

1908

LA ROUTE FUTURE

RAPPORT

PAR

M. CORNU

Ingénieur principal des Ponts et Chaussées, à Arlon.

Au nom de la Société belge des Ingénieurs et des Industriels.

I. — PROFIL EN TRAVERS EN RASE CAMPAGNE

La Commission spéciale instituée au sein de la Société pour l'étude de l'amélioration des routes belges a émis les vœux suivants :

a) Pour l'établissement d'une route ne devant pas servir d'assiette à un chemin de fer vicinal, il y a lieu d'adopter une largeur en couronne *d'au moins* 11 mètres, dont 6 mètres pour la chaussée et 2 m. 50 pour chacun des accotements.

b) Pour l'établissement d'une route devant servir d'assiette à un chemin de fer vicinal, il convient d'adopter une largeur en couronne *d'au moins* 16 mètres, dont 6 mètres pour la chaussée et 5 mètres pour chacun des accotements.

c) Le bombement des chaussées devrait être *au maximum* de 1/50e pour les routes empierrées et de 1/70e pour les routes pavées lorsque ces routes ont une pente longitudinale égale ou supérieure à 2 pour 100. Il y a lieu de donner aux accotements une pente transversale de 4 pour 100.

Les indications numériques ci-dessus sont déterminées par les considérations suivantes :

En ce qui concerne la chaussée, on a admis, jusqu'il y a quelques années, que la largeur de 5 mètres était un *minimum* convenant encore pour le croisement, soit de deux voitures à traction de chevaux roulant à allure assez rapide, soit de deux chariots à longueur d'essieux de 2 m. 50 ou à ample chargement en largeur, soit enfin de l'un et l'autre de ces véhicules, aucun d'eux dans chacun de ces cas ne devant quitter la chaussée pour emprunter en partie l'un des accotements. A la rigueur on peut admettre que cette largeur de 5 mètres permet aussi le croisement de deux automobiles, mais, comme ces derniers véhicules roulent à très grande vitesse, il est considéré comme désirable, dans l'intérêt de la facilité et de la sécurité de leur croisement comme aussi de la circulation routière en général, de porter de 5 à 6 mètres le *minimum* de largeur de chaussée.

En ce qui concerne la largeur de 2 m. 50 pour chacun des accotements, lorsque la route ne doit pas servir d'assiette à un chemin de fer vicinal, il est à remarquer que cette largeur permet :

1° D'établir sur chacun d'eux une plantation d'alignement, à 75 centimètres de l'arête de la plate-forme de la route, ce qui laissera encore une largeur libre de 1 m. 25 si les arbres prennent un développement de 1 mètre de diamètre au niveau du sol ;

2° D'effectuer sur chacun des accotements des dépôts temporaires de terres provenant du curage des fossés, de boues, poussières et détritus provenant du nettoyage de la chaussée, et enfin de matériaux pour menues réparations à cette dernière ;

3° D'effectuer sur *un seul* des accotements les approvisionnements de matériaux pour travaux de réparations importantes de la chaussée (rechargement général de la chaussée empierrée ou relevé général du pavage), et, pendant l'exécution de ces travaux, d'assurer par l'autre accotement, *laissé libre* de tous dépôts, le maintien de la circulation publique dans des conditions satisfaisantes.

Dans le cas où la route doit servir d'assiette à un chemin de fer vicinal, l'un des accotements, de 5 mètres de largeur, serait entièrement soustrait à la circulation routière; il recevrait la voie ferrée, qui serait établie du côté de la chaussée et occuperait une largeur d'environ 3 m. 25, et il resterait du côté extérieur une largeur libre de 1 m. 75 qui permettrait l'établissement d'une plantation d'alignement à 75 centimètres comme ci-dessus de l'arête de la plate-forme de la route, en même temps qu'en dehors du gabarit du matériel roulant de la voie ferrée. L'autre accotement, aussi de 5 mètres de largeur, serait également doté d'une plantation en alignement et servirait normalement à la circulation des piétons et au garage des bestiaux; temporairement, il servirait simultanément à l'approvisionnement des matériaux pour travaux de réfection générale de la chaussée et au maintien, dans des conditions acceptables, de la circulation publique lors de l'exécution de ces travaux.

La convenance d'un fort bombement de la chaussée au seul point de vue de l'écoulement des eaux, les grands inconvénients qui en résultent aux points de vue de la facilité du roulage et de la conservation en bon état d'entretien de la chaussée sont trop connus pour qu'il faille s'y arrêter ; mais il est utile de considérer ici qu'en raison des nouveaux modes de locomotion à allure très rapide il importe beaucoup que le conducteur d'un véhicule, particulièrement celui d'un véhicule à traction animale, circule sur une chaussée fort peu bombée, afin que, trouvant peu d'inconvénients à emprunter les flancs de la chaussée, il n'ait pas de raison plausible d'attendre les derniers moments pour en quitter la partie centrale lorsqu'il s'aperçoit qu'il doit laisser passage à un autre véhicule; la sécurité du croisement des véhicules a évidemment beaucoup à gagner à ce que les conducteurs soient plus empressés à se faire mutuellement passage libre. Dans cet ordre d'idées, quand, sur une section de route, une déclivité longitudinale de 2 pour 100 et plus contribue à assurer l'écoulement des eaux de la chaussée, il n'y a pas lieu de donner à celle-ci un bombement supérieur à 1/50e ou à 1/70e suivant qu'il s'agit d'un empierrement ou d'un pavage. Pour les parties de routes dont la déclivité longitudinale n'atteint pas 2 pour 100, on ne devra jamais dépasser le taux de bombement suffisant pour le bon écoulement transversal des eaux, et l'on pourra réduire ce taux d'autant plus que le revêtement de la chaussée sera plus compact et plus uni.

Le taux de 4 pour 100 indiqué pour la pente transversale des accotements est en quelque sorte classique; il est recommandé par plusieurs ouvrages faisant autorité et il est très souvent admis dans les projets de routes. Il n'a rien d'exagéré au point de vue de la commodité de la circulation des piétons et des cyclistes, et généralement il suffit pour assurer encore l'écoulement transversal des eaux dans les parties de routes qui ont une pente longitudinale de 5 à 6 pour 100.

II. — PROFIL TRANSVERSAL DE L'AVENUE

Aux abords des grandes villes, il est recommandé de donner une très grande largeur à la voie publique.

Une largeur d'environ 60 mètres paraît convenable, ainsi qu'il résulte de l'expérience acquise sur une section de l'avenue de Bruxelles à Tervueven.

Le profil en travers ci-annexé de cette section peut être adopté moyennant les modifications suivantes :

1° La chaussée macadamisée sera placée à côté du tramway, et la chaussée pavée près de la piste des cavaliers;

2° Du côté de la chaussée macadamisée, il sera créé, pour éviter des accidents, une zone de refuge pour les personnes descendant des voitures de tramways ou attendant d'y monter;

3° La piste des cavaliers sera portée à 5 m. 50 de largeur et la piste cycliste sera, au besoin, réduite en conséquence.

Quant au tapis vert, il sera conservé au centre pour les piétons.

Afin de ne pas effrayer les chevaux des cavaliers, il est tout indiqué d'éloigner la chaussée macadamisée, où a lieu la circulation des automobiles, de la piste des cavaliers, et d'établir auprès de cette dernière la chaussée pavée, celle-ci ne devant guère servir qu'aux transports pondéreux, lesquels se font à allure assez lente par véhicules à traction animale et par camions automobiles.

La chaussée macadamisée étant ainsi établie près de la voie des tramways, il est nécessaire de ménager entre ces deux voies, à l'usage des piétons, une zone de refuge en trottoir de largeur suffisante.

Quant à la piste des cavaliers, il est reconnu qu'il convient de lui donner une largeur de 5 m. 50 au lieu de 4 m. 50. Ce supplément de largeur serait, au besoin, récupéré sur la largeur de la piste cycliste, ou mieux, pour conserver l'équidistance transversale dans les deux doubles rangées de la plantation, il serait récupéré par parties égales sur la largeur de la piste cycliste et sur celle de l'allée des piétons sise du côté du tramway.

Le profil en travers-type ci-annexé figure ces modifications et donne le dispositif répondant aux vœux de la Commission.

III. — PISTES SPÉCIALES

La Commission émet les avis et vœux suivants :

a) En ce qui concerne les pistes cyclables :

1° Elles ne sont pas indispensables sur les routes empierrées ;

2° Sur les routes pavées, leur largeur libre devrait être fixée à 1 m. 50 au minimum et elles devraient être établies en surhaussement avec bordure de protection ;

3° La piste cyclable peut être faite, suivant les circonstances, de quatre façons différentes, savoir :

En cendrées,
En gravier,
En dalles spéciales,
En briques sur champ.

Il est de constatation générale bien établie que, sur les routes à chaussée empierrée, les cyclistes empruntent volontiers la chaussée, que la plupart d'entre eux considèrent comme la meilleure piste cyclable ; et, tandis que les requêtes ayant pour objet de solliciter des pouvoirs publics l'établissement de pistes cyclables sont nombreuses pour les routes à chaussée pavée, elles sont au contraire très rares pour les routes à chaussée empierrée.

La nécessité de pistes cyclables sur les routes à chaussée pavée est au contraire indéniable.

La largeur libre minima de 1 m. 50 à donner, selon le vœu rapporté ci-dessus, aux pistes cyclables, est indispensable pour assurer le croisement sans danger des cyclistes roulant à grande vitesse et des piétons ; il est reconnu que les largeurs de 1 mètre et même de 1 m. 25 sont insuffisantes.

Au point de vue de la sécurité de la circulation comme aussi à celui du maintien en bon état de la surface de la piste, il convient d'établir celle-ci en trottoir avec bordure en saillie; on en fait ainsi une voie spéciale indépendante, inaccessible aux véhicules de toute espèce.

L'expérience a montré qu'on obtient de bonnes pistes cyclables en cendrées, en gravier, en dalles spéciales et en briques sur champ. On fera choix de l'une ou l'autre espèce de ces matériaux, soit d'après les productions régionales naturelles ou artificielles, si l'on a surtout en vue l'économie dans le coût de premier établissement de ces pistes et la facilité de leur entretien, soit d'après l'intensité de la circulation sur les pistes si l'on a surtout en vue la question de leur entretien; si la circulation est forte, il importe beaucoup, en effet, que les travaux d'entretien et de réfection soient le moins fréquents possible, et, pour atteindre ce résultat, on ne devra pas reculer devant les frais de premier établissement de pistes à revêtements spéciaux.

b) L'établissement d'un chemin de fer vicinal sur l'accotement d'une route devrait être fait en surhaussement, avec bordure en saillie.

Comme pour la piste cyclable, cette disposition rend en effet la voie ferrée indépendante du restant de la route et contribue à assurer la sécurité de la circulation.

N. B. — Dans ces deux cas d'emploi de bordures en saillie tant pour l'établissement de pistes cyclables que pour celui de chemins de fer vicinaux, toutes les précautions doivent être prises pour assurer l'écoulement des eaux. Les moyens à employer à cette fin sont multiples et le choix sera surtout commandé par les circonstances locales.

Quand, notamment, pour les pistes cyclables, on craindra que les tuyaux à placer transversalement sous ces pistes puissent être obstrués par des feuilles, de la paille et d'autres détritus, on pourra recourir à des cassis pavés assez larges, à faible courbure; dans ces conditions et si le pavage est bien soigné, la traversée des cassis n'est pas désagréable pour les cyclistes ni pour les piétons. Il est d'ailleurs à remarquer que l'abaissement de la piste cyclable réalisé par chaque cassis pavé procure au cycliste le moyen de passer du trottoir à la chaussée et *vice versa*.

c) Éventuellement et dans certains cas, il pourra être fait usage de « bandes de roulage » en béton de ciment ou en pierrailles goudronnées à placer dans d'anciens pavages.

Ces bandes de roulage procureraient aux voitures suspendues, aux autos et aux vélos, les avantages des chaussées en asphalte et en macadam. Il conviendrait de ne pas les établir en ciment dans les rues à forte circulation, où il ne serait pas possible d'en interdire l'accès aux transports pondéreux, car les revêtements en ciment ne peuvent résister qu'à une circulation moyenne. Semblable revêtement ayant d'ailleurs une tendance à se fissurer, il est vraisemblable que l'on remédierait à cet inconvénient par l'introduction à la base du revêtement d'une armature en toile métallique.

IV. — TRACÉ EN PLAN ET PROFIL EN LONG

La Commission est d'avis :

A) Que le tracé en plan d'une route ne présente pas de courbes d'un rayon inférieur à 50 m. ;

B) Que les courbes de raccordement du profil en long n'aient pas moins de 1000 m. de rayon.

A) **Tracé en plan.** — Jadis on ne craignait pas, dans le tracé en plan d'une route, de descendre jusqu'à 30 m. pour le rayon minimum des courbes; l'ancien roulage pouvait s'accommoder de semblables tracés et ce n'étaient que les courbes d'un rayon inférieur à 30 m. qu'on pouvait raisonnablement qualifier de « coudes brusques » et parfois de « tournants dangereux ».

Il n'en est plus de même aujourd'hui; avec la locomotion automobile, une courbe d'un rayon inférieur à 50 m. est un coude brusque, et elle est tournant dangereux si la route présente en cet endroit un haut talus de remblai formant précipice, ou si elle est bordée soit de constructions, soit d'un haut talus de déblai, soit d'une plantation serrée qui empêchent de voir à une assez grande distance.

Aussi la Commission est-elle d'avis qu'il ne faudra jamais admettre pour le tracé de la route future, quoi qu'il en soit, de rayons de courbes inférieurs à 50 m. Ce minimum ne devra d'ailleurs être réalisé que quand de très grandes difficultés techniques se présenteront et à seule fin de ne pas occasionner de trop grandes dépenses.

B) **Profil en long.** — Dans les routes existantes bien établies, il a été réalisé des courbes de raccordement des éléments rectilignes de leur profil en long. Les avantages de ces raccordements pour l'ancien roulage sont bien connus et l'aspect même d'une route est d'autant plus satisfaisant que ces raccordements sont plus amples; mais ces avantages sont plus précieux encore pour le roulage à grande vitesse.

Au *sommet* de deux déclivités de sens contraire, le raccordement a d'abord pour effet d'augmenter le champ de vue, d'où résulte un accroissement de sécurité pour la circulation.

D'autre part, quand on gravit à vive allure en automobile une rampe suivie d'une pente, s'il n'y a pas ou s'il n'y a que peu de raccordement entre ces deux déclivités, on éprouve en arrivant au sommet la sensation d'être projeté dans le vide vers le haut, et cette sensation, très courte, est immédiatement suivie de celle, également très courte, d'une chute dans le vide. L'effet de ces deux brusques sensations est assez désagréable.

Quand, au contraire, on descend une pente à vive allure, on éprouve, au passage de la pente à la rampe qui suit, lorsqu'il n'y a pas de raccordement suffisant entre elles, une sensation de choc qui est également assez désagréable ; et de fait le choc se produit, la rampe constituant au bas de la pente, lorsque ces deux déclivités ne sont pas raccordées, un véritable obstacle franchissable. Ce choc, outre qu'il est désagréable aux voyageurs, est préjudiciable aux véhicules ; semblable choc se produit du reste, mais avec bien plus d'intensité, à la traversée des cassis pavés et enrochés.

Des calculs qu'il n'est pas jugé utile de reproduire ici établissent qu'avec un raccordement en arc de cercle de 1000 m. de rayon on obtient les résultats figurés et renseignés aux schéma et tableau ci-après :

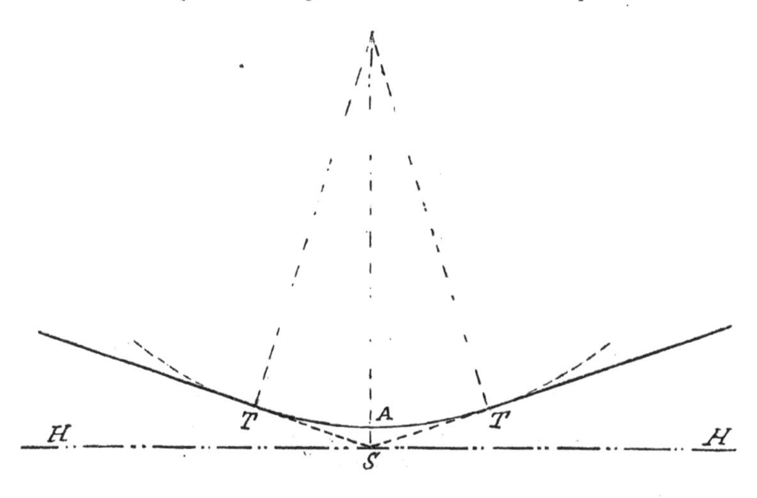

INDICATION DES DÉCLIVITÉS à raccorder.	LONGUEURS DES RACCORDEMENTS suivant les tangentes.	HAUTEURS DE RELÈVEMENT OU D'ABAISSEMENT DU PROFIL au sommet des raccordements.
1 0/0 en sens contraires.	ST = 10 m.	AS = 0 m. 05
5 0/0 — —	ST = 50 m.	AS = 1 m. 25

Ces deux seuls cas suffisent à montrer qu'en adoptant un minimum de rayon de 1000 m. on est toujours conduit à des conditions très pratiques pour l'établissement des raccordements verticaux.

IV *bis*. — TRACÉ GÉNÉRAL DE LA ROUTE FUTURE

Le vœu suivant est émis : « De voir étudier dans certains cas particuliers le dédoublement des routes à trafic très intense, pour éviter la traversée des agglomérations et assurer ainsi la sécurité de la circulation ».

V. — REVÊTEMENTS

A) **Fondations.** — La Commission émet le vœu d'utiliser le plus possible, en terrain compressible, les fondations en béton armé, avec la réserve qu'il ne faut pas généraliser, mais laisser la plus grande latitude aux ingénieurs chargés des projets.

Il importe beaucoup, en effet, que la surface des routes soit indéformable. Lorsqu'une section de route doit être établie sur un sol compressible, un fort remblai ou un terrain d'alluvion, par exemple, il est essentiel, surtout pour une route à trafic intense, de construire une bonne fondation, susceptible de reporter sur la plus grande étendue possible du sol les pressions exercées par le roulage, et de conserver sa résistance parfaite s'il y a dans ce sol des points faibles qui peuvent céder. Étant données les propriétés bien connues du béton armé, il est permis d'espérer que l'on arrivera économiquement à ces résultats par l'emploi de ce mode de construction dans l'établissement des fondations des chaussées tant pavées qu'empierrées.

Toutefois, comme, dans bien des cas de rencontre de mauvais sol, on pourra trouver des solutions satisfaisantes plus économiques, la Commission estime qu'il faut laisser la plus grande latitude possible aux ingénieurs chargés de l'étude des travaux.

Ajoutons que, dans les agglomérations, si l'on recourt à des dispositions spéciales et l'on adopte des dimensions suffisantes, l'emploi du béton armé permettra l'établissement et l'entretien de canalisations souterraines, sans nécessiter l'ouverture de tranchées dans la voie publique au grand préjudice de la commodité de la circulation et de la conservation en bon état de la fondation et de la surface de la chaussée.

B) **Rechargement.** — Indépendamment de la qualité des matériaux d'empierrement mis en œuvre dans un rechargement général, il est essentiel, pour obtenir une bonne chaussée, d'assurer, par une compression énergique, le parfait enchevêtrement des pierrailles, avec réduction au minimum des vides que le répandage a laissés entre elles. On n'arrive bien à ce résultat qu'avec des rechargements de faible épaisseur, d'une pierre vers les rives de la chaussée et de trois pierres dans la zone centrale; avec des pierres de l'échantillon 4/6, semblable rechargement donne, après cylindrage complet, une épaisseur moyenne de 0 m. 07 très approximativement.

Pour assurer le bon enchevêtrement et le serrage des pierrailles de rechargements de plus forte épaisseur, il faut recourir à des rouleaux parfois trop lourds pour la solidité de l'encaissement de la chaussée ou la résistance des matériaux des rechargements, ou bien il faut prolonger trop longtemps la durée de l'opération du cylindrage, et, au surplus, on court toujours le risque de ne pas arriver à une compression uniforme sur toute la surface de la chaussée, d'où résultera une inégalité de résistance et par suite une inégalité d'usure de la surface de la chaussée; cette inégalité d'usure nécessite au bout d'un certain temps le recours aux emplois partiels, si condamnables aujourd'hui.

Du reste, comme il importe beaucoup pour le roulage moderne que la surface de la chaussée soit toujours le plus unie possible, il vaut mieux, à ce point de vue, renouveler plus souvent le rechargement général que de lui donner une forte épaisseur.

Dans le cas de construction d'une route nouvelle ou d'une chaussée entièrement nouvelle sur ancienne plate-forme, il convient d'augmenter l'épaisseur du rechargement pour tenir compte du cube des pierrailles qui, sous l'influence du cylindrage, pénètrent dans l'enrochement de fondation : on peut compter qu'une épaisseur de pierraille passe ainsi du rechargement dans l'enrochement.

Arlon, le 17 juin 1908.

62 262. — PARIS, IMPRIMERIE LAHURE
9, rue de Fleurus, 9

de l'

partie

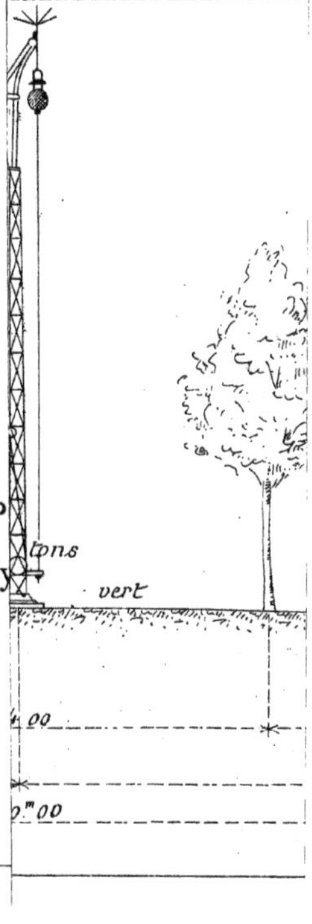

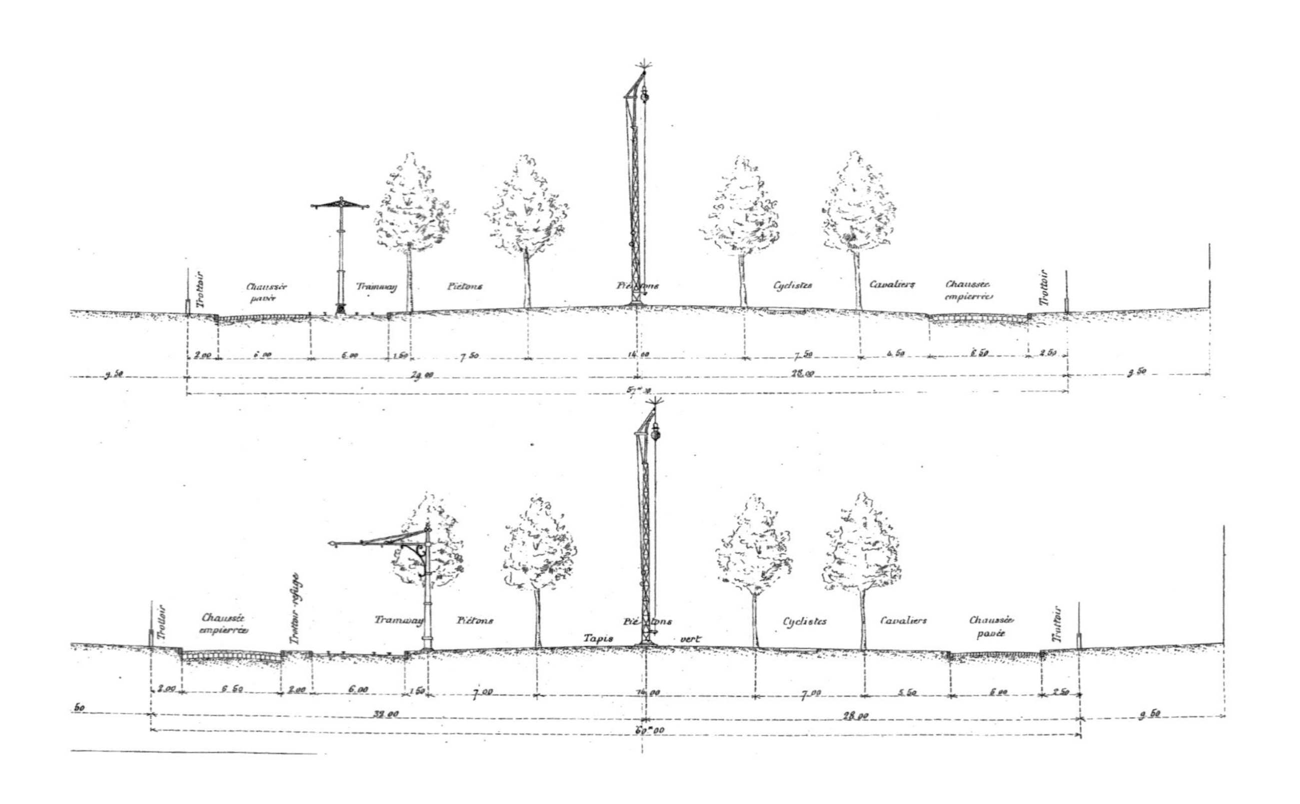
Trottoir
Chaussée pavée
Tramway
Piétons
Piétons
Cyclistes
Cavaliers
Chaussée empierrée
Trottoir
2.00
6.00
6.00
1.50
7.50
14.00
7.50
4.50
8.50
2.50
9.50
24.00
28.00
9.50
57m.50
Trottoir
Chaussée empierrée
Trottoir-refuge
Tramway
Piétons
Piétons
Tapis vert
Cyclistes
Cavaliers
Chaussée pavée
Trottoir
2.00
6.50
2.00
6.00
1.50
7.00
14.00
7.00
5.50
8.00
2.50
32.00
28.00
9.50
60m.00

Ier CONGRÈS INTERNATIONAL DE LA ROUTE
PARIS 1908

4e QUESTION

QUELQUES IDÉES AU SUJET DE LA CONSTRUCTION DES ROUTES MODERNES SUGGÉRÉES PAR L'ÉTUDE DES TENDANCES DE LA CIRCULATION SUR LES CHAUSSÉES

RAPPORT

PAR
M. J.-V. BYXBEE
Ingénieur civil, Pato-Alto (Californie)

PARIS
IMPRIMERIE GÉNÉRALE LAHURE
9, RUE DE FLEURUS, 9
1908

QUELQUES IDÉES

AU SUJET DE

LA CONSTRUCTION DES ROUTES MODERNES

SUGGÉRÉES PAR L'ÉTUDE DES TENDANCES DE LA CIRCULATION SUR LES CHAUSSÉES

RAPPORT

PAR

M. J.-V. BYXBEE

Ingénieur civil, Pato-Alto (Californie).

Ce mémoire traitera de la façon de construire les routes en vue de les adapter aux nouveaux modes de locomotion, telle qu'elle se dégage d'une étude des tendances générales qui se révèlent dans la circulation sur les chaussées actuelles. On part de ce principe que les matériaux et les méthodes employés dans toute entreprise devraient être assez exactement adaptés et adéquats au service qu'on exige d'eux, pour réaliser le plus haut degré d'efficacité et d'économie.

Mes observations sur l'état des routes ne s'étendent pas au delà de la côte du Pacifique et ont porté principalement sur la région avoisinant San Francisco (Californie). Cette côte produit bien des matériaux différents, tels que diverses espèces de roche, des huiles, du goudron, des asphaltes et des substances bitumineuses, toutes convenant plus ou moins en matière de routes. Un vif désir se manifeste naturellement de développer et exploiter ces ressources dans un but commercial, en leur trouvant une utilité pour les routes. C'est pourquoi nous avons probablement ici plus de routes construites de façon particulière qu'on n'en trouve ordinairement dans d'autres régions.

Nos expériences ont eu pour principal objet les huiles lourdes à base d'asphalte. On mélange souvent l'huile de diverses façons avec le terrain naturel de la chaussée et on obtient un revêtement qui, dans quelques cas, peut être considéré comme un succès complet, et dans d'autres comme un piteux échec, le tout dépendant énormément de la nature du terrain expérimenté et des méthodes employées. Telles de ces routes qu'on considère comme bonnes durent généralement peu, manquent de solidité et offrent par suite une grande résistance à la traction. On peut dire d'elles que leur principal mérite consiste en ce qu'elles n'ont pas de poussière. D'autre part, on utilise souvent les huiles et goudrons pour d'anciens empierrements. Dans la plupart des cas, les applications aboutissent à des échecs et le profit qu'on en retire, dans le meilleur cas, n'est que temporaire, de sorte qu'il n'y a pas de diminution réelle des frais d'entretien. Je crois que l'habitude de construire des routes à bon marché et de les entretenir par des enduits éphémères appliqués sur leur revêtement devra bientôt disparaître, en ce qui concerne nos routes principales. L'avènement de l'automobile et les exigences de la circulation moderne nécessitent un revêtement qui soit très solide et très durable, et qui, en même temps, ne coûte pas trop cher à établir. Des matériaux qui sont bien connus pour posséder ces qualités de solidité et de durée, tels que : l'asphalte, la brique, le ciment, etc., présentent l'inconvénient d'être trop coûteux pour qu'on puisse les employer pour tous les revêtements de routes ordinaires; cependant on ne pourra résoudre le problème de la construction des routes avec plein succès que si l'on emploie ces matériaux d'une façon plus économique qu'on ne le fait actuellement.

D'une étude faite sur les routes ordinairement très fréquentées de cette région, il résulte évidemment que les véhicules ont une tendance accentuée à emprunter les uns après les autres le milieu de la route, où ils trouvent la moindre résistance, et de ne quitter ce milieu que quand ils y sont obligés pour faire des virages. Cela suppose que le milieu de la chaussée est uni et en bon état; autrement on circulerait sur la bande la plus unie, n'importe où elle se trouverait. Il n'est pas rare pour quelques-unes de nos chaussées de porter 91 tonnes par heure pendant la partie la plus active de la journée sur leur bande centrale ou leur zone de circulation intense, alors que, sur chacun des côtés de cette zone, la charge de la route par heure n'atteint pas plus de 4 à 5 tonnes.

Le diagramme n° 1 montre graphiquement les intensités variables de la circulation sur le profil transversal d'une chaussée. C'est le résultat général d'une étude des données du tonnage poursuivie dans cette localité, et on en peut conclure que la chaussée ordinaire est absolument fatiguée sur une partie de son profil, alors que les autres servent relativement peu et ne doivent par suite subir qu'une usure très faible. Il semblerait ainsi que cette partie de la route qui supporte la plus forte circulation dût être construite en matériaux connus comme étant susceptibles de résister à un trafic intense et concentré, alors que l'on pourrait, pour les autres parties, se contenter de matériaux de moins bonne qualité.

C'est là une situation semblable à celle qu'on rencontre en général dans les villes et qu'on résout en n'employant, dans les quartiers de trafic considérable, que les pavages les plus durs et les plus résistants, alors que, dans les faubourgs, on trouve avantage à se servir pour les routes de matériaux moins résistants et meilleur marché.

En suivant ce raisonnement, je conseillerai la construction d'une chaussée telle que la montre clairement la figure 2. Elle se compose d'une partie médiane large de 10 pieds (3 m. 05) en fort béton, et sur chaque côté d'un macadam de 6 pieds (1 m. 83) de largeur, ce qui fait une largeur totale de chaussée de 22 pieds (6 m. 70). C'est un minimum qui est indiqué là pour les dimensions. Le béton devrait avoir au moins 0 m. 15 d'épaisseur; par-dessus, on étend à la truelle une forte couche de mortier et on finit le travail en aplanissant avec la règle de bois. Un revêtement de ce genre, bien fait, peut supporter les pires outrages, comme on a pu le constater bien des fois dans les rues congestionnées de nombre de villes des États-Unis. Le nivellement pourrait être opéré avec une précision telle qu'une automobile allant sur la route à toute vitesse la parcourrait en glissant aussi doucement qu'un wagon sur les rails d'acier.

Sa faible résistance à la traction (environ 9 kg par tonne) est aussi un facteur très important quand on veut déterminer l'énergie utile. Si l'on avait des données sur la somme du travail dépensé dans la circulation sur les routes, on obtiendrait sans aucun doute des chiffres d'un saisissant intérêt. Pour les routes importantes, il ne faut pas renoncer trop précipitamment à les construire de façon à leur donner une résistance voisine de 181 à 226 kg par tonne.

Le prix de revient d'une route, exécutée comme il est dit ci-dessus, serait, dans nos régions, de 2,75 à 3 dollars par pied (45 à 49 fr. par mètre), avec du ciment à 2,25 dollars, le baril (11 fr. 40 à 13 fr. le m³) et des pierres, du sable et du gravier à 1,75 ou 2 dollars, le yard cube. Ces chiffres supposent qu'on ne rencontrera pas dans la construction de difficultés particulièrement sérieuses. Ils sont un petit peu élevés en comparaison du prix de revient d'un macadamisage sur toute la largeur de la route (6 m. 70); mais, dans bien des cas, on économiserait un tiers environ de ce prix, par ce fait que la bande de revêtement très résistant à l'usure, ne fait que remplacer la partie médiane d'une ancienne chaussée empierrée, qui était en train de s'user rapidement sous le coup d'une circulation excessive.

En dehors du faible prix de revient de la construction, on peut alléguer les avantages suivants :

1° *Entretien peu coûteux.* — Avec un rhabillage accidentel du macadam, afin de le maintenir à niveau, le revêtement durerait bien des années n'entraînant qu'une dépense minime pour les réparations à y faire.

2° *État de choses satisfaisant au point de vue sanitaire.* — Pas de poussière sur la route, qu'un petit arrosage tiendrait propre. En hiver, la route serait parfaitement praticable et il n'y aurait pas de boue.

3° *Conformité au but.* — Les automobiles et les poids lourds emprunteraient la partie qui leur est réservée pendant que, selon toute probabilité, les véhicules plus légers, avec des chevaux qui vont au trot, suivraient le macadam. On supprimerait ainsi l'inconvénient de rencontrer de longues sections de route hors d'état ou fraîchement rechargées par quelque procédé éphémère, comme celui qui consiste actuellement à les réparer tous les ans ou tous les deux ans, quand il s'agit de chaussées très fréquentées.

4° *Économie dans l'entretien des véhicules.* — On diminuerait énormément les frais d'entretien des véhicules qui utiliseraient des routes aménagées en vue de réduire la résistance à la traction, le cahotement et la trépidation. C'est un point auquel on ne consacre pas toute l'attention qu'il mérite, bien qu'il soit d'une extrême importance.

CONCLUSION

Comme conclusion on peut dire que, pour solutionner le problème de la construction des routes, surtout des routes à circulation intense, il y a lieu d'établir une bande de matériaux bien connus pour leur dureté et leur solidité, qui serait de nature à attirer à elle la circulation des poids lourds, qui est la plus inquiétante. Quant au reste de la chaussée, qui en forme la plus grande partie, on pourrait la construire avec des matériaux moins solides et bon marché, qui seraient appropriés à cet usage, puisque cette partie là ne doit servir qu'au passage des véhicules légers. La disposition d'une chaussée qui donnerait, à mon avis, les meilleurs résultats, comporterait une bande centrale bétonnée et des côtés macadamisés, de la largeur sus-mentionnée ou de toute autre largeur que pourraient exiger les circonstances, quoiqu'on puisse employer avec succès le dallage d'asphalte ou de briques là où ces matériaux apparaîtraient comme plus avantageux.

Pato-Alto, Mai 1908.

(Trad. Blaevoet.)

62342. — Imprimerie Lahure, rue de Fleurus, 9, à Paris.

SCHLUSS

Zum Schluss darf man sagen, dass die Herstellungsfrage, hauptsächlich bei den verkehrsreichsten Strassen nur mittels Baues eines Streifens aus wohlbekannten, dauerhaften Hartmaterialien erledigt werden kann, welcher den Lastenverkehr, den bedenklichsten, an sich zu ziehen imstande wäre. Der übrigbleibende, grössere Teil der Fahrbahn könnte aus solchen halbfesten, billigen Materialien hergestellt werden, welche sich als zweckmässig erwiesen, da jener Teil nur dem Befahren der leichteren Vehikel dienen würde. Meiner Meinung nach würden die befriedigendsten Erfolge erzielt mit der Betonierung der Mitte der Fahrbahn und der Makadamisierung der Seiten in der obenerwähnten Breite oder in irgend einer anderen, je die Umstände es erheischen, obgleich ein Asphalt- oder Klinkerbelag mit Erfolg da zur Verwendung gelangen kann, wo diese Materialien sich als günstiger herausstellen würden.

(Übersetz. BLAEVOET.)

Byxbee

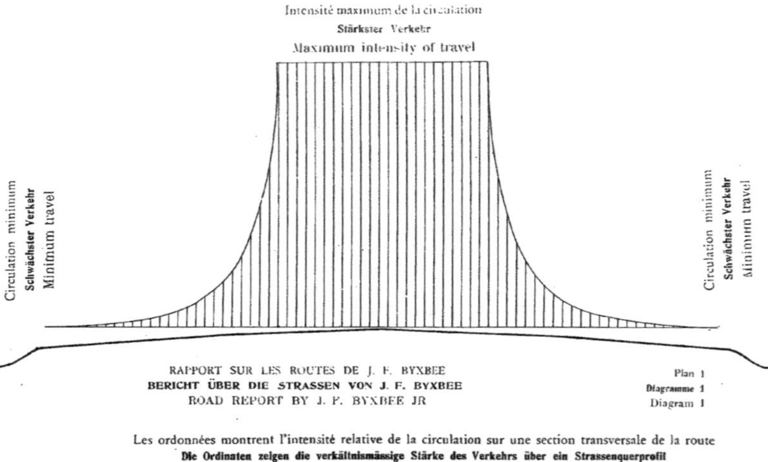

RAPPORT SUR LES ROUTES DE J. F. BYXBEE
BERICHT ÜBER DIE STRASSEN VON J. F. BYXBEE
ROAD REPORT BY J. F. BYXBEE JR

Plan 1
Diagramme 1
Diagram 1

Les ordonnées montrent l'intensité relative de la circulation sur une section transversale de la route
Die Ordinaten zeigen die verkältnismässige Stärke des Verkehrs über ein Strassenquerprofil
Ordinates show relative intensity of travel over cross section of Road

1.83 — 3.04 — 1.83

Macadam
Makadam
Macadam

Couche supérieure de mortier (2 % 5)
2 % 5 hoher Mörtelbelag
1h inch mortar top

Couche inférieure de béton (15 %)
15 % hohe Betonunterlage
6h inch concrete base

Macadam
Makadam
Macadam

RAPPORT SUR LES ROUTES DE J. F. BYXBEE
BERICHT ÜBER DIE STRASSEN VON J. F. BYXBEE
ROAD REPORT BY J. F. BYXBEE JR

Plan 2
Diagramme 2
Diagram 2

Montrant le profil transversal que M. Byxbee propose de dresser pour supporter la circulation des véhicules modernes
Vorgeschlagene Anfertigung des Querprofils einer an den modernen Verkehr angepassten Strasse
Showing proposed construction of highway cross section to carry modern vehicle travel

Ier CONGRÈS INTERNATIONAL DE LA ROUTE
PARIS 1908

4e QUESTION

LA ROUTE FUTURE

SON TRACÉ, SON PROFIL LONGITUDINAL ET TRANSVERSAL SON REVÊTEMENT, VIRAGES, OBSTACLES DIVERS ET PISTES SPÉCIALES

RAPPORT

PAR

M. H.-A. Van ALSTYNE
Membre de la Société des Ingénieurs civils.
Schenectady.

PARIS
IMPRIMERIE GÉNÉRALE LAHURE
9, RUE DE FLEURUS, 9
1908

LA ROUTE FUTURE

SON TRACÉ, SON PROFIL LONGITUDINAL ET TRANSVERSAL
SON REVÊTEMENT
VIRAGES, OBSTACLES DIVERS ET PISTES SPÉCIALES

RAPPORT

PAR

M. H.-A. Van ALSTYNE

Membre de la Société des Ingénieurs civils.
Schenectady.

Dans l'étude du tracé de la route future, en un pays qui existe depuis bien des années, tel que l'État de New-York, il y a lieu en général de se conformer au tracé de l'ancienne chaussée, sauf s'il est possible d'améliorer sensiblement la direction ou la déclivité ou d'éviter les passages à niveau, ou de diminuer les frais annuels d'entretien en choisissant un nouvel emplacement.

La plupart des anciennes chaussées de l'État de New-York ont été tracées par des hommes qui n'avaient pas l'expérience et l'habileté nécessaires pour choisir la bande de terre destinée à la route future, de façon qu'elle réalise la plus courte distance entre deux points, qu'elle soit le plus possible horizontale et qu'elle présente très peu de courbes. Par conséquent, en faisant le tracé de la route future, il conviendrait de modifier profondément la direction et le profil en long de l'ancienne, avant de s'exposer aux frais qu'entraîneraient un asséchement convenable et un bon revêtement, avec un sous-sol défectueux.

Dans le tracé de la route future, la rampe maximum ne devrait pas dépasser 6 mètres pour cent, et la courbe maximum avoir un rayon inférieur à 30 mètres; ce rayon devrait être augmenté partout où cela serait possible et, comme la route future ne sera peut-être fréquentée que par des automobiles, il faudrait supprimer autant que possible tous les virages raides et dangereux. Aux endroits où l'on ne pourrait pas éviter les courbes brusques, il conviendrait d'enlever les arbres, buissons ou tous autres obstacles masquant la vue d'un côté de la courbe ou de l'autre. Cette exigence d'une rampe maximum de 6 mètres pour cent ne s'applique pas aux puissantes automobiles servant au transport des voyageurs ; mais elle a sa raison d'être, car la route future servira à de lourds camions automobiles et c'est pour ce genre de circulation qu'il est à désirer que les déclivités soient faibles.

Le profil transversal de la route future devra quelque peu varier suivant l'intensité et la nature de la circulation et suivant le revêtement. Si la circulation est très lourde aux abords d'une grande ville, il faudra augmenter la largeur ; le revêtement consistera en briques ou en asphalte ; l'inclinaison vers le ruisseau ne devra pas dépasser un demi-pouce par pied. Si la route traverse un district rural où la circulation est faible, la largeur peut être diminuée et la pente des côtés en terre de la chaussée vers les fossés peut être d'un pouce ou plus par pied. En général, le profil transversal vers le fossé ne doit jamais être assez raide pour qu'un fil à plomb suspendu au centre de gravité d'une automobile ou d'un camion se trouvant au maximum de la pente tombe en dehors de la base de la roue, c'est-à-dire, entre autres termes, que le profil transversal ne doit jamais être assez raide pour faire verser un véhicule quelconque circulant sur la partie la plus déclive de la route. En fait, l'inclinaison du profil transversal devra être la plus faible possible et cependant assurer un bon écoulement des eaux.

Les problèmes qui se posent au sujet du sous-sol, des rampes, de l'assèchement et de la fondation de la route future, ne diffèrent pas de ceux qu'a fait naître la route depuis bien des siècles, si ce n'est qu'il conviendrait d'éviter les virages brusques à cause de la circulation des automobiles.

C'est le revêtement qui soulève un problème nouveau et difficile pour le constructeur de la route future : il consiste à découvrir un revêtement qui convienne à la circulation des automobiles et demeure en bon état, sans entraîner trop de frais d'entretien, quand il doit subir l'usure produite par les bandages des automobiles en plus de celle qui est due aux étroits bandages d'acier des camions et des sabots ferrés des chevaux et en plus de la détérioration causée par les intempéries : eau, chaleur, froid, vent, etc.

Comme il semble impossible d'édicter des prescriptions empêchant l'emploi des bandages étroits, il faudrait construire, pour cette route future, un revêtement qui résiste aux lourds charrois transportés par des véhicules pourvus d'étroits bandages d'acier.

En étudiant le mode de revêtement, il convient de faire des distinctions entre les chaussées. L'intensité et la nature de la circulation diffèrent considérablement. La constitution et le prix des matériaux dont on peut

Cross-Section of Proposed Future Highway.

(Profil en travers de la Route future).

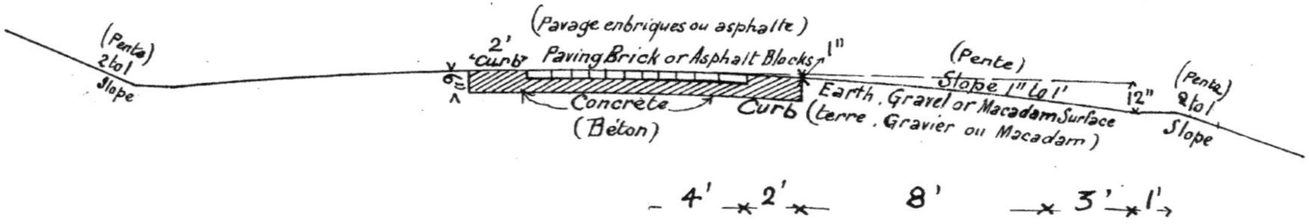

disposer pour le revêtement ne sont pas les mêmes dans une localité que dans une autre. Les diverses localités n'ont pas les mêmes moyens budgétaires pour établir et entretenir un revêtement de route future.

Un revêtement en terre ne convient pas pour la route future, car il est impossible de le maintenir en bon état au printemps et en automne et pendant la saison pluvieuse. Par les temps secs, la poussière que soulèvent le vent et les automobiles est une gêne insupportable pour les riverains et les usagers de la route. Par les temps humides, il est impossible d'empêcher que les étroits bandages des lourds chariots ne la défoncent. Par suite, si la route avec revêtement de terre doit faire face à une circulation quelque peu importante, elle n'est praticable que pendant un très petit espace de temps.

Lorsque la circulation est légère, un revêtement de gravier peut donner toute satisfaction, si on peut s'en procurer de bonne qualité, si la construction et l'entretien sont bien faits, à condition d'arroser à l'huile ou à l'eau pour atténuer l'incommodité de la poussière; ceci dit pour le cas où un meilleur revêtement exigerait des crédits supérieurs à ceux dont on dispose. Dès que la circulation devient lourde, l'entretien nécessaire pour maintenir en bon état un revêtement de gravier entraîne de tels frais qu'il est plus sage d'adopter dès le début un meilleur revêtement. Au cas où la circulation est légère et où l'on peut avoir sur les lieux du gravier convenable en supposant qu'on veuille établir un revêtement en gravier, il convient de prendre des débris de pierre durs, solides et résistants. Leur grosseur ne doit pas dépasser 2 cm. 5. Il y a lieu de passer à la claie dans la carrière les plus gros débris ou de les enlever au râteau lorsqu'ils ont été mis en place sur la route, afin de les utiliser pour faire une fondation. Les pierres doivent être proportionnées suivant leur grosseur de telle façon que les plus petites suffisent à remplir les interstices entre les plus grandes, et le gravier doit contenir suffisamment de matière liante pour combler les interstices entre les plus petites pierres, de sorte qu'il en résulte après consolidation une masse solide et imperméable. Cette matière liante peut être de l'argile employée en petite quantité, de la glaise, du sable ou toute autre matière assez fine pour remplir tous les vides et rendre imperméable le revêtement de gravier une fois doté d'un drainage, d'un bombement et d'une forme convenables. La proportion de matière d'agrégation ne doit pas excéder ce qu'il faut pour remplir les interstices. En général, elle ne doit pas être supérieure à 30 ou 50 pour 100 du gravier employé. Tout excès nuit à la route.

Si l'on ne peut arroser le revêtement de gravier au moins une fois tous les deux jours à l'eau pure, il y a lieu d'y répandre du pétrole brut à base d'asphalte dans la proportion de 30 à 40 pour 100. Pour huiler convenablement une largeur de 10 pieds (3 m.) au centre de la route, il faudrait environ 1200 gallons par mille, et le prix moyen dans l'État de New-York ne dépasserait pas 70 dollars par mille.

Dans le cas où la circulation est légère et où l'on ne trouve pas sur les lieux de gravier de bonne qualité, il conviendrait d'adopter le macadam. Il devrait avoir au moins 6 pouces d'épaisseur, et la couche supérieure comprenant la moitié du revêtement devrait consister en pierraille dure et solide passée à l'anneau de 5 cm au plus, agglutinée convenablement à l'aide de débris de pierre et passée au rouleau à vapeur.

Si l'on ne peut arroser comme il faut le macadam à l'eau pure, il convient de l'enduire chaque été de pétrole brut ou de quelque produit goudronneux, afin d'atténuer l'inconvénient de la poussière et de prévenir la désagrégation du macadam.

Au cas où la circulation des automobiles et des « poids lourds » à bandages d'acier étroits est des plus intenses, il est très coûteux de tenir en état un revêtement de gravier ou de macadam, et il est préférable d'en adopter un de nature différente.

Dans l'État de New-York, on attend les meilleurs résultats d'un pavage en briques vitrifiées ou en dalles d'asphalte sur fondation de béton avec bordure en béton d'au moins 2 pieds de largeur de chaque côté.

Les briques ou dalles doivent avoir une forme permettant de les retourner lorsque leur parement est usé. La largeur du revêtement devrait être proportionnée à la circulation sur chaque route en particulier, 8 pieds étant le minimum. Si on adoptait la largeur de 8 pieds pour les dalles et de 2 pieds pour les bordures en béton de chaque côté, on aurait une largeur totale de 12 pieds, formant un revêtement dur et résistant qui durerait probablement un quart de siècle sans grands frais d'entretien. Étant données les idées politiques régnantes dans l'État de New-York, ce serait probablement le genre de revêtement le plus économique que le peuple pourrait choisir pour obtenir une chaussée qui donne satisfaction sous tous les rapports pendant un quart de siècle.

De chaque côté du dallage, il devrait y avoir une bande ayant une pente vers le fossé d'environ un pouce par pied, et une largeur de 8 pieds au minimum. Ces ailes pourraient recevoir un revêtement de terre, de gravier ou de macadam et serviraient de chaussée aux voitures à chevaux par les temps secs. Ce revêtement serait plus commode pour le pied des chevaux et ferait moins de bruit au passage de véhicules à bandages d'acier; c'est d'ailleurs ce genre de voitures qui l'emprunterait en général pendant la saison sèche, époque où la circulation des automobiles sur la partie pavée atteindrait son maximum. Les automobiles utiliseraient également ces ailes en cas de besoin lorsqu'elles dépasseraient ou croiseraient d'autres voitures.

Au delà des fossés, il conviendrait de planter et entretenir une rangée d'arbres donnant de l'ombre de chaque côté de la route. De cette façon, on obtiendrait trois chaussées, toutes en bon état pendant la saison sèche, époque où la circulation est le plus intense. La chaussée pavée serait toujours en bon état et formerait un chemin très praticable, quels que soient les circonstances atmosphériques, le degré de vigilance de l'administration chargée de l'entretien et le montant des fonds votés pour la route.

La partie pavée constituerait l'idéal pour la circulation des automobiles, car elle serait unie et exempte de poussière, sans qu'il soit besoin d'arrosage, d'huilage ou de goudronnage; ce pavage ne serait pas, comme un revêtement de macadam ou de gravier, détérioré ou ravagé par la circulation des automobiles ou des voitures lourdement chargées et à bandages étroits.

CONCLUSIONS

Pour conclure, la route de l'avenir doit être tracée de telle façon, que la distance à parcourir entre les centres qu'elle relie soit le plus courte possible et que les déclivités, les courbes, l'assèchement et la fondation soient conçus dans les meilleures conditions. Tout virage raide ou dangereux doit être évité, eu égard à la circulation des automobiles. Il convient de supprimer les passages à niveau, partout où c'est possible. Dans le profil transversal, l'inclinaison vers les fossés doit être le plus faible possible et le drainage bien assuré. Le revêtement doit convenir à deux sortes de circulations, celle des automobiles et celle des voitures à chevaux. Où la circulation est légère, on peut recourir au revêtement en gravier ou au macadam; mais, par les temps secs, il faut arroser à l'eau pure ou passer une couche de pétrole brut à base asphaltique d'une solution de chlorure de calcium ou d'un autre produit goudronneux, une fois chaque été. Là où la circulation est lourde, il doit y avoir pour les automobiles et les lourds camions à chevaux une chaussée centrale de pavés vitrifiés, de dalles d'asphalte ou autre revêtement analogue, sur fondation de béton, entre bordures de béton d'au moins 2 pieds ($0^m,60$) de largeur, dont le parement soit au niveau des pavés voisins. De chaque côté de ces bordures en pente douce vers les fossés, il y aurait à établir des chaussées avec revêtement de terre, de gravier ou de macadam pour servir à la circulation des voitures à chevaux au cas où elles sont en bon état. Il devrait y avoir une rangée d'arbres ombreux, de chaque côté de la route, au delà des fossés.

(Trad. Blaevoet.)

SCHLUSSFOLGERUNGEN

Und schliesslich soll die zukünftige Strasse so trassirt werden, dass sie den kürzesten Weg zwischen den von ihr verbundenen Städte bildet; ferner sollen die Gefälle, Kurven, die Entwässerung und der Unterbau zweckmässig und günstig, nach allen Richtungen bin, ausstudirt werden.

Mit Rücksicht auf den Automobilverkehr ist jede scharfe und Gefahr bietende Krümmung zu vermeiden, wie auch Bahnübergänge, überall wo dies möglich ist. Beim Querprofil soll das Gefälle nach den Gräben hin so gering als möglich sein und für den Wasserabfluss gesorgt werden. Die Decke soll beiden Verkehrsmitteln, sowohl den Automobilen als auch den Pferdewagen, angepasst sein. Bei schwachem Verkehr lässt sich eine Bekleidung aus Gries oder eine Beschotterung wählen. Bei trockener Witterung soll dieselbe mit Wasser besprengt oder, einmal jeden Sommer, mit rohem, asphalthaltigem Petroleum, mit einer Mischung von Kalkchlor oder irgend einem anderen teerhaltigen Product überzogen werden. Bei Lastenverkehr ist für die Automobile und mit Pferden bespannten Lastwagen eine zentrale Fahrbahn aus Klinkern (verglasten Pflastersteinen), einem Asphaltbelag oder irgend einer ähnlichen Decklage auf Betonbettung herzustellen; dieselbe soll mit wenigstens 60 Centimeter breiten betonirten Säumen versehen sein, deren Kopffläche mit der angrenzenden Pflasterung auf derselben Höhe steht. Auf jeder Seite dieser Säume sind Fahrbahnen mit einer Bekleidung aus Erde, Gries oder Schotter zu errichten; die Pferdefuhrwerke würden solche jedenfalls benützen, wenn sie sich in gutem Zustande befänden.

Die so angelegte Strasse sollte dann noch beidseitig, und zwar jenseits der Gräben, mit schattigen Bäumen bepflanzt werden.

(Übersetz. Blaevoet.)

Van Alstyne.

62 562. — PARIS, IMPRIMERIE LAHURE
9, rue de Fleurus, 9

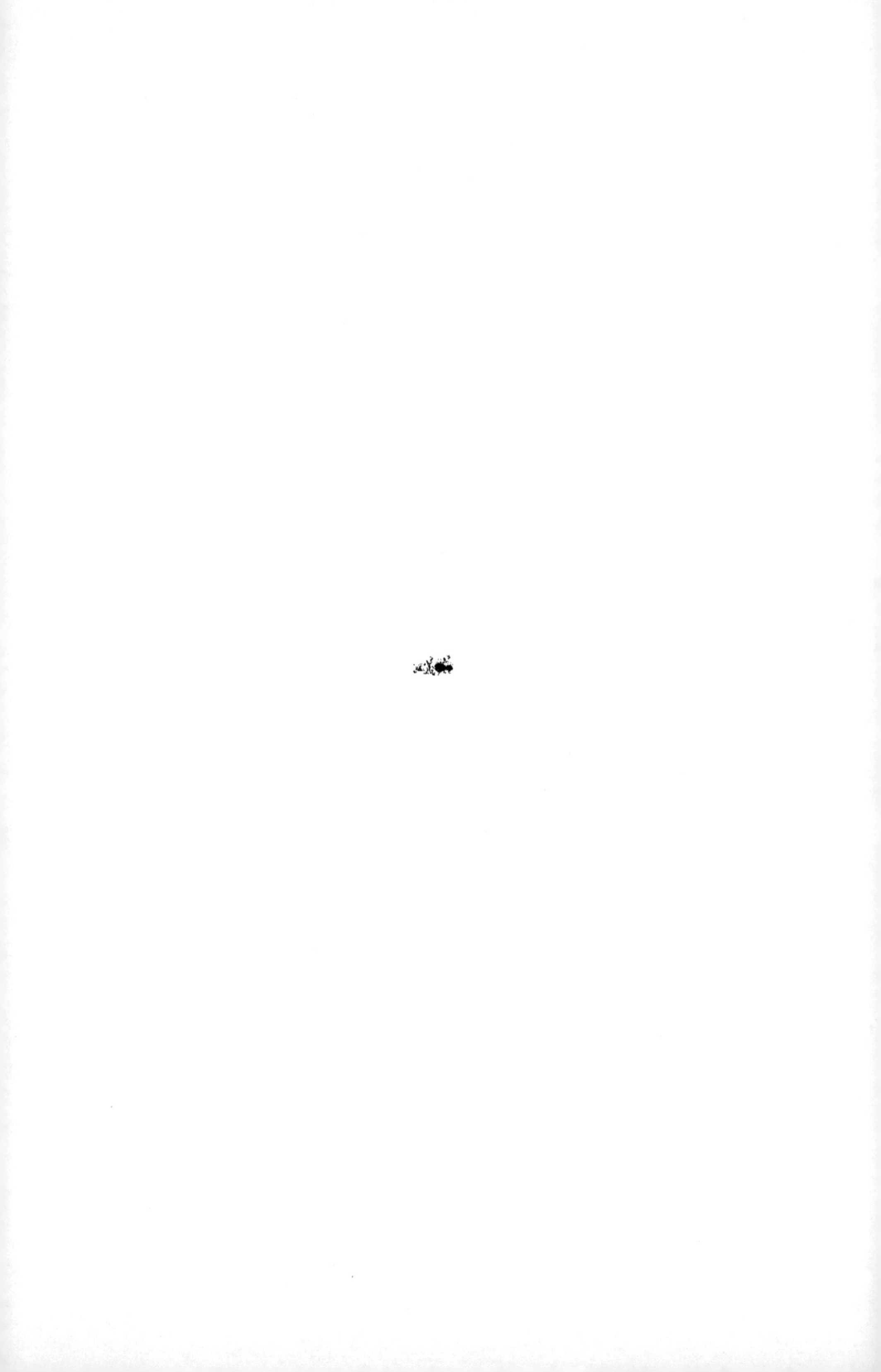

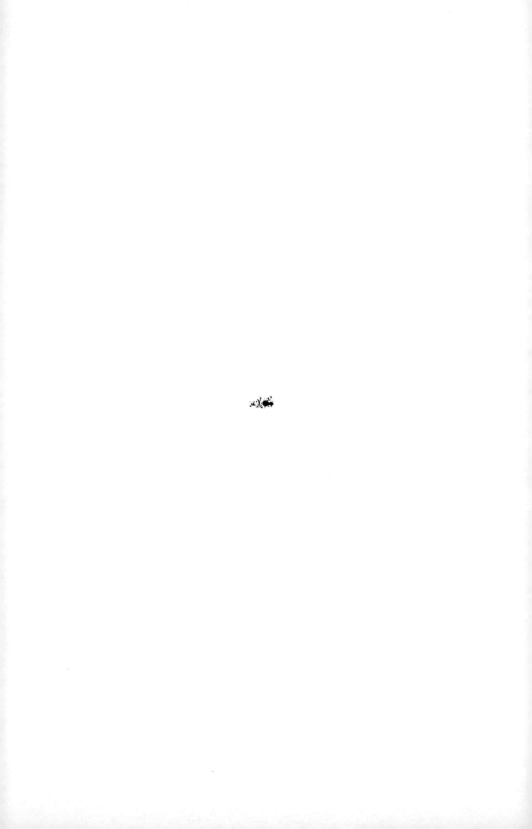

IER CONGRÈS INTERNATIONAL DE LA ROUTE
PARIS 1908

4ᵉ QUESTION

LES PISTES SPÉCIALES

RAPPORT

PAR

M. JACQUES BALLIF
Chef du Secrétariat du Président du Touring-Club de France.

PARIS
IMPRIMERIE GÉNÉRALE LAHURE
9, RUE DE FLEURUS, 9

1908

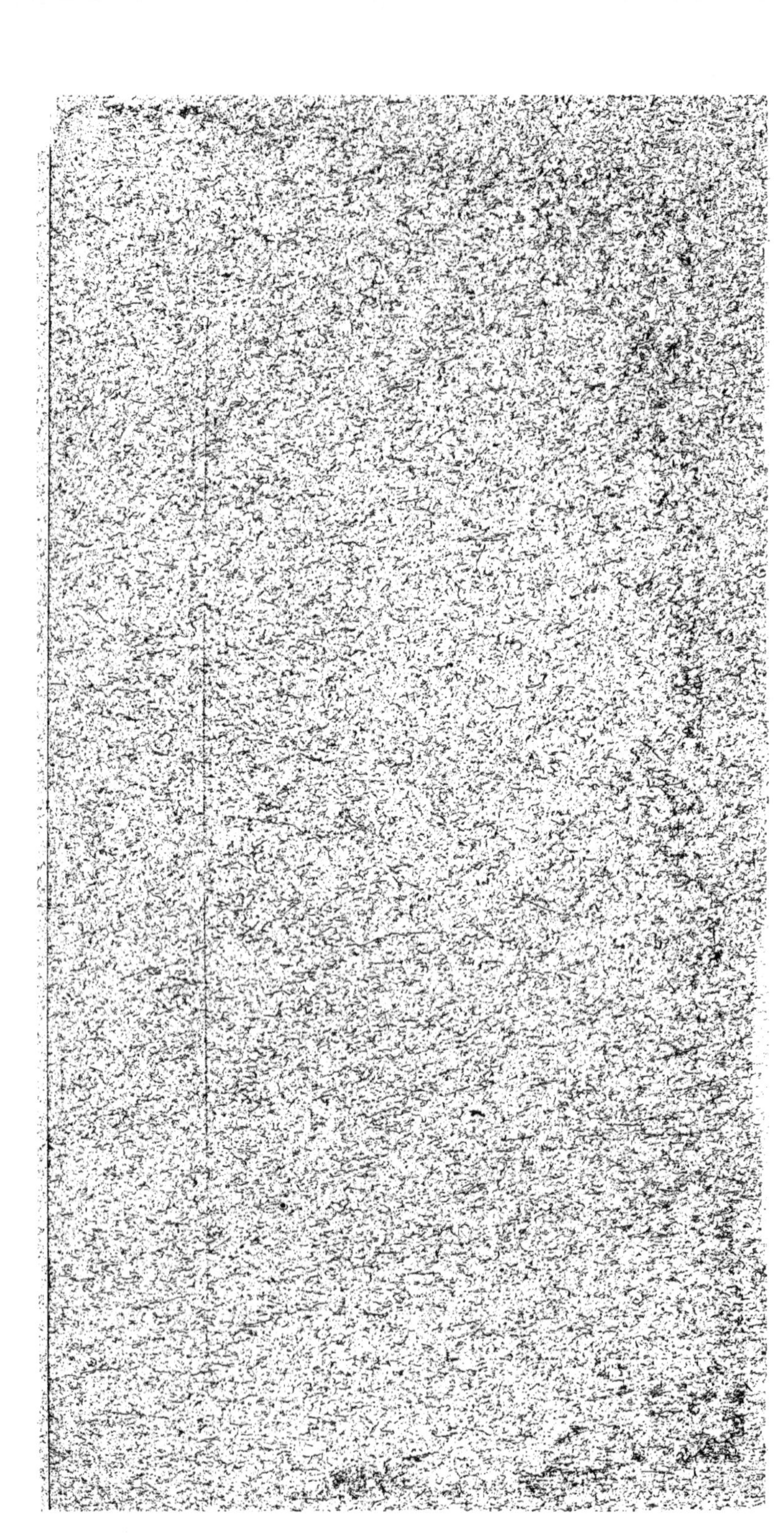

LES PISTES SPÉCIALES

RAPPORT

PAR

M. JACQUES BALLIF

Chef du Secrétariat du Président du Touring-Club de France.

Le problème de la circulation sur notre réseau routier, devenu de jour en jour plus pressant par l'introduction de la bicyclette et de l'automobile dans la circulation normale, souleva, aussitôt qu'il se posa nettement, la question de la création éventuelle de pistes à l'usage exclusif des modes nouveaux de locomotion.

On put croire, un instant, que la solution du problème serait précisément fournie par la division de la route en parties réservées, chacune, à un mode de locomotion pour lequel on l'eût appropriée.

Une campagne assez active fut entamée sur ce terrain. Le système de la route divisée trouva des partisans. Il n'obtint pourtant pas l'unanimité des avis.

Le projet est séduisant, au premier abord; en son aspect simple. Par lui, le problème, aussitôt que posé, est résolu à la satisfaction de chacun. Il semble, en effet, donner la meilleure des solutions et la plus définitive, puisqu'il met chaque chose à sa place, annule les causes de conflit, réduit au minimum les risques d'accident et assure à tous les modes de locomotion la possibilité de s'exercer sans entraves.

Une route comprenant un trottoir pour les piétons, une piste pour les cyclistes, une voie pour les véhicules à traction animale et une voie pour les véhicules à traction mécanique, il semble bien que ce soit là l'idéal, ou peu s'en faut.

Mais, aussitôt que la réflexion intervient, interviennent en même temps les objections, et la conception que nous venons de formuler perd vite toute cette valeur qu'on lui accordait d'abord. Elle apparaît ce qu'elle est en réalité : non seulement irréalisable à cause des sommes considérables que nécessiterait son exécution, mais, encore, contraire aux besoins prochains de la circulation générale, dangereuse pour l'avenir de cette circulation et, comme telle, condamnable.

En effet, ce point étant admis que la traction animale et la traction mécanique constituent les éléments principaux du problème à résoudre, il n'est que deux hypothèses à envisager.

1° La locomotion automobile ne s'accroissant plus que selon une progression décroissante et, demeurant ainsi une locomotion, en somme, de luxe, ne sera pas l'élément principal de la circulation.

2° La locomotion automobile, se démocratisant de plus en plus et s'appliquant un peu à tous les modes de transport, se substituera presque complètement à la locomotion hippomobile, pour devenir l'élément principal de la circulation.

De ces deux hypothèses, la deuxième nous apparaît la plus probable.

Si nous supposons réalisée la première, la division de la route en pistes spéciales ne s'impose pas.

Une plus précise règlementation des droits et des devoirs de tous les usagers de la route, l'utilisation plus habituelle et par conséquent plus sage de la voiture automobile, l'accoutumance de chacun aux vitesses relatives et aux tendances de direction de l'engin mécanique, soumettront peu à peu ce mode de locomotion aux lois, en quelque sorte naturelles, de l'ancienne circulation. Des améliorations de premier établissement et d'entretien mettront la route actuelle en état de satisfaire aux besoins de l'automobile, en même temps qu'à ceux des autres modes de locomotion.

Si nous admettons la deuxième hypothèse, la plus probable, il convient de préparer dès aujourd'hui, non pas une partie seulement de la route, mais la route tout entière, en vue d'une généralisation de la traction mécanique, de façon que l'automobile, jusqu'au jour où elle s'y sera substituée à presque tous les autres véhicules, trouve toujours cette route parfaitement appropriée à ses besoins croissants.

Ainsi, dans l'un comme dans l'autre cas, la division de la route en pistes hippomobiles et en pistes automobiles est condamnée par son inutilité évidente.

Il n'en va plus de même en ce qui concerne l'adjonction à la route de deux autres genres de pistes spéciales, lesquelles répondent à des besoins bien particuliers, coûtent relativement peu à établir et à entretenir, et allègent la circulation sur la route sans rien bouleverser dans notre système routier.

Nous voulons parler des *pistes cyclables* et des *pistes cavalières*.

PISTES CYCLABLES

La piste cyclable, à la création de laquelle le Touring-Club de France s'est méthodiquement attaché depuis sa fondation, est d'un établissement relativement facile. Dans les régions de routes pavées, où sans elle le cyclisme serait à peu près impraticable, son utilité est absolument incontestable. En aucun cas elle ne diminue la largeur utile de la chaussée en bordure de laquelle elle est établie, et elle retire de cette chaussée, au plus grand bénéfice de chacun, un nombre respectable d'unités circulantes.

Si la piste cyclable est tracée sur les deux côtés de la route, en voies montante et descendante, elle ne prend des accotements ou des trottoirs qu'une largeur de 0 m. 40 à 0 m. 50. Si elle est tracée sur un seul côté de la route, ce qui est le cas le plus fréquent, et qu'elle comporte alors la circulation dans les deux sens, une largeur de 1 m. à 1 m. 20 suffit pour assurer la possibilité des croisements.

Dans un cas comme dans l'autre le mode d'établissement de la piste cyclable reste le même.

Il consiste à désherber l'accotement sur la largeur fixée, entre la route et le fossé, et à en régulariser le sol. Le sentier ainsi tracé, très souvent sur un chemin de piétons qu'il a suffi d'élargir et d'égaliser, rencontre, tous les 100 m. au moins et tous les 30 m. au plus, des saignées pour l'écoulement des eaux pluviales. Ces saignées sont élargies, et raccordées à la piste par deux pentes douces. Elles seront conservées à ciel ouvert chaque fois que la nature du terrain ou un simple empierrement de consolidation du fond le permettra. La saignée à ciel ouvert remplit mieux son office et coûte moins cher d'appropriation et d'entretien que la saignée couverte avec canalisation d'écoulement d'eau en poterie, laquelle est sujette à de rapides détériorations.

Aux rencontres des chemins transversaux et pour les retours à la route, la bordure pavée est supprimée sur la largeur de la piste. La différence de niveau entre la voie normale et la voie spéciale est alors rachetée par une faible pente, ce que l'on nomme un « bateau », en langage de technicien.

Le plus souvent la piste est constituée par le sol même de l'accotement qu'elle emprunte. Dans les cas où elle passe en terrain argileux, une faible couche de petits graviers mélangés de sable suffit pour la rendre praticable en tout temps. Dans la région du Nord le mâchefer est généralement utilisé pour l'établissement des pistes cyclables.

Toutes les pistes comportent, aux points utiles : entrées, sorties, croisements, un poteau d'avertissement du modèle ci-dessus.

Dans le cas où les travaux à effectuer sont réduits au minimum et les fournitures nulles, ou à peu près — aménagement, par exemple, d'une piste sur accotement de bon terrain où existait déjà un sentier de piétons, le travail étant fait par les cantonniers — le prix de revient peut varier de 10 à 20 fr. au kilomètre, selon qu'il est, ou non, nécessaire d'empierrer le fond des saignées et d'ouvrir, ou non, des sorties dans les trottoirs.

En d'autres cas, au contraire, lorsque l'établissement de la voie cyclable oblige à une main-d'œuvre importante, comme lorsqu'il s'agit de créer de toutes pièces un trottoir cyclable aux abords ou dans la traversée d'une ville, la dépense pourra, selon les régions, aller jusqu'à 2000 et 2500 fr. au kilomètre.

Il est bien évident qu'entre ces deux termes extrêmes il y a place pour des prix de revient kilométrique excessivement divers, et qui varient selon les modes d'établissement de la piste cyclable, les prix des matériaux, des charrois, des journées ouvrières, etc., etc.

En général, la piste cyclable type, c'est-à-dire *celle qui est établie en dehors des agglomérations*, sur les accotements d'une route pavée, est d'un prix de revient minime. Pour l'établissement de ces pistes les matériaux sont, assez souvent, fournis par le département intéressé, la main-d'œuvre des cantonniers qui exécutent les travaux étant payée par le Touring-Club.

Le Touring-Club de France a établi jusqu'à aujourd'hui, et il entretient, 1100 km environ de pistes ou trottoirs cyclables. Il a dépensé pour ce chapitre, en frais de premier établissement et d'entretien, une somme de 150 000 fr.

La région du Nord, où toutes les routes, le plus souvent pavées, sont en un mauvais état permanent à cause de l'intensité du roulage industriel et des charrois agricoles, et est, avec la région parisienne, celle qui compte le plus grand nombre de kilomètres de pistes cyclables. Le département du Nord, à lui seul, a été doté par les soins du Touring-Club de 580 km de ces pistes, ce qui représente une dépense de 60 000 fr.

Viennent ensuite, pour un nombre de kilomètres et une dépense moindres, les départements suivants :

Seine-et-Oise	180	km pour	20,000 fr.
Oise.	160	—	4,000 —
Seine-et-Marne.	100	—	11,000 —
Gironde.	65	—	4,000 —
Pas-de-Calais	60	—	6,000 —
Aisne.	55	—	8,000 —
Seine.	40	—	17,000 —

Ces huit départements comprennent à eux seuls la presque totalité du nombres des kilomètres de pistes cyclables créées par le Touring-Club.

Il est à souhaiter, d'ailleurs, que la nécessité, encore impérieuse aujourd'hui, de la piste cyclable, disparaisse un jour. La meilleure constitution prochaine de la route actuellement à l'étude, doit — il faut l'espérer — permettre à la bicyclette de rentrer dans la circulation routière commune.

Un état d'exception ne doit jamais être considéré que comme transitoire, et l'on doit s'attacher à le faire disparaître dans la mesure du possible.

Cette observation ne saurait s'appliquer aux abords des grandes villes, ni à la région parisienne notamment, où la circulation, sous toutes ses formes, est particulièrement intensive.

L'établissement d'une piste cyclable sur les trottoirs devient alors un moyen de sécurité mutuelle, et son maintien, ou sa création, s'imposent.

Sauf en ces cas particuliers, il suffirait que l'ensemble de nos chemins vicinaux fût complété et ces chemins mieux entretenus, pour que le cycliste, qui facilement passe par des voies étroites peu favorables à l'automobile, trouvât dans le réseau routier commun la possibilité de circuler en toutes directions.

LES PISTES CAVALIÈRES

La piste cavalière répond à des nécessités d'un autre ordre, le cheval monté étant, surtout, un moyen de sport ou un instrument de promenade.

L'établissement de nombreuses pistes cavalières le long des routes pavées, dans les pays d'élevage, dans les régions où sont cantonnés des régiments de cavalerie, au voisinage des forêts assidûment fréquentées par de nombreux touristes, aux approches des centres de grandes villégiatures estivales, aura pour résultat certain de favoriser le goût du cheval, en même temps que de mettre ceux qui l'utilisent dans les meilleures conditions possibles pour en user.

Le cheval monté, en effet, supporte mal la dureté de la route. Le pavé lui est funeste et l'empierrement, alors même qu'il est en parfait état, a vite fait de le fatiguer par sa rigidité. Il faut au cheval, pour trotter et galoper à son aise sous le poids du cavalier, le terrain élastique où le choc s'annule en grande partie. La piste cavalière lui offre seule ce terrain.

De l'enquête faite en 1906, au Touring-Club, par les soins de son « Comité de tourisme hippique », il ressort bien que l'accord de toutes les personnalités pouvant donner un avis autorisé, est absolument unanime touchant le grand intérêt qu'il y aurait à créer un grand nombre de ces pistes spéciales.

L'industrie de l'élevage y trouverait un profit réel et le bénéfice à escompter serait acheté au prix de dépenses premières dont le montant n'aurait rien d'excessif. Nous avons, en effet, calculé, en prenant pour type une piste cavalière de 2 m. 60 de largeur, comme celles qui existent déjà dans le département de l'Orne, que la dépense par mètre courant s'élèverait en moyenne à 0 fr. 30 de frais de premier établissement et à 0 fr. 05 d'entretien annuel.

Il ne serait donc pas onéreux de créer et d'entretenir, dans les régions que nous avons indiquées, le long des routes pavées, un nombre assez considérable de pistes cavalières.

La possibilité d'utiliser ces pistes quotidiennement, en mettant à profit des heures de liberté parfois trop morcelées pour qu'on puisse s'en aller chercher au loin quelque champ propice de promenades ou de courses, provoquerait la résurrection d'un goût plus général et plus prononcé du sport hippique, en même temps qu'il en mettrait l'exercice à l'abri des causes de gêne et d'accident qui surgissent à tout instant sur la route.

A la pratique de l'hippisme, redevenue familière à un plus grand nombre, la défense nationale gagnerait de meilleurs et de plus nombreux cavaliers, les pistes cavalières offrant à quantités de jeunes hommes d'une région donnée, et dans un rayon assez étendu, la possibilité de s'exercer d'abord et de continuer à s'entraîner ensuite.

Le Touring-Club a déjà créé ou contribué à la création de pistes cavalières dans les départements suivants :

Eure-et-Loir, Finistère, Manche, Basses-Pyrénées, Somme et Saône-et-Loire.

Il se propose de continuer cette œuvre en y consacrant une bonne part de ses forces, et l'on doit souhaiter que les intéressés lui apportent un concours efficace.

CONCLUSIONS

De ce qui précède, nous tirerons quelques conclusions.

Tout d'abord, il nous paraît hors de doute qu'il faille garder à la route son unité et la préparer, non pas pour des catégories de locomotions séparées, et par conséquent toujours un peu adverses, mais en vue d'une prochaine circulation envisagée dans sa généralité, et dont l'automobile sera l'agent principal.

Aussi devons-nous, le plus rapidement possible, et selon un plan d'ensemble, modifier ou établir la route de telle façon que tous les modes de locomotion y puissent trouver place sans être une cause de gêne ou une raison d'accidents.

Il est également nécessaire que cette route, en donnant pleine satisfaction aux besoins généraux de la circulation que nous prévoyons, satisfasse exactement à chacun de ses nombreux besoins particuliers.

La route devra, tout d'abord, être de largeur suffisante pour permettre la circulation la plus intensive à prévoir en nombre, poids et vitesse des véhicules. Les profils transversaux des courbes devront être modifiés dans une mesure qui satisfasse mieux aux besoins de l'automobile, ceux-ci n'étant en rien contraires aux besoins des autres modes de locomotion. Les chaussées seront établies de façon à demeurer, sans qu'il soit besoin de réfections incessantes, en bon état de viabilité pendant un nombre raisonnable d'années, la circulation probable la plus dense étant prise comme base des calculs de résistance à l'usure.

Il suffira, croyons-nous, de transformer sur ces données notre admirable réseau routier — au moins en ce qui concerne les parties qui supportent une circulation intensive — pour qu'il satisfasse entièrement aux nécessités de la circulation future.

Point n'est besoin, nous semble-t-il, de le bouleverser par l'adjonction de routes spéciales juxtaposées, d'un établissement et d'un entretien dont le coût serait hors de toutes proportions avec les services à en attendre, et qui seraient appelées à disparaître dans un temps peut-être fort court.

Tout ce qui précède étant dit, cela va de soi, sauf exceptions et sous réserves des solutions à intervenir dans certains cas spéciaux.

Paris, juillet 1908.

62 446. — Imprimerie Lahure, rue de Fleurus, 9, à Paris.

SCHLUSSFOLGERUNGEN

Aus vorstehenden Erläuterungen ziehen wir nun einige Folgerungen :

Vor allem scheint es uns keinem Zweifel unterworfen, der Strasse ihre Einheitlichkeit beibehalten zu müssen und dieselbe so einzurichten, dass sie nicht verschiedenen und infolge dessen einander etwas entgegengesetzten Verkehrsmitteln dienen, sondern in Voraussicht eines zukünftigen, allgemein betrachteten Verkehrs studirt werden soll und zwar wird in diesem Falle das Automobil die Hauptrolle spielen.

Wir müssen deshalb so rasch als möglich und nach einem einheitlich gehaltenen Plan die Strasse derart modifizieren oder bauen, dass sämtliche Verkehrsmittel sie ungezwungen und ungefährdet benutzen können.

Es ist ebenfalls notwendig, dass die Strasse den Verkehrsbedürfnissen, wie wir solche voraussehen im Allgemeinen, und speziell auch allen anderen besonderen Interessen Genugtuung gebe.

Vor allem soll die Strasse von genügender Breite sein, um auch den stärksten Verkehr in jeder Hinsicht, sowohl im Bezug auf die Menge als auch auf das Gewicht und die Schnelligkeit der Wagen ertragen zu können.

Die Querprofile der Kurven sollen so abgeändert werden, dass sie den Bedürfnissen des Automobilwesens mehr genügen, denn dieselben widersprechen keineswegs den Anforderungen andrer Verkehrsmittel. Die Chausseen sollten so hergestellt werden, um während einer normalen Anzahl Jahre ihre gute Fahrbarkeit beizubehalten, ohne die beständig vorkommende Notwendigkeit Reparaturen vorzunehmen. Dementsprechend sollte der vermutlich stärkste Verkehr den Berechnungen des Abnutzungswiderstandes zur Grundlage dienen.

Unserer Ansicht nach wäre es genügend, unser prächtiges Strassennetz, wenigstens in seinen Hauptverkehrsteilen, auf vorstehende Angaben abzuändern, um den Anforderungen des zukünftigen Verkehrs voll und ganz zu entsprechen.

Wir halten es durchaus nicht für nötig, durch Hinzufügung besonderer Nebenwege unser Strassennetz in Verwirrung zu bringen, deren Herstellungs- und Unterhaltungskosten in keinem Verhältnisse zu ihren Leistungen stände und welche in vielleicht ganz kleiner Zeit wieder verschwinden dürften.

In vorstehenden Angaben sind natürlich Ausnahmen nicht ausgeschlossen und in gewissen Fällen können sich auch andere Lösungen finden.

(Übersetz. Blaevoet.

IER CONGRÈS INTERNATIONAL DE LA ROUTE
PARIS 1908

4e QUESTION

LA ROUTE FUTURE

TRACÉ, PROFIL EN LONG ET PROFIL EN TRAVERS
REVÊTEMENTS, VIRAGES
OBSTACLES DIVERS, PISTES SPÉCIALES

RAPPORT

PAR
M. CLAVEL
Ingénieur en chef des Ponts et Chaussées à Bordeaux.

PARIS
IMPRIMERIE GÉNÉRALE LAHURE
9, RUE DE FLEURUS, 9

1908

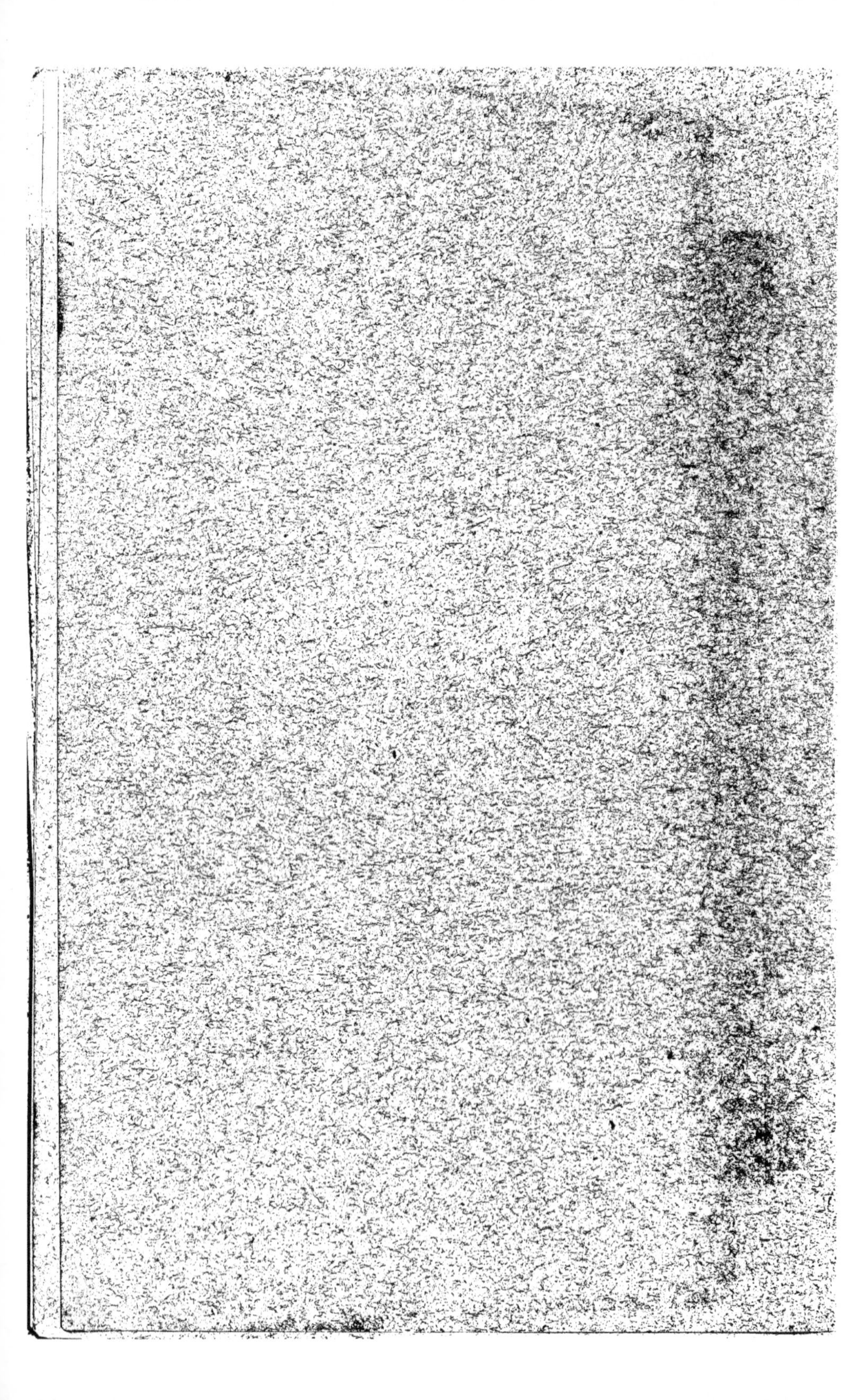

LA ROUTE FUTURE

TRACÉ, PROFIL EN LONG ET PROFIL EN TRAVERS, REVÊTEMENTS VIRAGES, OBSTACLES DIVERS, PISTES SPÉCIALES

RAPPORT

PAR

M. CLAVEL

Ingénieur en chef des Ponts et Chaussées à Bordeaux.

Que doit être la Route future pour satisfaire aux exigences actuelles de la circulation publique et aux exigences plus grandes que permettent de prévoir, pour l'avenir, les progrès et le développement des transports rapides et des transports de poids lourds par voitures automobiles?

La question serait déjà difficile à résoudre si elle se posait uniquement à propos d'un réseau à créer, sans tenir compte de ce qui existe déjà, et si ce réseau ne devait être affecté qu'à un seul genre de locomotion. Elle se complique singulièrement par ce fait qu'il est question ici d'une route adaptée à tous les genres de locomotion : animale ou mécanique, et qu'il s'agit bien plutôt d'approprier les réseaux des routes existantes aux besoins présents ou d'ores et déjà prévus que de créer, en dehors d'eux, des types nouveaux.

Les défauts de la route actuelle sont connus, mais il n'est pas aisé d'en déterminer le remède pratique. Tel type, bon pour un genre de locomotion, ne convient pas à un autre : les transports à courte distance s'accommodent de conditions inacceptables pour de longs parcours; les grandes vitesses des voitures automobiles réclament des améliorations dont peuvent très bien se passer les charrois lourds et lents, et *vice versa*. D'autre part, toute amélioration entraîne, soit en premier établissement, soit en entretien, le plus souvent dans l'un et dans l'autre, des augmentations de dépenses qu'il faut mesurer à l'importance et à l'intérêt du but à atteindre en même temps qu'aux capacités financières dont on dispose. Y a-t-il d'ailleurs des règles absolues indistinctement applicables à toutes les Routes? Certainement non, si on appelle « Routes » toutes les voies de terre et si on ne se borne pas à envisager sous ce titre les voies principales correspondant à ce qui constitue, en France, le réseau des Routes nationales. Encore conviendrait-il de distinguer entre celles-ci, car les besoins à satisfaire, par exemple comme confortable, comme vitesse, comme chargement, sont très différents pour les artères de premier ordre desservant des courants intenses de circulation et même des courants à grande distance ou pour les artères secondaires soumises seulement à une circulation locale variable elle-même, comme intensité et caractère, suivant que la région est riche ou pauvre, industrielle ou agricole.

On voit par ces quelques mots que l'étude de la question de la route future, envisagée dans son ensemble, nécessiterait des développements considérables et devrait conduire à des solutions multiples appropriées à chaque espèce. Il convient donc de se borner à envisager les desiderata correspondant au cas général d'une route desservant les diverses natures de transport qui peuvent se présenter en laissant de côté les cas particuliers ou d'intérêt secondaire nécessitant des solutions spéciales ou simplement partielles.

En passant en revue chacune des questions posées au Congrès, on indiquera à son sujet ce qui paraît souhaitable. La solution reconnue la meilleure pourra être appliquée, sans autres difficultés que celles résultant de la dépense, quand on aura une Route nouvelle à construire : on tâchera de s'en rapprocher avec le temps quand on se trouvera en présence d'une route existante à améliorer.

TRACÉ. — PROFIL EN LONG

Ces deux questions paraissent devoir être traitées simultanément, car elles se tiennent intimement.

Tout le monde est d'accord pour demander des tracés aussi peu sinueux que possible, tant pour diminuer la longueur à parcourir que pour éviter les courbes dont les inconvénients, notamment au point de vue de la visibilité et des dérapages, se sont accentués à mesure que les véhicules ont pu être conduits à des vitesses de plus en plus grandes. On ne peut cependant éviter les sinuosités, du moins dans des régions quelque peu accidentées, qu'en acceptant les sujétions de terrassements importants, coûteux et gênants pour les accès latéraux, ou les inconvénients d'un profil en long mouvementé défavorable à la fois — quoique à des degrés divers — pour la circulation ordinaire et pour la circulation automobile, en ce sens que les déclivités de ce profil réduisent les capacités de vitesse et de chargement et qu'elles peuvent même devenir dangereuses.

On ne peut *a priori* fixer une limite générale pour les déclivités ; cette limite dépendra de la région traversée. Elle devra être choisie de manière à ne pas gêner la circulation des véhicules dont l'usage est établi ou souhaitable dans cette région. En tout cas, il faudra, fût-ce au prix de sacrifices élevés, se garder d'introduire en un point déterminé une déclivité exceptionnelle modifiant le caractère général de la route considérée et susceptible de mettre obstacle à l'utilisation complète de celle-ci. Une pente de 6 à 7 pour 100 sera acceptable en pays de montagne; elle devra être évitée pour franchir un accident de terrain isolé dans un pays moyen ou plat où le reste de la route et les chemins voisins se développent avec de faibles inclinaisons. Il faut en un mot chercher à établir un profil, en quelque sorte homogène. L'étendue de la région à considérer pour l'application de ce principe variera suivant que la route étudiée devra desservir des transports à longue ou à courte distance.

En ce qui concerne les déclivités, sauf sur quelques points exceptionnels où des rectifications seraient utiles, on peut dire que le réseau des Routes nationales en France répond aux besoins essentiels et constitue un type acceptable pour l'avenir comme pour le présent.

En ce qui concerne les courbes, on peut négliger, dans l'examen des questions posées, le cas particulier des traversées d'agglomérations où, par la force des choses, se présentent fréquemment des coudes brusques dont on ne pourrait éviter les inconvénients qu'en abandonnant ces traversées elles-mêmes. On améliorera notablement la situation de ces points critiques et quelquefois dangereux en signalant leur présence à distance convenable et surtout en obtenant des divers usagers de la route : riverains, charretiers, automobilistes, de la prudence avec un peu de respect pour les règlements et de souci pour les intérêts d'autrui.

En rase campagne, les courbes devraient être établies de manière à ménager une visibilité suffisante et à empêcher les dérapages violents. La visibilité, indispensable pour la sécurité de la circulation, est souvent défectueuse dans les courbes brusques par suite de la présence, du côté intérieur, de haies élevées, taillis, plantations diverses, constructions. De l'avis de nombreux praticiens de la Route, il serait désirable que, d'un point placé sur l'axe, on pût voir un autre point de cet axe distant du premier, en ligne droite, du double au moins de la longueur sur laquelle une voiture en vitesse normale peut être arrêtée. Ce principe semble justifié si on tient compte du croisement possible de deux voitures allant en sens inverse. Si on l'admet : d étant la longueur nécessaire pour l'arrêt, l la distance minima de l'axe de la route à la ligne des objets formant obstacle à la vue (par exemple les plantations de la route même), R étant le rayon de la courbe d'axe, les conditions minima à admettre sont figurées en schéma au croquis ci-dessous. On en déduit : $R = \frac{d^2 + l^2}{2l}$.

Le rayon de la courbe devra être d'autant plus grand que l'arrêt de la

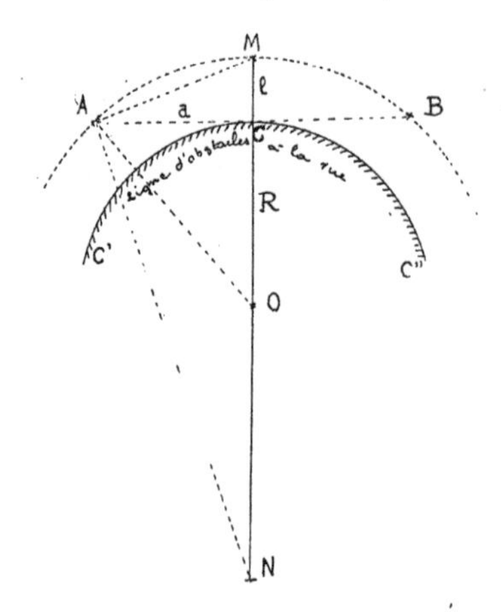

voiture sera plus difficile ou que les obstacles à la vue seront plus rapprochés de l'axe. Il conviendrait même, pour être plus exact, de tenir compte de la tendance toute naturelle qu'ont les conducteurs à abandonner l'axe de la route dans une courbe, pour prendre la corde, ce qui rapproche les obstacles à la vue du chemin suivi par eux.

Pour $l = 6$ mètres, ce qui est un cas assez général pour une grande route, et pour $d = 30$ mètres, on aurait $R = 78$ mètres.

Si d s'abaisse à 25 mètres, on a $R = 55$ mètres ; avec d égal à 20 mètres, on a $R = 36$ mètres.

Il paraît bon, sauf dans des cas exceptionnels ou en pays de montagne où les sujétions sont plus graves et où la prudence commande une marche ralentie, d'admettre pour la route future, dans les conditions de largeur définies ci-dessus, des rayons minima ne descendant pas au-dessous de 60 mètres.

Un pareil rayon paraît suffisant pour éviter les dérapages nuisibles au matériel ou dangereux, surtout si on réduit le bombement ou si on relève le côté extérieur de la courbe. Avec des rayons plus réduits, dans les parties de routes où les voitures peuvent prendre de la vitesse, l'utilité du virage relevé s'accentue et même s'impose.

Les courbes suivies de contre-courbes présentent des inconvénients sérieux à cause des changements brusques de direction qu'elles nécessitent;

des dérapages qu'elles entraînent, de l'attention incessante à laquelle elles obligent les conducteurs et de l'énervement qui en résulte; elles doivent être évitées autant que possible. Et si la route doit être forcément tracée en lacets, il conviendra d'augmenter les rayons et d'intercaler des alignements droits entre les courbes de sens opposé, autant que faire se pourra.

Les courbes et les pentes étant toutes deux contraires à la commodité de la circulation, il y aura lieu de ne pas combiner des courbes raides avec de fortes pentes dont la présence simultanée devient un véritable danger, si en même temps la visibilité n'est pas parfaite (ce qui est le cas le plus fréquent dans des routes accidentées en plan et en profil).

Quand les conditions normales désirables pour les courbes ne pourront pas être réalisées, il sera bon d'atténuer les inconvénients résultant d'un tournant brusque en élargissant la chaussée accessible aux véhicules de manière à faciliter les croisements. Cet élargissement est d'autant plus utile que, dans une courbe, l'attelage, pour peu qu'il soit long, sort de l'axe et encombre la chaussée.

Il ne paraît guère possible de donner sur cette question autre chose que les indications générales qui précèdent. La détermination de chiffres précis dépend de chaque espèce et doit être faite en tenant compte des particularités diverses qui se présentent.

PROFIL EN TRAVERS

Si on laisse de côté la question de l'aménagement de pistes spéciales dont il sera parlé plus loin, la route paraît devoir être constituée suivant les principes actuellement en vigueur, avec une zone centrale, formant la chaussée, destinée à la circulation des véhicules de toute sorte, encadrée de deux zones latérales pour la circulation des piétons, le dépôt des matériaux approvisionnés et au besoin la circulation des cyclistes. Au delà des accotements seront, suivant les cas, des banquettes de sûreté, des talus de remblai, ou des fossés suivis de talus de déblai. Les largeurs respectives de la chaussée et des accotements doivent être proportionnées à l'importance de la fréquentation de la route. Abstraction faite de certaines grandes avenues, qui comportent des types exceptionnels, des routes ou chemins de second ordre, qui peuvent être traités avec moins d'ampleur, et des voies en montagne, qui sont un cas particulier, on peut admettre comme type général moyen une largeur de plate-forme entre fossés de 10 à 14 mètres comprenant 5 mètres à 7 mètres de chaussée et deux accotements de 2 m. 50 à 3 m. 50.

Si la route doit être suivie par des automobiles ou si la circulation y est de quelque importance, un minimum de 5 mètres pour la chaussée paraît indispensable. Il sera même bon, quelle que soit la forme des accotements, de l'encadrer de deux bandes de 1 mètre chacune, se raccordant avec elle, qui pourront être entretenues avec des matériaux moins résistants et moins coûteux et faciliteront accidentellement les croisements de voitures en même temps qu'elles pourront servir de pistes cyclables, si on ne peut établir ces pistes sur l'accotement.

Celui-ci devra avoir au moins 2 m. 50 de largeur, pour permettre le passage des piétons ainsi que le dépôt des matériaux d'approvisionnement. Les arbres plantés sur ces accotements devront être placés près de l'arête extérieure de la plate-forme pour dégager celle-ci.

La chaussée devra être bombée afin d'assurer l'écoulement transversal des eaux, mais sans exagération; les défauts d'un trop fort bombement, reconnus pour la circulation ordinaire, s'aggravent pour la circulation automobile surtout dans les courbes. Un bombement maximum de 1/50 paraît recommandable pour la largeur de chaussée indiquée plus haut.

Les accotements surélevés paraissent, malgré leur aspect plus satisfaisant et l'économie d'entretien qu'ils procurent, devoir être supprimés en rase campagne, sauf dans le cas de très larges avenues ou sur des points spéciaux. Ils réduisent en effet la largeur de la plate-forme accessible aux voitures et cela, le plus souvent, sans profit pour les piétons à cause des saignées qui les traversent pour l'écoulement des eaux et qui y rendent la circulation pénible. Leur suppression entraînera *ipso facto* l'établissement, quasi sans dépense, d'une piste cyclable vers le bord extérieur de la route. Toutefois, dans les descentes, où les conducteurs de charrettes ont une tendance à passer sur l'accotement de droite pour y enrayer leurs roues, il sera nécessaire, afin d'éviter les dégradations résultant de cette pratique, dégradations rendant l'accotement inutilisable pour tout autre usage, de surélever celui-ci et même de l'accompagner d'une bordure pourvue d'un demi-caniveau le long de la chaussée.

REVÊTEMENTS

Suivant les régions dont on reçoit les échos, les revêtements actuels sont jugés convenables moyennant quelques améliorations ou bien ils sont condamnés comme impropres au service qu'ils doivent assurer. Cette différence tient à ce que le régime de la circulation sur les routes diffère considérablement d'une région à une autre et, en particulier, que la fréquentation automobile ne prend de l'importance qu'autour des grands centres ou de certaines stations balnéaires et sur quelques artères principales. Or, c'est au développement de cette fréquentation qu'est due la situation d'où est né le besoin de chercher à améliorer le revêtement des chaussées. On conçoit dès lors que le problème ne se pose pas partout sous la même forme et ne comporte pas une solution unique.

Sur un point cependant tout le monde est d'accord. Quelque peu intense que soit la fréquentation automobile, il y a lieu de s'efforcer de supprimer ou d'atténuer la poussière. La question est assez grave pour avoir motivé la présentation de rapports spéciaux à son sujet; on peut donc se dispenser de la traiter ici en ce qui concerne les moyens de lutter contre la poussière produite par un revêtement donné. On y aura égard cependant en examinant les divers types de revêtement susceptibles d'application, car, à conditions égales par ailleurs, le type préférable sera celui qui donnera à l'usage la moindre quantité de poussière.

Une bonne chaussée doit être unie, dure et élastique, conserver son profil sans s'infléchir sous les charges, être exempte de boue et de poussière, ne pas être glissante. Les revêtements actuellement en usage se réduisent à deux types : le macadam et le pavage en pierre, si on considère la route en rase campagne ou les traverses ordinaires, abstraction faite de voies particulières de grandes villes où sont encore employés des pavages en bois, des revêtements en asphalte ou en ciment.

Le macadam exécuté avec des matériaux résistants, bien agglomérés entre eux et convenablement comprimés, assez étanche pour que sa masse intérieure ne s'imprègne pas d'eau et que le sol de fondation ne risque pas de se ramollir et de céder, constitue un revêtement parfait répondant aux diverses conditions énoncées. Mais la circulation lui fait subir une usure qui déforme sa surface et donne naissance à la poussière. Cette usure, lente sous le passage des véhicules ordinaires, devient plus active sur les chaussées fréquentées par les automobiles qui, par leur vitesse et leurs antidérapants, amènent une désagrégation des menus matériaux soit par aspiration, soit par frottement. Il ne faut pas croire cependant que cette usure soit incompatible avec la conservation d'une route en bon état dès que la circulation automobile y prend quelque importance. A moins de fréquentations très intenses, on est généralement d'accord pour admettre qu'il est possible, moyennant des perfectionnements de détail et de bons soins d'entretien, de maintenir les chaussées macadamisées même sur des voies importantes. Les renseignements recueillis de divers côtés permettent de dire que ces chaussées sont généralement considérées par les automobilistes comme les plus favorables au roulement (en dehors des revêtements d'asphalte ou de ciment) et que la plupart de celles qui existent sur les grandes Routes de France, en dehors de quelques parties extraordinairement usagées, se conservent en état satisfaisant si elles sont bien fondées et constituées de matériaux résistants. (Cela dit en laissant de côté la question de la poussière.)

Dès lors il semble qu'on doive s'en tenir, pour la construction et l'entretien des chaussées de la Route future moyenne, aux *principes* actuellement en vigueur.

Pour les Routes peu fréquentées par les automobiles, les procédés suivis jusqu'à ce jour ne comportent aucune modification. Si la fréquentation des véhicules rapides prend quelque importance il est à propos de proscrire l'emploi de matériaux peu résistants, ces matériaux fussent-ils beaucoup moins chers par suite de leur présence dans le pays ; il faut éviter, même avec cassage partiel, les cailloux roulés qui se prêtent mal à une agrégation complète de la masse de la chaussée, non seulement en raison de leur forme mais encore le plus souvent à cause de leur nature qui n'est pas liante ; il faut exiger un cassage régulier permettant de loger les matériaux en une mosaïque homogène ; la matière d'agrégation destinée à remplir les vides entre les pierres cassées et à assurer la liaison de celles-ci ne doit être ni trop grasse, ce qui donnerait de la boue, ni trop maigre ce qui faciliterait sa disparition en poussière ; il est aussi essentiel, quand on procède à un rechargement, de ne pas s'en tenir à une compression incomplète ; une économie faite à cet égard est dérisoire, eu égard au prix de revient de la tonne kilométrique de cylindrage, et elle n'est réalisée qu'au détriment de la compacité de la chaussée qui se trouve en outre moins étanche et dont les vides, non réduits au minimum, ne contiennent que de la matière d'agrégation, moins résistante que les matériaux eux-mêmes et plus susceptible d'enlèvement par aspiration ou par usure. Une fois cette matière d'agrégation disparue, les matériaux deviennent branlants dans leurs alvéoles et la dégradation s'accentue vite en allant du plus menu au plus gros. Il est convenable de mesurer le poids des cylindres et le nombre des passages d'après la résistance des matériaux employés, et, comme il faut employer des matériaux de plus en plus durs pour les chaussées importantes, il y a lieu d'augmenter le poids par unité de longueur de génératrice des cylindres ; il y a lieu aussi de réduire la matière d'agrégation au minimum nécessaire et, pour cela, de serrer partiellement les bons matériaux par un premier cylindrage, de manière à réduire les vides avant de répandre cette matière.

La circulation automobile augmentant, les défectuosités résultant de l'emploi d'agrégats insuffisants s'accentuent et l'usure s'accroît en même temps que la poussière se développe au point de devenir une cause de danger pour la circulation rapide. Il faut alors, en conservant l'emploi de matériaux très durs, renforcer leur liaison, tout en la rendant plus élastique, par l'emploi de matières telles que le goudron, le bitume, la chaux ou le ciment, soit purs, soit mélangés avec une matière d'agrégation ordinaire, employées en même temps que s'effectue le rechargement ou répandues à la suite. Le goudron paraît avoir fait ses preuves en principe ; cependant la durée de son efficacité, l'économie qu'il permet de réaliser dans l'entretien ne sont pas encore bien définies non plus que son meilleur mode d'emploi. Mais, pour la question de la Route future, il importe moins de chercher à économiser sur ce qui se fait actuellement que de trouver un procédé qui mette réellement la route en harmonie avec les besoins auxquels elle doit satisfaire. A cet égard, l'emploi du goudron réalise une amélioration indiscutable. Pour le bitume, la chaux et le ciment, l'expérience n'en a été faite que dans quelques cas isolés et on ne peut se prononcer à leur endroit. Il serait désirable que des essais fussent méthodiquement poursuivis en ce qui les concerne comme pour le goudron ou toute autre matière analogue.

Enfin, quand la circulation automobile devient très intense, et c'est le cas par exemple autour de Paris, le macadam, même avec les améliorations indiquées ci-dessus, devient insuffisant. Il faut alors recourir au pavage. Celui-ci n'assure pas, il est vrai, un uni de la surface de roulement comparable à celui d'une chaussée macadamisée neuve, mais il est beaucoup plus résistant, s'use peu et se prête encore à une forte circulation alors même que son état n'est pas parfait; en outre il ne donne pas lieu à poussière. Soigneusement exécuté, avec des pavés de petit échantillon bien taillés, des joints minces, sur une fondation bien assise, il donne des chaussées encore très roulantes et les automobilistes considèrent généralement aujourd'hui son emploi comme très acceptable et même désirable sur les voies exceptionnellement chargées. Leur opinion paraît très justifiée. Il faut éviter la déformation des pavages, soit par usure individuelle des pavés, soit par déversement ou tassement de ceux-ci. Il conviendra pour ces motifs de faire usage de pavés très durs, à tête et faces bien dressées, à arêtes vives, à dimensions régulières, d'employer, tant pour la fondation que pour les joints, du sable dépourvu de saletés et de graviers, de faire des joints étroits quoique bien remplis de sable en toutes leurs parties, d'asseoir le pavage sur une fondation aussi résistante que possible. Quand le sol d'appui n'inspirera pas une confiance absolue ou quand les charges prévues seront élevées, il conviendra, si le dessous de la chaussée ne contient pas des canalisations susceptibles de provoquer des remaniements fréquents de la surface, d'établir sous la fondation en sable un plateau de béton qui pourra être le plus souvent du béton maigre. Le supplément de dépense résultant de cette addition peut varier de 2 à 3 francs par mètre carré, d'après les essais déjà faits, et ces mêmes essais accusent, en même temps qu'une amélioration de la surface, une diminution sensible de la dépense d'entretien en raison de la suppression des déversements ou tassements individuels de pavés et de la diminution, de ce fait, des épaufrures d'arêtes. Enfin le pavage peut être encore amélioré en remplissant les joints de mortier plus ou moins élastique (avec chaux, ciment ou bitume) qui augmente la stabilité des pavés et accroît l'imperméabilité du revêtement.

Constitué en s'inspirant de ces principes un pavage paraît devoir répondre à tous les besoins de la circulation la plus intense.

Il ne paraît pas à propos de parler ici des revêtements en pavés de bois, en asphalte ou en ciment qui, au point de vue du roulement, seraient parfaits, mais qui coûteraient très cher, seraient d'un entretien difficile en rase campagne et ne seraient pas sans inconvénients dans les déclivités un peu sensibles. De pareils revêtements ne semblent applicables que dans les villes, pour des voies de luxe.

VIRAGES

Les inconvénients des virages sont ceux dont le principe a été énoncé à propos des courbes dans l'examen de la question des tracés. Leurs effets se font sentir non seulement sur les véhicules mais encore sur la chaussée dont l'nsure est particulièrement accrue par le fait des dérapages.

Pour les éviter ou les atténuer, sans imposer à la circulation des ralentissements injustifiés, il convient d'assurer dans ces virages les conditions de visibilité les meilleures qu'il sera possible, de surélargir la chaussée pour faciliter les croisements, de relever la moitié extérieure de cette chaussée dans l'étendue de la courbe, avec raccordements sur les alignements droits adjacents, de renforcer la résistance du revêtement dans la partie la plus suivie par les véhicules rapides, c'est-à-dire près de la corde. Si, pour obtenir un renforcement convenable, il est nécessaire de recourir à un pavage, on pourra utilement terminer celui-ci obliquement à l'axe de la route afin d'en rendre l'abord moins sensible aux voitures.

OBSTACLES DIVERS

Ils doivent être divisés en deux catégories suivant qu'ils sont accidentels ou permanents.

Parmi les premiers, les uns sont inévitables et proviennent de l'exécution des travaux; il convient d'en réduire la durée autant que possible et de signaler jour et nuit leur existence tant qu'il en reste trace.

Les autres sont dus à la faute de ceux qui les créent; charretiers obstruant la chaussée, conducteurs d'animaux laissant ceux-ci divaguer de tous côtés, riverains encombrant la route de dépôts divers. Les obstacles de cette nature peuvent être supprimés par une observation rigoureuse des règlements de police. Il suffit de les citer ici en souhaitant leur disparition.

Les obstacles permanents sont de diverses sortes. Certains peuvent être enlevés, il faut les faire disparaître. Tant qu'ils subsisteront, il conviendra d'en signaler la présence, au moins pour ceux qui existent sur la chaussée même.

De ce nombre sont les cassis ou caniveaux transversaux dont le nombre était très grand autrefois et qui disparaissent peu à peu, remplacés par des aqueducs ou rendus inutiles par des modifications de régime dans l'écoulement des eaux; les dos d'âne, au droit d'ouvrages d'art transversaux, qui ont été créés par le tassement des remblais aux abords de ces ouvrages et qu'il est utile de supprimer ou d'atténuer en rechargeant ces remblais; les étranglements excessifs que présentent quelques anciens ponts sur les grandes routes et de nombreux ouvrages sur les voies moins importantes.

Ces étranglements, motivés par des raisons d'économie, ne peuvent tous disparaître; il conviendrait tout au moins de supprimer ceux qui occasionnent une gêne plus particulièrement sensible sur les voies à trafic intense et à transports rapides, surtout si celles-ci sont fréquentées la nuit. Des ouvrages implantés obliquement ou situés dans des courbes constituent de véritables dangers si, à leur traversée, la chaussée est réduite de largeur. Ceux qui existent ainsi doivent être améliorés; il faut les proscrire dans l'avenir.

Les canalisations de gaz ou d'eau qui se trouvent sous les chaussées, surtout dans les villes, constituent des obstacles permanents, quoique non apparents, en raison des déformations du revêtement que leur présence facilite et des remaniements fréquents qu'ils occasionnent. Il serait à propos d'éloigner ces canalisations de la chaussée et de les placer autant que possible sous les trottoirs.

Les accotements surélevés sont le plus souvent coupés de saignées pour l'écoulement des eaux de la chaussée. Ces saignées, fort gênantes, devraient être remplacées par des buses de petit diamètre dans les parties de routes fréquentées par les piétons; leur profondeur devrait en tout cas aller, autant que possible, en s'atténuant depuis le fil d'eau voisin de la chaussée jusqu'à s'annuler près du fossé; leurs bords devraient être raccordés en pente douce avec l'accotement dont le profil en travers devrait d'ailleurs être dressé en pente vers le fossé. Outre que la circulation des piétons serait ainsi facilitée, on rendrait possible l'établissement de pistes cyclables.

Il ne paraît pas à propos de parler des obstacles créés par les ornières ou les flaches prononcées qui ne doivent pas normalement exister et dont l'entretien de la chaussée a pour but d'empêcher la formation.

Deux sortes d'obstacles sont particulièrement redoutés de la circulation et surtout de la circulation automobile. Ce sont les passages à niveau et les voies de tramways.

Les passages à niveau, dans le jour, sont une gêne par suite de leur fermeture aux heures de passage des trains et des arrêts souvent fréquents et prolongés qu'ils imposent à la circulation de la route. Aux abords des grandes villes et sur les lignes parcourues par de nombreux trains, cette gène est quelquefois considérable; elle s'accentue quand le passage à niveau est voisin d'une gare et se trouve engagé par des stationnements ou des manœuvres de trains. On réclame à grands cris leur disparition: malheureusement un grand nombre subsisteront toujours à cause des grandes dépenses qu'entraînerait leur suppression. Il importe en tout cas d'en éviter de pareils dans l'avenir. La traversée du chemin de fer elle-même est toujours gênante et comporte des précautions: il convient de la signaler, même de jour, si le passage n'est pas visible de loin; la chaussée doit être parfaitement entretenue aux abords des rails pour ne pas aggraver les désagréments de la situation. La gêne s'accentue encore quand la traversée est oblique ou quand elle se fait sur une voie en courbe offrant un devers sensible. Le cas est plus grave, il y a danger, quand les abords du passage se présentent mal au point de vue de la visibilité, soit qu'on ne puisse pas voir si les barrières sont ouvertes ou fermées, soit qu'on ne puisse s'assurer de l'approche d'un train. Une pareille situation se rencontre dans de trop nombreux passages à niveau, notamment quand les routes, existant avant la construction du chemin de fer, ont dû être déviées en S pour aborder celui-ci sous un angle acceptable. Certains de ces passages devraient être remplacés par des passages inférieurs ou supérieurs. Dans le cas où on construirait une route nouvelle, il faudrait éviter la création de pareils obstacles.

La nuit, les barrières des passages à niveau sont, suivant la classification de ceux-ci, normalement ouvertes ou fermées. Il serait essentiel que leur position fût signalée à distance convenable avec une intensité d'éclairage suffisante et dans des conditions ne prêtant pas à confusion. Les passages normalement fermés pendant la nuit doivent disparaître sur les routes, desservant un mouvement nocturne appréciable.

La présence des voies de tramways sur les routes soulève de nombreuses récriminations. Il est certain que cette présence ne va pas sans gènes ni sujétions appréciables pour la circulation ordinaire; on ne peut cependant renoncer systématiquement aux tramways pour les remplacer par des chemins de fer sur plates-formes indépendantes qui, bien souvent, entraîneraient des dépenses d'établissement trop coûteuses pour permettre leur réalisation eu égard aux recettes à attendre. L'existence de voies de tramways sur les routes doit donc être admise; il importe seulement que ces voies soient établies dans des conditions acceptables pour l'ensemble de la circulation. Pour cela, il faut de préférence les placer sur un accotement, surélevé ou non, en dehors de la chaussée réservée aux véhicules ordinaires et en réduisant le moins possible la largeur de celle-ci, établir les stations en bordure des routes et hors de leur plate-forme, éviter les voies de garage s'étendant sur la chaussée.

Quand, par la force des choses, la voie devra être disposée sur chaussée — cela s'impose dans les traverses bâties — il faudra adopter la disposition qui laissera la plus grande place disponible pour les voitures, dût-on pour cela réduire la largeur des trottoirs jusqu'au minimum compatible avec la sécurité des piétons. Il faudra, en outre, que la chaussée, entre les rails et sur les deux zones encadrant la voie, soit constituée en matériaux très résistants et bien entretenue, de manière à éviter que les rails, restant en saillie, soient une cause de chocs et d'accidents. Le rail à gorge devra être employé, chaque fois que les largeurs maxima de gorge prévues par les règlements (0 m. 029 et 0 m. 035) seront compatibles avec les besoins de la circulation des trains. Dans le cas contraire, il paraît préférable, sauf aux traversées de chaussées, de renoncer à l'emploi de contrerails qui ne pourraient être placés qu'en laissant entre eux et les rails un espace dangereux pour les enfants, les cyclistes, les animaux à pied petit. Il conviendra en tout cas d'éviter les zigzags d'un côté à l'autre de la chaussée et de réduire les traversées au minimum.

Il ressort de ce qui précède que, si l'on doit accepter la présence de tramways sur des routes, ce n'est que comme un pis aller. Si donc, on avait à construire une nouvelle route en prévoyant un tramway suivant son tracé, il faudrait délibérément donner à la plate-forme une largeur suffisante pour accoler la voie ferrée à la route, sans réduction de celle-ci.

PISTES SPÉCIALES

Les routes donnent passage à des piétons, à des cyclistes, à des animaux, à des véhicules attelés, à des voitures automobiles et, dans certains cas, à des tramways.

Il ne semble pas qu'on doive entendre par pistes spéciales des voies séparées affectées chacune à un usage spécial et exclusif. Une pareille conception serait du domaine de la fantaisie. La question posée paraît envisager plutôt l'établissement dans un même profil en travers d'une route de pistes spéciales juxtaposées.

Y a-t-il lieu d'escompter la possibilité de doter ainsi d'une piste particulière chaque catégorie d'usagers? Non certainement pour les routes s'étendant en dehors des très grandes villes. Encore, sur le territoire de ces dernières, cette possibilité ne se présentera-t-elle qu'à titre d'exception sur quelque grande avenue de luxe qui sortira, par son ampleur et son caractère, du cadre dans lequel paraissent devoir rester les études du Congrès de la Route.

Personne au surplus ne paraît demander une séparation aussi complète des divers modes de transport qui, d'ailleurs, à moins d'une largeur totale considérable, ne donnerait à chacun de ces modes qu'nn espace insuffisant lui faisant regretter la voie commune malgré ses inconvénients. Les vœux généralement formulés se bornent à réclamer une piste pour les piétons et les cyclistes, une autre pour les animaux et les véhicules divers, une troisième pour les tramways. Cette séparation est souhaitable; elle est réalisable, moyennant quelque dépense, sur un grand nombre des Routes nationales existantes et sur quelques voies de catégorie inférieure; elle doit être assurée sur toute nouvelle route un peu importante.

L'usage commun d'une même piste, constituant la chaussée proprement dite, par les véhicules divers et les animaux est sans inconvénients si cette chaussée est assez large eu égard à l'intensité de la circulation, et si chacun observe les règlements de police. Il ne paraît pas à propos, sauf dans des cas exceptionnels, d'adopter une chaussée mixte, par exemple, pavage et empierrement, car, l'un des revêtements s'usant plus que l'autre, il se formerait à leur jonction des saillies et des dépressions rendant les croisements incommodes et dangereux. Il vaut mieux constituer le revêtement de manière à répondre sur toute la largeur de la chaussée aux besoins du mode de locomotion le plus exigeant. La juxtaposition de deux chaussées différentes ne paraît admissible que lorsque l'importance de la voie comporte pour chacune d'elles une largeur permettant les croisements; cela conduit à deux pistes distinctes réalisables seulement dans quelques rares avenues de luxe.

Comment doivent être disposées les trois pistes différentes pour voitures, piétons et tramways? La meilleure solution semble être celle qui est actuellement adoptée le plus généralement : chaussée pour véhicules au milieu, avec accotements latéraux. Elle facilite mieux que toute autre l'écoulement des eaux, et les accès latéraux; elle éloigne la zone consacrée à la circulation rapide des limites de la route où se trouvent les habitations riveraines, les obstacles à la vue et les causes diverses de danger et réalise par suite les meilleures conditions propres à assurer la sécurité de la voie publique.

La chaussée étant au milieu, un des accotements paraît devoir être consacré exclusivement aux voies de tramways, s'il doit y en avoir, ou, à défaut, aux matériaux; l'autre doit rester à l'usage des piétons et des cyclistes, la zone affectée à ceux-ci devant être de préférence rapprochée de la chaussée (pour éviter les croisements de piétons), si l'accotement est relevé et éloigné de celle-ci, dans le cas contraire (pour ne pas exposer les cyclistes à passer sur des parties accidentellement dégradées par le passage de roues de voitures). Si l'un des accotements reçoit une voie de tramway, les approvisionnements de matériaux devront le plus souvent être déposés sur l'autre accotement; celui-ci devra alors présenter une largeur plus grande en rapport avec sa triple fonction et il paraît avantageux, dans ce cas, de faire les dépôts au voisinage de la chaussée, la circulation des cyclistes et des piétons étant reportée vers l'extérieur.

En tout cas, il faudra sur cet accotement éviter ou atténuer les saignées transversales.

RÉSUMÉ ET CONCLUSIONS

Tracé. — Il doit être aussi peu sinueux que possible. Les courbes immédiatement suivies de contre-courbes doivent être évitées. Les courbes doivent assurer une bonne visibilité et, dans les conditions normales d'une grande route, un rayon minimum de 60 mètres est désirable. Un surélargissement de la chaussée est utile dans les courbes accentuées. Autant que possible, les fortes courbes ne doivent pas être combinées avec des déclivités.

Profil en long. — La route la meilleure sera celle dont le profil sera le moins mouvementé. A cet égard, il y aura lieu de tenir compte de la topographie de la région et du genre de service à assurer. Il conviendra d'éviter l'intercalation de déclivités élevées au milieu de parties peu mouvementées, afin de maintenir l'homogénéité du profil.

Profil en travers. — La route moyenne devra avoir de 10 à 14 mètres de largeur avec une chaussée centrale de 5 à 7 mètres et deux accotements latéraux. Sauf dans les pentes, les accotements devront de préférence se raccorder de niveau avec la chaussée: s'ils sont relevés, il conviendra d'y supprimer les saignées transversales. Autant que possible, l'un des accotements devra pouvoir être affecté partiellement à la circulation cycliste.

Le bombement de la chaussée ne devra pas dépasser 1/50.

Revêtements. — Dans l'état actuel des choses; deux types de revêtements paraissent seuls devoir être retenus pour une route, en dehors de quelques cas spéciaux : le macadam et le pavage.

Le macadam devra être exécuté avec des matériaux résistants, régulièrement cassés et parfaitement comprimés en faisant emploi de matière d'agrégation ni trop liante, ni trop maigre, après compression partielle de l'empierrement pour réduire cette matière moins résistante au minimum nécessaire. Il y aurait intérêt à augmenter le poids des cylindres compresseurs pour des chaussées à matériaux très durs.

Ce mode d'opérer paraît suffisant pour le cas d'une circulation automobile peu active. Si cette circulation augmente, il peut y avoir intérêt à substituer à la matière d'agrégation ordinaire d'autres matières plus élastiques et stables, telles que le goudron, le bitume, la chaux ou le ciment. Des essais dans ce sens seraient intéressants, avant de prendre parti à cet égard.

Les chaussées macadamisées devraient, dans les parties les plus fréquentées par les voitures rapides, surtout dans les traverses, être traitées contre la poussière.

Enfin, pour les routes ou sections de routes à fréquentation très intense ou à circulation lourde, il conviendrait de recourir au pavage avec pavés durs de petit échantillon, 13/20 par exemple, bien dressés sur toutes leurs faces, avec des joints minces, de bon sable, une fondation bien assise. Ce pavage devrait être complété, dans le cas de sol mauvais ou de très lourds charrois, par une sous-fondation constituée par un plateau de béton de sable maigre de 0 m. 18 à 0 m. 20 d'épaisseur. Enfin, dans quelques rares cas, les joints devraient être garnis, sur partie au moins de leur hauteur, avec des matières élastiques et étanches (mortiers divers, bitume).

Les revêtements d'autres natures ne paraissent devoir être employés que sur des voies de luxe n'entrant pas dans le cadre de la question.

Virages. — Leurs rayons devront être aussi peu réduits que possible. Il conviendra de les surélever dans la moitié extérieure de la chaussée, d'assurer une bonne visibilité, de surélargir la chaussée et, si la circulation est intense ou le virage brusque, de renforcer le revêtement de la chaussée.

Obstacles divers. — Les obstacles accidentels résultant de la faute du public doivent disparaître, grâce à une observation plus rigoureuse des règlements. Ceux qui sont occasionnés par des travaux doivent être réduits au minimum et signalés à distance.

Les obstacles permanents doivent en grande partie disparaître; de ce nombre sont les cassis, les dos d'âne, beaucoup de saignées d'accotements surélevés, certains étranglements de ponts. Ceux qui ne pourront être supprimés doivent être signalés et atténués. Les voies de tramways doivent être placées, sauf empêchement, en dehors de la chaussée; on doit éviter de leur faire traverser en biais cette chaussée et, quand on est forcé de les établir sur elle, il faut assurer l'entretien aux abords des rails avec un soin particulier. Les passages à niveau doivent être signalés à distance, s'ils ne sont pas naturellement vus de loin; les conditions de visibilité et d'accès de leurs abords doivent être améliorées; ils doivent être efficacement éclairés la nuit; il y a lieu de réduire le nombre des P. N. à barrières fermées la nuit sur les Routes présentant quelque circulation nocturne.

Sur toute route nouvelle de quelque importance il convient d'éviter la création de tout obstacle de ce genre.

Pistes spéciales. — En dehors de quelques cas exceptionnels, la route ne paraît pas devoir comporter de pistes spéciales en dehors des distinctions ci-après : chaussée au centre pour les véhicules de toutes natures et les animaux, accotements latéraux pour les tramways, les piétons, les matériaux, en isolant les tramways, s'il y en a, et en établissant si possible un sentier cyclable sur un de ces accotements. Enfin, il y a lieu d'adapter chacune de ces zones aux besoins les plus exigeants qu'elle peut avoir à satisfaire.

Bordeaux, le 11 juin 1908.

62112. — Imprimerie Lahure, rue de Fleurus, 9, à Paris.

ÜBERSICHT

Trassée. — Dasselbe soll möglichst geradlinig verlaufen. Kurven, nach welchen Gegenkurven unmittelbar kommen, sind zu vermeiden. Kurven sollen genügenden Ausblick gewähren, und ein Mindestkrümmungshalbmesser von 60 Metern erscheint unter normalen Verhältnissen auf Landstrassen als wünschenswert. An scharfen Kurven ist eine Erweiterung der Fahrbahn geboten. Scharfe Kurven sind im Gefälle tunlichst zu vermeiden.

Längenprofil. — Strassen mit möglichst geringen Steigungen und Gefällen sind jedenfalls die besten. In dieser Beziehung sind die Topografie der Gegend, sowie die Verkehrsverhältnisse zu berücksichtigen. Starkes Gefälle ist zur Wahrung der Gleichförmigkeit des Profils in mässig coupierten Geländen zu vermeiden.

Querprofil. — Die durchschnittliche Strassenbreite hat 10 bis 14 Meter zu betragen, wovon 5 bis 7 Meter auf einen zentralen Fahrbahn und 2,50 bis 3,50 Meter auf jedes der Seitenbankette, entfallen. Die Banketten sollen — Gefälle ausgenommen — auf gleicher Höhe mit der Fahrbahn liegen. Für den Fall der Überhöhung ist es ratsam, Querwasserabzüge zu beseitigen. Eines der Banketten soll — wenn irgend möglich — dem Fahrradverkehr vorbehalten bleiben.

Die Wölbung der Fahrbahn hat 1/50 nicht zu überschreiten.

Deckbau. — Zwei Arten von Deckbauten scheinen gegenwärtig — mit wenigen Ausnahmen — für Strassen beibehalten worden zu sein : Makadamisierung und Pflasterung.

Die Makadamisierung ist mit widerstandsfähigen, gleichmässig zerkleinerten und vollständig zusammengedrückten Materialien auszuführen. Das, weder zu sehr anhaftende, noch zu trockene Bindemittel, ist nach teilweisem Zusammendrücken des Geschlägs aufzubringen, um dieses weniger widerstandsfähige Material auf ein Minimum zu beschränken. Für Hartstrassen sind schwere Walzen, als die gegenwärtig gebräuchlichen empfehlenswert.

Dieses Verfahren ist für schwächeren Automobilverkehr vollständig ausreichend. Bei anwachsendem Verkehr können an Stelle der gewöhnlichen Bindemittel, elastischere Materialien, wie Teer, Asphalt, Kalk oder Cement treten. Bevor nach dieser Richtung hin eine Entscheidung getroffen wird, wären diesbezügliche Versuche anzustellen. Makadamisierte Strassen sollen in den von schnellen Walzen befahrenen Teilen, sowie insbesondere in Ortschaften einem staubvermindernden Verfahren unterzogen werden.

Auf stark befahrenen Strassen oder Strassenteilen mit Lastwagenverkehr, empfiehlt sich die Pflasterung mit harten, schmalen (13/20 beispielsweise), auf sämtlichen Flächen sorgfältig zugerichteten Pflastersteinen, schmalen Fugen, einer guten Sandschichte und Packlage. Bei schlechter Bodenbeschaffenheit, oder sehr schwerem Lastwagenverkehr, wäre überdies noch ein Grundbau, welcher aus einer 0,18 bis 0,20 starken Magerbetonbettung bestehen würde, auszuführen. In einigen wenigen Fällen, sind endlich die Fugen bis zu einer bestimmten Höhe mit elastischen und wasserdichten Materialien (verschiedene Mörtel, Asphalt) auszugiessen.

Anderweitige Decklagen scheinen nur auf Luxusstrassen zur Anwendung zu gelangen, und gehören nicht in den Rahmen dieses Berichtes.

Krümmungen. — Ihr Halbmesser soll möglichst gross sein. Krümmungen sind an der äusseren Hälfte der Chaussée zu überhöhen, auch sollen sie freien Ausblick gewähren; die Fahrbahn ist an den betreffenden Stellen zu erweitern, und bei dichtem Verkehr, oder an besonders scharfen Kurven ist für eine Verstärkung der Decklage zu sorgen.

Verkehrsstörungen. — Zufällige, durch Verschulden des Publikums entstehende Verkehrsstörungen sollten durch strengere Einhaltung der Vorschriften verschwinden. Die durch Arbeiten verursachten, sind auf ein Mindestmass zu beschränken, und auf weitere Entfernung anzuzeigen.

Ständige Verkehrshindernisse sind grossenteils zu beseitigen; dies gilt von den Querschlagrinnen, Höckern und Abzugsgräben der Banketts, sowie manchen Brückenverengerungen. Diejenigen, welche nicht beseitigt werden können, sind bekannt zu machen und zu vermindern. Strassenbahngeleise sind — wenn irgend tunlich — ausserhalb der Fahrbahn zu legen; schräges Queren der Chaussée durch die Geleise ist zu vermeiden; ist jedoch die Bahnanlage auf der Strasse nicht zu umgehen, sind die den Schienen zunächst liegenden Strassenteile mit besonderer Sorgfalt zu unterhalten. Bahnübergänge sind, falls sie nicht von Ferne gesehen werden können, mit besonderer Zeichengebung zu versehen; ihre Sichtbarkeit und Zugänglichkeit sind verbesserungsfähig.

Die Bahnübergänge sind nachts zu beleuchten. Die Zahl der mit nachts geschlossenen Barrieren versehenen Bahnübergänge ist auf nachts befahrnen Strassen zu vermindern. Auf jeder neuen wichtigeren Strasse erscheint es angemessen die Schaffung solcher Hindernisse zu vermeiden.

Besondere Bahnen. — Einige wenige Fälle ausgenommen, scheint die Strasse mit Ausnahme der nachstehend aufgezählten, keiner besonderen Bahnen zu bedürfen :

Eine Fahrbahn in der Mitte für die Fuhrwerke jeder Art und den Viehtrieb,

Seitenbanketten für Strassenbahnen, Fussgänger und Materialablagerungen. Strassenbahnen sind zu isolieren und die Anlage eines Fahrradweges auf einer dieser Banketten erscheint als wünschenswert. Endlich sollte jede dieser Zonen dem weitgehendsten Verkehrsbedürfnis, dem sie jemals zu entsprechen hätte, angepasst werden.

(Übersetz. BLAEVOET.)

Ier CONGRÈS INTERNATIONAL DE LA ROUTE
PARIS 1908

4e QUESTION

LA ROUTE FUTURE

RAPPORT

PRÉSENTÉ AU NOM DE LA COMMISSION DE TOURISME
DE L'AUTOMOBILE-CLUB DE FRANCE,

PAR

M. le Baron MERLIN
Président de la Commission des routes de l'Automobile-Club de l'Oise.

PARIS
IMPRIMERIE GÉNÉRALE LAHURE
9, RUE DE FLEURUS, 9

1908

LA ROUTE FUTURE

RAPPORT

présenté au nom de la Commission de Tourisme de l'Automobile-Club de France,

PAR

M. le Baron MERLIN

Président de la Commission des routes de l'Automobile-Club de l'Oise.

Un auteur, Edmond Desmolins, a dit : « Les routes créent le type social d'un pays ». N'eût-il pas mieux fait de dire : « Le type social d'un pays crée sa route ».

Si nous jetons les yeux en arrière, nous voyons que le développement des routes, les modifications successives qu'elles ont subies, les moyens d'exécution employés à leur construction ont varié suivant non seulement l'instinct des peuples, mais encore le génie particulier de chaque chef d'État.

Une brève étude rétrospective démontrera l'exactitude de cette assertion.

La création des routes remonte aux temps les plus lointains de l'antiquité.

L'histoire relate que Moïse demanda au roi des Amorrhéens le passage sur ses terres, s'engageant à suivre « les grands chemins ».

Plus tard, Hérodote parle d'une voie d'une telle largeur qu'elle exigea le travail de dix années, et de 100000 hommes.

Dix-neuf cents ans avant Jésus-Christ, trois routes partaient de Babylone vers Suze, Ecbatane et Sardes.

L'étude des routes dans les Républiques de la Grèce n'est point possible; les auteurs en parlent peu; ils font connaitre seulement que le Sénat et les plus grands personnages de la République s'honoraient de la direction des « routes *royales* ».

Des routes de Carthage, nous ne savons guère que ce fait, qu'elles furent les premières pavées.

C'est à Rome que se révèle le véritable génie des routes.

Elles étaient nécessaires à l'Empire romain pour maintenir et étendre sa suprématie sur les peuples conquis comme la « route de l'avenir » est nécessaire pour augmenter et faciliter les relations pacifiques de peuple à peuple.

Or, les raisons qui amenèrent les Romains au choix de leurs tracés et de leurs profils ne sont-elles les mêmes que celles que nous impose aujourd'hui ce travail?... La voie romaine ne sera-t-elle pas la « route de demain »?

La première voie romaine, celle que le poète Stace appelle la reine des routes, la voie Appienne, va de Rome à Capoue; pavée de grandes dalles pour le passage des roues, elle comporte des chaussées spéciales pour piétons et cavaliers en même temps qu'elle permet le passage de plusieurs voitures de front. Elle est jalonnée de bornes indiquant les distances et permettant par surcroît aux cavaliers de se remettre à cheval.

Les voies se multiplient rapidement : 29 routes partent bientôt de la Borne Militaire, pour, de là, conduire aux points extrêmes de l'Empire. 372 grandes voies relient entre elles les principales provinces; certaines franchissent les montagnes, ainsi celle de la Narbonnaise à l'Espagne par les Pyrénées.

Ce réseau de grandes voies (*voie*, 8 pieds de large au moins) est évalué à 78000 km de longueur. Mais il existe en outre l'*Actus* (4 pieds), l'*Iter* (2 pieds, sentier pour cavaliers), le *Semita* (1 pied) sentier pour piétons.

A Rome comme en Grèce, les postes de « protecteurs des routes » sont donnés, à titre honorifique, aux plus puissants personnages : César, par exemple, le créateur des routes de Gaule, fut nommé curateur des voies autour de Rome. Des arcs de triomphe, tels ceux de Rome et de Brindisi, élevés à Auguste en souvenir de la réparation de la voie Appienne, ceux élevés en l'honneur de Trajan à Rome, Bénévent et Ancône, témoignent de la gratitude des peuples envers ceux qui donnèrent leurs soins aux voies de communication.

Sur les 78000 km de voies de l'Empire, 22000, dit-on, existaient dans l'ancienne Gaule : c'est ce premier réseau, augmenté bientôt des « Chaussées Brunehaut », qui s'accroît progressivement sous l'impulsion des rois et des gouvernements qui leur succédèrent, pour atteindre en 1908 578000 kilomètres, dont nous allons retracer rapidement les transformations successives.

Dagobert, en 628, dans ses Capitulaires, établit un premier règlement des routes, Charlemagne répare les voies anciennes, en crée trois nouvelles en 807, et charge des *Missi dominici* de leur surveillance.

Louis le Débonnaire ordonne la construction de ponts « à faire avec toute la célérité possible ».

Philippe Auguste s'occupe plus particulièrement de paver, avec des dalles carrées, Paris et les routes y aboutissant.

Charles VI charge les sénéchaux et baillis de l'entretien des routes.

Louis XI institue en 1464 la poste sur routes.

Henri II commence à border d'arbres les grandes routes. Sully généralise ces plantations. Et, dans certaines provinces, le nom de « Rosny » est encore attaché aux ormes plantés par lui.

Henri IV institue la charge de commissaire général et surintendant des routes, et établit, en 1597, les relais de chevaux.

Louis XIV crée les routes de grande largeur des environs de Paris, les « Pavés du roi ».

Louis XV classifie les routes, organise en 1722 les corps des Ponts et Chaussées pour lesquels, en 1750, il fait ouvrir « l'École des Ponts et Chaussées ».

Napoléon augmente et améliore partout les routes existantes, et en fait tracer de nouvelles, telles la belle route du Simplon, Montreuil, Boulogne, etc.

Le réseau des seules routes nationales de la France atteint aujourd'hui une longueur de 38 000 km dont 2000 pavées et 36 000 empierrées. Il existe en plus en France :

14 563 km de routes départementales;
172 069 km de chemins de grande communication;
71 412 km de chemins d'intérêt commun;
281 689 km de chemins vicinaux.

Il est à remarquer que le premier réseau des chemins de fer établi dans la deuxième partie du dernier siècle correspond presque exactement à celui des voies romaines construites dix-huit siècles auparavant.

C'est ce que M. Vidal-Lablache, en signalant le fait en 1902 au Congrès des Sociétés savantes, appelait « La géographie historique ».

TRACÉ

Le tracé d'une route dépend des conditions si différentes, et quelquefois même si contradictoires qu'il est bien difficile d'en tirer des conclusions pratiques. Avant tout, nous laisserons de côté, d'une part, les conditions de stratégie, offensive ou défensive de chaque pays, lesquelles ne sont point de notre ressort, d'autre part, les conditions économiques, qui tenaient autrefois une si grande place dans le tracé des routes pour le transport au loin des richesses d'un pays. Ces transports ne peuvent plus se faire aujourd'hui que par les voies ferrées ou les voies navigables.

Les autres considérations sont : ou bien d'ordre général, c'est-à-dire s'appliquant aux voies de communication quelles qu'elles soient, ou d'ordre particulier, c'est-à-dire spéciales au pays traversé ou au but à atteindre.

Les conditions d'ordre général peuvent s'appeler « conditions climatériques »; elles sont les plus précises, et se résument presque en un mot : « Aérer la route », c'est-à-dire éviter les bas-fonds, les marécages, les parties boisées où l'air circule mal, où les chaussées conservent, longtemps après les pluies, la boue, et une humidité persistante qui les dégrade rapidement.

Dans les pays pluvieux, on devra donc rechercher l'orientation du Midi et celle des vents qui sèchent le plus vite les chaussées.

Dans les pays secs, on recherchera au contraire l'orientation au Nord qui laisse la route dans une humidité légère et rationnelle, et empêche sa désagrégation.

Éviter les plans rigoureusement horizontaux qui ne permettent l'écoulement des eaux que par le profil en travers, dont ils diminuent par le fait même le rayon.

Les conditions spéciales au but de la route à créer sont bien différentes s'il s'agit de routes générales destinées à relier les capitales aux frontières d'un pays, les frontières entre elles, ou même certains centres du pays entre eux (routes appelées en France « nationales ») ou s'il s'agit au contraire de routes destinées à la circulation locale d'une contrée.

La différence qui doit exister entre ces deux sortes de routes doit être aussi grande qu'entre un train rapide et un train omnibus entre un transatlantique et un caboteur.

La voie rapide de l'avenir, celle que nous pourrions appeler « la Transeuropéenne terrestre », doit être : directe, droite, à profil en long, de rampes modérées, à profil en travers, large. Elle doit être également accessible à tous les genres de locomotion, elle doit les faciliter tous. Elle doit être d'un entretien facile, et organisée de manière à n'apporter à la circulation que le minimum de gêne.

La route sera directe, c'est-à-dire : elle répondra au but général qu'elle se propose en évitant tout détour qui ne serait nécessité que par des exigences locales.

La route sera droite. Mais ce mot nécessite une interprétation. Il doit être, en effet, compris dans ce sens : « Se rendre d'un point à un autre par la voie pratiquement possible la plus courte ». Car le tracé est tout différent s'il s'agit d'un pays plat, d'un pays fortement ondulé, ou d'un pays de montagne.

Dans le pays plat rien ne s'oppose à ce que l'on suive la ligne droite. En pays de montagne, l'obligation de passer aux cols et de suivre les vallées s'impose. Mais, en ce qui concerne les pays fortement ondulés, on a émis des opinions très diverses.

Les Gaulois et leurs descendants possédaient au plus haut degré l'amour de la ligne droite : les vestiges des chaussées Brunehaut, les superbes routes nationales qui sillonnent la France le prouvent surabondamment. La route volait de clocher en clocher.

Mais, à cet amour excessif de la ligne droite, en pays très ondulé, on peut adresser un double reproche : le prix de revient trop élevé, et les rampes trop fortes pour une bonne utilisation du roulement.

La nécessité de couper les ondulations du terrain pour suivre la ligne droite exige l'établissement de tranchées ou de terrassements, quelquefois même d'ouvrages d'art. On les éviterait en tournant l'obstacle; l'allongement de parcours ainsi obtenu est insignifiant, l'augmentation horizontale étant compensée par les diminutions verticales successives des rampes et des pentes.

Mais, d'autre part, ces détours à flanc de côteau pour tourner l'obstacle amènent des sinuosités et des courbes nombreuses; l'économie de force obtenue par la suppression des déclivités est rendue sans effet par l'augmentation des efforts de traction. Nous estimons donc que, s'il y a lieu de tourner l'obstacle quelquefois pour éviter des pentes trop fortes ou des travaux d'art trop importants, il ne faut le faire que rarement. On doit éviter la courbe plus encore que la déclivité, et, en tout cas, il y a lieu de lui assurer un rayon important, qui ne sera jamais inférieur à 50 mètres sur les routes générales.

La route sera d'un accès facile à tous les modes de locomotion. Piétons, cavaliers, cyclistes, voitures légères ou voitures chargées, voitures à traction animale ou voitures à traction mécanique, tous ont des droits égaux « au soleil » de la circulation. *Mais les droits confèrent des obligations et tous doivent respecter les droits des autres.* La plate-forme doit être donc installée pour tous les genres de locomotion et divisée entre eux.

La division permettra d'*établir la responsabilité de chacun sur chaque partie de la route.*

Bornons-nous, sur ce sujet, à ces indications sommaires, laissant à un de nos collègues le soin de le traiter plus longuement, de même nous n'effleurerons qu'en l'indiquant cet autre point qui est en dehors de notre programme.

La route sera d'un entretien aisé. Il était nécessaire néanmoins de signaler, dans ce chapitre des tracés et profils, l'obligation qui s'imposera d'assurer les dépôts de matériaux et l'enlèvement des boues par d'autres moyens que les dépôts sur route, qui entravent la circulation et causent la majorité des accidents.

Nous n'avons parlé jusqu'ici que de la route générale. A cette route doivent aboutir les chemins de grande communication, affluents apportant leur tribut au fleuve.

Ces voies obéissent à des lois complètement différentes. Elles doivent aller cueillir dans chaque village trafic et tourisme; loin d'aller « droit au but », il faut qu'elles « amènent tout le monde au but ». Elles devront également se ramifier assez pour atteindre toutes les localités sans exception. La situation des lieux habités à desservir déterminera donc le tracé de ces voies secondaires.

PROFIL EN LONG

Le profil en long est l'intersection de l'axe de la route avec la surface de la chaussée; en style usuel, ce sont les paliers et déclivités de la route (rampes et pentes).

L'idéal est le palier à déclivités imperceptibles, de quelques millièmes, déclivités n'ayant aucune importance au point de vue de la traction, mais rendant l'écoulement des eaux plus facile.

Mais l'obligation de tenir compte des vallées et des monts que l'on rencontre impose la nécessité de suivre tout ou partie de leurs déclivités. Dans quelle limite doit-on le faire?

Les Romains ont établi des routes d'une déclivité allant jusqu'à 15 pour 100. Ce chiffre a été continuellement diminué, et certains auteurs avaient émis l'idée de fixer en France les déclivités maxima suivantes : 3 pour 100 pour les routes nationales, 4 pour 100 pour les routes départementales, 5 pour 100 pour les chemins vicinaux.

C'est par des calculs mathématiques, mais par des méthodes différentes, que de savants ingénieurs : Favier, Lechalas, Durand-Claye, Debauve, ont cherché à établir les déclivités en fonction du poids transporté, de la fatigue et du poids du cheval, en tenant compte du prix de revient du transport et de l'établissement de la route.

Ces calculs sont très brillants, mais, en les établissant, ces messieurs reconnaissent cependant que les problèmes relatifs à l'action des tracteurs animés ne sont pas susceptibles d'une solution générale et qu'il faut se contenter d'une large approximation.

Nous pensons que, s'ils étaient appelés à recommencer aujourd'hui leurs calculs, ils les modifieraient.

Ces calculs sont basés sur le grand roulage. Or, la multiplication des voies ferrées, railways et tramways, l'extension importante, quoique née d'hier, de la traction mécanique, doivent amener, en raison du prix élevé de la tonne transportée au loin par les moteurs animés, l'extinction du grand roulage à grand rayon.

Ces calculs, justes encore pour les chemins d'intérêt local, doivent être remplacés, pour les chemins d'intérêt général, par d'autres faisant entrer en ligne de compte surtout le roulage léger pour la traction animale et tous les roulages pour la traction mécanique.

La déclivité maxima proposée de 3 pour 100 avait été choisie pour permettre à toutes les voitures de se passer de frein, et aux chevaux attelés à des voitures légères de conserver l'allure du trot.

Mais ces déclivités ne peuvent être atteintes que par des terrassements importants, coûteux à établir, et d'entretien difficile à cause du manque d'air dans les chaussées profondes, ou par des détours imposés au tracé. Mais nous avons montré, d'autre part, les inconvénients de ces détours, et de ces courbes trop souvent répétées.

Nous pensons que, sur les routes d'intérêt général, la déclivité de 5 pour 100 peut être admise comme maximum d'une manière usuelle, et celle de 6 pour 100 dans des cas très exceptionnels.

Sur les routes d'intérêt local au contraire, où doit passer tout le roulage de la contrée pour rejoindre les grandes artères, routes ou chemins de fer, la déclivité devrait être réduite.

L'introduction des tramways sur les grandes routes avait été une des raisons pour lesquelles on diminua les déclivités; aujourd'hui, grâce à la traction électrique, ces tramways montent facilement toutes les rampes, on n'aura donc plus à en tenir compte dans l'établissement d'un tracé.

L'usage des tramways et des chemins de fer d'intérêt local sur route est dangereux, d'une part, et, d'autre part, détériore les chaussées; il y a lieu d'espérer qu'il ne persistera pas à l'avenir.

PROFIL EN TRAVERS

Le profil en travers est, théoriquement, la coupe de la route par un plan vertical normal à son axe; pratiquement, c'est la largeur de la route.

Le profil en travers, avons-nous dit, doit être large, d'une part, pour faciliter l'aération des routes dans les bois, tranchées, etc., d'autre part, afin d'avoir une plate-forme suffisante pour permettre les différents modes de locomotion, qui ont des droits égaux aux bienfaits de la route.

Le profil de l'avenir ne doit comporter qu'une plate-forme destinée à recevoir les chaussées et les pistes spéciales.

Les routes, construites primitivement larges pour éviter les ornières que l'on comblait rarement, furent établies de plus en plus étroites à mesure qu'elles étaient mieux entretenues.

Cette manière de faire constituait une erreur.

On était même arrivé à une largeur de 5 m., qui ne permet que le passage de deux voitures.

Or, nous estimons qu'une chaussée de 7 m. est indispensable pour faciliter la double circulation, une troisième voiture étant arrêtée, pour permettre le croisement avec une voiture conservant le milieu de la route, cas fréquent, pour ne pas dire permanent, dû à la négligence ou à la mauvaise volonté des conducteurs.

Le prix plus élevé d'établissement est largement compensé par la diminution de dépenses d'entretien, surtout si l'on se rapproche davantage, ainsi que nous allons l'indiquer, de l'horizontalité de la chaussée.

Les trottoirs doivent être supprimés. Ils ne peuvent exister que coupés de larges saignées pour l'écoulement des eaux; mais celles-ci rendent les trottoirs impropres à tout roulage, et même fatigants aux piétons. C'est un espace inutilement perdu.

La route future devra prévoir des gares de dépôt et d'évacuation. Il faut, en effet, éviter ces dépôts de pierres et de cailloux sur les accotements, qui sont les causes principales des accidents, ainsi du reste que les dépôts de boues; ces gares existent d'ailleurs déjà sur certaines routes de montagnes.

Les fossés ne seront creusés que là où ils seront absolument indispensables à l'évacuation des eaux; dans la plupart des cas, de simples rigoles produiront le même effet : ce sera une économie d'argent et de terrain.

Nous ne parlerons point des talus nécessaires pour tenir les terres qui surplombent la route : ils sont établis à la demande; mais nous appellerons l'attention du Congrès sur l'obligation de construire toujours, et solidement, des banquettes de sécurité. Elles évitent, surtout dans les virages, des accidents nombreux et presque toujours mortels.

Enfin, les progrès rapides de la science ne nous permettent-ils point de pénétrer dans le domaine du rêve, et de prévoir les « dépôts de force motrice sur routes »?

Déjà, de simples fils transportent la force à distance; déjà la télégraphie hertzienne fait des pas de géant; est-ce faire un songe insensé que d'espérer pouvoir « cueillir » un jour sa force à des « antennes » de la Route?...

Quelle courbe faudra-t-il donner à la plate-forme de la chaussée?... Si nous n'examinions que la question du roulage, nous dirions que la chaussée doit être horizontale. Horizontale, elle évite l'usure prématurée des moteurs animaux ou mécaniques, usure des membres du cheval (ou des différentiels); elle permet l'utilisation de toute la chaussée, les véhicules n'ayant plus d'intérêt à se tenir à la partie supérieure; les tassements des chargements n'existent plus; les ornières que tracent les automobiles passant rapidement aux mêmes points ne se creusent plus.

Dans quelle limite pouvons-nous obtenir cette horizontalité? Ceci est une question de perfectionnement dans le sol de la chaussée. Le bombement de 1/24ᵉ dans les routes anciennes est devenu normalement de 1/50ᵉ et descend au 1/70ᵉ et même au 1/100ᵉ dans les chaussées perfectionnées.

Il y a lieu d'espérer que les chaussées seront toutes perfectionnées dans l'avenir, et que partout ce chiffre, de 1/70ᵉ, sinon de 1/100ᵉ, pourra être atteint.

CONCLUSIONS

Diviser les routes en deux catégories :

Routes d'intérêt général;

Routes d'intérêt local.

Pour les premières *aller droit au but*, sans tenir compte des intérêts de clocher.

Pour les secondes, *amener tous les intérêts de clocher aux premières.*

Les routes d'intérêt général doivent être accessibles à tous les genres de locomotion : piétons, cyclistes, cavaliers, voitures légères ou voitures lourdes de roulage, à traction mécanique ou à traction animée, elle sera divisée pour tous les genres de locomotion de manière *à établir la responsabilité de chacun sur chaque partie de la route.*

Pour répondre à ces conditions multiples, elles doivent être *larges*, à plate-forme sensiblement horizontale.

Les déclivités ne doivent pas être trop diminuées au détriment de la ligne droite par l'augmentation des courbes qui doivent être réduites à leur minimum.

Limite de déclivité 5 pour 100; limite minimum des courbes 50 m.

Le profil en travers doit être dégagé des impedimenta, et employé uniquement à la circulation, d'où établissement des gares de dépôt et d'évacuation.

Des banquettes de sécurité doivent être solidement établies, surtout aux virages.

Éventuellement, il est permis d'espérer dans l'avenir des dépôts de force motrice sur routes.

Les routes des deux catégories doivent être largement percées.

SCHLUSSFOLGERUNGEN

Die Strassen sind in zwei Kategorien zu verteilen :

Strassen von allgemeinem Interesse.

Strassen von örtlichem Interesse.

Bei der Trassirung der ersteren soll man *auf's Ziel losgehen*, ohne jede Berücksichtigung der Kirchtuminteressen.

Was die zweiten betrifft, sollen alle Kirchtuminteressen auf die vorteilhafteste Art und Weise zurückgeführt werden, wie dieselben Strassen mit den ersteren verbunden werden könnten.

Die Strassen von allgemeinem Interesse sollen allen Verkehrsarten zugänglich sein : Fussgängern, Radfahrern, Reitern, leichten Wagen, Lastfuhrwerken mit Pferdebespannung oder motorischem Antrieb. Ein Teil der Strasse soll jedem Verkehrsmittel angewiesen werden, so dass die Verantwörtlichkeit jedes derselben für seinen Teil festgesetzt werden könnte.

Um diesen mannigfaltigen Bedingungen zu entsprechen sollte die Strasse eine gute Breite und ein beinahe wagerechtes Planum erhalten.

Es ist nicht angemessen, die Gefälle zu stark zu vermindern und zwar durch Verlängerung der Kurven und demzufolge durch Abweichen von der geraden Linie; die Kurven sind auf ein Minimum herabzudrücken.

Das Maximalgefäll soll 5 Prozent, der Minimalradius der Kurven 50 Meter betragen.

Das Querprofil soll von allen Hindernissen befreit werden und lediglich dem Verkehr dienen : es sollen daher Materialien- und Abfuhrlager hergestellt werden.

Sicherheitsbanketten sollen hauptsächlich an den Kurven festgebaut werden.

Für die Zukunft steht die Schaffung von Triebkraftquellen auf Strassen in Aussicht.

Beide Strassenkategorien sollen breit durchgebrochen werden.

(Übersetz. Blaevoet.)

Merlin.

62526. — PARIS, IMPRIMERIE LAHURE
9, rue de Fleurus, 9

Ier CONGRÈS INTERNATIONAL DE LA ROUTE
PARIS 1908

4e QUESTION

LA ROUTE FUTURE

REVÊTEMENTS, LEUR ENTRETIEN, RECHARGEMENTS, MATÉRIAUX ET PROCÉDÉS

RAPPORT

PAR

M. E. LANTZ
Membre de l'Automobile-Club de France, à Paris.

PARIS
IMPRIMERIE GÉNÉRALE LAHURE
9, RUE DE FLEURUS, 9

1908

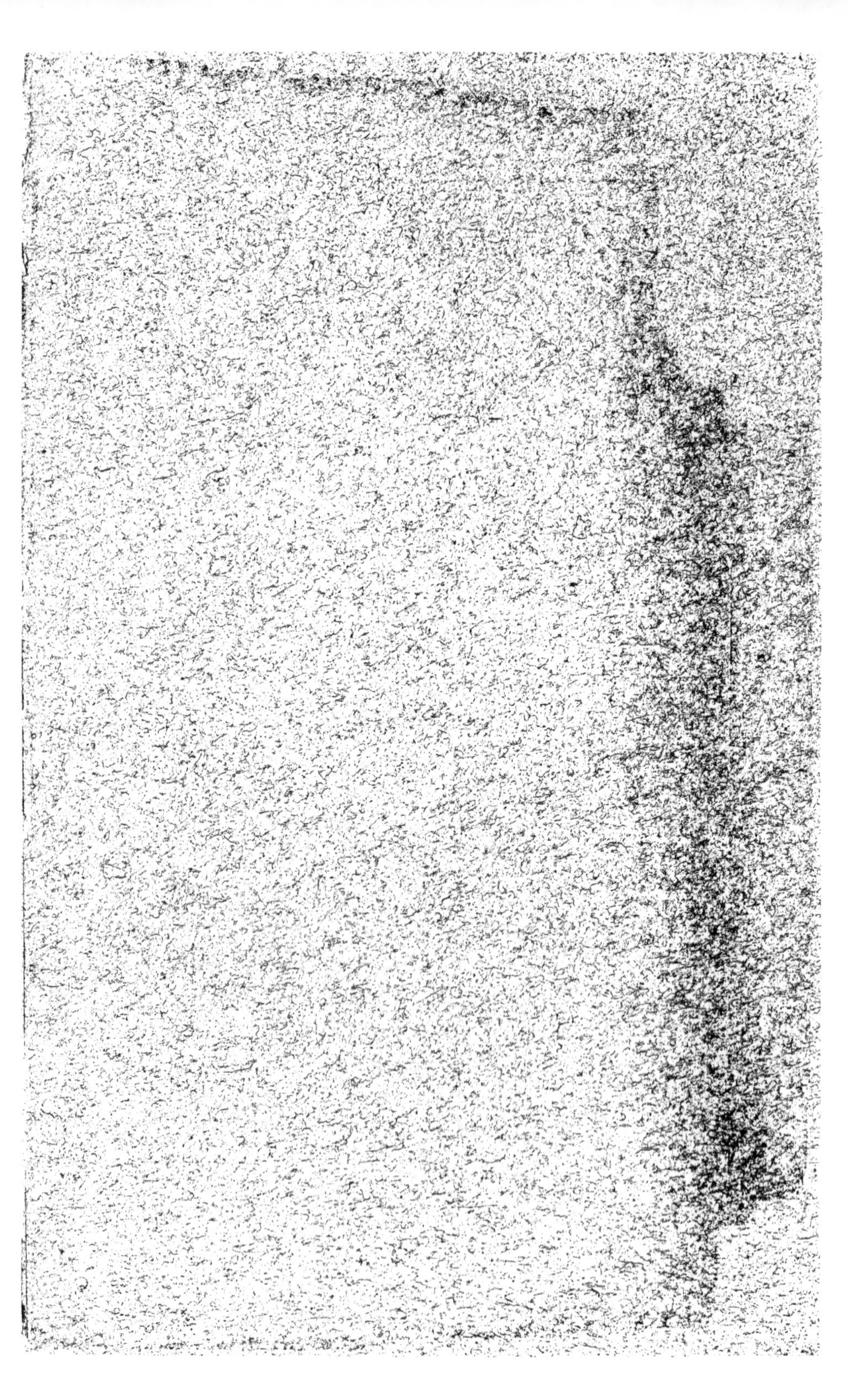

LA ROUTE FUTURE

REVÊTEMENTS; LEUR ENTRETIEN, RECHARGEMENTS, MATÉRIAUX ET PROCÉDÉS

RAPPORT

PAR

M. E. LANTZ

Membre de l'Automobile-Club de France, à Paris.

AVANT-PROPOS — HISTORIQUE

Les voies de communication d'un pays marquent par leur développement et leur état d'entretien le degré de civilisation d'un pays.

En effet, dès que les premiers hommes eurent besoin de se transporter commodément, ils créèrent des chemins sur lesquels pouvaient s'effectuer la circulation des véhicules. Les Romains ont attaché non seulement à la construction, mais aussi à l'entretien des routes, un intérêt primordial, dont témoignent encore les 22 000 km de voies romaines qui subsistent en France d'après les Sociétés archéologiques. Charlemagne continua en France la tradition romaine, et, sous Philippe Auguste, se place le premier règlement de voirie. Sous Louis XIV, nous voyons la création des Ponts et Chaussées, et Colbert est le véritable fondateur des Travaux publics. Le XIXe siècle a vu la classification des routes et chemins, mais l'adoption des chemins de fer fit perdre beaucoup de leur intérêt aux voies de terre, et notamment aux grandes routes. Le développement incessant des cycles et surtout des automobiles leur redonne une vie nouvelle. Les besoins s'accroissent sans cesse et les exigences sont légitimes.

Le mode nouveau de circulation qui a pris, en si peu d'années, une intensité formidable, crée la richesse d'un pays. Il est intimement lié à la bonne qualité et au bon entretien des routes et voies de communication; il faut bien dire que l'étranger qui voyage en automobile dans notre pays est en général heureusement influencé par la qualité de nos routes, mais l'œuvre n'est pas achevée; des besoins nouveaux se font sentir; telle route, qui suffisait autrefois, a besoin de complète transformation, et nous toucherons au point sensible de la question quand nous dirons que les ressources, au moyen desquelles il est pourvu à l'entretien et à l'établissement des routes, proviennent des mêmes caisses qu'en 1780, et que ces ressources sont essentiellement précaires.

Pour ne pas sortir du cadre de ce rapport, nous ne traiterons ici que des revêtements et de l'entretien des chaussées.

Il y aura lieu de distinguer les chaussées empierrées, les chaussées pavées, les chaussées diverses, et d'étudier concurremment les procédés de rechargement et d'entretien.

CHAUSSÉES EMPIERRÉES

La chaussée est la partie la plus importante d'une route ou d'un chemin, puisque c'est sur elle que s'effectue la circulation. La chaussée doit avoir une surface unie et suffisamment dure et, surtout, elle doit posséder une homogénéité aussi parfaite que possible. La nécessité de maintenir l'uni des chaussées s'accentue chaque jour, par suite du développement plus grand que prend la circulation par automobiles. Il est bon de rappeler qu'on appelle chaussée en empierrement une voie composée de cailloux ou de pierres cassées par petits fragments, tassés, serrés, cylindrés, jusqu'à présenter une surface roulante. Une chaussée en empierrement s'exécute avec ou sans fondation, le dernier mode étant le plus usité.

La chaussée sur fondation se compose d'une ou deux couches de grosses pierres et d'une couche de matériaux cassés formant la surface. La première couche se compose de moellons posés à plat de 10 à 15 cm d'épaisseur, la seconde, de moellons posés debout, sur 15 à 20 cm d'épaisseur, dont on remplit les vides pour donner le plus d'homogénéité possible. La couche supérieure est formée de matériaux cassés, et possède 10 à 15 cm. La chaussée avec fondation donne donc une hauteur totale de 35 à 40 cm, alors que la chaussée sans fondation n'a que 0,25 à 0,35 cm d'épaisseur.

CHOIX DE MATÉRIAUX

Le choix des matériaux d'empierrement est de la plus grande importance. Malheureusement la question du prix de revient à pied d'œuvre amène à choisir les matériaux de la région, et à employer, de ce fait, des matériaux insuffisants comme dureté, et, surtout, comme homogénéité. C'est le cas de la meulière des environs de Paris, dont le prix est relativement peu élevé, mais qui donne de si mauvais résultats, sur certaines routes de la banlieue.

C'est à l'ingénieur anglais Mac-Adam, que remonte la gloire d'avoir établi la doctrine de la construction des chaussées empierrées. Les principes généraux sur lesquels repose la méthode sont les suivants :

Cassage de la pierre en morceaux de grosseur sensiblement uniforme;
Triage des matériaux pour les purger de toute matière terreuse ou pulvérulente;
Répandage en plusieurs couches;
Imperméabilité.

La méthode de Telfort est un peu différente :

La hauteur des pierres n'est pas uniforme;
Les vides comblés avec des éclats;
Le pavage irrégulier, mais solide, une fois obtenu, on le recouvre d'une épaisseur de 0 m. 15 de pierres cassées;
Quelquefois une couche de gravier, pour faciliter la liaison.

Sans vouloir entrer dans des détails trop techniques; ni apprécier l'une ou l'autre méthode, bornons-nous à dire qu'il faudrait choisir les matériaux à employer dans une chaussée quelconque, suivant les conditions climatériques, l'intensité de la circulation, le genre de voitures, etc.

Pour compléter, il faut mentionner le cylindrage, à peu près admis partout maintenant, car la dépense supplémentaire est compensée par l'économie d'entretien et la facilité donnée à la circulation des véhicules.

ENTRETIEN DES CHAUSSÉES EMPIERRÉES

Si l'on admet le principe d'une chaussée empierrée, bien construite, en matériaux résistants et homogènes, l'entretien est intimement lié à la circulation, et nous intéresse au plus haut degré.

L'entretien d'une chaussée en empierrement comprend une série de travaux connus sous le nom d'emplois bétons, d'emplois mobiles, d'emplois isolés, rechargements généraux, cylindrés.

Les premiers ne sont plus guère employés; les emplois mobiles, qui consistent à placer sur les chaussées des petits tas de matériaux, sont à condamner d'une façon absolue. Les emplois isolés, qui consistent dans le répandage de matériaux dans les rouages ou les flaches produits par la circulation, ne devraient être employés qu'exceptionnellement. En effet, s'ils sont faits trop tard ou avec des matériaux de qualité insuffisante, ils deviennent gênants pour la circulation et insuffisants pour la préservation de la route.

Enfin, les rechargements généraux cylindrés, exécutés avec les précautions nécessaires et en employant des matériaux en rapport avec la lourdeur et l'importance de la circulation, s'imposent pour l'entretien de toutes les chaussées.

Si l'on admet que la réaction est égale à l'action, on peut dire que le roulage cause à une route une fatigue proportionnelle à celle que la mauvaise route lui occasionne.

Donc, plus un entretien est parfait, plus il est économique.

Pour obtenir un bon entretien, l'ébouage est indispensable, de même que l'époudrage, mais cette dernière opération est plus délicate, parce qu'elle ne produit souvent qu'un simple déplacement de poussière. Cette opération pourra être bien simplifiée, si on généralise l'emploi du goudronnage et autres opérations similaires sur lesquelles nous aurons à revenir.

En somme, le problème de l'entretien des chaussées d'empierrement n'est pas résolu. La méthode du « point à temps » des emplois isolés, qui est nécessairement employé sur les chemins vicinaux, et même parfois pour de grandes communications, offre de graves inconvénients pour le roulage et, en particulier, pour les automobiles; néanmoins, on peut éviter une partie de ces inconvénients par la disposition préconisée par le « Touring Club de France », pour les emplois isolés, dits en « feuille de laurier ».

Les emplois de 3 à 4 m. de long n'ont qu'un m. de large. — Ils doivent être placés à une distance suffisante l'un de l'autre, pour que le véhicule puisse, après avoir passé sur l'un, reprendre sa vitesse normale avant d'aborder l'autre.

Néanmoins, la méthode du « point à temps » est arriérée et quelque peu barbare, et la question du cylindrage devient à peu près la seule à étudier. L'écueil du cylindrage est, qu'en cas de retard ou de circulation exceptionnelle on risque de voir la chaussée détruite.

La méthode mixte des rechargements aménagés, soutenus par des emplois cylindrés, paraît donc s'imposer. D'après certaines expériences, on peut même prétendre que ce système, bien supérieur, ne causera pas d'augmentation de crédits.

En somme, le cylindrage à vapeur paraît le seul système de compression admissible; le rouleau automobile permettra le rechargement rapide, car l'entrave à la circulation a été longtemps la plus grave objection à ce système.

Le choix et la préparation des matériaux destinés à l'entretien ont la même importance que pour la construction.

Les matériaux les plus durs sont ceux qui conviennent le mieux, à condition qu'ils ne soient pas brisants.

Comme on ne peut rencontrer à point nommé les matériaux nécessaires, on prend généralement ce qu'on trouve dans la région.

Il ne faudrait pas hésiter à payer plus cher, pour aller chercher à distance des matériaux de choix, car le cube nécessaire à l'entretien sera diminué, et l'usure sera moindre.

CHAUSSÉES PAVÉES

Jusqu'à présent, en France, la chaussée pavée constituait l'exception, puisque, sur 38000 km de routes nationales, il y a environ 35700 km de chaussées empierrées, et 2300 km de chaussées pavées ; mais, en présence des dégradations profondes causées par la circulation automobile à l'entretien des empierrements, on voit se produire une réaction en faveur des bons pavages. Cela paraît logique, si on affecte aux crédits des routes les sommes suffisantes pour les mettre en état de satisfaire aux exigences légitimes de la circulation publique. Néanmoins, il ne faudrait pas condamner de façon trop complète les chaussées en empierrement, qui pourraient rendre plus de services avec un meilleur entretien.

On donne le nom général de chaussée pavée à une voie revêtue de pierres de même nature et de dimensions semblables, placées méthodiquement, de façon que les lignes transversales soient régulières.

Les pierres à employer pour la fabrication des pavés sont toutes des pierres dures, en particulier, les grès, les quartzites, les granits et les porphyres. — Parmi les grès, ceux de Fontainebleau et ceux de l'Yvette, qui sont beaucoup employés, surtout aux environs de Paris, pour des raisons d'économie, sont très défectueux. En général, les grès employés manquent d'homogénéité et sont trop altérables, ce qui produit dans les environs de Paris ces pavés qui ne sèchent pas, restent gras et occasionnent des dérapages.

Les pierres qui paraissent remplir le mieux les conditions sont les quartzites, qu'on trouve en Bretagne et dans les Vosges. Les expériences qui vont être faites incessamment par la Ville de Paris sur le quai de Conti, avec des pavés de Bretagne, des Vosges et de Norvège, nous fixeront à cet égard ; mais il est bien certain qu'il faut, avant tout, un pavé résistant au choc, au frottement et à la compression.

La durée du pavé n'est pas bien fixée ; elle varie suivant la nature de la circulation, mais on peut évaluer à 40 ans au moins, avec quelques réparations, la durée d'un pavé de bonne qualité.

La dimension des pavés a joué, jusqu'ici, un rôle peut-être plus prépondérant qu'il n'eût fallu — l'emploi des pavés oblongs paraît se généraliser, car il rend le roulage plus doux. Il est évident que, si on emploie du pavé tendre, il faudra de grandes dimensions ; avec le pavé dur, le seul à employer, on pourra réduire la dimension, sans atténuer la résistance. — Des pavés de grandes dimensions employés dans la région de Marseille ont donné de bons résultats, mais il s'agit de matériaux bien homogènes et bien taillés, provenant des carrières de porphyre de Saint-Raphaël (Var).

Le point essentiel est d'obtenir une homogénéité aussi grande que possible, car un pavé moins résistant que ses voisins s'use davantage et forme un trou ; il entraîne, en outre, la ruine de ceux qui l'entourent.

Il existe plusieurs genres de chaussées pavées en pierre : sur fondation de sable, sur fondation de béton, et sur fondation en empierrement cylindré.

En général, les pavés doivent être posés sur formes de sable dont les qualités sont la mobilité et l'incompressibilité, à la condition qu'il soit mouillé. Lorsque le fond naturel sera résistant, on peut réduire l'épaisseur de la couche de sable, mais, en général, cette couche atteindra de 0 m. 15 à 0 m. 25 d'épaisseur.

Nous n'entrerons pas dans les détails de construction de la chaussée en pavés, nous nous bornons à insister sur la nécessité de damer et d'arroser sérieusement la fondation de sable, ensuite de bien bourrer les joints des pavés.

La dépense d'établissement est beaucoup plus grande que pour les chaussées en empierrement, car on ne peut obtenir un bon pavage à moins de 15 fr. le mètre carré, tandis qu'un empierrement coûtera en moyenne 4 fr., mais il faut tenir compte des dépenses d'entretien et de la durée totale de la route, et on admet que le pavage sera plus économique au moment seulement où la période d'aménagement sera réduite à 3 ans, ce qui n'arrivera que sur les routes à circulation très intense.

En somme, il peut être employé sur des routes où la circulation est écrasante, comme la banlieue de Paris, par exemple, d'autant qu'il demeure viable longtemps avec un faible entretien, qu'il ne risque jamais de devenir impraticable, et qu'il donne, si la qualité du pavé est bonne, moins de boue et de poussière.

ENTRETIEN DES CHAUSSÉES PAVÉES

Il est encore plus nécessaire d'entretenir les chaussées pavées que les chaussées empierrées. Divers procédés sont employés : relevés à bout, repiquages, soufflages.

Le « relevé à bout » comprend la démolition complète d'une partie ou la réfection en pavés neufs ou retaillés. Ce système est long et préjudiciable à la circulation.

Le repiquage n'a pour objet que la réparation des trous et flachés, il s'exécute sur une surface restreinte.

Quant au soufflage, il s'opère sur des pavés isolés qui se sont enfoncés et qu'il faut remonter.

Le système de l'adjudication, à laquelle ne participent pas les carrières, donne de médiocres résultats, et l'économie trop grande nuit au bon entretien des routes pavées.

CHAUSSÉES DIVERSES — ROUTES MOSAÏQUÉES

Les pavages en bois, les chaussées en bitume, asphalte, etc., ne peuvent être utilisés que dans les villes, et n'intéressent pas la circulation sur route.

Les voies dallées, dont nous retrouvons la trace dans les voies romaines, étaient construites avec une solidité extraordinaire, et n'avaient besoin de réparations qu'à de très longs intervalles, mais ces routes n'étaient jamais fatiguées par le roulage, qui n'avait pas l'intensité actuelle.

Routes mosaïquées. — Enfin, il nous reste à parler des routes mosaïquées ou pavées en petits cubes de granit régulièrement taillés et offrant des plans égaux de 8 à 10 cm^3. Les pavés doivent reposer sur un sol nivelé, dans un lit de sable où on les enfonce par le damage. Des expériences faites sur ces pavés, employés en Allemagne depuis plus de vingt ans, prouvent que, pour une circulation d'égale intensité, la route ne coûte aucun entretien, alors qu'une route empierrée aurait dû être refaite plusieurs fois. Ces pavés, posés en mosaïque dans le sable, sont aussi stables que dans des fondations de ciment, et, en outre, il n'est pas nécessaire de garnir les joints.

Donc, si les frais de premier établissement sont beaucoup plus élevés, la dépense peut être facilement couverte par les économies d'entretien.

En Westphalie, ce système tend à se généraliser; en Angleterre, les petits cubes de granit sont préconisés pour les routes à circulation intense; en France, aussi, des expériences vont être faites, et il est bien certain qu'on obtiendra avec des pavés français, notamment les quartzites de l'Ouest ou les granits des Vosges, des résultats au moins égaux à ceux donnés par les pavés étrangers.

Mais, si ce système paraît devoir être en vogue dans l'avenir, il ne faudrait pas généraliser; nous croyons en effet que les routes mosaïquées seront à préconiser pour les chaussées à circulation intensive, et en particulier pour les sorties de Paris, dont l'état d'entretien actuel demande évidemment un remède, mais on devra toujours conserver des routes empierrées; leur principal inconvénient réside dans l'usure trop rapide et dans la poussière soulevée par la circulation automobile sans cesse croissante.

GOUDRONNAGE

Nous sommes donc obligés de dire ici un mot du goudronnage, qui constitue le meilleur remède connu jusqu'à ce jour contre la poussière.

Malheureusement, si le goudronnage nous a donné jusqu'ici de maigres résultats, c'est que le mode d'emploi est défectueux.

Il faut agir sur une chaussée rechargée fraîchement, débarrassée de toutes poussières, étaler le goudron, et mieux encore, le faire pénétrer dans l'empierrement, et enfin le laisser sécher.

Le goudron bien employé peut, d'après les expériences, prolonger la chaussée d'une durée appréciable, mais il faut obtenir une pénétration, et c'est là, en général, le défaut de nos goudronnages, sur lesquels les roues produisent un arrachement presque immédiat, parce que l'opération est faite trop superficiellement.

Le goudron, additionné d'huile lourde, donne en général de meilleurs résultats, — il est ainsi employé en Angleterre. — Dans ce pays, en outre, certaines routes ont eté goudronnées en même temps que le rechargement : les matériaux de rechargement ont été passés dans le goudron, chauffés au point de devenir noirs, et imprégnés de goudron. Ces expériences paraissent donner des résultats remarquables, mais il n'est pas douteux que cette façon d'opérer demande un matériel spécial très onéreux et des crédits élevés.

CONCLUSION

En résumé, il ne paraît pas possible de fixer, de façon déterminée, quel sera le sol de la route future, mais la nécessité qui s'impose est celle d'approprier la nature de la route aux besoins de la circulation.

Routes empierrées, construites en matériaux de bonne qualité, entretenues avec soin, goudronnées rationnellement; ou, *chaussées pavées*, exceptionnellement en gros pavés, mais bien homogènes et rigoureusement intretenues ; ou *chaussées mosaïquées* en pavés cubiques, partout où la circulation est intense.

Veiller à maintenir l'uni des surfaces de roulement, éviter les emplois, les cailloux roulants, les rechargements non cylindrés, diminuer la boue et la poussière; employer, pour les routes nouvelles, les procédés nouveaux, et entretenir les anciennes suivant des méthodes appropriées à la circulation nouvelle. Enfin, conserver à notre beau pays sa réputation universellement connue d'avoir les plus belles et les meilleures routes, source pour lui d'une incommensurable richesse créée par le tourisme. Tels sont les vœux que nous émettrons à la fin de cet exposé court et incomplet, et, pour réaliser ces vœux, nous ajouterons, avec M. Debauve, l'éminent inspecteur général des ponts et chaussées, qu'il faut encore et toujours augmenter les crédits : « Il n'est point de bonnes routes sans argent ».

BIBLIOGRAPHES

Debauve. *Construction et entretien des routes et chaussées.*

Roux. *Routes et chemins vicinaux.*

Lefebvre. *Voie publique.*

Bernard. *Des pavages.*

Touring Club. *Articles de la Revue.*

62527. — Imprimerie Lahure, rue de Fleurus, 9, à Paris.

SCHLUSS

Kurz zusammengefasst, scheint die Möglichkeit, die Beschaffenheit des Bodens der zukünftigen Strasse endgültig zu bestimmen, nicht vorhanden zu sein, immerhin aber soll dieselbe den allgemeinen Verkehrsbedürfnissen angepasst werden :

Bei starkem Verkehr hat man mehrere Auswahlen : entweder Schotterstrassen aus guten Materialien, mit sorgfältiger Unterhaltung, und rationeller Beteerung; oder gepflasterte Chausseen, die ausnahmsweise mit dicken, aber gleichartigen Pflastersteinen hergestellt und pünktlich unterhalten sind, ferner Chausseen aus mosaikförmig eingesetzten Kleinwürfeln.

Fahroberflächen sollten stets eben gehalten, ferner neue Aufträge wie auch lose Kiesel und Erneuerungen ohne Einwalzung vermieden, Schlamm- und Staubbildung vermindert werden.

Bei neuen Strassen sollen neue Verfahren, und zur Unterhaltung der alten nur solche Methoden zur Anwendung gelangen, welche dem modernen Verkehr angepasst sind.

Und schliesslich müssen wir doch unserem herrlichen Lande seinen Weltruf bewahren, die besten und schönsten Strassen, Quelle eines durch den Tourismus geschaffenen unabsehbaren Reichtums zu besitzen.

Indem wir mit diesen Wünschen unsere kurze und unvollständige Auseinandersetzung schliessen, fügen wir noch mit Herrn Debauve, dem hervorragenden Oberbaurat des Strassenbauwesens, hinzu, dass zur Verwirklichung all dieser Wünsche auch die Mittel immer und immer wieder erhöht werden müssen, denn :

« Keine gute Strassen ohne Geld » !

(Übersetz. BLAEVOET.)

Lantz.

IER CONGRÈS INTERNATIONAL DE LA ROUTE
PARIS 1908

4e QUESTION

LA ROUTE FUTURE

OBSTACLES DIVERS ET VIRAGES

RAPPORT

PAR
M. G. LONGUEMARE
Membre de la Commission technique de l'A. C. F., à Paris.

PARIS
IMPRIMERIE GÉNÉRALE LAHURE
9, RUE DE FLEURUS, 9

1908

LA ROUTE FUTURE

OBSTACLES DIVERS ET VIRAGES

RAPPORT

PAR

M. G. LONGUEMARE

Membre de la Commission technique de l'A. C. F., à Paris.

OBSTACLES DIVERS

Le conducteur qui circule sur la route a la constante préoccupation de l'obstacle; non seulement il redoute l'obstacle qu'il voit, mais son appréhension est surtout grande de celui qu'il ne voit pas.

Descend-il une côte au bas de laquelle est un virage, il redoute l'imprévu d'une rencontre avec la voiture qu'un charretier indolent conduit sans aucun souci des prescriptions du code de la route, et son plus vif désir à ce moment est l'abaissement de tout ce qui peut lui masquer la vue. C'est là, en effet, un des remèdes qu'il importe d'appliquer le plus qu'on le peut pour accroître la visibilité.

L'élargissement des virages est un autre remède non moins efficace : facilitant la circulation dans un endroit dangereux, l'élargissement des routes à l'endroit des virages est par ce fait même une amélioration, il a de plus le mérite d'accroître les conditions de visibilité.

Les obstacles que l'on voit sont de deux sortes : temporaires ou permanents. Les obstacles temporaires sont constitués parfois par les rechargements au moment des réfections; je cite à ce propos ce qu'au dernier Congrès de tourisme M. Mortimer-Mégret disait dans son intéressant rapport sur la route : « La réfection par sections n'occupant qu'une moitié de la route, laissant toujours libre un passage aux véhicules de toutes sortes, paraît, de toutes ces réformes, la plus nécessaire en même temps que la plus aisée.

« Il est inadmissible que, comme nous en avons l'exemple journalier, la circulation puisse être complètement interrompue en des tronçons présentant parfois des kilomètres de longueur sur des routes très fréquentées, où le mode de rechargement sur la totalité de la largeur de voie présente des inconvénients graves, causes d'une gêne considérable, causes de dépenses inutiles pour les usagers et parfois de dangers. »

Les tas de cailloux qui empiètent sur la route, les pierres abandonnées à la suite de travaux sont aussi des obstacles temporaires que l'on doit redouter; mais il apparaît qu'une réglementation sévère des conditions de surveillance imposée à ceux qui ont la charge de l'entretien des routes, comme les cantonniers, ne tarderait pas à avoir raison de ce genre d'obstacles.

Les obstacles permanents sont pour les conducteurs de voitures le danger constant. Parmi ces obstacles, il nous faut citer, tout d'abord, les dos d'âne, les cassis : nous savons bien que parfois le dos d'âne est justifié par des exigences de construction en présence desquelles nous devons nous incliner; mais, comme le disait M. Mortimer-Mégret, toujours dans le même rapport que nous citions plus haut, nous devons cependant demander à l'administration d'en aplanir le bombement de façon à constituer de chaque côté un plan incliné aux pentes douces et non plus une sorte de banquette irlandaise abrupte, d'autant plus dangereuse qu'elle reste parfois à peine perceptible à une suffisante distance.

Nous demandons aussi la suppression des cassis, cause de la destruction de nos voitures, nous la demandons avec insistance sur nos routes, nous la demandons aussi dans les villages quoique le danger qu'ils constituent, dans ceux-ci, soit atténué du fait de la vitesse ralentie que nous devons observer pour la traversée de ces villages.

Un obstacle qui présente une gravité considérable est celui qui existe du fait de la traversée des trains sur route. Là nous demandons encore, comme nous le faisons d'ailleurs pour les passages à niveau, que le rail ne constitue pas lui-même un cassis, que la forme primitive donnée à la chaussée entre les deux rails ne soit pas constituée en dos d'âne. Une route parfaitement plane entre les rails amènerait promptement ceux-ci à faire saillie; aussi est-ce le profil légèrement bombé qui paraît être le meilleur.

Pour les traversées des trains sur routes nous demandons des signaux phoniques et visuels à déclenchement automatique. Ceux-ci nous semblent, en effet, donner les conditions les plus favorables de sécurité pour éviter l'obstacle temporaire qu'est le train au moment de son passage.

Les passages à niveau au point de vue de leur profil présentent le plus souvent les mêmes défauts que les traversées de trains sur route, nous n'insistons donc pas sur le remède que nous proposons.

Au dernier Congrès de tourisme on se posa la question suivante : doit-on remplacer le passage à niveau par un passage en dessous ou en dessus, trouvera-t-on toujours un avantage dans ce changement. M. Pontzen dans son étude sur le régime des passages à niveau signale que le passage en dessus ou en dessous aura parfois plus d'inconvénients que l'ancien. Que ce soit un passage en dessus ou en dessous, il faudra racheter une différence de niveau de 5 m. environ sur une longueur de 100 m., soit une pente de 5 pour 100 qui s'ajoutera à une pente naturelle de la route, car, est-il besoin de le dire, c'est la route qui devra naturellement être modifiée; d'où, pour peu qu'on ne soit pas en pays plat et qu'on ne puisse dévier la route, des pentes de 7, 8, 9 pour 100 nécessitant des chevaux de renfort pour les charrois, des changements de vitesse pour les autos et des efforts très pénibles pour les cyclistes; nous aurions, de plus, soit un dos d'âne si la route passe en dessus, soit un bourbier sous un pont plus ou moins obscur si la route passe en dessous de la voie ferrée; ces inconvénients sont tels que bien souvent, lorsque passage inférieur et passage à niveau existent à la fois, comme à Vichy sur la route 106, la circulation routière marque sa préférence pour le passage à niveau.

Nous donnons d'ailleurs ci-dessous les conclusions du rapport de M. Pontzen, conclusions qui nous paraissent renfermer les desiderata de la plus grande partie des constructeurs de voitures automobiles.

« En résumé, nous croyons que les passages à niveau sont pour la route un mal souvent inévitable; que les passages non gardés sont acceptables surtout sur les lignes de chemins de fer peu fréquentées, à la condition que leur approche soit nettement annoncée de jour et de nuit, et que la voie soit très découverte; que les passages toujours fermés, gêne permanente pour la circulation, sont à proscrire autant que faire se peut.

« Nous proposons d'attirer l'attention des compagnies sur les divers systèmes permettant aux trains de s'annoncer eux-mêmes par une sonnerie électrique, ainsi que sur l'intérêt qu'il y aurait pour elles à collaborer à l'éclairage des passages à niveau de part et d'autre de la voie, à une distance suffisante pour permettre aux véhicules circulant sur les routes de s'arrêter avant d'atteindre la barrière. »

VIRAGES

Je n'exposerai pas dans ce rapport les raisons de l'intérêt que présente le relèvement des virages pour les conditions plus favorables de circulation des véhicules automobiles.

Celles-ci sont connues et je ne veux seulement que rappeler ici l'heureuse initiative prise en 1904 par le Touring-Club de France d'une étude de cette importante question. Sur la proposition de M. Guillain, député, membre du Conseil d'Administration du T. C. F., la section des routes du Comité technique de cette association, composée de MM. Michel Lévy, Alfred Picard, F. Guillain, Georges Broca, Et. Cheysson, Et. Henry, Jozon, G. Forestier, Ch. Gariel, E. Hetier, H. Rouville, A. Monmerque, J. Resal, comte de la Valette, L. Perisse, mit aussitôt la question en étude au point de vue de la théorie à admettre.

Après toute une série de travaux de la Commission, il fut décidé qu'une Sous-Commission, composée de MM. Heude, président, Resal, Broca, S. Dreyfus, Perisse, secrétaire, serait chargée de préparer des conclusions fermes, ce sont ces conclusions adoptées par la Commission que nous reproduisons ci-dessous et que nous sommes heureux de présenter à nouveau au Congrès avec l'entière approbation d'automobilistes fervents.

1° Laisser le côté concave de la chaussée tel quel, et prolonger la déclivité sur le côté convexe, sans que le dévers dépasse 0 m. 04 à 0 m. 05 par mètre.

2° Exécuter le relèvement maximum sur tout le développement de la courbe, c'est-à-dire faire les raccordements exclusivement dans les parties rectilignes, avant et après la courbe.

3° Dans la courbe, la déclivité du caniveau ou du fossé relevé du côté convexe sera naturellement la même que l'ancienne, mais, dans les raccordements entre le nouveau profil et l'ancien, on établira deux déclivités intermédiaires telles qu'à la sortie (en descendant) la nouvelle déclivité soit d'un tiers supérieure à l'ancienne et qu'à l'entrée elle soit inférieure d'un tiers à celle-ci.

4° Lorsqu'il s'agira d'un tracé en S, s'il n'existe pas entre les deux courbes une partie droite suffisamment longue pour réaliser les règles indiquées ci-dessus, on exécutera le travail de manière à protéger le plus possible la courbe tournant à gauche, en descendant.

5° La Commission émet le vœu que, dans les déclivités en courbe la largeur de la chaussée soit augmentée chaque fois que cela sera possible, de façon à permettre aux voitures rapides de croiser ou dépasser les voitures lourdement chargées sans les déranger.

62528. — Imprimerie Lahure, rue de Fleurus, 9, à Paris.

IER CONGRÈS INTERNATIONAL DE LA ROUTE
PARIS 1908

4e QUESTION

LA ROUTE FUTURE

RAPPORT

PAR

M. Honoré SAUNIER
Agent Voyer d'Arrondissement à Rouen.

PARIS
IMPRIMERIE GÉNÉRALE LAHURE
9, RUE DE FLEURUS, 9

1908

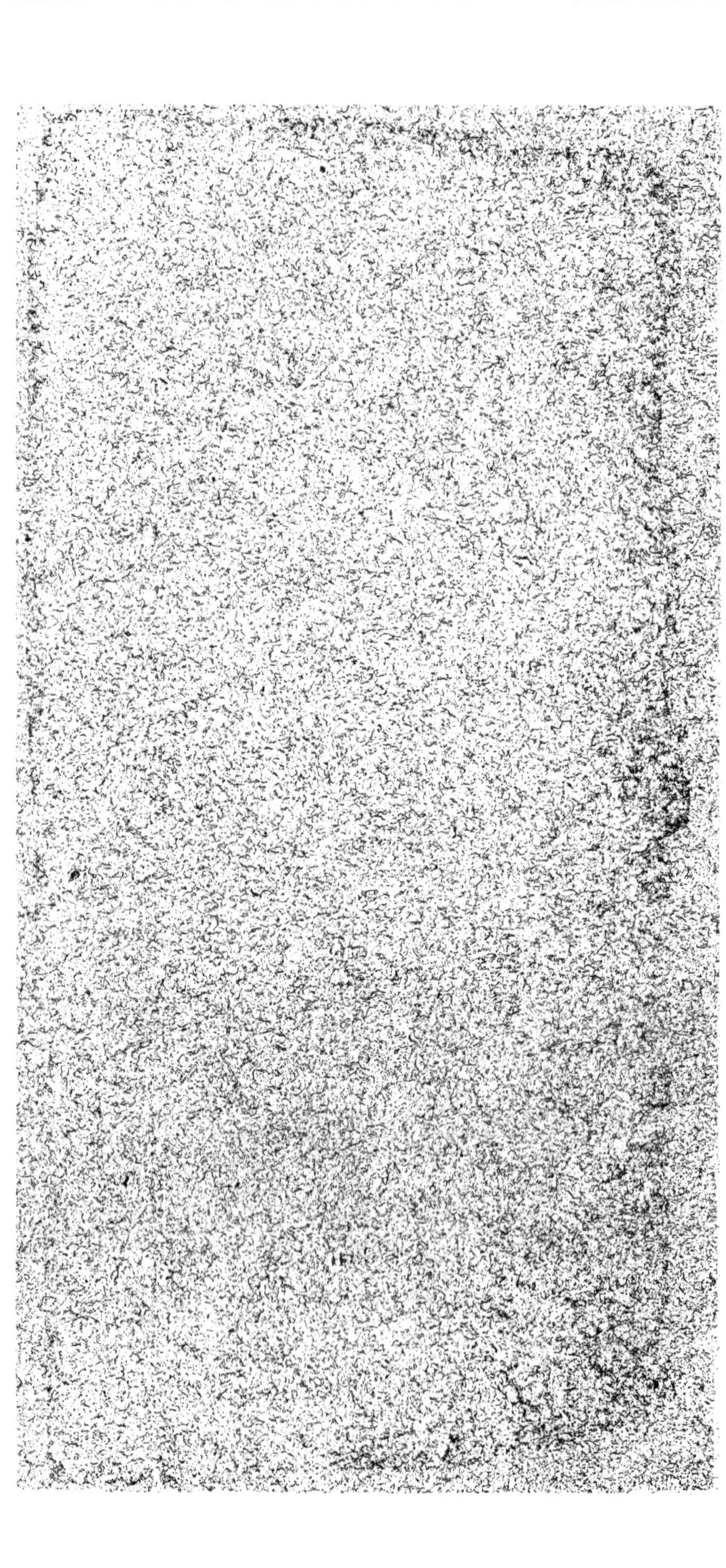

LA ROUTE FUTURE

RAPPORT

PAR

M. Honoré SAUNIER
Agent Voyer d'Arrondissement à Rouen.

La circulation automobile, nulle ou à peu près il y a dix ans, s'est développée avec une rapidité extraordinaire : de 1672 en 1899, le nombre des automobiles affectées en France à l'usage des personnes est passé à 35 000 environ à l'heure actuelle. A ce mode de locomotion nouveau qui redonne aux grandes routes nationales l'importance qu'elles possédaient avant le développement des chemins de fer, et accroît considérablement le rôle de certains chemins vicinaux, il faut logiquement des voies appropriées tant au point de vue de la résistance, qu'à celui de la commodité de circulation.

D'autre part, sans toutefois suivre la même progression, les tramways et les chemins de fer d'intérêt local se sont eux aussi considérablement développés, et comme d'après leur but économique, ils doivent emprunter le plus possible les chemins existants, il convient aussi de prendre ce facteur en considération dans l'étude des dispositions à donner aux routes à créer ou à modifier.

La nécessité, l'urgence même de l'adoption de nouvelles bases pour la construction des futures routes, ou l'aménagement progressif de celles actuelles, ne sont donc pas contestables. Mais dans la recherche des nouvelles formules, ce serait, croyons-nous, faire œuvre mort-née que de tabler exclusivement sur l'importance actuelle de la circulation mécanique; le peu que nous venons d'en dire laisse évidemment prévoir des progrès prochains, considérables *pour peu qu'on les favorise.*

Il est visible, en effet, que d'une façon générale nous entrons dans une période de mutation scientifique et que des jours nouveaux sont proches

La science secoue ses antiques draperies qui trop usées, trop rapiécées, s'effondrent peu à peu, minées par le temps. L'esprit humain s'affine lentement, mais progressivement par l'étude, l'expérience et la critique; l'homme perçoit des phénomènes qui jusqu'alors lui étaient cachés, il recueille de jour en jour des preuves de l'existence de forces inconnues qu'il utilisera lorsqu'il les connaîtra mieux. Les découvertes scientifiques se précipitent; leur mise en application, parfois retardée par des difficultés d'exécution, est le plus souvent presque immédiatement réalisée, les moyens d'action devenant de plus en plus puissants, et elle prend par la suite un essor formidable qu'il faut prévoir.

En particulier, les progrès du moteur à explosion pour automobiles ont eu une répercussion immédiate sur un autre mode de locomotion, nous voulons parler de l'*aviation*, à laquelle il faut ajouter l'*aérostation* depuis que les dirigeables ont donné les résultats magnifiques que l'on sait. Nous ne devons donc pas nous désintéresser, dans notre étude, de cette liaison toute naturelle qui justifie et au delà les mesures que l'on peut proposer en faveur de l'automobilisme qui, en l'espèce, n'est que le premier maillon d'une chaîne d'applications de la plus haute portée scientifique. Si l'on veut qu'automobilisme et aviation prospèrent, si l'on veut que l'aîné de ces deux enfants de même souche apporte au cadet le secours de son expérience et de sa fortune industrielles, il faut sinon donner au premier une pleine liberté, du moins desserrer les entraves qui le paralysent et finiraient même par l'étouffer à la longue s'il n'y était promptement porté remède; il faut enfin écarter les obstacles qui se dressent devant lui comme à plaisir et qui le gênent tout autant que les entraves des règlements, entraves utiles à la vérité à un moment donné, mais qui doivent nécessairement subir des améliorations parallèles à celles du progrès.

C'est dans cet ordre d'idées que nous avons entrepris l'étude de la Route future. Nous l'avons divisée en quatre chapitres :

Dans le premier, nous exposons les règles générales qui nous paraissent susceptibles d'être adoptées pour la construction future des routes et des chemins vicinaux importants, et dans le second nous indiquons les revêtements qui ont nos préférences. Nous passons ensuite à l'examen de certains obstacles que l'on rencontre trop fréquemment sur les routes actuelles et qui doivent être rigoureusement évités dans la construction à venir, et même supprimés au plus tôt, dans la mesure du possible, sur les grandes voies actuelles. Nous terminons par l'étude de la *canalisation de la grande circulation automobile*, soit par pistes spéciales, ce qui est un idéal qui ne sera probablement pas réalisé de sitôt; soit par la création d'un réseau routier à réglementation particulière, qui nous paraît constituer la seule solution logique et *pratique* du problème, et au fond le véritable but vers lequel doit tendre le Congrès international de la Route.

CONDITIONS D'ÉTABLISSEMENT DE LA ROUTE FUTURE

Les premières règles fixées pour la construction des routes datent de deux siècles (édits de 1705 et 1720); elles se limitaient à cette recommandation générale : *Conduire les chemins du plus droit alignement que faire se pourra.* Il est résulté de l'observation trop stricte de ce principe, que certaines voies présentent des déclivités allant jusqu'à 7, 8, 10, 12 pour 100, lesquelles ont soulevé de vives protestations de la part des voituriers, des industriels et des agriculteurs; mais il faut reconnaître aussi qu'il a eu l'avantage de doter la France d'un magnifique réseau *très régulier* dans l'ensemble et offrant parfois de superbes alignements, comme par exemple la route de Noé à Martres dans la Haute-Garonne, en droite ligne sur 28 kilomètres. Quant à la largeur, elle était considérable, l'excès étant nécessaire pour ces chaussées abandonnées à elles-mêmes; c'est pour cette raison que l'on rencontre de vieilles routes de 20 à 24 mètres de largeur.

Les méthodes primitives, forcément très coûteuses, ont subi des modifications imposées par la pratique, et aujourd'hui, pour les routes, on ne s'astreint plus du tout à cette rectitude observée à outrance par les anciens constructeurs; on a surtout souci de donner à la circulation une voie suffisamment large, solide, à déclivités raisonnables, c'est-à-dire n'excédant pas 4 ou 5 pour 100, 6 pour 100 au plus, et n'offrant pas de lacets trop prononcés. Pour les chemins de second ordre, dits de grande communication, les déclivités limites sont beaucoup plus élevées, les rayons de courbe descendent à des longueurs très faibles — 20 mètres parfois — et la largeur, exceptionnellement de 10 mètres, est le plus souvent abaissée à 8 et même à 6 mètres.

Le cyclisme et surtout l'automobilisme ont bouleversé tout, en livrant à la masse de plus en plus considérable des touristes des routes qui jusqu'alors n'étaient utilisées que par la circulation locale, sauf d'insignifiantes exceptions. Et il arrive aujourd'hui, que c'est le chemin *du plus droit alignement* et de grande largeur, tel qu'il était prescrit il y a deux siècles, qui convient le mieux au véritable chauffeur qui se moque des déclivités pourvu que la route soit bonne, large et surtout sans courbes sensibles.

Dans l'établissement de la Route future, on devra donc s'inspirer des besoins de l'automobilisme tels qu'ils viennent d'être résumés, tout en se maintenant dans la limite des déclivités admissibles pour les autres véhicules, notamment les tramways, soit 3,5 pour 100. Ce taux de 3,5 pour 100 constitue une aggravation au principe de la ligne droite déjà très difficile à observer; aussi, dans la généralité des cas, devra-t-on recourir aux courbes. Mais, en raison de nombreux accidents, notamment celui qui a causé l'an dernier la mort d'Albert Clément à Saint-Martin-en-Campagne, sur une route à peu près déserte, décrivant une courbe de 239 mètres de rayon inscrite dans un *angle de* 161 *degrés*, il nous semble qu'il sera dangereux de descendre au-dessous de 500 mètres, rayon inférieur de 10 mètres à celui adopté pour le plus grand virage de l'autodrome de Brooklands (virage complété par un relèvement de 6 mètres du côté extérieur). Et encore, sur les points très fréquentés, devra-t-on appeler l'attention des chauffeurs avant les courbes de ce rayon, lorsqu'elles se développeront sur une grande longueur, en les comprenant dans les zones à signaler par des indicateurs, que nous examinerons dans le troisième chapitre. Si, malgré tout, il était absolument impossible de raccorder les alignements droits par des courbes égales ou supérieures à 500 mètres, on devrait ne rien négliger pour assurer une parfaite visibilité du côté du petit rayon, autrement dit : de la corde. Inutile d'ajouter que pour les courbes établies suivant ces principes et sauf de rares exceptions où le rayon tomberait très bas, il ne sera pas nécessaire de relever le côté du grand rayon pour faciliter les virages. Cette amélioration préconisée il y a quelque temps pour les routes actuelles ne s'est d'ailleurs pas répandue.

La largeur à admettre sera, comme actuellement, une question d'espèce. L'avenue de la Grande-Armée, à Paris, n'est pas trop vaste avec ses 70 mètres, alors que ce serait plus que du luxe d'établir une voie de cette importance à la sortie d'une petite sous-préfecture de province. Comme base de calcul, nous signalerons un type qui a été réalisé par notre service, il y a seize ans, aux environs de Rouen, pour relier cette préfecture au village de Croisset, parallèlement à la Seine et sur une longueur de près de 3 kilomètres. Le chemin de grande communication dont il s'agit a une largeur totale de 20 mètres, répartie en une chaussée macadamisée de 12 mètres et deux trottoirs de 4 mètres chacun. Certes, avec les vitesses que nous proposons d'autoriser dans le dernier chapitre de la présente étude, y aurait-il lieu, si le chemin était à refaire, de modifier cette répartition en réduisant de quelques mètres la chaussée et augmentant d'autant un trottoir pour y loger une piste pour cycles. Dans tous les cas, un tramway pourrait aisément être placé sur cette voie si la nécessité en était reconnue; les déclivités sont d'ailleurs inférieures à 3 millimètres par mètre.

En rase campagne, la largeur de 20 mètres serait sans doute exagérée et conduirait à des acquisitions de terrains considérables, aussi pourrait-on descendre à 15 mètres, ce serait la plus faible largeur admissible.

Aux abords immédiats des grandes cités, par contre, on pourrait adopter une largeur plus grande — 25 mètres par exemple — permettant soit de placer un tramway complètement en dehors de la chaussée, des pistes et des trottoirs, soit de ménager des pistes jumelées (côté montant et côté descendant) spéciales aux automobiles, ce qui serait bien préférable à tous points de vue.

Enfin, nous préconisons l'aménagement, de place en place, de grandes gares à matériaux, surtout dans les parties en rase campagne, les dépôts effectués sur les accotements constituant un gros danger, surtout en dehors des parties agglomérées où il n'y a aucun éclairage pendant la nuit, et il est de beaucoup préférable d'avoir une route un peu moins large, mais pourvue de gares placées en dehors des limites du chemin.

REVÊTEMENTS

Il ne nous est pas possible de donner ici des formules précises justifiées par des chiffres comparatifs et résultant d'essais contrôlables effectués sur divers points du territoire; cette étude critique préalable est de la plus grande importance et cela n'a pas échappé aux organisateurs du Congrès qui en ont fait l'objet d'une question spéciale. Nous exposerons donc d'une façon très générale nos idées sur la nature des revêtements que nos constatations personnelles nous permettent de recommander.

Incontestablement, le macadam, avec ou sans fondation, tiendra toujours le premier rang par sa facilité d'établissement, son prix de revient comparativement peu élevé et son entretien facile. Toutefois, il est bien entendu que l'on ne devra dorénavant employer que des matériaux très durs (quartzites, granites, porphyres, trapp des Vosges, etc.), de dimensions variant de 6 à 10 centimètres suivant l'importance de la circulation, agglomérés autant que possible avec des matières crayeuses, et comprimés fortement avec des rouleaux très lourds. Dans les traverses de lieux habités, et si toutefois la production industrielle le permet, — ce qui est problématique, — la surface sera goudronnée, à *chaud* de préférence. Les périodes d'aménagement devront être déterminées de telle façon que *jamais* la chaussée ainsi constituée n'arrive à usure complète.

Dans les traverses des petites villes ou des gros bourgs industriels, il pourra être avantageux de substituer à ce macadam un revêtement en pavés moyens de grès ou de porphyre; mais le pavage coûte très cher et il y aura là matière à une étude sérieuse pour trouver la solution la plus économique et délimiter la zone d'*emploi* du pavage d'avec celle du macadam. Indiquons en passant que nous sommes absolument réfractaire — jusqu'à preuve évidente de notre erreur — au revêtement en petits pavés de 0,08 × 0,08 par exemple, dont il a été parlé dans des interviews récentes à propos du Congrès, tant nous sommes persuadé que ces petits blocs se déchausseront et sortiront de leur alvéole sous les trépidations des lourdes voitures. Ce petit pavage d'ailleurs coûterait très cher lui aussi et, pas plus que les autres pavages, ne pourrait être généralisé comme on l'a cru : il est évident que les carrières ont une production limitée et ne sont pas inépuisables. Ceci dit, il convient d'attendre les résultats des travaux du Congrès portant sur ce point.

Enfin, dans les villes importantes, il conviendra d'employer soit le pavage en bois, le bétonnage armé, ou l'asphaltage, qui tous trois conviennent, beaucoup mieux que le pavage en grès ou en porphyre, aux vélocipédistes et aux automobilistes. Ces revêtements peuvent d'ailleurs être employés concurremment avec le macadam tel que nous venons de le décrire, et affectés, sous forme de pistes délimitées ou non par des trottoirs, à des moyens de locomotion différents.

Avant de clore ce chapitre, nous tenons à faire connaître toute la bonne opinion que nous avons du *béton de ciment armé* comme revêtement de chaussées plus spécialement affectées à l'automobilisme. L'expérience en a été faite l'an dernier, par notre service, sur le Circuit de la Seine-Inférieure au tournant dangereux de Londinières. Le dosage, pour un mètre cube de béton, était de 300 kilogrammes de ciment Portland, 0 m³ 520 de sable fin et 0 m³ 520 de gros gravier. L'encaissement étant bien préparé, une première couche de béton, de 0 m. 06 environ d'épaisseur, a été étendue avec soin et l'on a placé sur ce lit un réseau quadrillé de fil de fer rond de 3 mm. 9 de diamètre, les fils supérieurs étant alternativement passés en dessus et en dessous des fils inférieurs — comme dans un tamis — de manière à assurer une bonne liaison. Pour des considérations spéciales, l'écartement des tiges était de 0 m. 33 pour celles placées dans un sens et de 0 m. 50 pour les autres; mais l'écartement uniforme de 0 m. 50 serait très suffisant. Les extrémités des fils étaient fixées solidement dans la couche inférieure de béton et même dans le sol, par de petites broches enfoncées au maillet. Le tout a été recouvert de béton fortement pilonné, de sorte que l'épaisseur totale du revêtement est de 0 m. 17. La surface a été cannelée, très rudimentairement, de manière à éviter les dérapages.

Ce revêtement type s'est parfaitement comporté sous les assauts des « bolides » du Circuit, et à l'heure actuelle on n'y relève aucune trace d'usure, bien qu'il soit à proximité d'une gare de la ligne d'intérêt local d'Aumale à Envermeu. Le prix de revient, tout compris, s'est élevé à 7 fr. 93 le mètre superficiel pour une surface totale de 83 mètres carrés seulement; il est évident que pour une surface beaucoup plus grande on pourrait aisément ramener ce prix de revient à 7 francs. Complété par une fondation de 0 m. 20 en gros cailloux et par une ou deux couches superficielles de coaltar posées avant que le béton ne soit complètement sec, ce mode de revêtement ne reviendrait encore qu'à 8 fr. 50 environ le mètre carré, — alors que le pavage coûte 14 francs et plus, — et pourrait être utilisé pour des pistes automobiles. Un morceau détaché de ce bétonnage sera exposé au Congrès; il aura subi l'épreuve de deux courses de « Circuit ».

OBSTACLES

Les principaux obstacles que l'on rencontre le plus souvent sur les routes ou chemins sont, en les énumérant par ordre croissant d'importance : les *croisements de routes*, les *cassis pavés* ou non et les *passages à niveau* sur voies ferrées. S'ils opposaient une entrave sérieuse à la circulation des piétons et des hippomobiles, ils sont devenus pour les vélocipèdes et les automobiles une source de dangers qui s'accroît dans d'énormes proportions avec la vitesse.

Les obstacles de la première catégorie ne peuvent être évités, car les routes sont d'autant plus utiles qu'elles se ramifient davantage et que le raccordement avec les chemins d'embranchement s'effectue à niveau et dans les meilleures conditions d'accès possibles. Toutefois on peut restreindre beaucoup les chances de collision entre véhicules qui suivent deux chemins se coupant à niveau, en fixant de part et d'autre, et à une distance suffisante du point de croisement, de grands indicateurs d'un modèle à étudier et expérimenter avant adoption définitive. Ces indicateurs seraient même à éclairer durant la nuit lorsqu'ils signaleraient un carrefour dangereux et fréquenté.

Les cassis pavés, ou les simples coupures qui en tiennent lieu parfois, pratiqués dans les chaussées pour conduire les eaux d'un côté sur l'autre de la route, provoquent des soubresauts violents aux véhicules qui les franchissent; on a vu des exemples où les chocs ont brisé des essieux. Ces obstacles, que les administrations chargées de la voirie s'efforcent de supprimer partout où ils existent, doivent par conséquent être absolument proscrits des constructions nouvelles et remplacés par des aqueducs couverts conduisant les eaux souterrainement.

Quant aux passages à niveau sur voies ferrées, ils doivent être *rigoureusement évités*, surtout lorsqu'il s'agit de lignes d'intérêt général. Les accidents causés par ces obstacles ne se comptent plus; on a encore présente à la mémoire l'effroyable boucherie de la course de Paris-Madrid, en 1903, pour ne citer que celle-là. L'opinion publique réclame depuis longtemps la suppression de ces passages avec une telle insistance que les Compagnies de chemins de fer ont dû, il y a quelques années déjà, effectuer des travaux considérables pour supprimer complètement tous les passages à niveau qui enserraient Paris. Sous la même poussée, les Compagnies ont aussi beaucoup fait ailleurs pour améliorer la situation, mais tout le monde est d'accord pour reconnaître que c'est insuffisant. Nous n'insisterons pas et nous nous bornerons à ajouter que l'emploi, sur les voies ferrées, de très grandes vitesses, que promet la traction électrique, ne pourra être réalisé que lorsque tous les passages à niveau auront été supprimés sur les lignes suivies par les rapides de l'avenir. Cette suppression devant être un fait accompli dans quelques années, il est évident par conséquent qu'on doit s'attacher, dès maintenant, à proscrire complètement, et coûte que coûte, ces obstacles que l'on a comparés, avec quelque apparence de raison, *à des guillotines automatiques*.

A ces obstacles fixes inhérents à la construction des routes et qui, somme toute, ne sont pas dangereux si l'on prend soin de les signaler à distance, il convient d'ajouter les obstacles mobiles dont la présence inopinée cause presque chaque jour des catastrophes; nous voulons parler des troupeaux ou des véhicules laissés sans direction sur la chaussée. Pour ceux-là, le seul remède consiste dans une répression très sévère : la route ne doit pas plus être accaparée par les bergers, les bouviers ou les charretiers, que par les automobilistes. Le prochain règlement sur la circulation routière devra en tenir compte.

CANALISATION DE LA GRANDE CIRCULATION AUTOMOBILE

Actuellement, la grande circulation automobile, c'est-à-dire celle qui s'applique à de longues distances, emprunte les chemins les plus variés de l'ensemble du territoire, de sorte que les inconvénients causés par le passage fréquent des puissantes voitures de tourisme sont répartis sur un ensemble de routes ou chemins dans lequel on relève bien certains parcours plus suivis que d'autres, mais pas d'*itinéraires* proprement dits, constamment observés par les automobilistes « longs courriers ».

Les cartes routières dressées par certaines grandes maisons industrielles, comme celles de MM. Michelin et de Dion-Bouton par exemple, ont incontestablement contribué à l'éducation routière des chauffeurs, et, comme ces cartes ne comportent que les routes nationales et les chemins vicinaux importants, les automobilistes sont tout naturellement conduits peu à peu à suivre presque exclusivement ces voies qui leur sont désignées sur les guides. Mais il n'y a là que l'amorce d'un réseau routier spécial à l'automobilisme.

Il y aurait, croyons-nous, de grands avantages à poursuivre, à favoriser, — nous ne disons pas à imposer, — cette *canalisation* (qu'on nous pardonne le mot). De gros frais, de goudronnage par exemple, au lieu d'être disséminés sans profit appréciable sur un grand nombre de points plus ou moins sillonnés par les automobiles, pourraient recevoir une application plus localisée et par conséquent plus profitable au bien public. D'autre part, les propriétaires d'automobiles effectuant leurs longs voyages sur des voies, non pas exclusivement réservées à leur usage, mais sur lesquelles il leur serait permis de *faire de la vitesse*, s'empresseraient, d'eux-mêmes, d'user de la faculté accordée et qui serait limitée bien entendu à certaines voies. C'est ce que nous allons développer dans ce chapitre.

Il est bien certain que l'idéal, dans l'ordre d'idées que nous venons de poser, serait de constituer pour le grand tourisme des *pistes* aménagées spécialement et à l'*usage exclusif* des automobiles. Un officier supérieur, aux idées très hardies, comme doivent l'être celles d'un bon soldat, nous suggérait même, il y a peu de temps, la possibilité d'établir de toutes pièces, en dehors du réseau routier actuel, un réseau de *voies réservées* à l'automobilisme, déchargeant ainsi tous les autres chemins d'une circulation de plus en plus envahissante et dangereuse. Il devait y avoir derrière cette proposition originale une idée plus profonde dont nous croyons avoir trouvé la clef dans un roman de Pierre Giffard paru tout récemment et intitulé « La Guerre Infernale »; on y parle en effet de *pistes bétonnées* coupant la France en tous sens, construites à grands frais, et sur lesquelles roulent comme dans un souffle d'ouragan... des canons mastodontes automobiles, des mitrailleuses blindées, enfin tout un matériel de guerre des plus terrifiants!... On comprend bien et on excuse ces projets guerriers lorsqu'ils sont nés dans des cerveaux d'élite consacrés à une cause aussi belle que la défense de la Patrie. Nous n'y sommes donc pas hostiles en principe; mais en présence de la dépense colossale qui en résulterait et des difficultés presque insurmontables qui s'opposeraient à leur exécution, nous n'en parlons que pour mémoire. Pratiquement, les pistes ainsi envisagées ne seront vraisemblablement construites que lorsqu'il s'agira d'établir un autodrome dans le genre de celui de Brooklands en Angleterre; mais c'est une application qui intéresse exclusivement l'automobilisme et qui ne peut par conséquent rentrer dans la présente étude.

La question est toute différente lorsqu'il s'agit de pistes à ménager sur les *routes existantes*, soit sur les côtés, soit même sur le milieu. Bien au contraire, il est certain qu'aux abords des grandes villes comme Paris, d'où partent des voies d'une très grande largeur, ce serait une solution des plus heureuses. Sur une longueur de plusieurs kilomètres, à déterminer dans chaque cas, on établirait, par exemple des deux côtés de la route (côté montant et côté descendant) une piste dont la largeur ne serait pas forcément très grande (de 3 à 4 mètres par exemple), formée par un revêtement très résistant pour lequel il nous semble tout indiqué d'employer le béton armé dont nous avons parlé dans un précédent chapitre et qui a fait ses preuves sur le Circuit de Dieppe.

Mais en dehors des abords immédiats de quelques grandes villes, qui constituent somme toute l'exception, nous estimons que lesdites pistes ne sont pas nécessaires, du moins quant à présent, et la « canalisation » nous paraît pouvoir s'effectuer par le moyen beaucoup plus simple, et susceptible de réalisation immédiate, *du réseau routier à réglementation spéciale.*

En effet, pourquoi chercher à bâtir lorsque l'immeuble existe, qu'il est vaste, solide et approprié, sauf quelques points de détail? N'avons-nous pas un magnifique réseau de routes nationales qui réunit toutes les villes de quelque importance? Ces routes n'ont-elles pas une largeur en général plus que suffisante — puisque prématurément on avait commencé à la réduire sur certains points — pour permettre même à un nombre bien supérieur *d'automobiles* d'évoluer avec aisance et rapidité? La courbe d'utilité de ces routes, qui avait baissé notablement depuis l'expansion des chemins de fer, ne remonte-t-elle pas maintenant proportionnellement à l'accroissement de l'automobilisme, et ce relèvement concomitant ne prouve-t-il pas bien que les pistes spéciales existent déjà?

Si on partage notre avis, on voit que la question s'est précisée en se transformant, et que la solution qui s'impose immédiatement est la suivante: « attirer, par une réglementation plus libérale au point de vue de la vitesse, la grosse circulation automobile sur les routes nationales, et aménager progressivement ces routes en conséquence à l'aide des ressources ordinaires, augmentées d'une taxe annuelle à verser par les automobilistes pour chacune de leurs voitures pouvant donner une vitesse supérieure à une limite à fixer (30 kilomètres à l'heure par exemple); cette taxe pouvant augmenter suivant une certaine gradation correspondant à une échelle de vitesses à déterminer ». De cette manière, les inconvénients résultant du passage des voitures de grande vitesse seraient en quelque sorte *localisés* et pourraient par conséquent être plus facilement combattus; quant à l'automobilisme, il y trouverait la possibilité de se développer, au grand profit de la richesse nationale. Ajoutons que l'application de la nouvelle taxe serait des plus simples, puisqu'elle serait basée sur la puissance maxima des voitures, puissance qui est donnée actuellement déjà par le certificat du constructeur, prévu par l'article 7 du décret du 10 mars 1899, modifié le 10 septembre 1901.

Voyons maintenant en quoi consisterait la modification à apporter aux règlements en vigueur.

Aux termes des décrets des 10 mars 1899 et 10 septembre 1901 déjà cités (art. 14), en aucun cas la vitesse ne doit excéder *trente* kilomètres à l'heure *en rase campagne* et 20 kilomètres dans les agglomérations, sauf toutefois une exception prévue en faveur des courses automobiles pour lesquelles une autorisation spéciale peut être accordée.

Ce maximum de 30 kilomètres fait bien sourire, quand on le leur rappelle, les fervents de l'automobilisme qui ont des voitures pouvant aller jusqu'à 60, 80 kilomètres et au delà, et qui ne se gênent pas — ne leur jetons pas la pierre — pour réaliser ces vitesses extra-réglementaires en rase campagne et même parfois dans les lieux habités. Il est incontestable que cette limite fixée à l'époque de l'éclosion de l'automobilisme, au moment où les populations commençaient à prendre contact avec un mode de locomotion nouveau, qui les troublait, les rendait nerveuses, ne peut être immuable. Et nous ne demandons pas qu'il soit légèrement retouché dans le but de régulariser une situation fausse qui dure depuis que toutes les voitures automobiles, ou à peu près, peuvent couramment couvrir beaucoup plus que les 30 kilomètres à l'heure prévus, mais nous sommes persuadé que l'on doit carrément relever la limite extrême à 90 *kilomètres au moins*, étant bien entendu que ce maximum ne pourra être atteint, — sans crainte du garde champêtre, — que sur les routes constituant le réseau routier à réglementation spéciale dont nous préconisons la création. Partout ailleurs nous sommes d'avis de maintenir *rigoureusement* les 30 kilomètres en rase campagne; il en serait de même pour la limite de 20 *kilomètres* dans les *lieux habités* qui serait applicable même au réseau routier spécial; des signaux fixes, dont le type n'offre aucune difficulté de conception, indiqueraient les parties ainsi neutralisées sur les routes nationales, comme on le fait pour les courses de « Circuits ».

On le voit, la constitution d'un réseau routier plus spécialement affecté à l'automobilisme repose dans notre système *sur la simple modification d'un chiffre de règlement administratif.*

Cette vitesse maxima de 90 kilomètres ne sera pas un danger public, comme on pourra l'objecter, surtout si l'administration exige, comme ce sera son droit, de très sérieuses *preuves*, — nous ne disons pas : de garanties, — de capacité de la part des candidats au brevet de *chauffeur de grande vitesse*, brevet dont la création s'impose et qui ne sera délivré qu'à des personnes ayant « donné des preuves de sang-froid, de prudence et d'habileté » suivant la formule que nous empruntons à une personnalité essentiellement compétente : M. Pierre Baudin, ancien ministre des Travaux Publics. D'autre part les populations rurales s'accoutument peu à peu au passage de la « trombe » automobile — car, nous l'avons dit, cette trombe parcourt déjà nos routes et chemins — et somme toute il n'y aurait de changé, au fond, qu'un chiffre dans un règlement administratif, avec toutefois l'avantage considérable d'avoir localisé cette circulation rapide qui n'est dangereuse actuellement que parce qu'elle se produit sur les points les plus divers et, parfois, sur les chemins les moins propres à de grandes allures.

Le chiffre de 90 kilomètres n'a pas d'ailleurs été choisi au hasard.

La dernière grande épreuve automobile, le Circuit de la Seine-Inférieure (1907), a fait ressortir, pour les fortes voitures de course du Grand-Prix, des *moyennes* de vitesses variant de 70 km 6 à 113 km 6 sur une distance de 770 kilomètres, bien que les conditions de la course fussent très dures. Les résultats pour les voiturettes ayant pris part à la Coupe de la Commission sportive accusent des *moyennes* variant de 71 km 9 à 88 km 4 à l'heure pour un parcours de 462 kilomètres.

Eh bien! à quoi doivent servir ces résultats magnifiques si la plus grande vitesse autorisée dans la pratique reste fixée immuablement à 30 kilomètres? A quoi serviront les dépenses considérables que s'imposent les constructeurs pour perfectionner le moteur à explosion, s'ils ne trouvent la vente de leurs modèles successifs, tendant vers le maximum de puissance allié au minimum de poids?

Ces constructeurs, à la vérité, établissent couramment des 4 et 6 cylindres qui peuvent marcher à l'allure de 80 à 90 kilomètres; mais ils en trouvent difficilement le placement parce que beaucoup d'automobilistes ne peuvent se résoudre à faire l'acquisition d'une forte voiture dont ils ne pourraient utiliser la pleine puissance qu'à la condition de se mettre hors la loi et de s'attirer par suite toutes sortes d'ennuis.

La limite de 90 kilomètres à l'heure, que nous proposons, correspondant à l'allure en palier des fortes voitures que l'industrie établit presque couramment, nous paraît donc justifiée.

Mais, ne manquera-t-on pas de nous objecter, que va devenir la circulation des véhicules ordinaires sur les routes nationales ainsi transformées en pistes, et n'allez-vous pas à l'encontre du but du Congrès en aggravant la situation desdites routes dont la ruine! — le mot figure dans tous les journaux et revues qui ont parlé du Congrès — est proche?

Sur le premier point, nous répondrons que la circulation des véhicules ordinaires ne souffrira pas sensiblement, étant donné que nous avons maintenu à 20 kilomètres la limite de vitesse dans les traverses, c'est-à-dire où les véhicules de tous genres vont et viennent indistinctement sur toutes les voies. En dehors des traverses, nous l'avons dit et cela ne nous paraît pas contestable, cette circulation est très faible comparativement à celle automobile, et les chauffeurs n'éprouveront aucune difficulté pour éviter des accidents même en marchant à vive allure. Quant aux piétons, ils auront toujours la possibilité de suivre les accotements formant le plus souvent trottoirs herbés.

Il pourra se faire, et cela ne surprendra pas, que les véhicules autres que les automobiles, — déchargeant d'autant les grandes routes, — tendent de plus en plus à suivre les voies vicinales où, d'après ce que nous avons dit, leurs conducteurs seront certains de ne plus rencontrer de voitures marchant à grande vitesse comme cela se produit actuellement; mais il n'y aura à cela qu'avantage pour tout le monde. La certitude dont il vient d'être parlé semble admissible, car il est logique d'admettre que la circulation rapide automobile, d'elle-même, sans pression aucune, préfèrera circuler le plus possible d'abord, et presque exclusivement par la suite, sur des routes où les chauffeurs trouveront, avec plus de confort, une liberté d'allure beaucoup plus grande.

Quant à la « ruine » des routes due à l'automobilisme, et la nécessité où l'on se trouverait de transformer les chaussées, nous n'en croyons rien jusqu'à preuve certaine. D'ailleurs, cette question (comme beaucoup d'autres) ne sera complètement élucidée que lorsque seront connus les renseignements fournis au Congrès sur la 5e question. Il est fort possible qu'aux environs de Paris ou des très grandes villes la circulation absolument exceptionnelle occasionne des dégâts énormes aux chaussées macadamisées, et que les automobiles entrent pour une forte part dans ce résultat; on peut encore admettre que sur certains points particuliers la circulation mécanique occasionne une usure plus rapide. Nous pouvons citer un cas de ce genre, dans la Seine-Inférieure, intéressant la route nationale n° 14 qui est fortement endommagée par de lourds véhicules destinés aux transports militaires et construits par la maison Schneider qui utilise ladite route comme piste d'essai. Mais ce sont là des cas isolés — à notre avis — et il n'en est pas de même pour l'ensemble du territoire. Nous sommes donc persuadé que les méthodes de construction de chaussée employées jusqu'à présent n'ont pas encore fait faillite. Il est évident que les antiques procédés, parmi lesquels figurait en bonne place le « point à temps », doivent être proscrits en principe pour l'entretien des grandes routes; il est non moins certain que pour les parties macadamisées, les matériaux durs, très durs même (quartzites, granites, porphyres, trapp des Vosges, etc.) agrégés avec des matières crayeuses, devront être exclusivement employés, et que la constitution du revêtement devra être obtenue à l'aide de cylindres compresseurs très lourds; il est également incontestable qu'il faudra réduire les périodes d'aménagement, et que finalement les frais d'entretien seront beaucoup plus élevés qu'ils l'étaient à l'époque des diligences. Mais tout cela ne prouve nullement que le macadam, par exemple, ne soit pas assez résistant pour supporter la circulation moderne et que, formé de matériaux suffisamment durs, bien aggloméré, bien comprimé, goudronné et *renouvelé avant usure trop avancée*, il ne puisse conserver sa place de mode d'entretien le plus employé.

Dans les cas tout particuliers et très restreints que nous avons visés, pour les environs de la capitale, par exemple, il suffira d'adopter des solutions appropriées : bétonnage ou pavage, en observant que le premier est supérieur au second pour l'automobile et coûte beaucoup moins cher, ainsi que nous l'avons vu précédemment. En ce qui concerne le cas, tout d'exception, de routes suivies par de lourds camions à traction mécanique *marchant à toute vitesse* pour effectuer des essais à outrance, nous estimons qu'il conviendrait plutôt de prendre des mesures sévères de réglementation, en attendant la construction d'autodromes spéciaux par l'industrie privée ou les sociétés automobiles.

Donc, sur le réseau de routes nationales livré à la circulation rapide, il n'y aura en principe aucune transformation à adopter dans le mode d'entretien, mais seulement une application aussi étendue que possible des principes généraux que nous avons indiqués pour la construction de la route future, notamment : suppression progressive des passages à niveau et, par conséquent, *interdiction absolue* d'en créer d'autres; redressement des courbes trop brusques, ou, en cas d'impossibilité, dégagement des abords, pour assurer la visibilité, et amélioration des virages;

remplacement des cassis, pavés, ou non, par des aqueducs couverts; enfin, pose d'indicateurs de neutralisation, de croisements ou d'obstacles dangereux. Nous ne parlons pas de la rectification des fortes déclivités, celles-ci ne constituant pas une gêne sensible pour les automobilistes, d'après l'affirmation de chauffeurs professionnels que nous avons consultés à ce sujet.

Il faudra certainement des crédits plus élevés, tant pour faire face à ces aménagements indispensables, que pour des rechargements plus fréquents et le goudronnage (ou autre mode plus économique, si l'étude de la troisième question du Congrès en fait ressortir un) dans *toutes* les traverses; mais ces crédits seront couverts en partie par la taxe que nous avons prévue. Dans quelle proportion cette taxe couvrira-t-elle les dépenses supplémentaires? Cela nous ne pouvons le chiffrer; mais il serait possible d'en avoir au moins une approximation à l'aide de renseignements recueillis au Service des Mines qui possède une statistique complète des automobiles, et en adoptant une base de contribution raisonnable. Il appartient au Congrès de traiter cette question au moment des travaux de Commissions.

RÉSUMÉ ET CONCLUSIONS

Les méthodes actuelles de construction des routes et des chemins importants seront presque toutes applicables à la route future. Toutefois les tolérances admises jusqu'à présent pour les déclivités, les courbes, etc... seront supprimées. La route future devant dans bien des cas être empruntée par des tramways, il conviendra, suivant nous, de ne pas dépasser des déclivités de 3,5 pour 100. Les courbes à faible rayon étant redoutées des automobilistes, il ne faudra pas descendre au-dessous de 500 mètres. L'idéal sera la ligne droite, il faudra le plus possible s'en rapprocher. La largeur ne devra pas être inférieure à 15 mètres.

Le revêtement le plus employé sur la Route Future sera, comme actuellement, le macadam, mais exclusivement composé de matériaux durs de 6 à 10 centimètres de grosseur, fortement comprimés par des rouleaux très lourds, et recouverts dans toutes les traverses de lieux habités, autant que possible, d'un enduit au goudron. On lui préfèrera le pavage de grès ou de porphyre dans les petites villes et les bourgs industriels. Le pavage en bois, l'asphaltage et le bétonnage seront réservés aux grandes villes où ils seront utilisés concurremment avec les autres revêtements. Nous recommandons le bétonnage armé, il est économique et a donné complète satisfaction.

Les passages à niveau sur voies ferrées devront être rigoureusement proscrits de la route future, de même que les rigoles, pavées ou non, qui sont parfois ménagées en travers des chemins pour l'écoulement des eaux. Les croisements de routes, l'entrée des lieux habités et les points dangereux en général, seront signalés de part et d'autre et à une distance suffisante, par de grands indicateurs éclairés s'il y a lieu pendant la nuit.

La création sur l'ensemble du territoire de voies spéciales réservées uniquement aux automobiles ne peut être envisagée parce qu'elle serait trop coûteuse; mais on peut favoriser le développement de l'industrie mécanique et le perfectionnement du moteur à explosion, en constituant un réseau de voies que les automobiles pourraient parcourir à des vitesses supérieures à celle de 30 kilomètres à l'heure, limite fixée par les règlements actuels, et qui d'ailleurs n'est pas observée. Ces voies sont les routes nationales, sur lesquelles nous proposons d'élever à 90 kilomètres la limite de vitesse, sous réserve du paiement, par les automobilistes, d'une taxe annuelle proportionnée au maximum de vitesse que peut donner leur voiture en palier. Cette taxe viendrait grossir les crédits d'entretien des routes nationales et permettrait d'aménager celles-ci de façon à se rapprocher le plus possible de la route future, sauf toutefois en ce qui concerne les déclivités. Un brevet spécial de chauffeur de grande vitesse, obtenu après des épreuves très sévères, serait exigé des conducteurs de voitures rapides. Sur tous les autres chemins du territoire, la vitesse ne devrait pas dépasser 30 kilomètres, et dans les traverses des lieux habités, elle ne devrait pas être supérieure à 20 kilomètres.

Rouen, le 30 mai 1908.

62 059. — Imprimerie Lahure, rue de Fleurus, 9, à Paris.

ÜBERSICHT UND ÄNTRAGE

Die jetzigen Methoden zum Bauen von Landstrassen und wichtigen Wegen werden fast alle bei der Zukunftsstrasse anwendbar sein. Jedoch sollen alle bis jetzt für Senkungen, Kurven, u. s. w. zugegebenen Toleranzen unterdrückt werden. Da die Zukunftsstrasse in sehr vielen Fällen für Strassenbahnen benutzt werden soll ziemt es sich, unserer Meinung nach, keine steileren Senkungen als 3,5 Prozent zuzulassen. Da sich die Automobilfahrer vor Krümmungen mit schwachem Halbmesser fürchten, muss derselbe nicht schwächer sein als 500 Meter. Das Ideal wird die gerade Linie sein; man wird derselben möglichst nahe kommen müssen. Die Breite darf nicht geringer als 15 Meter sein.

Die auf der Zukunftsstrasse am häufigsten gebrauchte Bekleidung wird, wie jetzt, das Makadampflaster sein; dieses wird aber ausschliesslich aus harten, 6 bis 10 Centimeter dicken Stoffen bestehen, die von sehr schweren Walzen zusammengedrückt und überall, wo die Strasse durch bewohnte Ortschaften geht, wo möglich mit einem Teerüberzug überdeckt werden müssen. In kleinen Städten und gewerbtreibenden Flecken wird man das Sandstein- oder Porphyrpflaster vorziehen. Holz-, Asphalt- und Steinmörtelpflaster sollen für die grossen Städte vorbehalten sein, wo man sie zugleich mit den andern Bekleidungen anwenden wird. Ganz besonders empfehlen wir den « Beton » (ciment armé), er ist wenig kostspielig und hat sich als vollkommen zweckmässig erwiesen.

Die Niveau-Übergänge auf Eisenbahnen müssen bei der Zukunftsstrasse durchaus verworfen sein, sowie auch die gepflasterten oder nicht gepflasterten Rinnen, die manchmal quer durch die Wege zum Abfluss des Wassers angebracht werden. Die Wegkreuzungen, die Eingangsstellen in bewohnte Ortschaften, sowie überhaupt alle gefährlichen Stellen werden auf beiden Seiten und zu genügender Entfernung durch grosse, nötigenfalls nachts beleuchtete Weiser angegeben werden.

Das Bauen auf dem ganzen Landesgebiet von besondern, zu den Automobilen ausschliesslich bestimmten Wegen kann nicht in Aussicht gestellt werden, weil dasselbe zu kostspielig sein würde; man kann aber die Entwickelung der Maschinenindustrie und die Vervollkommnung des Motors dadurch begünstigen, dass man ein Netz von Wegen erbauen würde, welche die Automobile mit grösserer Schnelligkeit als 30 Kilometer in der Stunde, dem von den jetzigen Verordnungen festgesetzten und übrigens nicht beo-

Saunier.

bachteten Limitum, durchlaufen dürften. Diese Wege werden die Staatschausseen sein, auf welchen wir das Schnelligkeitslimitum auf 90 Kilometer zu bringen vorschlagen, und zwar unter dem Vorbehalt, dass die Automobilführer eine jährliche, dem Maximum der Schnelligkeit, welche ihr Wagen auf horizontaler Strecke durchlaufen kann, entsprechende Taxe zu bezahlen hätten. Diese Taxe würde die für die Unterhaltung der Staatschausseen bewilligten Gelder verstärken und gestatten diese Chausseen derart einzurichten, dass sie der Zukunftsstrasse möglichst nahe kommen würden, Jedoch mit Ausnahme dessen, was die Senkungen betrifft. Ein nach sehr strengen Examen erteiltes Führerpatent für grössere Schnelligkeit sollte von den Führer von raschen Fuhrwerken gefordert werden. Auf allen andern Wegen des Landesgebietes dürfte die Geschwindigkeit nicht 30 Kilometer übersteigen, und überall, wo es durch bewohnte Örtlichkeiten geht, nicht grösser als 20 Kilometer sein.

(Übersetz. BLAEVOET.)

IER CONGRÈS INTERNATIONAL DE LA ROUTE
PARIS 1908

4e QUESTION

LA ROUTE ET SES AMÉNAGEMENTS
LES PLUS URGENTS

RAPPORT

PAR

M. MASSIMO TEDESCHI
Ingénieur à Turin. Directeur de la Revue *le Strade*.

PARIS
IMPRIMERIE GÉNÉRALE LAHURE
9, RUE DE FLEURUS, 9

1908

LA ROUTE ET SES AMÉNAGEMENTS
LES PLUS URGENTS

RAPPORT

PAR

M. MASSIMO TEDESCHI

Ingénieur à Turin. Directeur de la Revue *le Strade*.

La route idéale, nous en convenons avec M. Debauve, serait celle où les trois genres de circulation : piétons, voitures, cycles, auraient leur propre voie séparée. Mais en attendant que cet idéal puisse être atteint — ce qui est encore bien éloigné, même dans les pays qui sont plus avancés dans la viabilité, — et en nous bornant aux idées les plus modestes et les plus pratiques à cet égard, nous affirmons que l'étude des administrations publiques, ainsi que des associations de tourisme, devrait viser à mettre la route actuelle en état de suffire aux nouveaux besoins de la circulation.

Nous reconnaissons que les défauts et les inconvénients que nous allons signaler à grands traits ne sont pas également ressentis dans tous les pays; cela dépend des conditions de viabilité; sans aucun doute ils sont moins graves en France (particulièrement en ce qui concerne l'entretien des chaussées) dans quelques États de l'Allemagne, dans plusieurs cantons de la Suisse, sur les nouvelles routes que l'on construit en Angleterre et aux États-Unis d'Amérique et, en Italie, pour ce qui se rapporte à la construction, sur les grandioses routes napoléoniennes; mais avec tout cela, on ne pourrait pas affirmer que les routes actuelles se prêtent en général à la circulation moderne et particulièrement à la locomotion automobile.

Nous allons examiner la question au double point de vue de la construction et de l'entretien.

Un des défauts les plus fréquents dans la construction est le manque de largeur; la section typique routière ancienne, avec sa chaussée limitée entre deux rangées de bornes par des trottoirs étroits ou des accotements en saillie, même lorsqu'on cherche à la modifier, est bien loin de représenter le type de la route de l'avenir.

Les routes, présentant déjà des défauts pour un croisement commode et rapide des véhicules, ne sont que trop souvent embarrassées par des tas de cailloux gisant pendant des mois entiers dans l'attente de leur emploi, — souvent il y a aussi des tas de terre ou de boue qui encombrent la route pendant plusieurs mois de l'année : cela engendre des échanges difficiles, qui, à cause aussi d'autres encombrements, représentent un danger pour toute espèce de véhicule et pour les piétons.

Pour éviter ces graves inconvénients l'on devrait multiplier les lieux de dépôt hors de la route pour les cailloux et imposer avec rigueur aux entrepreneurs de ne jamais encombrer la chaussée et de tenir toujours la route débarrassée des tas de poussière et de boue.

On pourrait donc atteindre le but d'avoir toujours, sans une grande dépense, la largeur de la route libre, en augmentant le nombre des lieux de dépôt sur les flancs de la route, où ils existent déjà, et, pour les routes principales, en les établissant où ils n'existent pas encore. Ainsi les matériaux ne gêneront ni la circulation des voitures, ni celle des piétons, ni l'écoulement des eaux; et les dangers dont ils peuvent être cause seront en même temps éliminés.

La dépense de cette installation, ainsi que d'une reprise des matériaux et des frais de transport lors de l'emploi, est bien peu de chose vis-à-vis des inconvénients qu'on évite et des avantages que nous venons de signaler.

Une autre limitation à la largeur utilisable de la route, particulièremen en Italie, est due à la présence des bornes ou chasse-roues, qui longent des deux côtés la chaussée ; des discussions assez vives se sont élevées, à ce propos, entre ceux qui plaident pour la conservation des bornes, les considérant comme une sauvegarde pour les piétons, surtout actuellement avec la circulation des automobiles, et ceux qui en demandent la suppression. Nous observerons pour notre part, que le piéton qui se tient sur le trottoir ou sur la banquette, même dans les routes où il n'y a pas de bornes, n'a jamais été atteint par une automobile; les accidents de cette nature sont toujours arrivés aux personnes qui traversent la route; au contraire, les chasse-roues ont causé maintes fois des accidents d'automobile très graves.

Le défaut de largeur se ressent d'une manière plus marquée dans le voisinage des grands centres de population; dans ce cas il faudrait étudier si pour un certain parcours il ne conviendrait pas de construire une zone réservée à la circulation des automobiles au moins dans le rayon d'influence de la proximité de la grande ville.

Un autre défaut de construction qu'il faut remarquer, sur les routes de montagne en particulier, consiste dans les courbes trop étroites à court rayon.

Ces courbes, portant à un changement trop brusque dans la direction de la voiture, produisent fatalement la culbute du véhicule, si son conducteur n'a pas garde d'en modérer la vitesse.

Et cela est d'autant plus sensible, qu'on n'a pas encore pensé à donner dans les courbes l'inclinaison nécessaire dans le sens transversal, comme on le pratique sur les pistes.

L'on devrait donc corriger les courbes dont le rayon est au-dessous d'un certain minimum, et l'on devrait également songer au raccordement parabolique dans les courbes plus étroites et aussi à la surélévation du côté de la convexité de la courbe d'après les enseignements précieux donnés par M. Petot, dans son étude très remarquable sur les raccordements circulaires pour les chaussées à automobiles, présentée en 1902 à l'Académie des sciences de France.

Un autre point sur lequel il est très important de porter l'attention est la condition de résistance des ouvrages d'art des routes principales au passage des trains automobiles.

On lit dans un rapport du colonel Espitallier[1], qu'un industriel de Nancy regrettait de ne pouvoir faire circuler un char automobile de 12 tonnes, qui lui aurait rendu un bien grand service dans les transports, parce que la plus grande partie des parcours lui était défendue à cause de l'insuffisance des ouvrages d'art.

Enfin les routes, qui sont maintenant peuplées de voyageurs, exigent le plus grand nombre de signaux possible, c'est-à-dire : indication de direction, distances, cotes d'altitude, etc., et à ce propos, il est juste de reconnaître que maintes administrations, ainsi que les Tourings, ont déjà fait beaucoup; certainement ils ne s'arrêteront pas à mi-chemin dans une œuvre si essentielle et si utile au public ; mais c'est aussi le devoir de toutes les administrations publiques de la favoriser et d'allouer les fonds nécessaires pour donner aux routes principales un système complet de signaux.

Passons à présent à l'entretien des chaussées à macadam.

Reconnaissons qu'en général nous sommes trop souvent en présence de chaussées qui se trouvent dans les conditions de constitution les plus déplorables. Cet état de choses vient se compliquer actuellement par la circulation des automobiles.

Nous rappellerons ici l'opinion de l'ingénieur anglais, B. Twaite, à propos des chaussées en macadam : il pense que si elles sont convenables pour les ressorts d'acier d'une voiture, elles ne conviennent aucunement aux gommes pneumatiques élastiques et flexibles d'une automobile. Ces gommes s'usent rapidement, et le mécanisme intérieur de l'automobile reste détérioré ; d'autre part, les plus récentes expériences de M. Salle[2] ont

1. G. Espitallier. *Les véhicules industriels automobiles et la solidité des chaussées* (Annales des travaux publics de Belgique).

2. M. Salle. *Effets destructeurs des grandes vitesses automobiles sur les empierrements* (Annales des ponts et chaussées, IV, 1907).

démontré les effets désastreux des automobiles à grande vitesse sur les chaussées empierrées, effets qui avaient été déjà prévus par le regretté ingénieur Forestier, haute autorité bien reconnue en la matière. Il avait affirmé que le jour où des lourds fardiers automobiles auraient la prétention de circuler régulièrement et en grand nombre, ce Jour-là, c'en serait fait des bonnes routes, et les administrations, incapables de les entretenir, devraient y mettre le holà.

Et dans ce sens les techniciens étudient et essayent de nouveaux systèmes de pavage à substituer aux macadams.

En attendant, et dans l'état actuel des choses, il faut dans l'entretien des routes combattre les deux puissants ennemis de la route, la *boue* et la *poussière*; l'un est la conséquence de l'autre et dominent tour à tour la route.

A ce propos il y a un axiome, c'est que les bons matériaux produisent peu de poussière et par conséquent peu de boue; mais, pour obtenir une bonne route, il faut avant tout avoir une solide chaussée, constituée par une solide fondation et avec de bons matériaux pressés aux rouleaux à vapeur; ensuite on doit entretenir avec soin, par le travail assidu et attentif du cantonnier, en réparant immédiatement les petits dégâts et tenant constamment uni et compact le revêtement au moyen de rechargements périodiques cylindrés à intervalles de temps plus ou moins rapprochés, selon le trafic de la route.

L'arrosage est fort nécessaire pendant l'été, comme en toute saison un bon service de nettoyage pour enlever la boue et la poussière.

Ce que nous venons de dire pourra paraître naïf et même superflu, surtout dans un pays comme la France, où l'entretien des routes a atteint le plus haut degré; mais je ne peux pas oublier que nous sommes dans un congrès international et qu'il faut reconnaître avec regret que dans maint autre pays l'on est encore bien loin d'avoir réalisé les mêmes progrès qu'en France; au contraire, ici mieux qu'en tout autre pays, nos propositions trouvent leur démonstration dans l'expérience des faits, en nous donnant la conviction de leur exactitude dans la pratique.

Je peux me dispenser de m'occuper des remèdes exceptionnels contre la poussière, comme l'application du goudron et d'autres substances; ce sujet forme la matière d'un thème spécial, et d'autres collègues bien plus compétents en parleront.

Pour le but que nous nous proposons, il suffit de recommander l'emploi de tous les moyens possibles pour empêcher d'une manière absolue ou réduire aux proportions les plus limitées le soulèvement de la poussière.

Pour en finir avec l'exposition des vœux à faire au point de vue technique, il est aussi à souhaiter que l'on fasse une application plus étendue du travail mécanique sur les chaussées, ce qui, de nos jours, n'est pas difficile et serait de plus en plus favorisé par les nombreuses lignes de transport d'énergie électrique qui sillonnent nos routes.

L'Amérique, sur ce point, nous fournit déjà des exemples merveilleux. Les rouleaux compresseurs, moyennant un seul échange de roues, se transforment en locomotives routières pour transporter des matériaux; ceux-ci sont écrasés par les concasseurs, qui sont actionnés par la même locomotive routière fonctionnant comme machine fixe.

Les matériaux, chargés dans les ballastières, sont traînés sur place, dans un appareil construit de manière à obtenir la décharge automatique, et même de l'épaisseur voulue du gravier sur la route; la machine porte aussi un réservoir garni d'un système d'arrosage pour verser l'eau pendant la décharge. Bref, il y a une installation complète qui permet que le transport, l'écrasement, le répandage des matériaux, l'arrosage et la compression se lient strictement l'un à l'autre et que l'ensemble des appareils se monte promptement et fonctionne aussi après quelques minutes[1].

On n'a pas lieu malheureusement d'espérer que de tels systèmes puissent se répandre rapidement, et, même en Amérique, ils constituent encore plutôt l'exception que la règle; ceci prouve cependant que la technique marche toujours en avant, et il faut tout au moins tâcher d'en suivre les conquêtes.

Au point de vue administratif, il conviendrait de modifier l'organisation des cantonniers routiers en étudiant les moyens de les intéresser directement au bon entretien des chaussées confiées à leurs soins et sous leur responsabilité, en faisant son profit des conceptions pour lesquelles M. Cuënot en France et M. Balsari en Italie ont vivement plaidé.

Sur l'entretien des routes on a écrit beaucoup, et il y aurait long à dire encore, même en se bornant à tracer les lignes générales de son organisation rationnelle au point de vue technique et administratif. Mais la chose est presque impossible à faire dans un congrès international, en raison de la diversité des conditions actuelles dans les différents pays représentés.

Nous pouvons toutefois fixer un point commun à tous les pays.

L'exploitation des chaussées, le trafic sur les routes est tellement augmenté qu'il est indispensable d'augmenter notablement la proportion des dotations financières.

M. Forestier, au Congrès d'automobilisme de Paris de 1903, faisait remarquer que les transports publics par automobiles en France avaient accru dans des proportions intolérables les frais d'entretien des chaussées. Les administrations n'étaient pas préparées à cette nouvelle dépense et en restèrent surprises[2].

1. Pour la poussière et la boue, il existe aussi des élévateurs automatiques pour charger sur des brouettes ou des tombereaux la poussière et la boue et accumuler ces matières dans les points de dépôts. Les derniers spécimens de ces appareils sont en état de faire leur travail à l'heure pour 75 à 110 mc^3 de matière, et les frais d'exploitation, intérêts et amortissement compris, dépassent rarement francs 0,07 par mètre cube.

2. Les conseils généraux de plusieurs départements français se sont occupés de cette question depuis 1902, et la décision de plusieurs Commissions fut unanime à ce que

C'est donc une question financière qu'il faut aborder et résoudre, en y faisant contribuer tous les intéressés.

On ne peut nier que cette question, technique et financière à la fois, occupe et préoccupe désormais toutes les nations.

Ce serait évidemment d'une très grande utilité si ce travail, au lieu d'être isolé, pouvait être coordonné de manière à porter à la connaissance réciproque de chaque nation les résultats des études et des essais et les solutions poursuivies dans chaque pays; et aussi pour arriver, s'il est possible, à des résolutions d'ordre général, pouvant être adoptées et appliquées par tous.

Pour atteindre ce but, le Congrès actuel sera certainement fort utile, et nous devons en savoir gré au Gouvernement de la République française, qui en le convoquant s'est inspiré d'une pensée de la plus haute modernité. Son initiative sera suivie; et ce Congrès doit être le premier d'une série à tenir à des périodes pas trop éloignées les unes des autres.

A cet effet il serait très utile d'envisager la création d'un Comité international dans lequel devraient collaborer les administrations publiques de tous les pays et les associations les plus importantes de tourisme. Ce comité aurait la tâche de tenir toutes les nations au courant de ce qu'on fait pour l'amélioration des routes, et pour faire concourir toutes les nations adhérentes à l'étude des problèmes concernant la question, et à la préparation des thèmes et des résolutions à soumettre à l'approbation des Congrès.

Cette tâche est ample et puissante, mais il ne faut pas se laisser décourager par les timides et les misonéistes qui repoussent les nouveaux systèmes de locomotion, sous le spécieux prétexte que les routes ne s'y prêtent pas; il faut au contraire, étudier le problème sous ses nombreux aspects et adapter les chaussées aux nouveaux besoins du trafic.

J'ai cherché à présenter dans cette relation les questions qui ont un caractère d'urgence plus immédiate.

Et voici les conclusions que j'ai l'honneur de soumettre à l'approbation de mes collègues :

a) Pour ce qui tient à la construction :

1° Maintenir constamment libre la chaussée de tous genres d'encombrements (cailloux, poussière, boue, etc.) et aménagement d'emplacements spéciaux pour les dépôts de matériaux;

2° Supprimer, là où ils existent encore, les bornes ou chasse-roues;

3° Étudier la destination d'une zone réservée à la circulation automo-

les chaussées dans leur état actuel ne sont pas à même de supporter le surmenage des nouveaux systèmes de traction, qu'il faudra les transformer, les agrandir, les renforcer et augmenter les frais d'entretien : en outre, les départements de la Haute-Saône et de Meurthe-et-Moselle évaluaient une telle augmentation au moins à francs 200 par an et par kilomètre. La Commission de la Charente évaluait de 2000 à 1000 francs par kilomètre les limites de la dépense pour rendre les chaussées capables de supporter une circulation rapide des charges lourdes.

bile sur les routes les plus fréquentées et dans le voisinage des grands centres ;

4° Corriger les courbes qui se trouvent au-dessous d'un minimum de rayon à fixer, et qui constituent un danger permanent pour la circulation ;

5° Obtenir des administrations publiques l'installation de signaux routiers, soit dans le cas où ils manquent tout à fait, soit qu'il suffise de les compléter.

b) Pour ce qui se réfère à l'entretien :

1° Favoriser avec tous les moyens la diffusion des systèmes rationnels techniques et administratifs d'entretien qui ont déjà été consacrés par l'expérience des nations les plus avancées à ce sujet :

2° Se rendre compte que l'entretien des routes est spécialement une question financière, et, étant données les ressources insuffisantes destinées actuellement aux routes, étudier les moyens de les doter des revenus nécessaires et indispensables aux nouvelles exigences.

Enfin sur la question en général :

Constituer un Comité international permanent pour étudier toutes les questions inhérentes à la construction des routes et à leur entretien dans le but de mettre la viabilité des routes en harmonie avec la locomotion moderne, et pour faire les études nécessaires dans les intervalles d'un Congrès à l'autre.

Turin, le 30 juin 1908.

62 339. — Imprimerie LAHURE, rue de Fleurus, 9, à Paris.

SCHLUSSFOLGERUNGEN

Nachstehende Schlussfolgerungen unterbreite ich der Zustimmung meiner Kollegen :

a) Bezüglich des Baues :

1. Die Chaussée ist von Schotter, Staub, Morast, etc. freizuhalten; für Materialdepots sind besondere Plätze anzuweisen.

2. Grenz- und Prellsteine sind dort zu entfernen, wo sie noch vorzufinden sind.

3. Auf besonders verkehrsreichen Strassen und in der Nähe grosser Verkehrzentren, wären dem Automobilverkehr ausschliesslich vorbehaltene Teilstrecken in Erwägung zu ziehen.

4. Kurven von einem kleineren als dem zu bestimmenden Krümmungsradius sind abzuändern, da sie eine ständige Gefahr für den Verkehr bilden.

5. Von den Verwaltungsbehörden ist die Aufstellung von Strassensignaltafeln dort zu verlangen, wo sie gänzlich fehlen, oder in ungenügender Zahl vorhanden sind.

b) Bezüglich der Strassenerhaltung :

1. Möglichste Förderung der Verbreitung rationneller, technischer und Verwaltungssysteme zur Strassenerhaltung, welche sich bei den in dieser Hinsicht am meisten fortgeschrittenen Nationen bestens bewährt haben.

2. Klarheit darüber gewinnen, dass die Strassenerhaltung in erster Reihe eine Geldfrage ist, und da die für Strassen gegenwärtig zur Verfügung stehenden Mittel nicht auslangen, sind neue Einkünfte zu suchen, um den neuen Anforderungen gerecht werden zu können.

Endlich zur Frage im Allgemeinen :

Einsetzung einer ständigen internationalen Kommission zur Prüfung aller auf Strassenbau und Erhaltung bezüglichen Fragen. Diese Kommission hätte auch für die Anpassung der Fahrbarkeit der Strassen an die modernen Verkehrsmittel zu sorgen, sowie die Vorarbeiten zwischen den jeweiligen Kongressen auf sich zu nehmen.

(Übersetz. Blaevoet.)

Tedeschi.

Ier CONGRÈS INTERNATIONAL DE LA ROUTE
PARIS 1908

4e QUESTION

LA ROUTE FUTURE

DANS LES PAYS-BAS

RAPPORT

PAR

M. CALAND
Ingénieur en chef du Waterstaat, à Zutphen.

PARIS
IMPRIMERIE GÉNÉRALE LAHURE
9, RUE DE FLEURUS, 9

1908

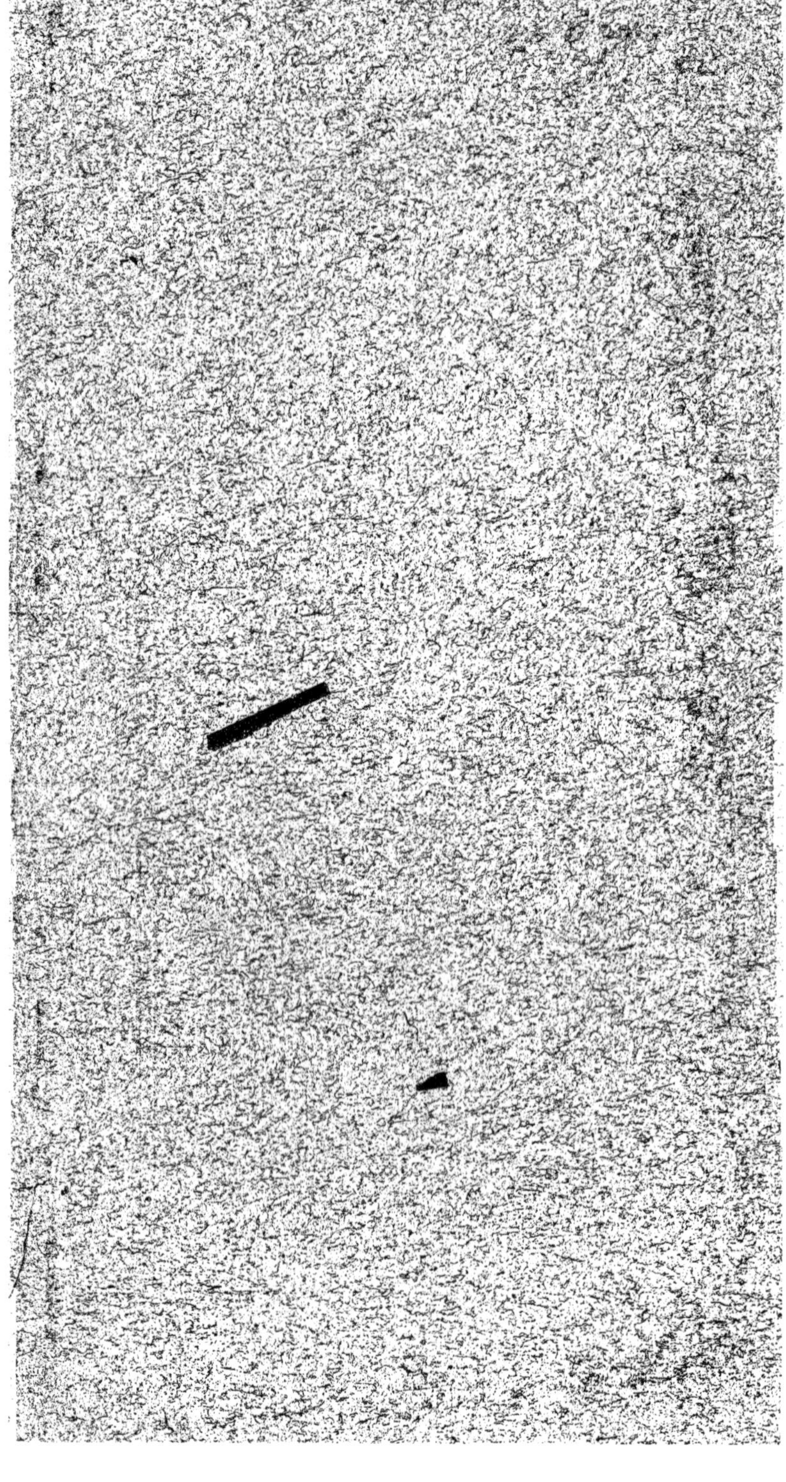

LA ROUTE FUTURE

DANS LES PAYS-BAS

RAPPORT

PAR

M. CALAND

Ingénieur en chef du Waterstaat à Zutphen.

Dans les Pays-Bas l'automobilisme n'a pas encore pris une extension fort grande. Ce n'est que dans les provinces de l'ouest, autour des grandes villes, qu'il est devenu d'une importance plus considérable. Cependant dans ce pays aussi le problème de la route future s'est déjà posé et par conséquent il y est d'actualité. A la Chambre des députés M. le Dr Lely, ancien ministre des Ponts et Chaussées, a prononcé un discours, dans lequel il prédisait un développement considérable de l'automobilisme. Le Dr Lely attend de l'automobile un changement complet ou en tout cas une diminution de l'afflux de la population campagnarde vers les grandes villes, ce qui ne laisserait pas d'être une circonstance fort heureuse. Pour que l'emploi de l'automobile puisse se développer, il faut cependant que les routes, au moins les routes principales, soient appropriées à cet usage, de façon à permettre aux automobiles une vitesse dépassant au besoin 80 kilomètres à l'heure, sans danger pour la circulation des autres voitures.

Actuellement les routes des Pays-Bas ne sont pas propres à cet usage de l'automobile. A la suite du discours du Dr Lely le gouvernement néerlandais a promis d'ouvrir une enquête sur cette question; cette enquête est en train de se faire. L'examen ne porte d'ailleurs que sur les routes nationales qui entrent d'abord en considération pour être améliorées, et encore donnera-t-on la préférence aux routes qui mettent en communication les centres les plus importants de population.

Dès à présent, l'on peut affirmer avec certitude que pour atteindre ce but un élargissement considérable des routes et de leurs chaussées sera nécessaire, ce qui entraînera des dépenses excessives. En tout cas, il est à prévoir qu'on se heurtera, près des centres habités, à des difficultés pécuniaires insurmontables. Là, il faudra examiner plus tard en détail ce qui sera préférable : de faire un raccourci au profit des automobiles à grande vitesse, ou bien de limiter pour ces endroits la vitesse de circulation.

Cependant, les grandes dépenses que nécessitera cette amélioration n'ont pas besoin d'être faites d'un seul coup. L'élargissement des routes peut être réparti sur plusieurs années. A ce point de vue on peut établir une comparaison avec les chemins de fer, dont la construction a demandé tant de millions et qui n'ont été ouverts que progressivement.

Le problème de l'aménagement des routes pour l'automobilisme à grande vitesse n'est pas facile à résoudre. Nous proposons ci-joint deux solutions différentes qui peuvent fournir matière à discussion.

D'abord, il faut mentionner que dans les Pays-Bas la plupart des routes nationales sont plantées des deux côtés d'une rangée d'arbres. La distance moyenne des deux rangées est de 8 à 9 mètres. La chaussée, large de 4 mètres, est construite le plus souvent en briques. Les accotements, larges chacun de 2 mètres à 2 m. 50, sont déjà destinés à divers usages : on s'en sert pour laisser aux voitures qui se croisent l'espace de se ranger, pour fournir des pistes cavalières ou cyclables, pour y construire la voie des tramways à vapeur, pour y poser les conduites d'eau ou de gaz ou bien pour y mettre les poteaux-supports des fils électriques.

Il est évident qu'on ne peut pas permettre sur des routes pareilles une libre circulation des automobiles, mais qu'il faut construire pour celles-ci une voie spéciale.

Le Dr Lely, dans le discours cité, recommande de construire la voie pour automobiles de façon qu'elle fasse partie de la route même. Dans ce cas la meilleure disposition semble être celle où la partie centrale est réservée aux automobiles dans les deux directions, tandis que la circulation des voitures ordinaires occupe les bas-côtés, dans une seule direction sur chaque côté. On obtient ainsi la disposition figurée sur le profil numéro 1.

Il faut cependant examiner sérieusement si, de cette manière, la sûreté des piétons et des voitures ordinaires est suffisamment garantie. Vu la grande vitesse des automobiles qui peut dépasser 80 kilomètres à l'heure, une voie spéciale pour automobiles, séparée complètement de la circulation ordinaire semble être préférable. Elle peut s'obtenir d'une façon simple en laissant intacte la route actuelle avec sa double rangée d'arbres et en construisant à côté la voie pour automobiles, comme l'indique le profil numéro 2. Ici, la circulation des automobiles est pour ainsi dire isolée des deux côtés par les deux rangées d'arbres qui bordent la voie.

En ce cas, la communication entre la route et les champs situés du côté de la voie pour automobiles peut être assurée par de petites digues de traverse, construites de distance en distance. Le profil numéro 2 a encore l'avantage de ne demander aucune modification de la route servant à la circulation ordinaire.

Avec les deux profils il faut pourvoir d'une manière efficace à l'écoulement des eaux. La voie ou les voies pour la circulation ordinaire pourront être construites avec les matériaux actuellement en usage; quant à la chaussée pour automobiles elle sera construite de préférence en empierrement ou en ciment. En outre, on fera bien de prévenir la formation de la poussière.

La chaussée pour automobiles aura au moins 6 à 7 mètres de largeur.

Zutphen, 25 mai 1908.

61 948. — Imprimerie Lahure, rue de Fleurus, 9, à Paris.

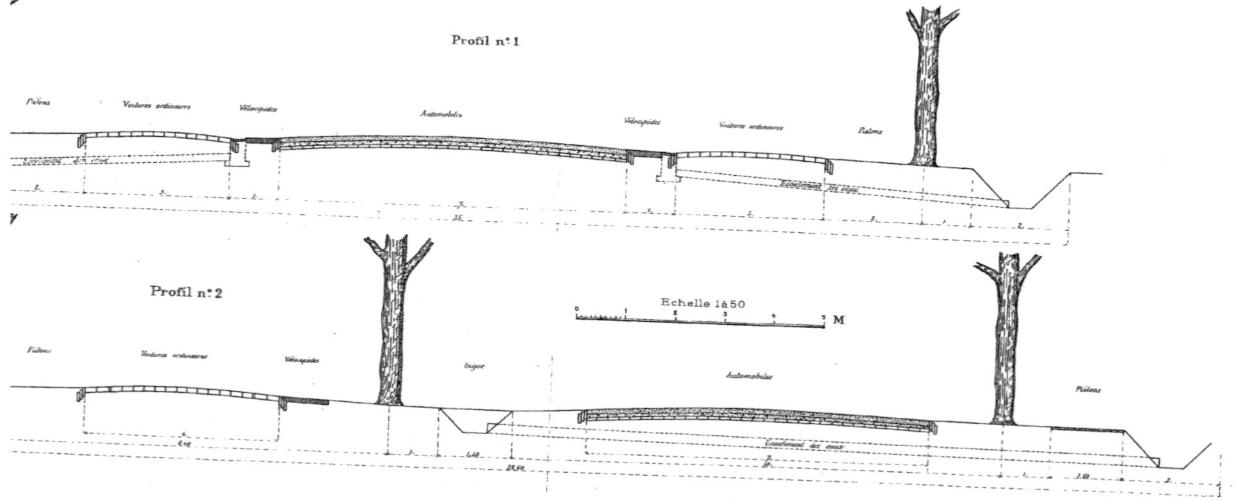

Profil n° 1

Piétons — Voitures ordinaires — Vélocipèdes — Automobiles — Vélocipèdes — Voitures ordinaires — Piétons

Écoulement des eaux

Profil n° 2

Échelle 1 à 50

Piétons — Voitures ordinaires — Vélocipèdes — Digue — Automobiles — Piétons

Écoulement des eaux

	Ordnungs-nummer der Referate	
SS BRITANNIEN	48	**Aitken (Thomas)**, M. Inst. C. E., County Surveyor, Cupar-Fife, Schottland.
	49	**Gladwell**, Engineer and Surveyor to the Eton Rural District.
	50	**Purnell Hooley (E.)**, County Surveyor of Nottinghamshire (County Councils Association).
	51	**Maybury**, C. Engineer and County Surveyor of Kent.
	53	**Wakelam (H. T.)**, M. Inst. C. E., County Engineer and Surveyor, Westminster (Ass. of M^{ci} and County Engineers).
HOLLAND	54	**Steyn Parvé (D. J.)**, Ingénieur en chef du Waterstaat, Utrecht.
SCHWEIZ	55	**Rochat Mercier**, Directeur des Travaux municipaux, et **Piot**, Ingénieur chef du service de la Voirie, Losen.

FRAGE 4

DIE STRASSE DER ZUKUNFT

Richtungslinien, Längen und Querprofile Bekleidungen, Kurven, Verschiedene Hindernisse Besondere Fahrbahnen

EUTSCHLAND	56	**Wernecke (Paul)**, Landes Bauinspektor, Königl. Baurat, Frankfurt, a. M.
BELGIEN	57	**De Somer**, Ingénieur principal des Ponts et Chaussées, Brügge.
	58	**Vaës (H.)**, Ingénieur architecte, Brüssel.
	59	**Walin (Édouard)**, Ingénieur en chef Directeur des Ponts et Chaussées, Brüssel.
	60	**Cornu (Louis)**, Ingénieur principal des Ponts et Chaussées, Arel (Belgische Gesellschaft der Ingenieure u. Industriellen).
INIGTE STAATEN	61	**Byxbee (J.-F.)**, City Engineer, Palo-Alto, Kalifornien.
	62	**Alstyne (Henri A. Van)**, Member American Society of Civil Engineers, Schenectady, N. Y.
RANKREICH	63	**Ballif (Jacques)**, Chef du Secrétariat du Président du T. C. F.
	64	**Clavel**, Ingénieur en chef des Ponts et Chaussées, Bordeaux.
	65	**Merlin (M. le baron Charles)**, Délégué de l'A. C. de l'Oise, Compiègne.
	66	**Lantz (Edmond)**, Industriel, Paris. Membre de l'A. C. F.
	67	**Longuemare**, Membre de la Commission technique de l'A. C. F.
	68	**Saunier (Honoré)**, Agent Voyer d'arrondissement, Rouen.
ITALIEN	69	**Tedeschi (Massimo)**, Directeur du journal *Le Strade*, Turin.
HOLLAND	70	**Caland**, Ingénieur en chef du Waterstaat, Zutphen.

Lightning Source UK Ltd.
Milton Keynes UK
UKHW020611120219
337137UK00005B/684/P